全国高等农业院校教材

鱼 类 生 态 学

殷名称　编著

中国农业出版社
北　京

内 容 简 介

本书重点讨论鱼类年龄、生长、摄食、呼吸、繁殖、早期发育、感觉、行为和分布，以及洄游等生命机能与环境的联系，并适当介绍鱼类种群、群落和水域生态系研究的主要内容。旨在扼要地、系统地、深入浅出地介绍鱼类生态学的基础理论和概念，以及有关的调查研究方法。本书以反映国内鱼类生态学研究成就为主，结合介绍一些国外资料。各章附有练习和专业词汇，全书附有实验指导。

本书主要作为水产院校淡水渔业、海水养殖、水生生物和鱼类资源等专业教学用书；也可作为有关专业研究生、大专院校生物系师生、水产科学研究和渔业生产单位工作人员教学和科研参考用书。

编著者　殷名称（上海水产大学）
审稿者　杨干荣（华中农业大学）
　　　　孟庆闻（上海水产大学）

前　　言

现代化经济建设和科学的发展，在生物学领域已将生态学推进到了一个突出的地位。鱼类生态学作为一门新兴分支学科，在我国是在 50 年代后逐渐形成的；至 80 年代国内水产院校开始建立课程，以适应培养新一代渔业科技人材的迫切需要。然而，由于种种原因，国内至今尚无一本统编的《鱼类生态学》教材。正是在这样的形势和背景下，本书被列入"八五"国家统编教材，由全国高等农业院校教材指导委员会、水产学科组负责审定出版，以填补国内这一领域教材的空白。

鱼类生态学涉及的内容相当广泛。当前，在鱼类个体、种群、群落和生态系等层次上，都已十分活跃地建立起初具规模的、独立的理论系统和方法论。本书作为农业水产院校淡水渔业、海水养殖、水生生物和鱼类资源等专业的基本教材，旨在扼要地、系统地、深入浅出地介绍鱼类生态学的基本理论和概念，以及有关的调查研究方法，为学生今后从事鱼类增养殖、鱼类资源和水域环境保护，以及渔业生产的科学管理等工作奠定必要的鱼类生态学基础。为此，全书以介绍鱼类的年龄、生长、摄食、呼吸、繁殖、早期发育、感觉、行为和分布，以及洄游等各种生命机能，及其与环境的联系为主，适当阐述鱼类种群、群落研究的主要内容，确立"人—鱼—环境"之间辩证统一的观点。全书按 75 学时编写，内容照顾到各专业的需要。各校在实际使用时，按不同专业、对象和学时数，对所编内容的选择应当有所差别和侧重。

本书的资料选择，尽量以总结建国以来国内鱼类生态学研究的有代表性的成果为主，并努力反映国外的先进水平；自然，也包括作者个人长期从事鱼类生态学教学和科研实践所积累的资料。为拓宽本书的使用面，凡涉及的资料，书末均附有参考文献，以备读者深入研究时查阅。因此，本书也可供有关专业研究生、大专院校生物系师生、环境保护和水产科学研究以及渔业生产单位工作人员，从事教学和科研参考用书。

本书承蒙华中农业大学杨干荣教授和上海水产大学孟庆闻教授审阅全部文稿，他们为提高书稿质量和学术水平作出重要贡献。本书的撰写还获得国内有关专家和同行的关心和支持。大连水产学院秦克静教授以及上海水产大学苏锦祥、李思发和周应祺教授还曾阅读过本书的部分手稿，提出了宝贵的修改意见。本书插图，除照相版由张敏同志完成外，全部由路安明同志描绘。同时，本书的撰写还获得校、系和教务处各级领导的关心和支持，在此一并表示衷心的感谢。

我还要特别感谢我的两位导师孟庆闻和 J. H. S. Blaxter 教授，以及教研室苏锦祥教授在本书准备和撰写过程中所给予的热忱指导、鼓励和支持。

我衷心希望本书能为推动鱼类生态学这一新兴学科在我国的发展，作出微薄的贡献。但限于水平，书中难免有错误和不妥之处，敬祈读者批评指正。

殷名称
1993 年 1 月

目 录

前言

绪论 ··· 1
   第一节　鱼类生态学的定义、产生和发展 ··· 1
   第二节　鱼类生态学的研究内容、顺序、方法和重点 ································ 3
   第三节　鱼类生态学在我国的发展与前景 ··· 6

第一章　年龄 ·· 11
   第一节　生活史、发育期和寿命 ··· 11
   第二节　年轮和年龄 ··· 15
   第三节　鉴定和分析鱼类年龄的方法 ··· 23
   第四节　渔获物年龄结构分析及其意义 ·· 29

第二章　生长 ·· 34
   第一节　生长的基本概念和式型 ··· 34
   第二节　影响鱼类生长的因子 ··· 38
   第三节　生长的一般测定方法 ··· 45
   第四节　体长、体重关系和生长率 ·· 51
   第五节　生长方程 ·· 56

第三章　摄食 ·· 65
   第一节　食物组成 ·· 65
   第二节　食物选择性 ··· 72
   第三节　摄食量和消化率 ·· 77
   第四节　食物能量的分配流程 ··· 84

第四章　呼吸 ·· 90
   第一节　鳃呼吸的机制、特点和影响因素 ··· 90
   第二节　鱼类对溶氧的要求和适应 ·· 95
   第三节　水体溶氧和二氧化碳的变化特点 ·· 101

第五章　繁殖 ··· 106
   第一节　繁殖策略、技术和两性系统 ·· 106
   第二节　性腺发育 ·· 111
   第三节　繁殖时间和场所 ··· 117
   第四节　产卵群体和繁殖力 ·· 122
   第五节　繁殖方式和行为 ··· 128

第六章　早期发育 ·· 133
   第一节　卵的质量、受精和发育 ·· 133
   第二节　仔鱼的生活方式、摄食和生长 ··· 140
   第三节　影响仔鱼存活的生态学因子 ·· 146

第七章　感觉、行为和分布 ··· 153

第一节 感觉和信息传递 153
  第二节 鱼类对光、声、电的行为反应 159
  第三节 分布 166
第八章 洄游 171
  第一节 运动、洄游和集群 171
  第二节 洄游的类型 174
  第三节 洄游的原因和定向机制 180
  第四节 洄游的研究方法 185
第九章 种群 188
  第一节 种群基本概念和鉴别 188
  第二节 种群丰度估计 192
  第三节 种群死亡特征 197
  第四节 种群数量变动 203
  第五节 种群的生产和管理 209
第十章 群落 218
  第一节 群落简介 218
  第二节 鱼类的生物性相关 221
  第三节 食物链及其能流过程 231
  第四节 鱼类群聚和物种多样性 236
第十一章 人—鱼—环境 245
  第一节 生态系概述 245
  第二节 人类活动对水域环境和鱼类资源再生的影响 249
  第三节 水域综合调查和治理 253
附录 实验指导 259
  实验一 鱼类种群形态学性状的测定 259
  实验二 鱼类生物学资料的野外采集 261
  实验三 鱼类鳞片的年轮特征和鳞（轮）径的测量 262
  实验四 鱼类生长速度的计算 264
  实验五 鱼类的食性和摄食强度 266
  实验六 鱼类的性腺发育和繁殖力 268
  实验七 鱼类的人工授精和孵化 270
  实验八 鱼类在仔鱼期的温度和盐度耐力 272
参考文献 275

绪　论

第一节　鱼类生态学的定义、产生和发展

一、定　义

生态学（Ökologie）一词最早由德国学者 Haeckel（1866）提出，当时的定义是："生态学是动物对有机和无机环境的全部关系"。后来，生物学家又作了各种不同的解释和定义。现在看来，这样的定义是比较合适的："生态学是生物学的一个分支，是研究生物（动、植物）与其周围环境之间相互作用关系的科学。"

鱼类是脊椎动物中最大的一个类群。据 Nelson（1984）统计，全世界现有鱼类约 21 723 种，分隶于 50 目、400 科、4 044 属，约等于两栖、爬行、鸟和哺乳类种数之和。鱼类广泛分布于占地球表面四分之三的水体中，几乎有水之处皆有鱼类的踪迹。从海水到淡水，从海拔 4 000m 的西藏高原和安第斯山脉到数百大气压的大洋深渊，从肯尼亚的 Nakuru 高盐湖到亚马孙流域近似蒸馏水的黑水河，从水温将近 40℃ 的东非湖泊到低于纯水 0℃ 的南极洋都有鱼类栖息。鱼类在长期演化过程中获得了这样宽广范围的栖息场所，造就了它具有极其丰富多彩的形态、生态和生理特性。更由于渔业在人类社会中的重要经济地位，因此，当生态学一经问世，以鱼类为研究对象的鱼类生态学（Fish Ecology）便毫无疑问地成为年轻的生态学家族中最重要的成员之一，获得了迅速的发展。

鱼类生态学是研究鱼类的生活方式，研究鱼类与环境之间相互作用关系的一门学科。这就是说，它不仅研究环境对鱼类年龄、生长、呼吸、摄食和营养、繁殖和早期发育、感觉、行为和分布、洄游、种群数量消长以及种内和种间关系等一系列生命机能和生活方式的影响，它的作用规律和机理，还研究鱼类对环境的要求、适应和所起作用。鱼类生态学既注重理论研究，也注重实践应用；它对鱼类的增养殖、鱼类资源和水域环境保护，以及渔业生产的科学管理等工作，均有着重要的指导意义。因此，鱼类生态学是水产科学中与渔业经济发展密切联系的基础理论学科之一。

二、与其他学科的关系

鱼类生态学是在传统鱼类学（Ichthyology）和普通生态学，特别是动物生态学的基础上发展形成的。鱼类分类学、形态学和地理分布学方面的基础知识，有助于深入理解鱼类不同种、种群在遗传演化、生活习性及其与外界环境联系方式的实质。鱼类生态学作为动物生态学的一个分支，在研究内容、方法、顺序方面上，两者是一致的。

海洋学和湖沼学作为研究鱼类和其他水生生物的栖所——海洋与湖沼的两门学科，与鱼类生态学关系密切，体现了鱼类与非生物环境的联系。水生生物（生态）学，包括海洋和淡水生物（生态）学以及微生物学、鱼病学等学科，对于研究鱼类的群落生态具有重要

作用，体现了鱼类与生物环境的联系。

渔业生物学在探讨渔业资源（主要是鱼类资源）的调查、开发、利用和复苏的生物学基础方面，深化了鱼类种群数量消长的研究，成功地推动了鱼类种群生态学的建立和发展。

鱼类生理学研究鱼体内部进行的各种生命过程及其与外界环境的依存关系，对于鱼类生态学解释鱼类在外界环境影响下生活方式的变化和适应极为重要。鱼类生态学和生理学作为姐妹学科，相互渗透起着相辅相成的作用，而鱼类生态生理学作为最新学科的问世，恰好说明两者不可分割的关系。

鱼类生态学接受现代最新科学技术和理论的渗透，在研究内容和方法上不断创新。数理统计学、物理学、生物物理、生物化学、电子学和宇航学等学科的新理论、新方法和新技术，已经经常被用作鱼类生态学的研究方法和手段，甚至创造新的理论体系和学科。

鱼类生态学自20世纪60年代以来发展极快、分支很多，出现了许多新的学科名称。例如，就研究对象的层次和研究内容而言，有鱼类个体、种群、群落和系统生态学等；就研究对象的栖息环境而言，有海洋、淡水、高山、深海鱼类生态学等；就研究的范围和手段而言，有鱼类实验、野外、生理、生化、遗传生态学等。还有，和其他相关学科结合而发展起来的，诸如鱼类系统演化生态学、鱼病生态学、水域环境保护生态学和渔业管理生态学等。

三、产生和发展

鱼类生态学萌芽于19世纪中后期。当时，蒸汽机已发明，世界渔业开始进入机轮捕鱼时代，年总产量从1850年的1 500～2 000kt逐步上升为1900年的3 500kt。渔业在国民经济中的重要地位和作用，已越来越被人们认识到。发展渔业经济的朴素愿望，推动了传统鱼类学向鱼类生态学领域开拓。但当时大多局限于鱼类洄游、繁殖、生长、发育和生活史的研究。丹麦生物学家J. Schmidt始于1904年，最终于1923年发表的欧洲《鳗鲡的生殖研究》是这方面的代表杰作。

20世纪以来，渔业经济获得了进一步发展。1900—1948年虽然经历了两次世界大战，但渔业总产量的年增长量平均仍达330kt。1948年的总产量已接近20 000kt。这一阶段，渔业生物学研究获得了迅速的发展。鱼类生态学，特别是个体生物学和生态学研究的基本内容和理论大都获得建立，涌现出一大批杰出的研究家。这将在本书以后的有关章节中予以详细介绍。还要提及的是，围绕着渔业生物学基础问题，鱼类种群数量变动的研究亦获得了广泛重视和发展。至20世纪30～40年代，鱼类生态学已发展成为一门具有比较完整理论体系的分支学科。前苏联杰出的鱼类生态学家 Г. В. Никольский 提出的《鱼类生态学》(1944)、《黑龙江流域鱼类》(1956) 和《鱼类种群变动理论》(1965) 等是总结当时鱼类生态学研究所提出的有代表性的专著。

20世纪50年代以来，动力滑车、尼龙网和鱼探仪三大发明减轻了渔业生产中劳动强度，降低了成本，并使盲目捕捞转为瞄准捕捞。内陆水域增养殖业亦兴旺发达起来。世界渔业获得了高速度的发展。1948—1974年平均年增长量提高到1 930kt。至1976年总渔获量突破70 000kt大关。但是，随着捕捞技术和强度的不断提高，鱼类资源的再生和复苏也受到严重影响。不久，许多传统捕捞对象达到了充分利用或过度捕捞的境地。这终于使人们认识到：以往认为鱼类资源是"繁衍不绝、取之不尽"的观念是错误的。因此，解决鱼类资源衰竭和维护水域生态平衡成为鱼类生态学研究重要目标。研究重点转入到以种群动态为中心的维护水域生态平衡上，主要涉及鱼类种群数量变动、群落结构、以食物链为中心的营养和能量循环、以鱼类为食物生产的水域生态系的结构和功能，以及人类活动对鱼类生活的影响等。这些研究密切配合世界渔业生产，提出了保护鱼类资源、合理捕捞和科学管理等具体措施，推动了鱼类生态学的深入发展。

进入20世纪80年代后，世界渔业经济发展再次出现新高潮。1980—1986年平均年增长量达到3 220kt。目前，年总产量超过90 000kt。据有关专家估计，到2000年总产量将达120~140Mt。发展渔业经济和维护水域生态平衡的矛盾更为尖锐、突出地摆在当代鱼类生态学家面前。鱼类生态学在当前和今后一段时间，可能将在探索和开发利用南极洲周围海域等公海和深海鱼类资源、实施综合治理生态工程、保护现有淡水和沿海鱼类资源以及进一步发展内陆水域和浅海鱼类增养殖业等方面面临新的挑战。因而，南北极、深海和远洋鱼类，人工、半人工和近自然水体生态系结构和功能，仔稚鱼生物学和生态学，养殖水域超负荷和富营养化以及"人—鱼—环境"整体统一的研究，将会有新的发展。

因此，鱼类生态学在近代的产生和发展不是偶然的，它和渔业经济的发展有着不可分割的联系。一方面，渔业实践的需要，在很大程度上决定并影响着鱼类生态学的发展；另一方面，鱼类生态学的理论在指导渔业发展的同时，又获得不断充实和提高。

第二节 鱼类生态学的研究内容、顺序、方法和重点

一、研究内容、顺序和方法

当代生物学正向两个方面深入发展：分子生物学是向生物的器官→细胞→染色体→基因水平的方面发展，而生态学则相反，是遵循着从个体→群体→群落→生态系的研究顺序，向宏观方面发展，以求探索生命系统的奥秘。鱼类生态学和普通生态学一样，都是从自然历史发展起来的。因此，两者的研究顺序亦相同。

鱼类生态学研究首先是从物种（species）开始的。种是生态学最直接、最基础的研究对象。如果没有对一个个物种的生物学特性的了解和掌握，就不会形成全面深入的系统的观念。种的研究的直接目的是了解种的分布、生态习性和人类对种的需要量。为此，要研究种的年龄、生长、摄食、繁殖特性和生活史；以及各种环境因子的影响。这一类研究，通常称为个体生态学（Autecology）。

在种的研究中，如果仅以单个个体为单位，则很多生命现象不能获得正确的说明。例如，群体有出生率和死亡率，它们随环境条件和群体的增衰、年龄结构的变动而变化。群体的出生率和死亡率，决定着群体的兴衰和数量变动。这正是人类利用自然资源最需要了解的内容之一。因此，种的研究，就目的和方法而论，通常不是以种内个体为单位，而是以种内个体栖息在同一生态环境（或同一水体）里所形成的组合群，即种群（population）为单位。主要研究其结构（性别和年龄组成）、数量变动、活动范围以及环境因子的影响等。这称为种群生态学（Population Ecology）。

在自然界，孤立地研究单个种群，而不考虑和这种鱼生活在同一环境里的生物群落，是很难得出正确结论的。所谓群落（community），是指栖息在具有相似生活条件的居住地段里的动、植物的总和。群落的研究，大多集中在不同种群间的相互作用关系上。例如，某个湖泊中小型鱼类群体的增长，可以促进它们的捕食者——凶猛鱼类群体的丰度，而捕食者群体的增长，又反过来抑制小型鱼类群体的增长。在群落内部存在着某种程度的自身调节能力。显然，确立一个具有某种自身调节能力的有机生命系统的群落概念，对于了解某种鱼类群体的丰度、死亡率和出身率及其调控机制是有价值的。

同样，生物群落不能脱离理化环境而孤立地存在。生物群落与其理化环境密切相关，相互作用，进行着物质和能量的流动，构成了一个被称之为生态系（ecosystem）的统一体。生态系的概念，在近代生态学中起主导作用。它强调生态系各组成部分之间的相互依存和因果关系，以及各组成部分结合起来作为一个功能单元。简言之，生态系的研究围绕着结构和功能展开。鱼类生态学把鱼类在自然界的存在，作为水域生态系统的一个结构成分来研究。因此，在任何为了生产的目的，如开发、利用某种鱼类资源，或提高水域鱼产力而采取措施时，都必须考虑到整个水域生态系在结构和功能方面的反应。因为，任何局部环节的变化，都能引起整个系统其他环节的重新调整。例如，要在一个湖泊里放流某种鱼，不仅要研究和掌握这种鱼的生物学特性，湖泊的自然条件和饵料基础（包括种类组成、季节分布和数量变动），还要考虑放流后会发生的湖泊营养盐、透明度以及鱼类群落结构和食物链关系的变动。相反，如果要了解某个湖泊的物理环境因子及其变动，还要同时考虑和测定这个湖泊所存在的生物的质和量。

最后应该指出，现代生态学研究的重点是围绕着生态系的结构和功能进行的，但这决不意味着可以脱离个体、群体和群落生态学的研究。而且，在很多方面这几个研究步骤之间，并没有严格的界限。个体、群体和群落的生态学研究是生态系研究的基础，也是不可分割的环节和步骤。

二、研究重点

鱼类生态学涉及面很广，内容很多。但是，从当前渔业生产实际需要考虑，其研究重点可以归纳如下：

1. 鱼类各种生命机能和环境条件的关系　主要了解鱼类呼吸、摄食、繁殖、发育、生长、感觉、集群、洄游所要求的环境条件，以及环境条件变化时，对鱼类生活力所产生的影响。根据鱼类在这些方面所具有的生态特性，可以为制定词养、育种、增殖、捕捞、资源保护和管理等具体计划提供生态学依据。

2. 鱼类种群数量变动规律　鱼类个体和群体摄食、生长、繁殖和发育，鱼类种内和种间关系以及群落和生态系的结构和功能，都将影响到种群数量的变动。鱼类种群动态的研究，有助于资源评估，确定保护对象，预测经济种群的渔获量，提出合理的渔业计划以及有效的增殖措施，使水域鱼类生产力始终保持在符合客观规律变动的幅度之内。

3. 鱼类群体空间位置的变更　指鱼类的行动和洄游。这涉及鱼类个体生活史、生命周期、种内种间群的集散、分布和迁徙的规律、昼夜和季节性活动规律、摄食、越冬和繁殖习性以及各种感觉器官，或鱼类发电、发声和发光特性及其生物学意义等基本理论问题。研究鱼类群体空间位置变更,对于侦察鱼群、改进和发展新的渔具渔法、掌握捕捞主动权极为重要。

4. 人类活动对水域环境和鱼类资源的影响　主要包括过度捕捞、水域环境污染、农田水利建设以及水域综合调查和治理等,借以确立"人—鱼—环境"相互作用、整体统一的原则。这将有助于提高认识,明确人类对维护水域生态平衡和鱼类资源再生的主导作用。

5. 以鱼类为主要食物生产的水域生态系的结构和功能　目的是探求最适结构和最高功能效率。既要最大限度地发挥水域生产力,为人类提供更多的鱼产品,又要优化环境,维护水域生态系统生物多样性格局,防止超负荷和富营养化。

三、研究内容和方法的发展趋势

20世纪60年代以来,鱼类生态学接受现代最新科学技术和理论的渗透,在研究内容和方法上不断创新,现已进入到以鱼类为中心的对整个生态系结构和功能的研究,并且已从定性、描述现状转到定量、预报未来的水平。它在研究内容和方法上的发展趋向,主要有以下两个基本特征:

1. 模糊了理论科学和应用科学的界限　在研究内容方面,注重经济效益、对人类的蛋白质供应以及对人类带来利和有害的程度:

(1) 在种的生态学方面:注重研究有益和有害鱼种的生存,特别是生殖所要求的生物和非生物环境条件,它们对环境变化适应的程度。一个有价值的种能否有利地引入一个新的水域,一个引入的种是否会产生有害影响,以及它以特定的方式来改变环境对人类可能造成的利害关系。

(2) 在种群生态学方面:注重研究鱼类种群的最适产量。因为,对人类有价值的种群,总是必须有某种最适大小来提供最高和最持久的产量,而在实践中,对特定种群的最适策略问题往往很难答复。

(3) 在群落和生态系的研究方面:注重研究水域各营养阶层之间物质和能量的动态关系,以及它们和周围环境之间的关系。水域生产力,特别是初级生产力的研究,以及如何最有效、最经济地利用水域初级生产力,将它转化为鱼类和其他水生动植物的生产上,也是当前的重要研究课题。

(4) 在种群、群落和生态系的管理方面:有关鱼类群体或种群,以鱼类为中心的群落和生态系的稳定性研究,将有飞跃的发展。在水域生态系的试验性变更方面,也是一样。过去局限在实验室内的模式生态系研究,必将扩展到野外。如果有意识地把压迫或干扰加到一个特定的水域生态系上会产生什么反应?如果有意识地在群落中除去某一部分种群,或引入一个新的鱼种,对整个生态系的平衡会产生怎么样的变化?水域生态系平衡的调节机制是什么?

2. 现代科学技术和理论的应用在鱼类生态学的研究中日益广泛和深入　新的数理化科学技术和理论的引进和渗透,现代化实验手段,是当前这一学科发展的特点,标志着研究方法的创新:

(1) 应用质谱仪、气相层析、原子衍射分光光度计、氨基酸分析仪以及颗粒和辐射计数器，或其他测定气体和离子的精密而轻便的仪器来分析物理环境因子。

（2）运用船用、机载或人造卫星叶绿素遥感遥测装置来测定水域，特别是海洋初级生产力。再根据食物链中各营养阶层之间能量转换效率的测定和研究，甚至可以进一步推算和预报鱼类、浮游动物和底栖生物等水产品的总蕴藏量，从而制订出水域资源合理开发和利用的方案。

（3）雷达、声纳、微波及红外线感觉系统的采用，还有密闭线路的水下电视，在鱼类群体行为研究中，特别在侦察鱼类集群、行动和洄游方面起了重要作用。卫星遥感装置也被用来遥测海面水温，确定等温线的变化和渔场、渔期的关系。

（4）在探讨各生物群营养水平上的物质和能置转换方面，放射性同位素与其他示踪者，以及各种最新的生化分析方法给了很大帮助。

（5）采用数学方法来概括某些生态现象，在20世纪30年代已经开始了，而20世纪60年代以来，由于数字电子计算机的广泛应用，这方面的工作与日俱增。目前，采用电子计算机的数学分析技术来定量研究水域生态系结构和功能，已发展成为一门专门的学问。这种研究是建立在这样的假设基础上的：一个生态系统在任何时间的状态都能用定量的方法来表示；生态系统中每个环节的变更，也能用确定的或随机的数学公式来描述。这种方法被称之为数学模拟（mathematical simulation）。如果这种假设成立，根据生态系统在一个时间的状态的定量数值，就能够提供该系统在以后一段时间中的量值（只要在这段时间中外源因素的变量能测定）。

必须指出，一个生态特征、现象或生态系统的数学模型（mathematical model）必定是建立在对该特征、现象或生态系统详细调查的基础上的。在进行计算机模型构作之前，先要有个把调查研究所得到的生物学资料结合进去的逻辑模型（logic model）。只有当这些初步结果经过测试而满意时，它们才能结合到一个完整的生态学模型里去。该模型才有可能预报未来的变化。因此，数学模拟的出现虽然代表了国际上生态学研究的新水平，但它绝不能取代生态学的最基本研究方法——野外调查和实验室研究。一个生态系统的模型不会比它所根据的数据资料更强。在数据资料不足的场合下，只能作出粗糙的模型。因此，数据资料应尽可能扩大，野外调查统计和室内实验观察都是必不可少的。这样，才能使我们有可能理解构作模型的机理和测试模型的运转效果，即通过实践检验模型的有效性。

第三节　鱼类生态学在我国的发展与前景

鱼类生态学知识的积累在我国有悠久历史，而作为一门正式的分支学科则是在1949年新中国成立后逐渐形成的。现根据建国以来国内正式发表的有关鱼类生态学文献，就这一学科在我国的发展简史、成就、现状和前景作一扼要归纳、分析和探讨。

一、古代和近代

我国是世界上最早开始淡水养鱼的国家，捕鱼业亦有悠久的历史。劳动人民在长期生产实践中积累了丰富的鱼类生态知识，特别是对淡水优良养殖鱼种和海淡水主要捕捞对象的生态习性十分熟悉。例如，早在两千年前，东汉许慎的《说文解字》和晋朝郭璞的《尔雅》就记载了鱼类胚胎发育不同阶段的命名，与近代的划分十分接近。同期，《说文解字》对鲨（刀鲚）、《尔雅》和《尔雅翼》对鳣（中华鲟）、鲔（白鲟）以及明朝李时珍的《本草纲目》对鲥的生殖洄游均有详确的记载。在丰富的古籍文献中还对许多常见海淡水鱼类的生活习性作了正确的描述。值得一提的是，唐末刘恂的《岭表录异》中，关于利用草鱼清除荒水田内杂草，使之成为熟田的记载，将劳动人民对鱼类生态习性的认识和国计民生结合起来。这可能是鱼类生态学研究直接为发展国民经济服务的最早记录。

我国近代鱼类生态学，作为鱼类学的一个重要组成部分，萌发于20世纪30年代。但当时主要局限于淡水鱼类，而且由于受国外鱼类生活史研究影响，重点局限于个体发生、生殖和发育等。例如，伍献文《鳝鱼生殖习性及其幼鱼之变态》、刘建康《鳝鱼之生长率及淡水鱼类生命史之研究》、林书颜《草鱼之生命史》、薛芬《鲤鱼、鲫鱼脊椎骨数目与水温之关系》、寿振黄等《数种食用鱼类年龄和生长之研究》、张孝威《淡水鱼类对急流的适应》以及施怀仁《各种鲤科鱼类之天然食料》等论文报告，都取得了相当有价值的研究成果，为鱼类生态学的发展打下了基础。

二、1949—1966年

1949年新中国成立为渔业经济的发展开辟了道路。1952年，经过3年恢复，渔业年总产量达到1 660kt，超过历史（1936）最高纪录的1 500kt。至1957年，产量上升到3 120kt。随着渔业经济飞速发展，鱼类资源和生态学调查研究被正式列入国家科研计划，专业研究机构相继成立，研究队伍迅速壮大。1949—1966年，鱼类生态学在我国获得了全面迅速的发展，取得了一批有价值的研究成果，主要包括以下几个方面：

1. **鱼类栖息环境的调查**　在海水鱼类方面，首先对局部海区进行渔场生态环境的调查。例如，烟威外海鲐鱼渔场综合调查；黄河口、莱州湾、辽东湾、渤海湾、长江口、舟山群岛、吕泗外海等海区大、小黄鱼、带鱼渔场和渔业生物学基础调查；东海中南部鲐和竹䇲鱼渔场以及南海北部湾底拖网渔场环境调查等。1958年以后，在全国近海还普遍开展了大规模综合性渔业调查。在淡水鱼类方面，对全国主要江河，如长江、黑龙江、黄河、淮河、闽江、珠江、澜沧江、怒江和若干湖泊（主要是湖北、江苏、安徽三省的湖泊）、水库（如北京十三陵水库、黄河三门峡水库和长寿湖水库等）的生态环境和渔业生物学作了较为深入的调查研究。较为著名的有对黑龙江大麻哈鱼，长江的青鱼、草鱼、鲢、鳙等以及钱塘江鲥的繁殖习性和产卵场的调查。另外，还对梁子湖、太湖等典型浅水湖泊进行了鱼类生态环境的周年变化调查。

2. **经济鱼类生物学研究**　海水鱼类有大黄鱼、小黄鱼、带鱼、鲐、鳕、太平洋鲱、红鳍笛鲷、鲲、金枪鱼等近20种；淡水鱼类有青鱼、草鱼、鲢、鳙、鲤、鲫、鳊、鲌、鳡、银鱼、江鳕、鳜、乌鳢、黄鳝等近30种；还有鲥鱼、鲚、松江鲈以及国外引进种——虹鳟、罗非鱼等，基本上弄清了这些鱼类的生物学特性。特别对青鱼、草鱼、鲢、鳙的繁殖生态以及对大黄鱼、小黄鱼、带鱼、鲐、鳕、太平洋鲱的索饵、越冬和繁殖习性及洄游规律有了初步了解。

3. **种群生态研究**　主要对海产重要经济鱼类大黄鱼、小黄鱼、带鱼的种群进行了较为深入的研究分析，基本弄清了这三种鱼不同地方种群或生态种群的生物学特性、分布和洄游特点以及种群数量变动原因等。还对长江青、草、鲢、鳙、鳜等鱼的河湖洄游繁殖习性和种群（特别是鱼苗）数量变动和原因等作了调查研究。

4. 实验生态学研究　　主要对一些淡水鱼类进行外界理化因子（温度、溶氧、盐度和重金属离子等）对鱼类生物学特性的影响以及鱼类适应特性的研究。

此外，在南海北部湾还开始了底层鱼类群聚结构的研究。

这些工作为发展我国渔业生产提供了必要的环境数据，提出了合理利用和开发经济鱼类资源的途径和方法，为制定渔业法规、繁殖保护条例、开展渔情预报、池养家鱼人工繁殖以及湖泊、水库增养殖和新品种引进、驯养等工作提供了鱼类生态学依据。所完成的论著对我国渔业经济和鱼类生态学发展有一定影响的，淡水鱼类方面有：倪达书等（1954）《花鲢和白鲢的食料问题》、饶钦止等（1956）《湖泊调查基本知识》、郑重等（1956，1957）《厦门鲮鱼的食料研究》、刘建康（1959）《梁子湖自然环境及其渔业资源问题》、曹文宣、伍献文（1962）《四川西部甘孜阿坝地区鱼类生物学及渔业问题》、黎尚豪等（1963）《云南高原湖泊调查》、易伯鲁等（1964）《长江家鱼产卵场的自然条件和促使产卵的主要外界因素》、陆桂等（1964）《钱塘江鲥鱼的自然繁殖及人工繁殖》以及钟麟等（1965）《家鱼的生物学和人工繁殖》；海水鱼类方面有：朱元鼎（1959）《中国主要海洋渔业生物学基础的参考资料》、张孝威等（1959）《烟台外海鲐鱼的生殖习性》和《十年来我国四种主要海产经济鱼类生态的调查研究》、张孝威、徐恭昭（1960）《烟台外海鲐鱼资源变动的情况》、朱树屏（1960）《黄渤海区小黄鱼的洄游及有关环境因素》、徐恭昭等（1962）《大黄鱼耳石轮纹形成周期及其年龄鉴定问题》和费鸿年等（1965）《南海北部底层鱼类群聚的研究》等。

三、1979年至今

自1958年开始，我国的渔业经济发展缓慢；渔业年总产量长期徘徊在2 300～3 000kt。这种状况直到20世纪70年代后期才得到改观。1978年达到4 650kt。1979年以来，渔业年总产量以年增长率10.0%左右的速度上升，现已突破10Mt。同样，鱼类生态学研究工作在1967—1976年几乎完全停止。1973年开始缓慢恢复；自1979年以来则进展极为迅速；所取得的成果，主要体现在以下几方面：

1. 鱼类栖息环境调查的扩大和深入　　在海水鱼类方面主要有东海外海、南海大陆架和南海诸岛海域、闽南—台湾浅滩以及东海、南海深海鱼类资源和生态环境调查等。局部海区还开始水质污染与渔场破坏关系的调查。在淡水鱼类方面，深入到青藏、云贵高原和新疆等地区进行湖泊、河流和水库自然环境和鱼类资源的调查研究，并广泛开展水利建设工程，例如长江三峡、葛洲坝水利枢纽等对四大家鱼和中华鲟等经济鱼类资源和繁殖生态影响的调查。此外，湖泊污染影响鱼类和水生生物的调查也在全国许多地区展开。

2. 经济鱼类生物学研究对象扩大　　海水鱼类主要有鳓、鲻、梭鱼、海马、石斑鱼、蓝圆鲹、鲷、蓝点马鲛、黑鲷、鮟鱇、绿鳍马面鲀等近40种；淡水鱼类有胭脂鱼、细鳞斜颌鲴、鲮、圆吻鲴、卷口鱼、花鳗、似刺鳊鮈、高原裸鲤、胡子鲶、长吻鮠等近30种；还有溯河产卵的鲟、大麻哈鱼和香鱼等。

3. **种群生态研究** 在海水鱼类方面，主要对鳀、沙丁鱼、鲐、绿鳍马面鲀等种群数量变动和原因作了深入研究，东海带鱼的种群生态研究有了新的进展，还对台湾海峡和北部湾二长棘鲷种群作了鉴别研究；在淡水鱼类方面，主要对长江长吻鮠、白甲鱼、西江的倒刺鲃、东江的鲤、青海湖裸鲤、滇池的鲫、抚仙湖的抗浪白鱼等数量变动以及水库凶猛鱼类演替规律和控制途径进行了研究。近年来还对长江、珠江、黑龙江鲢、鳙、草鱼自然种群的形态判别、生长性能、生化遗传变异以及种质资源保护问题作了较深入的研究。

4. **实验生态学研究** 内容和对象都有了扩大。环境因子对鱼类生物学特性的影响，已从淡水扩展到海水鱼类。还有，为测试鱼类通过闸坝可能性而设计的鱼类克服流速能力和向流性行为试验，蓝圆鲹和鲐的趋光行为研究等。同时，野外生态和实验生态相结合的工作，特别是应用电泳等新技术鉴定种群，进行种群遗传生态的研究进展较快。

5. **群落、生态系最佳结构和功能研究** 随着渔业资源的衰退，开始对一些水体，如太湖、洪湖进行维护物种多样性、防止鱼类小型化的专门研究。同时，对中小型湖泊、海湾、浅滩等重点进行以提高水体生产力为中心的综合生态研究，达到既发展渔业、又兼顾优化环境的目的。这方面较为成功的，最早有武昌东湖，以后有湖北保安湖、江西陈家湖、安徽花园湖、江苏隔湖及东太湖等。近海方面，较出色的有广东大亚湾、闽南—台湾浅滩综合生态研究等。此外，还对南海北部湾底层鱼类、东海北部岛礁鱼类、东海深海鱼类和黄渤海鱼类的群聚结构特征，包括多样性和优势种作了较深入的研究。

这些工作在发展我国外海、远洋捕捞、寻找新渔场、保护水域环境、合理开发和利用外海和高原湖泊鱼类资源、保护近海和淡水捕捞资源、促进水利建设和水库综合利用、扩大海、淡水养殖品种、保护种质资源、控制水库凶猛鱼类以及提高水体鱼产力和多种类渔业管理等方面起了很重要的作用。特别值得提及的是，近年来开展的对湖泊、海湾综合生态研究，既取得了明显的增产效果，又在优化环境方面进行了探索，促进了水体生态系基础理论的研究。这对于合理开发、利用湖泊、海湾等水体资源，提供了生态学依据和优化模式。这一阶段形成的已经获得鱼类生态学界注意的论著有：《长江鱼类》、《青海湖地区的鱼类区系和青海湖裸鲤生物学》、《长吻鮠的种群生态学及其最大持续渔获量的研究》、《长江中下游水库凶猛鱼类的演替规律及种群控制途径的探讨》、《长江、珠江、黑龙江鲢、鳙、草鱼种质资源研究》、《南海北部大陆架底栖鱼群聚的多样度以及优势种区域和季节变化》、《海洋渔业生物学》、《闽南—台湾浅滩渔场上升流区生态系研究》和《大亚湾环境与资源》等。

四、现状和前景

当前，开创社会主义现代化建设的新形势为鱼类生态学在我国的发展提出了明确的任务，开辟了广阔的前景。我国沿海有长达18 000km的海岸线和5 000多个大小不等的岛屿；内陆江河纵横，湖泊、水库、池塘星罗棋布，总水面约2 000万 hm^2，是世界上淡水水面最多的国家之一；鱼类种数近2 900种，其中淡水鱼约800种；海淡水经济鱼类计有400多种。有这么丰富的物质基础，发展渔业大有可为。鱼类生态学在水产科学中是一门与渔业经济密切联系的基础学科，在推动我国渔业经济高速度发展中具有重要的作用，加强这一学科的发展是顺应时代潮流的必然趋势。

然而，就现状分析，我国鱼类生态学研究基础较差。近年来虽有较大进展，但远不适应开创社会主义现代化建设新局面的需要，与国际先进水平相比，也存在较大差距，主要表现在：我国鱼类生态学研究往往偏重于寻觅经济种和个体生物学研究；种群生态研究尚限于少数重要经济种；在种群、群落和水域生态系基础理论研究方面还存在一些薄弱环节和空白领域；缺乏从渔业经济角度就整个水域鱼类群落系统作全面性探讨；鱼类实验生态研究开展较少；采用现代数理化科学新技术、新理论和新方法十分不够；水域生态系室内模型化研究和野外试验性变更研究尤为欠缺。因此，迅速改变这种局面是我国鱼类生态学工作者当前面临的迫切任务。

根据上述任务和我国的实际情况，发展鱼类生态学应提倡普及与提高相结合，应用研究和理论研究并重的方针，大力提倡采取新的科学技术、理论和方法，使鱼类个体生态研究提高到一个新的水平，并逐步地使研究重点转到种群、群落和生态系的研究方面。在研究内容上，要密切配合我国渔业经济发展需要，为恢复近海和淡水捕捞资源、发展海淡水增养殖、实现渔业生产农牧化、发展外海和远洋捕捞以及渔业科学管理方面，提供鱼类生态学依据。在普及方面，要举办各种类型的生态学讲习班，进一步培养人材、壮大队伍。在普及基础上的提高，需要扎扎实实开展基础理论研究，特别是在鱼类种群数量动态、群落结构多样化以及水域生态系结构和功能等综合研究方面，努力吸收当前国外鱼类生态学的新理论、新技术和新方法，在研究内容、对象、方法和手段等方面，要敢于创新、敢于实践，为把我国鱼类生态学研究推向世界先进水平，为发展我国渔业经济作出贡献。

思考和练习

请对以下三个问题阐述你的见解：
1. 鱼类生态学在国内外发展简史和今后趋向。
2. 鱼类生态学的研究内容和重点。
3. 当代我国鱼类生态学工作者的任务和完成这一任务的对策。

专业词汇解释：

Fish Ecololgy, Autecology, Population Ecology, population, community, ecosystem, mathematical simulation.

第一章　年　龄

年龄鉴定被认为是研究鱼类生物学和生态学特性的基础，也是分析和评价鱼类种群数量变动趋势的基本依据之一。比如，研究鱼类的生长、摄食、繁殖、洄游等各种生命机能，若不与年龄相联系，就无法了解它们在整个生活史的不同阶段与外界环境的联系特点和变化规律。这样，也就无法在渔业生产实践中利用这些规律。为此，本书将年龄列为第一章，将重点介绍依据鳞片等材料鉴定鱼类年龄的方法及其理论基础和意义，为以后各章的学习打下基础。

第一节　生活史、发育期和寿命

一、生活史及其发育期的划分

鱼类的生活史（Life history）是指精卵结合直至衰老死亡的整个生命过程，亦称生命周期。鱼类的生活史可以划分为若干个不同的发育期（图 1-1）。各发育期在形态构造、生态习性以及与环境的联系方面各具特点。现以占鱼类绝大多数的卵生硬骨鱼类为例，简介如下：

1. 胚胎（embryo）期　当精子进入卵膜孔，精卵完成结合过程，即标志着胚胎期的开始。此期特点是仔胚发育仅限于卵膜内，因此亦称卵（egg）发育期。仔胚发育所需营养完全依靠卵黄，与环境联系方式，主要和呼吸及敌害掠食相关。

2. 仔鱼（larva）期　仔胚孵化出膜，便进入仔鱼期。初孵仔鱼体透明，血液常无色素，眼色素部分形成或未形成，各鳍呈薄膜状、无鳍条，口和消化道发育不完全，有一个大的卵黄囊作为营养来源。这个阶段，又特称为卵黄囊期仔鱼（yolk-sac larva），以往称为前期仔鱼（prelarva）；此期与环境联系方式，仍以呼吸和防御敌害掠食为主。和胚胎期不同的是，卵黄囊期仔鱼开始具有避敌能力和行为特性。此后，随着仔鱼的进一步发育，眼、鳍、口和消化道功能逐步形成，鳃发育开始，巡游模式建立，仔鱼开始转向外界摄食。此期仔鱼一般均营浮游生活方式，与浮游生物生活在同一水层，溶氧条件获得改善，与外界联系方式逐步转向以营养和御敌为主。

3. 稚鱼（juvenile）期　当仔鱼发育到体透明等仔鱼期特征消失，各鳍鳍条初步形成，特别是鳞片形成过程开始，便是进入稚鱼期的标志。早期稚鱼一般仍营浮游生活方式，到后期才转向各类群自己固有的生活方式。此期与外界的联系方式以营养和御敌为主。

卵（胚胎）、仔鱼和稚鱼这三个发育期，统称为鱼类早期生活史（Early Life History of Fish，ELHF）阶段（见第六章）。这一阶段的命名在学术界尚有不同的见解。现将目前认可的命名和其他一些有代表性的命名列表 1-1。

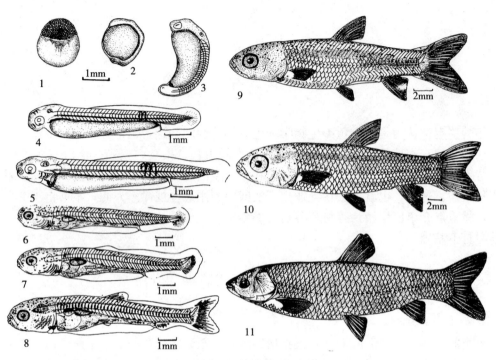

图 1-1 草鱼的生活史

1~3. 卵（卵膜未画，包括卵膜的卵径约 4.5~5.5mm） 4~8. 仔鱼 9. 稚鱼 10. 幼鱼 11. 成鱼
1. 囊胚期，示卵发育早期 2. 胚孔关闭期，示进入卵发育中期 3. 尾芽游离期，示进入卵发育晚期
4. 初孵期 5. 鳃丝出现期 4~5. 示卵黄囊期仔鱼 6. 弯曲前期 7. 弯曲期 8. 弯曲后期
(1~10 选自易伯鲁等，1988)

表 1-1 鱼类早期生活史阶段命名
(殷名称，1991)

基本发育期		卵			仔鱼				稚鱼	
过渡期和亚期		早期	中期	晚期	卵黄囊期	弯曲前期	弯曲期	弯曲后期	变形期	浮游期	稚鱼期
其他命名	Hubbs, 1943[1]; 1958[1]	胚胎			前期仔鱼	后期仔鱼				前期稚鱼	稚鱼
	Sette, 1943[1]	卵			卵黄囊仔鱼	仔鱼				后期仔鱼	
	Nikolsky, 1963[1]	胚胎				仔鱼				性未成熟鱼	
	Hattori, 1970[1]	卵			前期仔鱼	仔鱼				稚鱼	
	Balon, 1975[1]	卵	胚胎		自由胚	原鳍仔鱼	鳍条期仔鱼			稚鱼	
	Snyder, 1976[1]; 1981[1]	卵			初期仔鱼	中期仔鱼		变态仔鱼		稚鱼	
分期界限和标志		产卵	胚孔关闭	尾芽游离	孵化	卵黄吸收	脊索弯曲	弯曲完成	变态开始	鳞片出现	(2)	(3)

注：(1) 原始文献见 Kendall et al. (1984)。
(2) 体型、色素、习性等均符合稚鱼特点，例如，底层性鱼类，此时开始转入底栖。
(3) 体型、色素、习性等完全与成鱼相似。

（1）多数学者主张以"孵化"作为卵和仔鱼期的划分界限，但也有使用"胚胎"一词，包括从受精到仔鱼初次摄食的整个时期，而将"孵化"作为一个相对不重要的环节。这一观点看来不能获得广泛的认可。因为从内源性营养到外源性营养，确实是鱼类机体发育所要克服的一大障碍。然而，卵没有任何主动避敌能力和行为特性，而孵化出膜后的仔鱼，不管是否向外界摄食，却具有这些特性。

（2）自 Hubbs（1943）提出将仔鱼划分为前期仔鱼（prelarva）和后期仔鱼（postlarva）以来，这两个命名沿用了30年。但20世纪70年代以后，在欧美文献中已逐渐少见，理由是这两个命名（英文）概念模糊。例如，Sette（1943）当时使用 postlarva 一词时，包括从进入变态期直到初次性成熟的全过程，这显然是不恰当的。目前一般用卵黄囊期仔鱼或早期仔鱼（early-stage larva）代替前期仔鱼，而用晚期仔鱼（late-stage larva）代替后期仔鱼。卵黄囊期仔鱼的命名简单、正确地表达了这一期相仔鱼的形态、功能和生态特征，因此，已被广泛使用。

（3）Kendall 等（1984）认为，鱼类早期生活史阶段存在着两个过渡期，即卵黄囊期和变形期仔鱼（transformation larva）；这两个期相的仔鱼，其形态、生态和生理变化相当剧烈，很有必要专门命名和研究。变形期仔鱼的命名提出了这样一个观点：鱼类早期生活史阶段的变态是共性，而不是鳗鲡和鲽形目鱼类等特有的。这种变态在外形上包括某种器官的有无和位置变更，鳍褶、外鳃、体透明等仔鱼器官和特征的消失，鳍条和鳞片的形成等。因此，变形期的划分并无明确界限，自仔鱼后期开始，有时可延续到稚鱼期。

（4）Kendall 等还将仔鱼期进一步划分为弯曲前（preflexion）、弯曲（flexion）和弯曲后（postflexion）三个亚期，指的是尾鳍发育过程中脊索末端向上弯曲的情况。由于仔鱼的其他发育特征，诸如鳍条形成、体形和运动能力的显著改变都和脊索弯曲相关，因此这三个亚期的划分被认为是合适的。

4. 幼鱼（young）期　鱼体鳞片全部形成，鳍条、侧线等发育完备，体色、斑纹、身体各部比例等外形特点以及栖息习性等均和成鱼一致，便进入幼鱼期。少数卵胎生或胎生的种类，往往以幼鱼形式由母体产出。幼鱼期性腺尚未发育成熟，第二性征不明显或无。此期通常是鱼类体长生长快速期。随着鱼体迅速长大，在与外界联系方面，防御敌害的适应关系显得日益减弱，自然死亡率逐渐下降，而营养关系日益重要。

5. 成鱼（adult）期　自性腺初次成熟开始，即进入成鱼期。成熟个体能在适宜季节发生生殖行为，繁衍后代；若有第二性征，此时已出现。有些性成熟较晚的大中型鱼类，达到食用规格时，性腺尚未成熟，可称之为食用鱼（foodsize fish）。此期与外界联系，除营养外，另一极为重要的关系是繁殖。个体摄取的营养物质，大部分用于生殖腺发育，并积累脂肪等贮备物质，以供洄游、越冬和繁殖时期代谢需要。自然死亡率降至最低，而捕捞死亡率急剧上升。

6. 衰老（aged or senility）期　此期没有明确的界限。一般指性机能衰退，体长接近渐近值，即体长生长极缓慢或几乎停止。鱼体摄取的营养物质主要用于维持生命和积累脂肪等能源物质，以备急需时维持代谢活动。在没有捕捞的水域，自然死亡率又开始上升。

Васнечцов（1955）提出的硬骨鱼类阶段发育理论认为，鱼类的个体发育，总的来说是以连续的渐进方式进行的。但是，从一个发育阶段转向另一个发育阶段，往往是在相当短暂的时间内以突进的方式完成的。这就是说，在各个不同的发育阶段，鱼体仅进行着物质积累等缓慢而逐渐的变化，而在形态、生态和生理上并不产生本质的变化。当这种渐进式变化发展到一定程度，鱼体往往在很短的时间内，有时仅仅是短短的几个小时就完成了转向另一个发育阶段的突进。这时，鱼体的形态、生态和生理均产生了本质的变化。因此，处于不同发育阶段的同种鱼，它在形态、生态和生理以及和外界环境的联系方式均保持一定的独立性，而这种独立性在不同种类和不同生态类型的鱼类之间，其表现形式又有很大不同。

二、寿　命

鱼类个体发育早期所经历的时间，通常比后期所经历的时间短得多。早期发育阶段，一般经历数天到数月即完成，而后期发育阶段则同其寿命长短相关。寿命，是指鱼类整个生活史所经历的时间。它取决于鱼类的遗传特性和所处的外界环境条件。在自然界，鱼类成体所产生的后代，只有极少数能正常完成整个生活史，活到它们的生理寿命（physiological longevity）；极大多数由于遭遇到不合适外界环境条件，而无法完成整个生活史，它们所活的寿命，称之为生态寿命（ecological longevity）。特别是真骨鱼类，其存活曲线和若干高等哺乳动物及人类不同（见第九章）。它们的自然死亡率通常在早期生活史阶段最高。据一些野外生态调查对种群数量变动的估测，真骨鱼类在早期生活史阶段的死亡率达到99%或以上。当水域为人类利用之后，进入捕捞群体的成员，往往也在它们活到真正衰老死亡之前就被捕捞上来了。所以，现在一般统计的鱼类的寿命，实际上也不是真正的生理寿命。鱼类的生理寿命，恐怕只有在人工饲养条件下才有可能达到。

各种鱼类的寿命长短不同，其个体大小亦不等。一般来说，寿命长，个体大；寿命短，个体小。鱼的寿命和最大体积种间相差十分悬殊。现知世界上最大的鱼类是生活在海洋中的软骨鱼类——鲸鲨，体长可达18～20m，体重超过9t。但对鲸鲨的年龄尚无研究。硬骨鱼类，鲟科（Acipenseridae）和匙吻鲟科（Polyodontidae）的种类，其寿命和个体大小是数一数二的。据报道，里海和黑海的欧鳇（*Huso huso*），体长达9m，体重约1 500kg，寿命大于100龄；我国的长江白鲟（*Psehurus gladius*）是世界上最大的淡水鱼，最大个体7m，体重超过1 000kg，当地称之为"万斤象"。寿命一般20～30龄，最大超过100龄。但某些鰕虎鱼科（Gobiidae）、灯笼鱼科（Scopelidae）的鱼，以及青鳞、大银鱼和太湖新银鱼等只能活1年或不到1年。这些鱼一般在生殖后便死亡了。现知世界上最小的鱼是生活在菲律宾的侏儒鰕虎鱼，性成熟个体的体长仅0.75～1.15cm。

尽管鱼的寿命长短种间差别很大，但绝大部分鱼类的寿命介于2～20龄，其中60%左右的鱼类寿命在5～20龄，能活到30龄以上鱼类不超过10%，大约5%的鱼活不到2龄。我国淡水鱼类中寿命2～4龄的种类不少，如银飘鱼、鳘、蛇鮈、颌须鮈等；溯、河性大麻哈鱼，一般活3～6龄；许多大中型淡水鱼类寿命超过10龄的很少，一般活到7～8龄，如青鱼、草鱼、鲢、鳙、鲤、鲫、鳊、鲂、红鲌和鳜等，但个别也可活15～20龄。鲟鳇鱼类的寿命较长，一般均达20～30龄，10龄以上才性成熟。海水鱼类寿命较短的，如鳀，一般只活3龄；而我国沿海的大黄鱼，最大寿命可达29龄。

同种鱼类的不同地理种群，其寿命长短亦不同。例如，栖息在我国浙江沿海的大黄鱼，最大寿命可达29龄，生活在福建、广东沿海的，可活到17龄，而生活在海南岛东部海域的仅活9龄。这是不同生活环境对生命周期影响的结果。又如，冰岛、挪威海区鲱种群最大体长可达37～38cm，年龄22～23龄，而英伦海峡、北海、波罗的海鲱，最大体长为20～32cm，年龄10～13龄，库页岛鲱介于两者之间，最大体长约35cm，年龄15～17龄。

鱼类的寿命在人工饲养条件下，较野外延长的记载也相当普遍。例如，我国古书记载鲤有47龄的；鲫在人工饲养条件下可活到25龄；圈在池塘中或养在水族馆里的鳗鲡，据记载最长活到86龄。还有许多种类的死亡发生在第一次产卵后，如溯河性大麻哈鱼和降海性鳗鲡属的鱼类。但在人工饲养条件下，亲鳗可以活到第二次性成熟。赵长春等（1980）报道，日本鳗鲡（*Anguila japonica*）亲鱼两次催产成功便是一例。

第二节 年轮和年龄

鱼类的年龄主要依据生长时在鳞片、耳石以及各种骨骼组织上留下的轮纹标志来鉴定。这种方法最早由荷兰的Leeuwenhoek（1684）发现，而最早作出可靠的鱼类年龄鉴定的是瑞典的Hans Hederström（1759）。后者依据脊椎骨上的环纹，分清了狗鱼（*Esox lucius*）和其他若干种鱼的年龄。不过，鱼类年龄鉴定的技术、方法和理论的完善及其实用价值，是在20世纪才获得重大发展的。本节首先介绍这种方法的基础理论。

一、鳞片生长和年轮形成

1. 鳞片生长　真骨鱼类体表的骨鳞，在稚鱼期完成整个覆盖过程。由于各种鱼类仔鱼期长短不一，最早出现鳞片时鱼的年龄和体长，种间并不一致。多数是在仔鱼孵化后1～2个月内出现的，但也有个别种类，如欧洲鳗鲡（*Anguila anguila*）出生后3～4年才出现鳞片。李思发（1983）报道，鱼类鳞片出现和覆盖过程主要同鱼的体长相关，而同年龄关系不大。他研究草鱼、鲢、鳊、鲤和尼罗罗非鱼五种仔稚鱼，鳞片出现时全长分别为17～19、27～32、26～31、16～19和10～14mm。

骨鳞发生时，最早形成的部位是鳞片的中心，称鳞焦（focus）。鳞片的基本构造是由上（骨质层）、下（基片）两层组成的。上、下两层的生长方式不同：骨质层大多是沿周缘一环一环向外增生。这一环一环的骨质层在鳞片表面形成隆起，称鳞嵴（ridges）或环片（circuli）。环片围绕鳞焦，大多呈同心圆排列。但也有横列的，即环片（多数见于前区）不与鳞片周缘轮廓平行，而是与之相交，见于鲱科（Chupeidae）鱼类。基片的生长是一片一片从底部中央向下叠加扩展，新的一片总是处于最底层，而且比老的上一片长得大一些。因此，当鱼体的个别鳞片由于机械损伤或其他原因而脱落，在原有部位又长出新的基片时，正常的新的环片则从边缘开始重新生长。这样的鳞片，称作再生鳞（regenerated scale）；在鳞片的中央看不到环片，全部是基片的纤维。因此，不宜用作年龄鉴定。

微细的骨鳞在增长过程中，前方渐渐沉下去，后端翘向上方，呈覆瓦状排列在鱼体表面。鳞片向着鱼头的部分掩藏在鳞囊内，称前区或基区；向着鱼尾的部分露在鳞囊的外面，称后区或顶区。在前后两区之间，是上、下侧区。侧区和前区或后区交界的部位，称前侧位或后侧位；而从鳞焦向侧区引出的垂直线，称正侧位（图1-2）。鳞焦的位置，依种类而不同；有时，同种鱼的不同发育阶段亦不同，如长春鳊、蒙古红鲌等，其幼鱼鳞焦位于前区，而成鱼逐渐移到中央；有的甚至转而位于后区。

2.年轮形成原理　首先是以鱼类在一年四季中生长速率的不均衡性为基础的。鱼类和其他变温动物一样，其生长特性之一是有季节周期。尤其是温带地区的鱼类，春夏季节水温上升，饵料生物繁茂，鱼体代谢旺盛，摄食强度大，生长迅速且均衡；而到秋冬季节，水温下降，饵料生物贫乏，鱼体代谢缓慢，摄食强度小，生长缓慢，甚至完全停止生长。到翌年春季则快速生长又重新恢复。在整个鱼体长度增长的同时，鳞片、耳石或其他各种骨片等也相应地增长。鱼体在四季中生长的不均衡性，也必然反映到鳞片等的生长上。鳞片生长时，它的表层就有环片形成；在鱼体长得快时，鳞片上形成的环片就宽，环片之间距离也较稀疏，即形成较

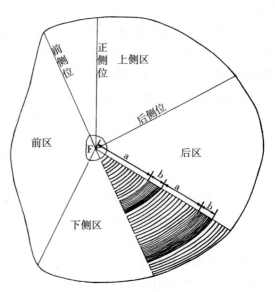

图1-2　鳞片分区和年轮形成模式图
F.鳞焦　a.疏带　b.密带　a+b.生长年带

宽的环片带，称为疏带，或宽带；相反，在鱼体长得慢时，鳞片上就形成排列紧密、狭窄的环片带，称密带，或窄带。一年之中所形成的宽阔环片（疏带）和狭窄环片（密带），合称为一个生长年带（图1-2）。生长年带围绕着鳞焦，一个接一个，它们的数目是和鱼所经历的年数相符合的。在生长年带中，由春夏形成的宽阔环片过渡到秋冬的狭窄环片，其间的交替是渐进的，而经过冬季后，从狭窄的环片再过渡到翌年春季形成的宽阔环片，其间是飞跃的。这样，两者之间出现明显的分界线，称年轮（annuli）。因此，年轮是秋冬形成的密带和翌年春夏形成的疏带环片之间的分界线；被规定为由密向疏过渡的最后一条密的环片。

同样道理，在耳石和鳃盖骨、匙骨等各种骨片上，经过一年的增生就形成了宽层和狭层（相当于鳞片上的宽带和密带，但在耳石和骨片上，一般均称为宽层和狭层）。当年的狭层和翌年的宽层之间的分界线，称为年层，即年轮。有些鱼类，狭层十分窄细，成线纹状，因此可以将狭层视为年层，其意义和年轮是相同的。

年轮的形成与水温及食饵条件的变化密切相关，但绝不能把年轮单纯看作是营养受阻或不利的水温条件所引起的新陈代谢和生长减慢的结果。因为，如果是这样，年轮在冬季形成，到春季迅速生长开始后就能清楚地表现在鳞片上。但实际调查发现，鱼类种间、种群间，或者同一地理种群的不同年龄的个体间，年轮在鳞片上形成（出现）的时间不尽一致。许多性成熟鱼，年轮往往在产卵后才形成。这是因为性成熟鱼往往先进行贮备物质的积累，而要达到一定丰满度后，才开始加强长度生长。因此，性成熟鱼的年轮往往在夏末甚至秋季才形成。相反，性未成熟鱼的年轮一般在春季形成。还有，在赤道和热带水域，

水温没有明显的四季变化，但鱼的鳞片或其他骨质组织上亦有年轮标志。更有一些鱼类，年轮形成并非总是以一年为周期。例如，黄鲷在一年中可以形成两个年轮；又如，东海的大黄鱼，春季产卵的群体，其生殖期为5～6月，秋季群则为9～10月，但从耳石观察，第一个年轮形成时间都在4～6月，即秋季群的幼鱼须要经过两个冬天到第三年春末夏初才形成第一个年轮。这些现象都表明，年轮形成并不单纯是水温和食饵条件等直接作用的结果。尽管目前对年轮形成的机理还不是十分明确，但一般认为它是鱼体内在遗传特性、生理机能与外界生活条件共同作用，两者矛盾获得统一，鱼体重新建立适应性代谢过程，开始新的生理周期的结果。

二、年轮鉴别

1. 年轮标志的类别　鱼类鳞片上的年轮标志，或形态特征，是以环片的生长和排列为基础的。随着种属的不同，年轮标志存在着不同程度的差异，并没有一个完全相同的标准。即使是同一种鱼，由于栖息环境、食饵条件和捕捞强度等的不同，生长情况也有相应的变化，其环片的生长和排列也不尽一致。因此，对于年轮标志的研究，无论是有关理论或方法论的探讨，都还需要进行大量的工作。现将常见的几种年轮标志介绍如下：

疏密型：最常见的一种。环片在一年中通常形成疏和密两个轮带，年轮被规定为当年密带向翌年疏带过渡的最后一条密的环片。见于小黄鱼、鲔、牙鲆和刀鲚等鱼类。此型年轮，还常常伴随其他类型的年轮标志，以复合型出现在各种鱼类的鳞片上，如图1-3，3。

切割型：同一年形成的环片往往互相平行，不同年份形成的环片群走向不同。当年生长的环片群，被翌年新生长的环片群所切割，其间便出现明显的轮纹界限，即为切割型年轮标志。许多鲤科鱼类鳞片侧区常具有这种年轮标志，特别在前后侧位更加明显。按其在不同种属的表现形式，又可分为：

（1）普通切割型　主要表现为翌年的环片群和当年的环片群在侧区呈切割，如图1-3，1。有时，也伴随有其他一些特征，如环片断裂、稀疏，甚至出现缺少1～2个环片的间隙。见于草鱼、赤眼鳟、细鳞斜颌鲴、花鳈、鲤等。

（2）闭合切割型　为鲢、鳙所特有；鳞片上环片排列成同心圆状。每年形成的环片分两类：封闭的"O"型环和开敞的"U"型环。当年形成的U型环片群和翌年新形成的O型环片在鳞片的后侧区相切割。同时，环片的间距也由狭窄转向宽阔，如图1-3，2。在绝大多数个体，年轮常以一个闭合的圆圈的形式出现。

（3）疏密切割型　疏密和切割结构同在一个年轮处出现，切割面的内缘呈密环，外缘呈疏环，如图1-3，3。见于长春鳊、蒙古红鲌、拟尖头红鲌等。

碎裂型　在一个生长年带临近结束时，由于生长迟缓，常有2～3个环片变粗、断裂，形成短棒状凸出物，如吻鮈和圆筒吻鮈（图1-3，4）。

间隙型　在两个生长年带的分界处，有1～2个环片消失，形成间隙，即为年轮。长春鳊的第一年轮（图1-3，3）就有这种间隙型标志。有时，间隙形成环状，在透射光下观察是一条长度不等的洁白明亮带，或在间隙部位出现大小不等的不规则突起。

其他　如年轮处环片不规则分歧（见于石首鱼科和鲷科的一些种类），或两个环片合并，或环片增厚变粗，或环片中断、变细、改变方向等，均可以成为年轮标志。有些鲤科鱼类，成鱼期切割型年轮清晰可辨，但幼鱼期很不明显，仅表现为不显著的疏密结构；并且其侧区环片的增生，有时是上一年环片的自然延续，其区别是新生部分向外缘散开从而表现为稀疏。鳊、鲌、鲫、似刺鳊鮈、花鳕等鱼类鳞片的第一个年轮均发现有这种情况，需要特别仔细分辨。还有的鱼类，如吴万荣（1987）报道的布氏哲罗鲑（*Hucho bleekerii*），鳞片上不仅具有明显的切割型年轮标志，而且其环片数目随年龄而增加有一个规律：每月长出 2 圈环片，以 24 圈环片为 1 年。因此，根据环片数目也可鉴定年龄。

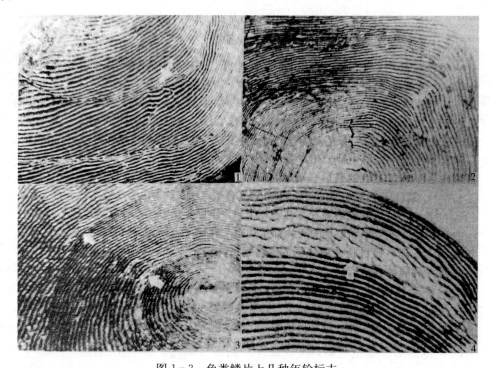

图 1-3 鱼类鳞片上几种年轮标志
1. 普通切割型（花鳕） 2. 闭合切割型（鲢） 3. 疏密切割型（长春鳊，第二年轮），间隙型（第一年轮）
4. 碎裂型（圆筒吻鮈）
（3～4 选自邓中粦等，1981）

一般认为，典型的年轮具有清晰、完整和连续的特征。清晰是指年轮界限清楚，在透射光下，有时出现透亮的年轮环；完整是指鳞片表面四个区，或者至少在基区和上、下侧区均有年轮标志；连续是指不论鳞片上存在哪几种年轮标志，如前区表现为疏密型，上、下侧区为切割型，后区为间隙型，它们往往相互衔接，形成一个完整的年轮环，或者至少在基区和上、下侧区的年轮标志互相衔接，呈连续半圆形。但是，尚需注意的是，不同鱼类的年轮特征不一，其清晰程度和部位也不相同。通常侧区年轮较为清晰，而后区由于被放射沟所截断，或磨损，或蜕变为线纹状、颗粒状、结刺状突起而最不易分辨。因此，在鉴别年轮时，需要对大量标本作深入细致的观察（方法见实验三），摸索规律性，才能正确地识别。

2. 副轮、幼轮和生殖轮 鱼类鳞片（或其他骨质组织）上除年轮外，还存在一些轮纹，干扰和妨碍年轮的正确鉴别，简介如下：

副轮（false ring）：或称假轮、附加轮。在正常生长季节，由于饵料不足、水温突然变化、疾病或意外受伤等原因，使鱼体正常生长受到干扰，从而破坏了环片排列的规律性，在鳞片上留下痕迹，这就是副轮。例如，夏季迅速生长突然被缓慢的生长所代替，鳞片上出现在排列均匀而稀疏的环片群中夹着2～3个紧密排列或断续的环片（图1-4,1）。副轮和年轮不同之处为：

(1) 年轮一般见于鱼体的每一鳞片上，而副轮往往只出现在少数鳞片上。

(2) 副轮不像年轮那样清晰、完整和连续，多半局限于某一区域。

(3) 年轮仅仅表现为疏密结构的，则年轮内缘是密环，外缘为疏环；若为副轮，则与此相反。

(4) 副轮所构成的"生长年带"及其"疏带"和"密带"的比例不协调。正常的生长年带，总是很大一部分为排列稀疏的环片，仅在接近边缘时才有一小部分排列紧密的环片；当副轮出现时，代替这种正常的疏带和密带比例的，是疏带宽度在副轮前后都较正常狭窄；还有，性成熟前的生长年带一般较性成熟后的年带宽，当副轮出现时，可能会出现相反的现象。有些副轮的显著程度和封闭形式可以和年轮十分相像，鉴别这样的副轮，特别需要根据上述(3)、(4)的特点，予以认真观察。

幼轮（fry check），又称零轮。当年鱼在生长过程中，由于食性转换或外界环境因子突变等因素的作用，在鳞片上形成的轮纹。以往报道，幼轮常见于一些降河入海的幼鱼。邓中燐等（1981）在草鱼鳞片上观察到幼轮（图1-4,2）。鳞片中心部分具疏密结构，有的还有近似切割的特征。这种幼轮多在草鱼体长50～70mm时出现，可能和完成食性转换相关。刘伙泉等（1982）发现，鲢鱼鱼种从内塘转入外荡湖泊放养，由于生活空间突然扩大和丰富的饵料生物而形成一个幼轮。幼轮内侧环片排列紧密，外侧排列疏松（图1-4,3）。它和正常第一年轮的区别是未见到U型环向O型环过渡所构成的切割特征。幼轮很易和第一年轮混淆，但幼轮不像年轮那样见于种群的每一个体，而仅限于部分个体。鉴别幼轮通常是把当年秋冬直到翌年早春采集的未满周岁的鱼的实测体长，和根据鳞片退算的"一龄鱼"的体长进行对照。例如，实测体长为13 ± 2.7cm，而退算体长仅为5 ± 1.9cm，相差悬殊；说明据以退算的那个轮纹不是第一年轮，而是幼轮。有的鱼类繁殖期长，从春夏可以延续到秋季；那些晚出生的个体，当年适宜生长的季节短，在鳞片的中心部位常有一个小年轮；其形态特征与以后各年的年轮标志不尽相同，在年龄鉴定时可能忽略，或误认为幼轮。因而，在实际工作中，鳞片中心部分的环片结构，特别要仔细观察，避免误差。

生殖轮（spawning check），又称产卵标志、生殖痕。由于生殖活动停止摄食或产卵衰竭等生理变化影响鱼体生长而形成的。生殖轮通常表现在鳞片侧区：环片断裂、分歧和不规则排列，或在顶区生成一个较粗的暗黑色断裂环片；环片的边上紧接着一个无结构的光亮的间隙。此外，还有由于生殖行为而造成的鳞片损坏、折断等。生殖轮在溯河性鲑鳟鱼类最为常见、典型。这些鱼类在溯河产卵时，常停止摄食，储存在鳞片或骨骼中的钙质被重新吸收利用。这种钙物质被重新吸收的逆转现象，称克莱顿效应（Crichton effect）。鳞片中钙物质被吸收的多少与产卵前停止摄食时间的长短相关。有的种类溯河后立即繁殖，鳞片上有少量钙质被吸收（缺损）的痕迹，下海后又恢复生长，填补被吸收的部位，便形成生殖痕，并与正常年轮重叠；有的种类在河口逗留很久才溯河产卵，则被吸收（缺损）部分十分显著，甚至可波及前区，这种个体下海后又恢复生长，留下生殖痕十分紊乱，给年龄鉴定造成困难。

鲤科鱼类鳞片上发现生殖轮的不多。Чугунова（1959）曾报道见于欧鳊（*Abramis brama*）和拟鲤（*Rutilus rutilus*）。邓中粦等（1981）发现长春鳊（*Parabramis pekinensis*）鳞片上也有生殖痕，和一般年轮在侧区呈现的切割现象很不相同，其表现为环片缺损（或溶蚀），也有波及到前区的（图1-4，4）。发生时间多数在7～8月繁殖期，主要是2^+～3^+龄个体。可见，这也是和长春鳊初次性成熟时，体内钙物质的积累和消耗产生矛盾相关。

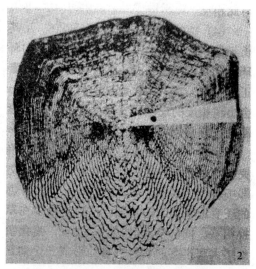
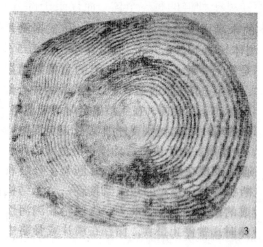
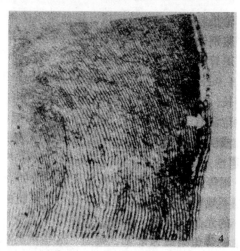

图1-4 鱼鳞上的副轮、幼轮和生殖轮

1. 草鱼，箭头示副轮 2. 草鱼，黑点示幼轮 3. 鲢，A示幼轮 4. 长春鳊，箭头示生殖后修补的环片

（2，4从邓中粦等，1981；3从刘伙泉等，1982）

三、年轮数目和年龄

当年春夏孵化的一龄鱼，鳞片上虽有环片形成，但没有年轮；其年轮一直要到第二年春夏才形成（出现）。同样，从第二年春夏形成第一个年轮到第三年春夏形成第二个年轮之前，鱼类进入 2 龄，但其鳞片上也只有一个年轮和新的增生的环片。为方便起见，目前一般用阿拉伯数字记载鳞片等骨质组织上实际见到的年轮数。例如，鳞片上没有年轮，用 0 表示；有 1 个年轮的，用 1 表示；依此类推。为表示年轮形成后，在轮纹外又有新增生的环片，则在年轮数的右上角加上"+"号，如 0^+、1^+、2^+、3^+、……。在春夏采样进行年龄鉴定时，有时标本鱼的年轮正好落在鳞片的边缘上，这种情形用数字后加点表示，如 2.。采用这种记载方法，鳞片上年轮数和年龄的关系是：

$0^+ \sim 1.$，1 龄鱼，指大致渡过了一个生长周期；鳞片上无年轮，或第一个年轮刚形成。

$1^+ \sim 2.$，2 龄鱼，指大致渡过了两个生长周期；鳞片上有 1 个年轮，或第二个年轮刚形成。

$2^+ \sim 3.$，3 龄鱼，……依此类推。

还有一种记载方法：完全按照鳞片等骨质组织上年轮数目，而不管它的生长周期，用罗马字记载。这样，鳞片上没有年轮的 1 龄鱼被划入"0 龄组"；有 1 个年轮的 2 龄鱼被划入"Ⅰ龄组"；有 2 个年轮的 3 龄鱼，被划入"Ⅱ龄组"……，依次类推。这可以说是实足年龄的统计方法。但是，有些鱼的年轮形成时期，往往要延续好几个月。例如，鲫鱼的年轮，早的 3 月就有形成的，晚的要到 7~8 月才形成，而主要形成时间为 4~6 月。这样，在年轮形成季节（4~6 月）收集的样品，根据年轮数划定龄组时，就有可能把同一年出生的鱼划入不同龄组。

鱼类在同一年内产出的全部后代，称为同龄组，或同年代级；以出生的年代来表示，也称世代组。如某种群 1987 年产出的全部后代，称 1987 世代组。同一世代组的个体年龄相同，但体长可能不一。采用上述第一种方法划分年龄组时，为了确切记录鱼的出生世代，邓中燊等（1981）采用元月 1 号为年龄递增日期。如 1977 年 12 月采集的鱼，鳞片上两个年轮之外还有一部分环片，记录为 2^+；到 1978 年元月后、新轮形成前各月，即使同样情况（2^+），则可记录为 3，直到形成新轮之外方又生长出一部分环片，始记录为 3^+（实际仍为 3）。因此，以年为界，在同一年里，年轮形成前的 2^+（记录为 3）和正在形成年轮的 3. 以及在新年轮形成后外缘又生长出一部分环片的 3^+，均是同一世代的鱼。这样，只要对于在鳞片上的年轮形成状况判断准确，则所属世代就不会弄错。一般地，只要把捕捞时的年份减去年龄数，便是出生的世代。如 1992 年 3 月捕的 1 尾 3^+ 龄鲫，因为即将形成年轮，所以记录为 4，1992－4＝1988，即为 1988 世代；如仍在 1992 年 8 月捕到 1 尾 4^+ 龄鲫，实际仍为 4 龄，仍属于 1988 世代。

四、年轮形成的周期和时间

查明年轮形成的周期和时间，对于准确鉴定和划分样本的年龄组，从而准确估计种群的世代数量十分重要。现知有多种方法，较为切实可行的是：每月定期采集材料，对某种研究对象的年龄鉴定材料进行周年的不断观察和分析。主要观察鳞片等边缘状况的周年变化。徐恭昭等（1962）在1周年内连续观察3 780个大黄鱼耳石的边缘状况后，发现在透射光明视野下暗窄带在耳石边缘出现的时间为1～6月，百分率最高为4～6月，其余各月边缘全是明亮的。由此获得结论：大黄鱼耳石上年轮纹形成周期为1年，当年7～12月首先形成宽带，翌年1～6月形成窄带，每年形成一个宽带和一个窄带，而其中当年窄带和翌年宽带交界处即为年轮。

鳞片或耳石等边缘周年增长的幅度，可以利用数学式计算，以了解其生长规律，并证明年轮形成的周期和时间。现在常用计算式是：

$$I = (R - r_n)/(r_n - r_{n-1})$$

式中，R——鳞径；

r_n——从鳞焦到近边缘第一圈年轮轮纹的距离；

r_{n-1}——从鳞焦到近边缘第二圈年轮轮纹的距离；

I——鳞片或耳石等边缘增长幅度与近边缘最后两年轮轮纹距离的比值（图1-5）。

当鳞片等边缘越宽时，I值越大；反之，I值越小。新轮形成之初时，边缘值（$R-r_n$）几乎等于0，I值接近0；而当I值逐渐增大，接近1时，即边缘幅度接近于前两个轮纹间距的宽度时，则表明此时新轮即将出现。此法不足之处在于，有时I值大于1，而新轮却迟迟未出现。刘蝉馨（1981）在研究黄渤海蓝点马鲛年龄时发现，各龄鱼耳石第一年轮轮径（r_1）较稳定，可以视为常数，与边缘增长值可构成比值。因此，他建议将上式改为：

$$I = (R - r_n)/r_1$$

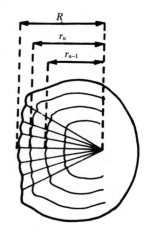

图1-5　鳞片边缘增长值测量示意图

研究表明，蓝点马鲛耳石新轮出现前，I值最大在5月；新轮出现时，I值最小在7～8月；新轮出现后I值渐增在8～11月。由此获得结论：这种鱼耳石年轮主要在产卵后6～8月形成；每年一个周期，各龄鱼较为类似。

年轮形成周期和时间，往往与个体的年龄大小、性成熟状况以及外界水温相关。李城华（1981）通过对2 114尾不同年龄组黑鲪（*Sebastodes fuscescens*）耳石标本的研究，发现耳石宽带形成主要在6～11月初，窄带主要在12月～翌年5月。年轮出现时间主要是3～6月，但不同年龄组的个体，年轮出现早晚及延续时间不同。例如，1龄组，年轮形成最早始于3月，5月已全部形成；2～4龄组，年轮形成始于3月，终于6月；5～7龄组，则始于5月，终于6～7月；8龄以上，则始于6～7月。从耳石上宽带和窄带形成和延续时间分析，5龄以前，黑鲪生长速度最快，代表快速生长期的宽带出现最早，延续时间最长；5～7龄，个体生长速度变慢，窄带出现稍迟，延续时间也较短；8龄以上的高龄鱼，生长速度明显下降，宽带出现最迟，延续时间最短。

黑鲪宽带和窄带形成早晚还和性成熟年龄相关。该种4龄6.3%个体性成熟，5龄62.5%个体性成熟，8龄全部个体达到性成熟。在性成熟以前（1～4龄）的个体，其宽带要比大部分达到性成熟（5～7龄）的个体早出现2个月，而比全部性成熟（>8龄）的个体早3个月。黑鲪耳石宽带形成早晚与生命周期中性成熟状况有一定联系，这表明耳石的生长也反映了鱼体的代谢状况。

黑鲪各月份宽带和窄带出现率曲线与样品收集海区水温月变化曲线的分布趋势基本一致（图1-6）。也就是说，宽带形成的主要月份是水温较高的6~11月，窄带形成的主要月份是水温较低的12~4月（或5月）。因此，黑鲪耳石上宽带和窄带形成过程较为正确地反映出鱼体季节生长特性，而环境因子——水温具有明显的作用。

第三节 鉴定和分析鱼类年龄的方法

一、依据鳞片等材料鉴定鱼类年龄

目前，经常用作鱼类年龄鉴定的材料有鳞片、耳石、鳍条、鳍棘和支鳍骨、鳃盖骨、匙骨和脊椎骨等。少数用上颌骨、尾杆骨、尾下骨以及鲟科鱼类的骨质甲片。不同鱼类

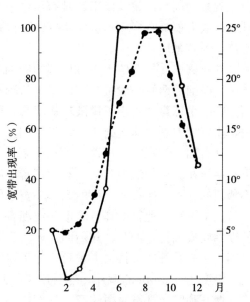

图1-6 黑鲪耳石宽带形成的时期与样品收集海区水温之间的关系
实线示宽带出现率，虚线示水温
（从李城华，1981）

标志年龄的最理想材料是不同的，应在深入研究后，进行对比和分析确定。最常用的是鳞片，因为取材方便，观察简便，不需特殊加工。但对于无鳞鱼，如鲇形目鱼类；或是鳞片上年轮数和实际年龄不符，如欧洲鳗鲡；或是高龄鱼因副轮很多而影响年龄鉴定正确性，如鲢、鳙、小黄鱼等；或是因为生殖行为而鳞片受损，不能正确鉴定年龄，如一些鲑鳟鱼类；可以采用耳石或其他骨组织来鉴定年龄，或用作鳞片鉴定时的对照。

1. **鳞片（scale）** Hoffbaner（1898）最早用鳞片鉴定鱼的年龄。鳞片最好取自新鲜鱼，但冷冻和浸制标本也可用。标本采鳞前要进行常规生物学测定（见实验一），采鳞后有时还要剖开腹腔，确定性别和性腺发育等级（见实验二）。

采鳞部位 通常在背鳍或第一背鳍前半部下方、鱼体正中部或侧线上方中间。该部位鳞片多数形状正规，环片清晰。有些鳞片易脱落的种类，可选剩余部位采鳞，如胸鳍掩盖部位。亦可先对鱼的体侧分区采鳞，然后观察比较各部采集的鳞，选择鳞形正规、轮纹清晰的区域为采鳞部位。

采鳞数目 一般5~10片。如在野外，采下的鳞片可利用鳞片上的粘液依次贴在白纸上，然后装入鳞片袋内。鳞片带回室内经浸洗后，依次夹在两载玻片中，贴上注有鱼名和编号的标签，用胶布在两端固定后观察（见实验三）。

观察一般使用解剖镜、低倍显微镜观察鳞片。对每一种鱼，应选择最适当的放大倍数，要能看清环片群的大小和排列情况，因此，视野的大小最好能包括整个鳞片。也可用投影仪，或幻灯机等设备将鳞片物象投射到屏幕上观察。

2. **耳石（otolith）** 自Reibisch（1899）最早在欧洲鲽（*Pleuronectes platessa*）耳

石上观察到周年性轮纹以来，耳石至今一直是鉴定鱼类年龄的重要材料之一。鉴定年龄的耳石一般为翦耳石（sagitta），取自新鲜鱼；浸制标本耳石已变脆，耳石上轮纹通常模糊不清，不宜采用。

耳石摘取 耳石位于头骨后端两侧的球囊（sacculus）内，劈开鱼头，或横切鱼头后枕部，在脑后两侧一般可找到。也可从鳃盖下方取出，较小的鱼可把鳃撕掉，暴露颅骨底面左右两个球囊，用镊子挑破球囊薄骨，即可取出耳石；较大的鱼，操作时将鳃盖翻向一边，用解剖刀剔去球囊处肌肉，然后切开球囊壁，取出耳石。

耳石加工和观察 小而透明的耳石，如鳀、鲱、鳕、鲐、鲹、竹筴鱼、带鱼和鲕等，可直接浸在二甲苯液中观察，有时可置于酒精灯火焰上稍加灼热，使轮纹更加清晰；大而不透明的耳石，如石首鱼科的大、小黄鱼等，耳石必须加工后观察。

加工方法 把整个耳石涂上一层沥青，或埋在其间，然后按耳石大小、形状，沿耳石的纵轴或横轴将它劈开，其断面在质粒很细的油石上磨光，润以二甲苯，用放大镜观察，或固定在松香等造型材料中观察。亦可将劈开的耳石用锉刀锉薄，再在油石上磨成完全透明、厚度约0.3mm的薄片，然后用树胶固定于载玻片上渍以甘油观察，效果更好。

劈开和磨光耳石时须注意，耳石中央一般有一中心核，切面务必通过此核心，否则对耳石年层的解释就不正确。切面如果远离核心，即使仍通过第一个年层，但宽狭层的间距发生偏差，不能反映真正的生长情况；如果不通过第一个年层，则年龄鉴定就会少1龄。

耳石在入射光下，可看到淡白色的宽层和暗黑色的狭层相间排列，构成与鳞片相似的生长年带。在透射光下，宽层暗黑，而狭层呈亮白色。宽层是在温度上升的春夏生长迅速季节形成的，而狭层是在温度下降的秋冬生长缓慢季节形成的；其形成机理基本上与鳞片上宽带和狭带相同。严格来说，狭层和翌年宽层的分界线才是年层，但通常将狭层即视为年层，或年轮。特别是在高龄时，狭层常表现为细线条，因此计数狭层的数目，即可确定鱼的年龄。我国学者对石首鱼科的大黄鱼（徐恭昭等，1962）、小黄鱼（丁耕芜等，1964）以及黑鲷（李城华，1981）等运用耳石鉴定年龄，取得较好效果。图1-7是大黄鱼耳石的横断面，可以清楚看到由中心向内侧伸出四条辐射线，将耳石明显分为内外两部。内侧部又被分为三个小区，即上部两个洼沟区和下部一个平滑区。耳石各部都有同心轮纹，而以平滑区轮纹最清晰，可供年龄鉴定之用。用耳石鉴定年龄时还须注意，耳石正中有一中心核，在入视光下暗黑色，透射光下明亮。有时，核的周围会出现一个小环，不能和第一个年轮相混。大黄鱼的第一、二年带构造上和其他年带显著不同，其中往往出现副轮，应注意鉴别。

3. 鳍条、鳍棘和支鳍骨（fin-ray, spine and pterygiophore） 背鳍、臀鳍、胸鳍的粗大鳍条、鳍棘和支鳍骨也可用于鱼类的年龄鉴定。

取材 材料一般取自新鲜鱼，浸制标本等也可用，但效果较差。取鳍条或鳍棘时，一般从关节部完整取下，然后用锯条在离基部0.5～1.0cm处截取厚2～3mm一段。锯截面应和鳍棘保持垂直。然后将此片段在砂轮上粗磨，再在油石上磨成厚0.2～0.3mm透明薄片。研磨时宜多加水湿润，以免破裂。也可先浸在明胶的丙酮浓稠液中，使鳍条裹上一厚层明胶，再取出凉干后切锯。

观察 切片置于载玻片上，有时肉眼即能观察；或加1～2滴苯或二甲苯透明液，用

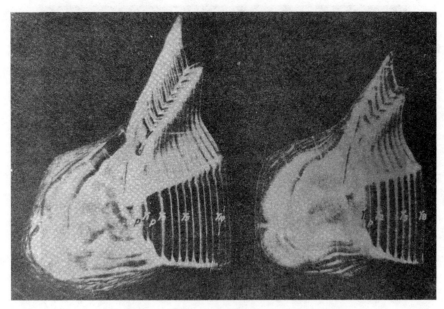

图 1-7 大黄鱼耳石磨片：示年轮和副轮
左：11$^+$ 右：8$^+$ r_n. 年轮 p. 副轮
(从徐恭昭等，1962)

解剖镜等观察。如不清晰，还可将切片放在烘箱中加热数分钟，或在酒精灯火焰上灼热一下，效果更好。在鳍条或鳍棘切面上，同样可看到宽层和狭层相间排列，通常将狭层视作年轮计数，以鉴定鱼的年龄。王应天等（1960）、吴清江（1975）用胸鳍棘分别鉴定鲢、长吻鮠的年龄，效果较好。

秦克静（1981）提出用背鳍和臀鳍第一支鳍骨作为鉴定高龄鲢鱼的年龄，认为较鳍棘或鳍条简便可靠。支鳍骨制片时，是在最膨大处用钢锯横断，磨成 0.5～1.0mm 薄片观察。在支鳍骨切面上，和胸鳍条相似，可以清楚看到宽层和狭层呈同心圆状相间排列（图 1-8）。通常，将狭层视作年轮。由于支鳍骨在开始三年生长很慢，一般第一个年轮较细小，有时紧围着血管腔，肉眼不易分辨，可用 5～10 倍放大镜观察；第二个年轮稍宽大，而以后各轮肉眼都很容易识别。另外，5～6 龄后的鲢，支鳍骨在侧部增长快，侧部的年轮明显，而且轮间距宽，其他部位年轮可能会重叠，所以，鉴定年龄时年轮读数应以侧部（最大半径）为准。在实际应用时，有时可以不必磨片，只须在支鳍骨最膨大处横断，用肉眼就能判断年轮。

4. 鳃盖骨（opercular）、匙骨（cleithrum）等扁平骨片　鳜、鲈、鲟、狗鱼等常用鳃盖骨、匙骨等扁平骨片鉴定年龄。骨片一般取自新鲜鱼。取骨片时，先用开水烫相应部位 1～2 次，或稍煮沸，但不能煮久，否则骨片会变浑浊。小的骨片薄而透明，一般不必加工，洗净后即可观察；但有的太薄太透明，也不便观察，可以染色后观察。染色方法和鳞片类同（见实验三）。大的骨片需要加工，将不透明部分用刀刮薄或用锉刀锉薄，然后用乙醚、汽油或 1/3 乙醚和 2/3 汽油混合液脱脂。脱脂过程有时历时数星期，中间还须更换脱脂液数次。脱脂后骨片若仍不清楚，还可用染色剂染色。还可以将骨片浸在甘油里 10～15min，然后加热到甘油沸点，经过这般处理，骨片变成乳白色，而把年层衬托得清清楚楚。

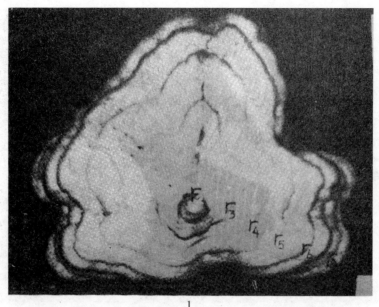

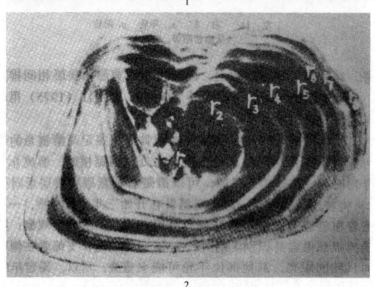

图1-8 鲢支鳍骨和胸鳍鳍条磨片（示年轮）
1. 支鳍骨，♀，8⁺龄，体长81cm，体重12kg 2. 同一尾鱼的胸鳍条
（从秦克静，1981）

LeCren（1947）曾用鳃盖骨鉴定河鲈的年龄，在骨片上同样呈现宽层和狭层相间排列的年带，内侧狭层和外侧宽层之间为年轮。蒋一珪（1959）用鳃盖骨鉴定鳜鱼年龄时，发现在入射光下呈暗黑色的狭层与下一年乳白色的宽层之间有明显界限，而与同一年的宽层之间无明显界限，是由乳白色逐渐过渡到暗黑色的。在乳白色宽层内，有时也会出现暗黑色狭层，但不完全贯穿整个宽层，且色调突出，不是渐进的，这是假年轮。

5. 脊椎骨（vertebra） Hans Hederström（1759）最早用脊椎骨鉴定鱼的年龄。不同鱼类，其年轮在不同椎体上清晰程度不一。通常应先将椎体逐个检视，然后决定采取第几个脊椎骨为宜。如果是夏季取出的椎骨,应浸在2%(冬季取样可浸在0.5%)KOH液中1~2天,再放入酒精或乙醚中脱脂。然后,将椎骨放在蜡盘里,关节臼朝上。在放大镜下观察椎体中央斜凹面上的轮纹。有时,可预先把脊椎骨沿长轴方向剖开(从背面剖到腹面),然后把半个脊椎骨固定在蜡盘上,观察面水平朝上。椎体斜凹面上的宽层和狭层交替排列,常呈同心圆状。吴清江(1975)观察长吻鮠椎体,在椎体前后盘面上都看到白色和暗色的同心宽狭环纹。白色宽纹和暗色狭纹组成一个年带,代表一年的生长。

二、依据渔获物长度组成分析年龄组成

1. 分布法　丹麦生物学家Petersen(1892)首先应用鱼群长度频率(size frequency)分布法分析绵鳚 *Zoarces viviparus* 的年龄组成。

本方法的原理是:同一水体、同一世代的鱼往往在相同或相近的外界环境条件下生活,大部分个体的生长率相似。因此,不同世代的鱼具有明显不同的长度范围。于是,就可以通过测定大批渔获物,点画出其长度频率分布来分析其年龄组成和生长。

具体方法是在大批渔获物中,不加选择地测定同一种鱼不同大小个体的长度;然后将结果点画在坐标纸上,以体长组为横坐标,各体长组鱼的数目(可换算成百分比)为纵坐标。全部资料点画在坐标纸上后,就可以看出某些长度组的鱼特别多,而某些长度组的鱼特别少。整个图形显示出一个个高峰,其中每一个高峰代表一个年龄组。如果采样随机、有代表性且包括各年龄组,那么通过此法便可了解特定水域某种鱼种群的渔获物的年龄组成和各年龄组的长度组成。每个鱼数最多的长度组,即代表该年龄组鱼体的一般长度。

图1-9是福建沿海大黄鱼的长度频率分布,由5~6个高峰组成,说明该渔获物有5~6个年龄组,各年龄组长度分别为23.5、29.5、32.5、36.5和39.5cm;同时,此法还可以和通过鳞片等材料测定的年龄和生长互相验证使用,以获得更正确的结果。对于年轮标志已明确的鱼类,根据年龄实测的体长,若和长度分布曲线上的高峰相吻合,说明长度频率分布

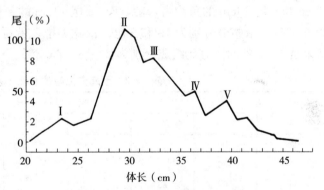

图1-9　福建沿海大黄鱼长度频率分布
(福建省近内海鱼类资源调查组,1972;转引自苏锦祥等,1982)

的高峰可以分别代表样品中的具体年龄组。例如,据耳石鉴定的年龄,福建沿海大黄鱼Ⅰ~Ⅴ龄鱼的体长分别为23.6、28.7~31.7、32.6~34.8、34.4~36.5和39.4cm,和长度分布曲线上的5个高峰正相符合。因此,这5个高峰分别代表所获样品中的5个龄组。对于年轮标志尚不明确的鱼类,如果根据鳞片或其他骨骼组织初步认定的"年轮标志"所统计的不同年龄的实测体长和长度频率分布的高峰基本符合,则有助于确认年轮标志。近代,Harding(1949)和Cassie(1954)等采用概率纸统计;田中(Tanaka,1956)设计了用抛物线适配于频率的对数的方法;Hasselblad(1966)采用计算机使连续近似值适配于正态分布曲线,从而使长度频率分布在统计学和方法学上变得更准确。

本法亦有一定的局限性：在自然条件下，由于自然死亡和捕捞等原因，某一世代的鱼应该是出生第一年数量最多，以后逐年减少；年龄越大，个体数越少。但由于渔获物不可能取得所有年龄组的材料，因而长度分布曲线有时会出现 1 龄鱼群的高峰反而低于 2 龄或 3 龄的。这是取材时的渔具渔法不当造成的。如用大网眼的渔具，甚至可以将低龄组的鱼漏掉。避免这一缺点的最直接方法是采用若干种不同渔具采样。它们在某种程度上对大小有选择性，而且选择不同的大小范围；但综合各种渔具，则可以得到一个比较准确的随机的包括各龄组的样品。其次，鱼类在性成熟后，长度生长速度减慢；特别到老龄时，甚至停止长度生长。这样，各年龄组长度分布可能重叠，发生错误。因此，此法一般仅适用于龄组简单、不同龄组之间体长间隔明显的种类，而对龄组复杂的种类或高龄鱼群常不起作用或造成失真。

2. 换算法　Мороцов（1895）提出根据渔获物的长度组成换算成年龄组成的方法。采用此法首先要求编制一个该渔获物各长度组的年龄组成百分比的辅助表。

具体步骤是以某一渔汛所获多批渔获物群体作材料，首先测定这些渔获物每一个体的长度，并鉴定其年龄，然后按每 1cm 级内不同年龄鱼的个体数百分比列成表。有时考虑雌雄间差异，可以将雌雄分别列表。为了提高这份辅助表的准确性，还可根据历年渔获物所测定的长度和年龄所求得的平均值予以修正。现以辅助表（表 1-2）中任一长体组为例，如 16cm 的鱼有 12 尾，经年龄鉴定其中 1 龄 2 尾，占 17%；2 龄 7 尾，占 58%；3 龄 3 尾，占 25%。这样，利用这张辅助表，就可以对只进行长度测定的大批渔获物直接进行年龄组成的换算。例如，Мороцов 曾依据土库曼拟鲤体长和年龄换算表（表 1-2），将 5 547 尾长度 12～32cm 的渔获物标本（表 1-3）换算成年龄组成。根据换算表，1 尾 12cm 和 9 尾 13cm 的鱼均为 1 龄，而 28 尾 14cm 的鱼分布在两个年龄组，1 龄占 67%，2 龄占 33%，取整数分别为 19 和 9 尾；依此类推，就可以知道全部 5 547 尾鱼的年龄组成，结果是 1～6 龄的百分比组成分别为 2.8%、23.8%、28.8%、29.7%、10.8% 和 4.1%。

表 1-2　土库曼拟鲤体长和年龄换算表

体长 (cm)	年龄（%）						标本数
	1	2	3	4	5	6	
12	100						1
13	100						1
14	67	33					6
15	29	71					21
16	17	58	25				12
17	8	84	8				13
18	3	69	28				32
19		40	40	16	4		25
20		28	48	22	2		50
21		4	42	48	6		48
22			47	45	6	2	47
23			18	53	26	3	72
24			15	52	28	5	39

(续)

体长 (cm)	年龄 (%)						标本数
	1	2	3	4	5	6	
25			13	47	20	20	40
26				24	56	20	25
27				19	31	50	16
28					45	55	9
29					20	80	5
30						100	6
31						100	1

表1-3 土库曼拟鲤渔获物的体长组成

体长 (cm)	标本数	体长 (cm)	标本数	体长 (cm)	标本数
12	1	19	515	26	137
13	9	20	536	27	62
14	28	21	614	28	48
15	87	22	855	29	21
16	306	23	822	30	18
17	416	24	353	31	3
18	501	25	214	32	1

采用此法将渔获物体长组成换算成年龄组成比较简便。虽然编制辅助表仍需做大量年龄鉴定工作，但毕竟对以后的测定或换算节省了大量的时间。然而，由于辅助表往往是多批渔获物或历年渔获物采样的平均值，因此，根据辅助表所换算成的年龄组成也是一个平均概念，仅表示一个总的倾向。

第四节 渔获物年龄结构分析及其意义

一、种群年龄结构的基本概念

年龄结构或组成（age structure or composition）是种群的基本属性之一。鱼类种群的年龄结构，除部分鱼类为单龄（寿命1年内）结构外，多数鱼类种群是由不同龄组个体所构成的多龄结构。一般讨论种群年龄结构是指多龄结构。种群的年龄结构通常由出生率、死亡率决定。有些鱼类的寿命较短，仅活2～4龄；这样的种群，其年龄结构简单。而有些鱼类寿命较长，一般活6龄以上，甚至20～30龄，其种群年龄结构复杂。从理论上分析，所有不断地繁殖的种群均趋向于稳定的年龄分布，如果出生率和死亡率不变，则每一龄组的个体数和所占比例各自保持稳定。这种稳定状况可以由于某种原因，如自然灾害、过度捕捞或种群迁移而受到破坏；不过，当这种环境因子消失或改善后，种群的年龄结构也可以恢复到原来的状况，但恢复的程度和时间则要视不同种类和条件而定。

一般来说，凡种群年龄结构简单的鱼类，其幼体龄组在种群中所占数量百分比大，年龄金字塔（age pyramid）低平（图1-10），意味着种群的生产量大；而种群年龄结构复杂的鱼类，其幼体龄组，特别是1龄幼体在种群中所占数量百分比相对要小，年龄金字塔高耸，意味着种群生产量小。不论种群的生产量大或小，一个正常增长着的种群，必有一个增长着的相对来说数量较大的幼体群体；而一个衰减着的种群，则必有一个衰减着的相对来说数量较小的幼体群体。因此，根据种群年龄结构变化，可以判断种群的出生率、死亡率的变化，从而了解种群数量变动（见第九章）。

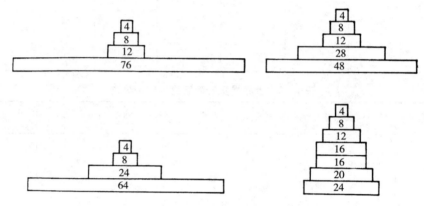

图1-10 种群理论年龄金字塔

每一层次代表一个龄组，最上层是最大年龄组，最下层是1龄群体，
每一层次的数字，表示该龄组个体所占整个种群个体数的百分比。

（从Smith，1974）

二、渔获物年龄结构分析方法

渔获物是渔业用语。它可以是某种指定渔具的渔获物，也可以是某个渔场，或某一水域的渔获物。渔获物年龄结构，就是指渔获物中某种鱼各年龄组个体数占全部个体数的百分比。要确定任何指定渔具的渔获物中某种鱼的年龄结构成分，首先应取得可以代表整个渔获物年龄组合成分的所谓"平均样品"。取平均样品应不加选择、快速连续地把某种鱼从渔具中取出，绝不许挑选。样品中每个标本均需经过称重、测体长、判明性别和性成熟程度。整份样品重量也需称取，以求得平均重量。然后，取下鳞片等材料鉴定年龄，并数出每个年龄组中鱼的尾数。最后，将各年龄组鱼数换算成百分数。雌和雄性个体通常分别计算。在记载年龄组合成分百分数时，应该注明样品的标本数目，用以表明样品的代表性。表1-4示一般的统计格式。

表1-4 渔获物年龄组成统计格式

龄组 性别	3	4	5	6	7	8～9	n^*
用标本数表示年龄组合成分							
♀	356	1 612	1 829	916	84	17	4 814
♂	158	948	809	332	16	3	2 260
♀＋♂	514	2 560	2 638	1 248	100	20	7 080

(续)

性别\龄组	3	4	5	6	7	8～9	n*
	用百分数表示年龄组合成分						
♀	7.4	33.5	38.0	19.0	1.7	0.4	4 814
♂	6.9	41.8	35.7	14.7	0.7	0.2	2 260
♀+♂	7.3	36.2	37.3	17.5	1.4	0.3	7 080

* n 代表整份样品标本数。

如果需要求得某一种鱼在几批渔获物中的平均年龄组合成分，可以用平均样品相加法来进行年龄组合成分的计算。即把几份样品加在一起，得出全部样品中每一年龄的标本数或百分数。运用平均样品相加法不仅可以获得不同时间内某种渔具渔获物的平均年龄组合成分，而且可以进一步扩大，获得某个渔区或渔业水域渔获物中某种鱼的年龄组合成分。当分析水域某种鱼的渔获物年龄组合成分时，一般应当首先了解该种鱼的生物学和生态学特性基础，综合考虑不同季节该种鱼在水体的分布、行为、洄游路线以及捕捞渔具等情况，然后确定采样地点、时间和渔具，使每一份平均样品有一定的代表性，最后通过相加法就可以获得整个水域该种鱼的渔获物年龄组合成分。一般来说，采用平均样品相加法来计算渔获物的年龄组合成分，在多数情况下可以得到比较可靠的结果。这种方法较为正确地反映了所调查渔具或水域鱼的实际年龄组合成分，因而常被采用。

应该指出，渔获物的年龄结构并不完全等于种群的年龄结构，因为渔获个体通常是种群进入捕捞群体的部分。但是，在多数情况下，特别是对于那些以 1 龄个体进入捕捞群体的种类，其渔获物年龄结构大致反映了种群的年龄结构。因此，对水域某种鱼的渔获物年龄结构进行分析，便可以具体了解水域种群的年龄结构及其数量变动。这在渔业生态学研究中，往往具有十分重要的实践意义。

三、渔获物年龄结构分析的意义

通过渔获物采样，揭示鱼类的年龄结构，并和生长、摄食、繁殖、洄游以及种群增长等各种生物学和生态学特性相关，其意义将在以后有关章节中详细讨论。渔获物年龄结构的分析，最直接的意义是被用来判断渔捞强度、渔具合理性和水域渔捞量的合理性。当某种渔具或渔法严重损害鱼类资源、大量捕捞幼鱼时，这种渔具或渔法必须淘汰，严禁使用；同样，一个水域的捕捞强度超过了限度，导致种群数量进展性衰减，资源的恢复受到妨碍，则必须立即采取措施，控制水域的捕捞强度。

在利用渔获物年龄组成分析捕捞强度时，要注意这种鱼年龄结构的简单或复杂程度。对于一些年龄结构复杂的鱼类，如海水的大黄鱼、带鱼、淡水的青鱼、草鱼、鲢、鳙等，如果渔获物中高龄鱼比例过大，表明资源利用不足；而低龄鱼比例过大，则表明捕捞过度、资源衰退，种群年龄结构低龄化、个体小型化。表 1-5 提供了一个典型例子：低龄鱼（1～3）构成了太湖主要经济鱼类渔获物的主体。从翘嘴红鳍鲌的龄群资料来看，低龄组（0～Ⅱ）的比例由 1964 年的 64.5% 上升为 1981 年的 83%，提示在 20 世纪 60～70 年代太湖经济鱼类种群的低龄化渐趋严重。再从鲫鱼的龄群资料分析，1989 和 1982 年之间无明显差异，表明在进入80年代后，太湖经济鱼类种群低龄化并未获得改善。据作者等（1991）调查，实际情况和渔获物年龄分析基本相符，这些鱼类在太湖的实际产量在60～70年代都大幅度下降，特别是"四大家鱼"，其产量已完全依靠人工放流维持，而鲤、鲫、鳊的产量（包括部分放流产量），至今仍低于20世纪50年代初期水平。

但是，对于一些年龄结构比较简单的鱼类，如海水的沙丁鱼、鳀等，只有2～4个年龄组。渔获物年龄结构分析时发现低龄鱼比例减少，则往往提示资源受到影响，补充群体数量不足，以后的渔获量将会受到影响。据此，应该引起注意并采取措施控制捕捞强度。一般来说，这一类鱼由于年龄结构简单，种群生产量较大，因此，只要措施适当，种群数量会很快获得改善和增长。

表1-5 太湖几种主要经济鱼类的年龄组成（%）
(从殷名称、缪学祖，1991)

鱼名	年份	项目	1 (0)	2 (Ⅰ)	3 (Ⅱ)	4 (Ⅲ)	5 (Ⅳ)	6 (Ⅴ)	7 (Ⅵ)	总尾数	总重量(kg)
鲢	1979	尾数比	16.58	69.43	9.33	4.66					
鳙	1979	尾数比	18.47	63.69	14.65	3.19					
草鱼	1979	尾数比	9.61	40.95	27.18	6.41	3.35				
青鱼	1979	尾数比	7.87	57.30	20.22	10.11	4.50				
翘嘴红鳍鲌	1964	尾数比	6.36	34.80	26.36	20.00	8.70	2.50	1.13	440	
	1981	尾数比	10.00	37.60	35.30	12.50	2.50	1.65	0.25	359	
花䱻	1983	尾数比	4.11	55.33	32.36	6.50	1.46	0.26		754	
		重量比	1.00	43.52	39.88	11.09	3.56	0.95			61.02
鲫	1982	尾数比	29.45	40.00	24.45	4.44	1.66			180	
		重量比	8.28	33.15	39.85	12.34	6.35				15.76
	1989	尾数比	26.56	42.33	22.41	7.46	1.24			241	
		重量比	7.50	33.90	34.84	18.82	4.93				

注：1. 鲢、鳙、草鱼、青鱼资料摘自顾良伟（1986）。
2. 翘嘴红鳍鲌的资料摘自许品诚（1984）。

还有，在潜在的出生率极高的鱼类种群中，渔获物分析常发现有优势年龄组（dominant age class）。这样的渔获物，不仅年龄分布在各年变化很大，而且某些年龄组连续多年成为优势年龄组。例如，世界上最重要的经济鱼类鲱的北海种群，经渔获物分析证明，其1904年出生的世代组，在1908—1918年渔获物中一直是占优势的年龄组。以后，1919、1931、1938、1944、1948、1950年等所出生的年龄组也都是决定渔获量的优势年龄组。这提示种群内部存在着某种年龄结构上的调节机制，即紧跟着一个高存活率年后，很可能有延续多年的低存活率年。这一现象已引起各国鱼类生态学家的重视和兴趣，试图找出决定这个特别重要的优势年龄组的内外因子。

历年渔获物年龄组成成分的统计，还是研究鱼类种群数量变动和编制渔获量预报不可缺少的基础资料。通过对某种鱼历年渔获物的年龄结构、生长速度以及捕捞强度分析，可以查明各世代数量消长规律，了解种群生长最好年份的自然环境因子，同时结合产卵群体年龄组成分析（初次性成熟鱼所占比例）、今后可能的自然环境条件和捕捞强度的变化，可以评估鱼类资源蕴藏量、预报今后数年内可能的渔获量或趋势。

思考和练习

1. 阐述年轮形成原理以及年轮数和年龄的关系。
2. 叙述副轮、幼轮和生殖轮的形成原因及鉴别特征。
3. 在依据鳞片等材料鉴定鱼类年龄的过程中，哪几个环节特别重要？
4. 如何证实首次提出的某种鱼的年轮标志的可靠性？
5. 试分析长度分布频率法的原理、方法、意义和局限性。
6. "研究鱼类的年龄是为了了解其寿命"的说法是否正确，为什么？

专业词汇解释：

life history, embryo period, larva, yolk-sac larva, transformation larva, young fish, adult fish, aged period, food-size fish, physiological longevity, ecological longevity, regenerated scale, circuli, annuli, false ring, fry check, spawning check, Crichton effect.

第二章 生 长

每一种鱼都具有特定的生长式型。鱼类的生长式型,是遗传型所决定的生长潜力与鱼在生长过程中遇到的复杂的环境条件之间相互作用的结果。生长是保证物种与环境统一的适应性属性之一。自然选择导致了鱼类生长式型的演化。鱼类的生长总是倾向于保证物种有最长的时间繁殖后代。生长和繁殖构成了种群的增长和补充过程;两者都依赖于摄食所获得的能量和营养。研究生长的目的,主要在于了解鱼类的生长式型或特点,影响生长的因子以及生长的测定和数学表达方法,从而有可能在生产实践中予以利用。这也是本章重点要讨论的问题。

第一节 生长的基本概念和式型

一、生长的基本概念

鱼类的生长(growth)通常是指鱼体长度和重量的增加。这是鱼在不断代谢过程中合成新组织的结果。大多数生长研究都是以长度和重量作为测量依据的。但是,以长度和重量作为生长的测量依据,就无法用质量平衡公式表达生长。因此,近代在鱼类的生长概念中,引入了生物能量学原理。

按生物能量学原理,鱼类能量收支的最简单表达式是:

$$C=E+M+G$$

式中,C——鱼类摄取食料所获得的能量;

E——排泄粪尿耗能;

M——代谢耗能;

G——生长耗能。

E 和 M 是维持机体生命活动所必须的,一般称维持耗能。鱼类摄取饵料生物(输入),首先用于维持机体的生命活动(输出),在维持耗能后有多余的能量才用于合成新的组织。这种组织可以保存在体内作为生长。生长包括躯体生长和性腺生长,而后者又将能量转化为生殖产物,最终排出体外(输出)。因此,生长是繁殖的准备和物质基础。如果鱼类个体的饵料消耗、维持耗能和生长都以能量为测定单位,那么生长就是输入能量和输出能量之差。假定某一段时间,没有生殖产物排出,则鱼类的生长可以表达如下:

$$G=C-(E+M)$$

这是鱼类生长的生物能定义。这一定义为发展现有的描述生长的数学模型提供了一个极有价值的起点。

二、生长式型

生长式型（growth pattern）是指生长的方式、过程和特点。虽然每一种鱼都具有特定的生长式型，但就整个鱼类讨论，又可以发现若干共有的生长式型。

1. 不确定性（indetermination） 除极少数外，鱼类的生长是不确定的。鱼类的生长弹性要比大多数其他脊椎动物的确定性生长（determinate growth）大许多倍。也就是说，鱼类的生长率在种内差异很大；因而，一定年龄的成鱼大小常常是不确定的。而哺乳类、鸟类等则相反，性成熟个体具有特征性的成体大小，足以供作种的形态学标准。所以，鱼类的不确定性生长主要表现在：如果给予合适的环境条件，大多数鱼类在它们的一生中几乎可以连续不断地生长，尽管生长率随年龄倾向于下降；其次，许多鱼类性成熟个体的年龄和大小不确定。

2. 可变性（flexibility） 这是鱼类生长的第二个主要特点，即在不同的环境条件下，同种鱼不仅生长率不同，而且抵达性成熟的年龄和大小也不同。可变性生长的表现主要有两种：一种是不同地理种群生长式型不同。Donald 等（1980）报道加拿大落基山脉不同湖泊中溪鳟的生长率极为悬殊，5 龄溪鳟（*Salvelinus fontinalis*）在 Temple 湖的体重仅 65g，而在 Patricia 湖可达 1 751g。调查研究发现，这种差别和不同湖泊中溪鳟的主要饵料生物丰度完全吻合。李思发等（1990）系统研究了鲢、鳙、草鱼在长江、珠江、黑龙江三水系的生长特性（表 2-1），发现其生长速度大致是：长江种群＞珠江种群＞黑龙江种群。这种生长速度的差异，主要和不同水系温度和饵料等环境因子相关。三水系的生长适温期是长江 8 个月，珠江 10 个月，而黑龙江仅 5 个月；饵料生物丰度，以浮游生物为例，长江平均为 3.46mg/l，珠江 1.88mg/l，黑龙江 8.37mg/l。综合两方面因素，长江种群的生长适温期虽较珠江少两个月，但饵料生物丰富，因此，其生长速度仍优于珠江；相反，黑龙江水系虽然饵料生物丰富，但毕竟适温期太短，因而生长速度不及长江、珠江。可变性生长的另一种表现是，同一种群的不同世代，其生长式型也不同。这是因为同一地区的自然环境条件不可能是恒定不变的。随着年份的不同，环境条件发生变化，因而影响到世代群的生长速度。鱼类对正在改变的环境所表现的适应性反应，它的内在作用过程就是可变性生长。

表 2-1　鲢、鳙、草鱼在三江水系的平均实测体长

（据李思发等，1990 年整理）　　　　　　　　　　　　　　　　（单位：cm）

鱼名	龄组 水系	1^+	2^+	3^+	4^+	5^+	6^+	7^+	8^+	9^+	10^+	11^+	12^+
鲢	长江	39.7	48.3	54.4	62.1*	75.9*							
	珠江	36.7	39.3	48.0	67.2*	73.3*							
	黑龙江	22.3	31.2	40.4	46.0	56.5	59.2	61.8	63.6				
鳙	长江	34.9*	44.0*	53.6*	61.0*	81.8*	90.1*	108.0*					
	珠江	37.1	44.8	55.9	65.2*	78.8*	85.3*	92.7*					
草鱼	长江	34.3	49.9	57.5	68.2	70.5*	88.0*						

(续)

鱼名	龄组\水系	1+	2+	3+	4+	5+	6+	7+	8+	9+	10+	11+	12+
草鱼	珠江	38.0	46.9	55.3	62.4	70.2	81.4*						
	黑龙江	23.7*	30.8*	35.0*	46.0*	49.0*	57.6*	65.8*	71.5*	74.7*	77.7*	81.6*	84.7*

* 标本数少于10尾；采样日期：1983—1987年4—6月（长江、珠江），4—8月（黑龙江）。

3. **阶段性**（growth by stages） 根据生长速度的变化，鱼类的生活史生长（life time growth）式型，往往可以划分成若干阶段。这种阶段划分通常和鱼在生活史过程中形态、生态和生理状况剧烈变化相关。最常见的一种划分方法，是把鱼类的生长分成性成熟前、性成熟后和衰老期三个阶段。一般情况下，鱼类生长最迅速的阶段是在性成熟前，这时主要表现为体长大幅度增长，体内一般不积累贮备物质，因而冬季往往不停食。性成熟前的快速生长，是摆脱捕食者吞食并使鱼类早日达到性成熟体长，从而加快增殖节律，以维持种群一定数量的重要生态适应。

鱼类性成熟前的生长幅度大，变动性也大，主要与鱼体原来达到的大小和食物保证程度密切相关。刘伙泉等（1982）报道三种不同大小鲢、鳙鱼种放养结果：鱼种越大、生长越快、回捕率也越高（表2-2）。这一现象不仅有生物学意义，而且提出了湖泊放养鲢、鳙鱼种的规格以16~17cm以上为宜，有一定生产意义。

表2-2 不同规格鲢、鳙鱼种生长速度比较

（据刘伙泉等，1982年整理）

鱼种	规格\月份	3		6		9		12	
		体长(cm)	体重(g)	体长(cm)	体重(g)	体长(cm)	体重(g)	体长(cm)	体重(g)
鲢	1类	12.2	18	19.2	78	32.2	380	34.5	470
	2类	14.5	31	26.7	185	39.0	650	40.0	750
	3类	17.0	100	31.0	290	43.0	1 050	45.0	1 150
鳙	1类	12.2	19	19.7	77	33.7	425	37.5	750
	2类	14.0	20	21.8	123	39.0	620	41.2	850
	3类	16.0	50	28.8	265	44.6	1 080		1 350

性成熟后，由于鱼类所消耗的饵料大部分不再用于长度生长，而用于保证性腺发育和成熟以及越冬物质积累，因此，长度生长幅度下降，而体重增长上升。这对提高繁殖力有利，因为同样体长的鱼，其繁殖力和体重常呈正相关。许多鱼类体重增长最快速阶段，往往是在初次性成熟后1~2年，这也是鱼类绵延和繁盛种族的一种重要生态适应。到了衰老期，所摄取的食物主要用于维持生命和贮备越冬物质，所以体长和体重的生长速度均急剧下降，并接近渐近值。

鱼类生长的阶段性划分，有时还和其他形态、生态、生理变化相关。不少凶猛鱼类如狗鱼、鲈鱼的仔稚鱼阶段以浮游动物为食，而后转到鱼食性。这种食性转换，会引起生长率突然改变，标志着一个新的生长阶段的开始。而当它们进入鱼食性后，不论性成熟或未成熟个体,其生长速度都趋于相对稳定。当食饵不足时,它们还能依赖同类相食,以维持一定的生长速度。一些溯河性洄游鱼类,如若干鲑鳟鱼类,它们的后代从淡水生长阶段转向海水生长阶段,由于外界环境特别是盐度和食饵生物丰度的突然改变,引起机体内部器官和内分泌系统一系列重要生理适应性变化,会导致一个新的生长式型的建立。还有,鱼类在仔稚鱼向幼苗期过渡时有一个变形期,这时鱼体的形态结构发生了显著变化。这种变化在有的类群,如圆口类、鳗鲡属、鲽形目鱼类等可以十分剧烈,这同样会导致生长式型的变化。

因此,鱼类生活史过程的生长式型是由若干生长阶段组成的。每一个生长阶段往往都有各自特定的生长特征。研究鱼类生活史过程生长式型,掌握不同阶段的转换时间和生长特点,有利于鱼类资源的保护和合理利用。例如,鱼类初次性成熟年龄和快速生长期的确定,经常作为天然水域制定最小或最适捕捞规格的依据,用以防止那些生长旺盛、尚未性成熟或刚达性成熟还处于体重快速增长阶段的鱼过早地被捕捞;或已经处于生长缓慢阶段的鱼继续留在水体中。在养殖生产上,还可以用以确定养殖年限,利用鱼类生长最迅速的阶段,以最合理、经济的手段获得最高产量。

4. 季节性(seasonality) 是一种短周期生长式型,揭示鱼类一年内生长速率的变化。通常见于生活在有季节变化环境里的鱼类,其生长式型通常呈季节性改变:快速和慢速生长相互交替。这种季节性生长,主要是各季节水温、饵料丰度和鱼类自身生理状况、代谢强度和摄食强度不同引起。从栖息水域分析,生活在温带水域的温水性鱼类,四季气温变化明显。春夏季节,随着水温上升,天然饵料生物增多,鱼体代谢增强,摄食旺盛,生长迅速;到了秋冬季节,情况相反,生长渐趋缓慢;冬季生长极缓慢或停止生长。但是,有些鱼类,特别是一些进行越冬洄游的鱼类,在越冬前,其摄食和体重还会有一短期的上升。这是储备越冬物质的一种适应。生活在寒带或亚寒带水域的冷水性鱼类,一般冬春季摄食最旺盛,生长率最高,而夏秋季生长缓慢或停止。热带性鱼类,特别是热带海洋鱼类,季节性生长式型不明显,但在内陆水域,亦有雨季和旱季之分;也有些鱼类,如非洲肺鱼,在干旱季节可能休眠、停止生长。

就年龄、食性和性成熟状态分析,许多温水性鱼类的幼鱼,特别是杂食性、底栖动物食性的鱼类,通常表现为全年摄食、全年生长,尽管冬季的生长速率不及春夏季。但也有一些鱼类,特别是浮游生物和草食性鱼类,其幼鱼的季节性生长仍十分明显。例如,刘伙泉等(1982)发现:东湖1~2龄鲢、鳙鱼,从4月开始新的一年生长,8月达高峰期(图2-1)。原因是8月水

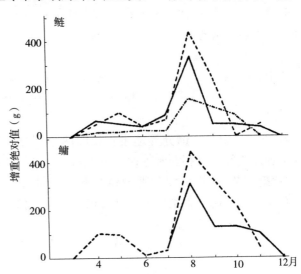

图2-1 鲢、鳙鱼种历月增重绝对值变化
点线为Ⅰ类鱼种(体长12.2cm),实线为Ⅱ类鱼种(体长14.0~14.5cm),虚线为Ⅲ类鱼种(体长16.0~17.0cm)
(从刘伙泉等,1982)

温平均为30.9℃，适宜鲢、鳙幼鱼生长；又正逢浮游植物繁殖旺季，浮游植物生产量，据测定为全年高峰期。10月后，水温下降，浮游植物数量下降，生长速度也明显下降；冬季几乎停止生长。冷水性淡水鲑的当年幼鱼，通常也是全年摄食、全年生长，但以春秋季生长最迅速，3龄后才转向冬春季生长最迅速。

成鱼的躯体生长和性腺生长的季节节律不一。许多鱼类在躯体生长期，体内往往贮存过量物质以备后期用于性腺生长。例如，北海鲱躯体生长通常在4~6月，而7~9月是性腺生长。我国许多春夏季产卵的鱼类，紧接着产卵季节是一个躯体生长阶段，而性腺生长往往始于10~11月，直至翌年3~4月。一些冬季停止摄食的鱼类，其性腺生长必须依赖内源性能量。这样的鱼类，在早春性腺生长的最后阶段，可能会出现一个摄食旺盛期，以完成性腺的最后生长。许多性成熟鱼繁殖季节停止摄食，因而生长亦停止。

养殖生产上利用鱼类生长的季节性式型，一般在鱼类快速生长季节，增加饵料投喂量，强化培育，提高鱼类的生长速度。对性成熟鱼，在越冬前和早春，一般也给予追加投饵，加强营养，以促进其性腺生长、发育和顺利越冬。

5. **雌雄相异性**（difference between male and female） 许多鱼类雌性和雄性个体的生长式型不一，表现在体型、大小和生长率等方面存在明显差别。有的鱼类，其雌雄个体的大小差别可以十分悬殊（见第五章）一般雌性个体长得比雄性大，而雄性个体比雌性早成熟，因而生长速度也提前下降。但亦有相反的情况。例如，罗非鱼雄鱼的生长速度显著大于雌鱼。据谭玉钧等（1966）报道，罗非鱼（*Tilapia mossambica*）同胎幼鱼出生40d后，雌雄个体的生长速度便开始发生差异。池养试验，平均体重12.6g的幼鱼，同池饲养74d，平均体重雄鱼96.1g，而雌鱼为64.7g。雄鱼比雌鱼高出49.3%。因此，雄鱼的群体生产量也比雌鱼大得多。

6. **等速和不等速性**（Isometry and allometry） 鱼体各部的生长速率可以相同（等速性）或不同（异速性）。判断鱼体各部生长等速或异速可以用下式：

$$l_2 = al_1^b$$

式中，l_1和l_2——分别为鱼体某两个部分（如体长和鳞径）的长度；

a——常数，相当于$l_1=1$时的l_2值；

b——指数。

若$b=1$，则两个部分等速生长，即两个部分生长成比例。例如，鱼的体长与鳞长，或许多骨片之间常常存在着等速生长关系，因此就可以根据鳞片或骨片长来推算鱼的体长（见本章第三节）。若$b>1$，则为异速生长，即两个部分生长不成比例。鱼类各部生长的等速和异速性，用于鉴别鱼类的种群也有一定价值。

第二节　影响鱼类生长的因子

鱼类生长受外源和内源两类因子的制约。外源因子源自环境，又称环境因子，如食物、温度、溶氧以及种内和种间关系等；内源因子与鱼的遗传型及生理状况相关。遗传型决定代谢类型和进程，从而成为控制鱼类生长发育的前提，而环境因子又是生长发育不可缺少的条件。外因通过内因对鱼体代谢进程和强度施加影响，而鱼类内在代谢进程又受到神经内分泌系统控制下的各种生理机能的影响和制约，其间形成了极为错综复杂的关系。研究影响鱼类生长的因子，目的在于了解作用方式和机制，以便在渔业实践中加以利用和改造。

一、外源因子

1. 食物　根据生物能定义，鱼类的生长是摄取饵料所获得的能量 C 和维持耗能（排泄耗能 E +代谢耗能 M）之差值。鱼类是变温动物，维持耗能较恒温动物低，而且，在一定的环境条件下，E 和 M 的变化一般不大。因而食物对鱼类生长的影响更加明显。食物对鱼类生长影响，主要表现在数量、质量和颗粒大小三方面。

Brett 等（1969）通过测定瞬时生长率 G（见本章第四节）和食量 R 之间的相关形式来分析食物数量和生长之间的相关。图 2-2 所示是一个理想化的 G-R 相关形式。在一定的温度条件下，可以把食量分成三种关键性水平：维持食量（R_{main}，maintenance ration）、最适食量（R_{opt}，optimum ration）和最大食量（R_{max} maximum ration）。R_{main} 是刚好足以维持鱼类生命活动耗能的一种食量，没有任何剩余能量用于生长；R_{opt} 是生长效率最大（单位食物产生最大生长率）的食量，被规定为从 G-R 相关截距引出的斜率线和 G-R 曲线的切点；R_{max} 将得到最大生长率，但它的生长效率，即单位食物产生的生长率不如 R_{opt}。养殖生产上特别重视寻求最适食量。

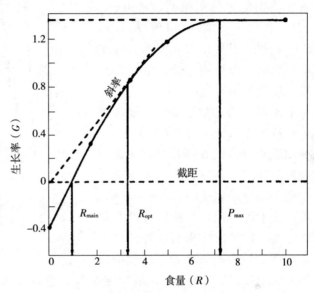

图 2-2　红大麻哈鱼（*Oncorhynchus nerka*）鱼种在 10℃时的生长率 G 和食量 R 相关曲线

G. 百分数瞬时生长率，以每天每克体重增加的百分重量表示

R. 以每天每克体重百分数表示

（从 Brett 等，1969）

生长效率（growth efficiency）是衡量鱼类所摄取的食物重量（或能量含量）转化为机体组织重量（或能量含量）的百分数的一个指标。通常有粗生长效率 K_1 和净生长效率 K_2 两种形式：

$$K_1 = 100(G/R);$$
$$K_2 = 100[G/(R-R_{main})]$$

式中，G——在规定时间内鱼体重（或能量含量）的增加值；

R——该段时间内消耗的食物总重量（或能量含量）。

生长效率和食量之间的相关，通常是当 $R=R_{main}$ 时，生长效率=0；$R=R_{opt}$ 时，生长效率抵达最大值；R 介于 R_{opt} 和 R_{max} 之间时，生长效率下降。图 2-3 提供了这方面研究的一个例子。Paloheimo 和 Dickie（1965）由此提出，当 $R>R_{opt}$ 时，粗生长效率和食量之间的相关，可以用一个下降的线性函数表达，即：

$$\log K_1 = a - bR$$

食物的质量主要是指食物中所含的蛋白质、脂肪、碳水化合物、维生素和矿物质等的含量。食物质量对生长的作用，可以通过投喂不同食物的杂食性鱼类的生长来阐明，Hofer 等（1985）给 2～3 龄的拟鲤 *Rutilus rutilus* 提供足够量的草和蠕虫，结果投喂草的鱼三周平均增长能量 6.3kJ，而投喂蠕虫的鱼高达 89kJ；消耗的草的重量较蠕虫的重量高 2 倍；前者的粗生长效率为 8.9%，后者为 46.2%。这表明杂食性鱼类在摄食热含量高的动物性食物时，具有较高的生长率和生长效率。Tacon 和 Cowey（1985）报道，若干种鱼类，包括肉食性和草食性鱼类，每单位体重所需要的日粮的蛋白质含量和瞬时生长率之间呈线

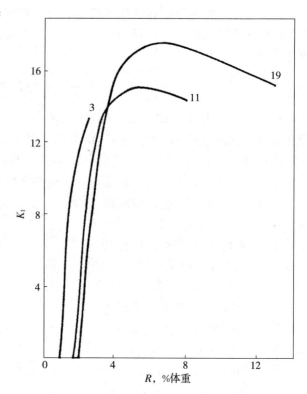

图 2-3 三棘刺鱼 *Gasterosteus aculeatus* 在 3、11 和 19℃时的食量 R 对粗生长效率 K_1 的作用
（从 Wootton，1984a）

性相关。还有一些报道提到，缺少维生素 B 会在很大程度上引起鱼的生长减慢；选用含有丰富维生素 E 的麦芽和谷芽作食物投喂亲鱼，对促进性腺发育有明显效果等。

食饵的大小以及能否为鱼类摄取和喜爱同样会影响到鱼类的生长式型。鱼类摄取的食饵通常有一定的大小限度，并随鱼体生长而增大。一个特定大小的食饵对象的可利用性，取决于它的总能量含量以及鱼寻觅和捕捉这一食饵对象所需要的能量消耗和时间。当某一饵料所提供的能量不足以支持鱼的进一步生长时，鱼一般很少摄取。Wankowski 和 Thorpe（1979）在实验室给大西洋鲑的稚鱼投喂不同直径的颗粒饵料，结果显示，稚鱼的生长率和饵料直径密切相关，产生最大生长率的饵料直径随鱼体的增长而增大，多数为鱼体叉长的 2.2%～2.6%。如果随着鱼的生长，环境不能提供越来越大的食饵，那么鱼的生长将会受阻。这一机理已被用来解释鱼类的生长受阻（growth stunting）现象。例如，鲈鱼必须长到能够捕捉其他鱼作为食饵对象时才转为鱼食性，在此以前它以无脊椎动物为食。如果随着幼鲈的生长，水域不能提供足够大的无脊椎动物，那么必然有部分鲈鱼的生长受阻，始终不能达到开始摄取其他鱼作为食物对象的临界大小。

许多鱼类在摄食条件不利时，不仅种群总生长率下降，而且个体间生长差异增大。因此，同龄群的个体大小极为不同，甚至会使它们处于不同的发育阶段。这一生物学现象，称为生长离散（growth depensation），被认为是保证种群更广泛利用饵料生物的一种适

应。因为个体小的鱼消耗这一部分饵料，而个体大的鱼可以消耗另一部分饵料。于是，同一世代的鱼可以在不同年龄阶段成熟，有利于种群的繁衍生存。因此，当水体尤其是养殖水体出现同龄个体间大小严重参差不齐时，就应当考虑改善供饵条件和调整放养密度。

2. 温度　温度作为控制因子（controlling factor），主要对鱼类代谢反应速率起控制作用，从而成为影响鱼类活动和生长的重要环境变量。鱼类的代谢强度在适温范围内，一般与温度成正相关；尤其在趋向鱼类正常生长的温度上限时，温度升高引起代谢速率加快更为明显。水温通过对鱼类代谢的影响，从而影响到鱼类的摄食活动、摄食强度以及对食物的消化吸收速率等生理机能。当然，提高温度也必然导致机体维持耗能的增加，但一般只要饵料获得保证，水温上升后摄取食物所获能量的增加，就大大超过维持耗能的增加，因而能促进生长。每种鱼都有各自生长的适温。一般温水性鱼类生长适温大多在 20～30℃，低于 15℃时食欲不振、生长缓慢。我国淡水主要养殖鱼类，鲢、鳙、草鱼、青鱼等生长的最适温度在 23～28℃。热带性鱼类偏高，如罗非鱼 25～33℃，遮目鱼 28～35℃，两者都不耐低温。多数鱼类的生长适温是连续的，但冷水性鲑鳟鱼类比较特殊，它们一般有两个最适生长温度：7～9℃和 16～19℃。在 7～9℃时，水温低，鱼类活动少，摄食后用于维持耗能少，有多余能量用于生长，且生长效率大；当水温达 10～15℃时，对冷水性鱼类特别适宜，特别活跃，摄食后用于维持耗能多，没有多余或较少多余能量用于生长；16～19℃时，鱼类强烈摄食，但活动性相对 10～15℃时要减弱，因而摄食后也有较多多余能量用于生长，但生长效率低。低于 7℃或高于 19℃，鲑鳟鱼类摄食活动减弱，大多停止生长。温度还可以作为"信号因子"（signal factor）改变生长的性质。当水温降到某一限度时，常导致蛋白质增长的终止，开始脂肪积累。这种代谢方式的重组与水温变化相关，也是一种生态适应，以保证鱼类完成必要的越冬准备。

鱼类生长速度的季节性和地区性变化，亦证明了温度的作用。但是，要阐明温度对自然种群季节性或地区性生长式型的影响是较为困难的。因为温度不仅通过控制鱼类代谢速率而对生长起到直接的影响，而且通过对水域饵料生物的数量消长（季节和地区变化）以及其他理化因子（包括光照、溶氧、降水量、风力、冰冻等）的影响对鱼类的生长起间接作用；同时，温度的任何作用，又都是和其他理化或生物因子的季节性和地区性变化混合在一起的。

实验室研究温度等非生物因子对鱼类生长的作用，大多从两方面着手：一是研究这种因子对食物的消耗率；二是一定食物消耗率时该因子对生长率、生长效率的作用。Elliott（1975）对褐鳟（*Salmo trutta*）的研究提供了一个典型的例子。图 2-4a 揭示在 3.8～21.7℃范围内，温度变化对 R_{max}、R_{opt}、R_{main} 的作用。当温度低于 7℃时，R_{opt} 和 R_{max} 没有明显差别；然后两者都随温度上升而增大，但 R_{opt} 低于 R_{max}；R_{opt} 约在 15℃时抵达峰值，然后下降；而 R_{max} 仍可继续增大，约在 18℃时抵达峰值，然后下降；当温度高于 19℃时，R_{main} 亦急剧下降。图 2-4b 提供了温度、食量对褐鳟瞬时生长率和生长效率的作用。瞬时生长率随温度上升，在 13℃时达到峰值，然后下降。瞬时生长率最大时的温度（13℃）低于食物消耗率最大时的温度（18℃）。当食量低于 R_{max} 时，食量恒定，瞬时生长率随温度上升而下降。食量越少，抵达最大生长率的温度越低，而食量越多，抵达最大生长率的温度越高。从图中可见，最大生长效率（20%）的温度范围是 7～10℃食量水平中等；和瞬时生长率达到最大时的温度和食量水平相比，是较低的。这一实验结果已被用来解释英国不同地区溪流中褐鳟种群的平均生长率的差别，认为在很大程度上是由于温度差别所致（Edwards 1979）。还有，在许多自然环境中，可能由于水温的变化，或者由于鱼在不同水温区的移动，鱼类可以经历定期的温度变化。例如，一些具有垂直移动习性的浮游生物食性的鱼类，每日在饵料少、水温低的水底和饵料多、水温高的水面作规律移动。由于饵料少（多）时，水温低（高）可以保证取得最大生长率。因此，这种垂直移动，可以认为是一种保证它们在温度相异、食物有限的环境中达到最大生长率的一种行为机制。

3. 溶氧　溶氧和温度一样，主要也是通过对鱼类代谢进程的影响对鱼类的活动和生长起作用。但溶

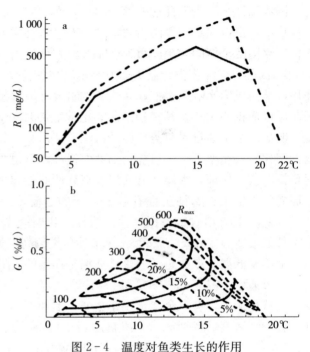

图 2-4　温度对鱼类生长的作用
a. 温度对褐鳟 Salmo trutta 的 R_{max}（虚线）、R_{opt}（实线）、R_{main}（点线）的作用　b. 温度和食量对褐鳟瞬时生长率 G（虚线）和粗生长效率（实线）的作用
a. 食量（R）以对数标度表示　b. %为粗生长效率，食量单位为 mg
（从 Elliott，1975）

氧的作用机理主要是对鱼体内某些生化反应产生和变化速率加以限制，因此被称为限制因子（limiting factor）。水域中溶氧充足，鱼类的代谢，特别是呼吸代谢旺盛，食欲增强、消化和吸收率提高，因而生长率和生长效率就获得提高。每一种鱼类的生长都有一个临界氧浓度。在低于临界氧浓度时，鱼类停止生长，甚至厌食、死亡；在高于临界氧浓度时，当食量不限制时，生长率随氧浓度上升而上升。我国几种淡水养殖鱼类，在温度等环境条件适宜情况下，水中溶氧达到 4～5.5mg/L 以上时，生长量、摄食量、饵料转换系数（见第三章）均提高；溶氧量低于 2mg/L，摄食量剧烈下降，厌食，饵料转换系数降低。实验证实，草鱼饲养在水体溶氧 5.56mg/L 较饲养在 2.73mg/L 时，增重提高近 10 倍。当溶氧达到一定浓度或饱和时，它就失去对鱼类生长的限制作用。生长率对溶氧量的变化就不太敏感。对于不同的鱼类，失去限制作用的氧浓度也是不一样的。起限制作用的氧浓度范围，一般随食量下降而下降。随着食量的增大，鱼对氧的要求也增高。食物作为鱼类生长的限制因子，在多数情况下倾向于超过氧的作用；但是，在某些水环境中，特别是溶氧含量波动大的小水体，氧随时可以成为比食物还重要的限制因子。渔业生产上有"宽水养大鱼"的说法。宽水，即大水体的条件，主要是溶氧保证程度高，变动范围相对小；加上饵料丰富、栖息场所宽广，鱼类的生长率就高。但是，如果能够提高水体的溶氧保证度，那么小水体同样可以达到目的。20世纪60年代以来，国内发展起来的增氧机，对提高精

养池塘的鱼的生长潜力起相当大的作用，使鱼塘的产量普遍达到或超过每公顷7 500kg。还有正在迅速发展的网箱养鱼和流水养鱼，都是着眼于改善溶氧条件而设计的高密度小水体养鱼方法，同样可以获得高产的效果。

4. 光照、盐度和其他理化因子　光除了作为能量来源进入水域生态系，成为鱼类和其他水生动植物的生命基础，并通过影响温度而间接影响鱼类的活动和生长外，还能独立地直接对鱼类的生长，特别是性腺的生长起作用（见第五章）。因此，光照被认为是引起鱼类代谢系统以适当方式反应的指导因子（directive factor）。

盐度、pH 和水流等环境因子，通过对鱼类代谢系统强加一个额外负担（extra load），从而阻碍了代谢系统对温度、食量等其他环境因子变化的充分反应，被称为阻碍因子（masking factor）。虽然大多数鱼类生活在盐度几乎不变的环境中，但是对于经历盐度变动超过耐受范围的鱼来说，用于渗透和离子调节所花费的能量，意味着减少了用于生长的能量。因此，在食量恒定时，盐度变动的作用是使生长率和生长效率下降。许多溯河产卵的鱼类，包括鲑鳟鱼类，它们的后代从出生地淡水移入海洋后，生长率通常是上升的。这是因为幼体在迁移过程中盐度耐力不断上升，同时也提示，在海洋中食物可获性上升，起的作用大于在高渗介质中由于渗透调节所消耗的能量上升。随着在海湾和其他大陆架水域放养鲑鳟鱼类，以及内陆盐水湖养鱼事业的发展，了解盐度对不同鱼类生长的作用以及提供最佳生长的盐度将更有必要。由于工业和城市排放硫和氮的氧化物而引起水的酸化在近代逐渐多见。现已开始重视 pH 对生长作用的研究。Frost 和 Rrown（1967）报道英伦三岛褐鳟种群出现的一个现象，即生活在自然酸性水体的鱼往往长得比较小。现已提出若干假设解释这一现象，包括水质、水温不合适以及饵料短缺等；也有人企图通过实验来揭示原因，但尚未获得肯定结果。

最后，还需要重申，调查研究非生物因子对生长的作用，正如我们在温度的实验生态研究中所指出的，必须解决该因子对 G-R 相关的作用。通过采用这种方法，可以分辨该因子对食物消耗率和对生长效率的作用。明确一个非生物因子对 R_{main}、R_{opt} 和 R_{max} 三个关键性食量水平和对生长效率的作用，有助于深入理解这种因子对生长作用的机理，而且还将为构作定量的生长预测模型打下基础。

5. 群居对生长的影响　鱼类总是以群体为单位生活在水域中的。即使是实验研究，也极少以个体作为基本的实验单位。当一群鱼共同生活在一个水域，或一个栖所，那么个体间由于群居引起的相互作用就必然会对生长产生影响。这种影响首先表现为对水域空间和食物资源的竞争。Purdom（1974）曾作过一个实验：原来样本数和大小相同的两组鱼，一组鱼将它们饲养在一起，而另一组鱼将它们单独地分开饲养；结果在一定时间内，群居的一组鱼较之单独栖息的一组鱼大小变动系数要大。大小变动系数（coefficient of size variation）是竞争的一个指征，计算式为：

$$SV = 100(SD)/\bar{X}$$

式中，SV——群居鱼的大小变动系数；

SD——标准差；

$\bar{X}$——平均大小。

这一系数提供了群居鱼大小变动的尺度。群居鱼的这一大小变动过程，就是生长离散。造成生长离散的原因，是群居优势鱼分割了一个不平等的资源百分数，因而长得比资源在全部鱼中均匀分布时要快，从而导致了处于劣势位的从属鱼长得更慢。优势鱼的快速生长通常加强了它们的优势地位，因而允许它们更有效地分割资源，并进一步扩大生长差异。当群居鱼密度增加，水域空间和食物资源趋于紧张时，由于竞争的作用，通常使从属鱼更处于劣势，生长率进一步下降，而对优势鱼则影响极微。因此，整个鱼群的平均生长率下降、生长离散加剧。

在有些鱼类中，只有当食物供应短缺时才出现生长离散。例如，当食物资源有限时，青鳉 Oryzias latipes 会驱逐小鱼，不让它们接近食物，从而使自己长得很快；当食物过量时，这种竞争性就不再发生了。但在其他一些鱼类中，包括鲑鳟鱼类、鳗鲡等，即使食物供应不受限制，也会发生生长离散。这表明群居干扰对群居个体的食物消耗率、能量收支率均有直接的影响。

群居作用既有竞争性的一面，亦有互利性一面。群居作用的互利性往往表现在一些集群性鱼类中。将集群性鱼类分隔饲养，往往可以看到被分隔的个体产生古怪的、不正常的行为。例如，海鲈 Dicentrarchus labrax 一龄鱼种在分隔饲养时，除非打扰，一般总是保持特别安静、食欲下降，生长率和生长效率均下降；相反，把它们成对养在一起时，就显得十分活泼、摄食积极，生长加速。这是因为集群鱼类，用于警戒、寻找食物的时间相对要少，而有较多时间用于摄食。因此，集群鱼类通常在仔鱼期结束，集群行为开始后，生长离散程度就趋于下降。但是，如果由于某种外界因素，集群行为消失，那么生长离散随即加剧。而没有集群行为的鱼类所造成的生长离散，从仔鱼期、幼鱼期均呈加剧状态，进入性成熟后才稍趋缓和。

二、内源因子

鱼类生长的内在调控，目前尚缺少系统研究。因此，还停留在现象分析，而缺乏对作用方式、途径和机制的了解。下面简单介绍若干现象以及近代的看法和研究。

首先，鱼类生长的不确定性和可变性虽然意味着同种个体可以有不同的生长式型，但毕竟同一物种的性成熟个体还是具有一定的大小范围。这表明鱼类的生长受遗传的控制，也具有确定性生长的一面。由于生长式型的可变性，以及生长对各种各样环境因子，包括对群居干扰的影响十分敏感，因此，对鱼类生长进行遗传学分析还很困难。目前采用遗传率（heritability）来衡量遗传因子（相对环境因子）对种群在一定时间内，所显示的一个表现型特征（例如生长）变化所起的作用。狭义来说，遗传率就是附加的遗传变化占该特征总变化的百分比。遗传率数值范围从 0（无遗传作用）到 1（无环境作用）。Gjerde（1986）认为，大西洋鲑和虹鳟的稚鱼体重遗传率较低，约为 0.1；而成鱼较高，为 0.2～0.4。由于鱼类通常具有很高的繁殖力，后代的遗传离散使人们更容易选择到所喜好的生长特征。所以，尽管有的鱼类的遗传率较低，但对其生长率的人工选择（artificial selection）仍可获得较好效果。养殖生产上就是通过选种和育种等办法，改造鱼类的遗传型，从而取得生长迅速的优良品种。

大多数鱼类的生活史生长式型显示，其瞬时生长率在整个生活史过程中逐渐下降。一般情况下，鱼类随个体增大，R_{max} 的增加低于 R_{main} 的增加，所以生长幅度（$R_{max}-R_{main}$）

逐渐下降。在食量不受限制情况下，瞬时生长率 G 和体重 W 之间通常呈如下相关：
$$G = a'W^{-b}$$
$$\ln G = \ln a' - b\ln W = a - b\ln W$$

式中，a、b——常数，b 值通常接近0.4。

鱼类个体生活史所出现的这种大小依赖相关性生长，最通常的解释是由于性腺发育和生殖活动引起，如果食物消耗的增加不足以保证性腺发育和生殖活动的消耗，那么由于摄入能量的限制，个体增长率必然下降。

不少鱼类即使饲养在温度、光周期恒定，并提供充足的食物条件下，也会出现周期性生长式型。例如，将2龄褐鳟饲养在11.5℃恒定水温和恒定光周期（12h光照、12h黑暗）的条件下，出现两个周期性生长式型：一个短周期型，即鱼的体重生长呈2周快速和2周慢速，而体长生长较体重生长超前2周；因此，体重和体长生长周期相交替。另一个是和这个短周期重叠的长周期型，生长率在10月降至最低，在2月抵达最高，然后在整个夏季到秋季逐步下降，秋季伴随着性成熟开始，生长率急剧跌落。这种双周期性生长式型的控制和意义尚不明确。据推测，鱼类可能对一些研究者无法觉察的环境线索起反应，或者具有一种受遗传控制的内源性生长周期；而后者和日光周期、月亮圆缺周期或其他外界定时信号是同步的。

又如，北海的大西洋鲱（*Clupea harengus*），其生长的季节性变化很明显，但在很大程度上和环境变化不相关。北海鲱在水温低时开始强烈摄食和生长，并贮存脂肪；而在水温仍然合适、食饵丰富的情况下却停止摄食和生长。此后一个阶段利用贮存的脂肪等物质，维持性腺发育。

还有，饲养在相同条件下的大西洋鲑稚鱼在孵化后第一个冬天，往往分成两个明显不同的大小组别。这一双型大小分布的出现，是因为处在劣势位的鱼停止生长达6个月，而处于优势位的鱼却连续生长，尽管生长率逐步下降。这种差别起因于劣势位的鱼摄食动力下降，而这种摄食动力和温度、食物供应以及竞争者无关。这种食欲的抑止看来是内源性的，并导致一种特征性的生长式型；它对生活史也有影响，因为这种现象也见于自然界：处于劣势位的鱼迁移入海较优势位的鱼晚一年。这一现象也无法用外源因子的影响来进行解释。

这些现象都提示，鱼类存在着一个遗传上确定的生长程序和框架，外源因子只有在这个框架内才起作用。定时完成该生长程序取决于神经内分泌系统。为了使这种遗传上规定的生长式型和以外源因子为特征的临时式型同步，以及为了部分地接受外源式型，神经内分泌系统可以利用诸如光照周期等作为定时信号。然而，迄今我们对鱼类生长的神经内分泌调控所知甚微，因此，这肯定是今后值得重视的一个研究领域。

第三节　生长的一般测定方法

鱼类生长的一般测定方法，当前大多仍以长度和重量为单位，可以分为直接法、年龄鉴定统计法和退算法三类。不同的鱼类和研究目的，采用的方法往往不一。各种方法亦各有优缺点，最好互相参照，配合使用。

一、直接法

1. **饲养法** 是最早和最简单的方法。把已知年龄、长度和体重的鱼饲养一段时间后，测定其体长和体重增值，同时也可观察其年轮形成时间等情况。此法最常用于池塘养鱼，观测某种鱼生长效果，最为直接有效。

2. **野外采集法** 多用于小型鱼类，尤其是一年生鱼类，通常是逐月采集鱼类标本，并随机抽取一定数量（一般约100尾）的标本进行体长、体重测定，可以统计不同月份鱼类的生长情况。朱成德（1985）测定太湖大银鱼的逐月生长（表2-3），从2月孵出到9月，平均可达110mm成体长度。长度生长以5~7月最迅速，而重量生长在6~9月较迅速。12月由于性腺发育，体重增长达最高峰，翌年1~2月体长和体重生长出现负值，可能与较大个体先行产卵死亡相关。

表2-3 太湖大银鱼体长和体重的生长
（据朱成德，1985年整理）

测定日期（月，日）	体长，mm（均数±标准差）	平均日增长（mm）	体重，g（均数）	平均日增重（mg）	标本数
2.19	6.02±0.60	—	0.000 34	—	73
3.20	9.42±1.48	0.12	0.001 66	0.05	73
4.16	24.43±1.96	0.56	0.03	1.05	73
5.23	48.20±6.61	0.64	0.424 7	10.67	75
6.20	71.00±8.22	0.81	1.37	33.76	75
7.22	94.20±12.39	0.73	3.43	64.38	75
8.21	103.33±13.98	0.20	4.61	39.33	75
9.21	110.00±15.16	0.31	6.17	50.32	75
10.21	116.50±20.47	0.22	6.96	26.33	75
11.21	118.87±23.04	0.08	7.62	21.29	75
12.20	122.72±23.75	0.13	9.80	75.17	79
1.19	124.24±25.51	0.05	8.62	−39.33	79
2.20	120.70±23.20	−0.11	6.91	−53.44	79

3. **标志放流法** 多用于海洋鱼类、溯河鱼类和大型湖泊的鱼类种群。因为对这些鱼类来说既难饲养，也难创造出与自然条件相似的人为环境。通常将捕到的鱼在测知长、重并取得鳞片后，进行标志（见第八章）后放归自然水域，待重捕后，可以求出放流期间的生长率。同样，采用此法也可观察鳞片等轮纹形成情况，用以验证年轮形成周期。此法局限性是回捕率常不能达到要求；同时，在鱼体上作标志可能会影响到生长率。

二、年龄鉴定统计法

在测定某批渔获物体长、体重的同时，鉴定年龄（见第一章），然后按雌雄个体划分年龄组，统计该批渔获物不同龄组的实测体长和体重范围和均值。这样得到的统计数值是直接观测数值，也称经验数值。缪学祖和殷名称（1983）根据冬季和早春的渔获物获得太湖花鳈生长的实测数据，提供了一个参照例子，如表2-4。

本法主要优点是接近实际情况，尤其对于一些产卵期延续时间短的鱼类，若所测定的渔获物采样日期选择在繁殖季节来到之前，则所获结果最能反映鱼类的年生长情况。各龄的平均体长数据还可用于建立生长方程。但也有局限性，主要是：

(1) 同一份样品难得具有包括一定数量的各龄组的鱼，特别是老龄鱼和当年鱼。这样测得的平均数值就缺乏代表性。有时，为了使各龄组都达到一定的个体数，不得不从另外的样品中寻找弥补，这样容易导致错误。

表2-4 太湖花鳈生长实测数据
(从缪学祖、殷名称，1983)

性别	年龄	标本尾数	实测体长 (cm)		年增长 (cm)	生长指标*	实测体重 (g)		年增重 (g)	年增积量
			幅度	均长			幅度	均重		
♀	1	23	7.6~14.2	10.73	10.73	4.47	6.0~39.0	19.04	19.04	204.3
	2	283	11.4~18.5	16.29	5.56	2.476	22.1~99.7	60.48	41.44	230.41
	3	230	16.1~21.7	18.97	2.68	2.03	61.0~149.1	93.68	33.20	88.98
	4	44	19.3~23.4	21.12	2.15	1.99	106.0~205.0	135.25	41.57	89.38
	5	11	21.1~25.4	23.19	2.07	2.15	127.1~222.0	183.81	48.56	100.52
	6	2	24.7~26.2	25.45	2.26		212.0~285.0	248.5	64.69	146.20
♂	1	36	7.1~14.3	11.5	11.5	4.117	5.3~38.5	20.10	20.10	231.15
	2	216	12.3~18.6	16.45	4.95	2.402	25.0~100.0	64.36	44.26	219.09
	3	92	17.2~21.5	19.03	2.58	2.112	72.0~142.1	98.68	34.32	88.55
	4	19	19.7~25.0	21.26	2.23	2.57	121.0~210.0	148.8	50.12	111.77
	5	3	22.3~24.8	24.0	2.74	1.728	180.0~240.0	235	86.20	236.19
	6	1	25.8	25.8	1.8		295.0	295.0	60.0	108.0

* 生长指标 $= \dfrac{\lg L_2 - \lg L_1}{0.4343} \times L_1$。

(2) 同种鱼不同地理种群的实测生长数值难以互相比较：因为不同龄组的长度中，往往包括着当年的增长量；尤其是在鱼类快速生长的春夏季，即使差1~2个月，实测各龄生长数据可以相差很大。因此，采用此法必须明确记载渔获物采样日期；如果要用于比较，需采用同一时期（同月）的材料。

(3) 年增长值是通过比较不同世代鱼的生长获得的。这就是说，本法以这样的假设为基础，即同种不同世代的鱼具有相同的生长速度，而实际上不同世代的鱼，可能或者确实具有不同的生长速度。

三、退算法

鱼类鳞片、耳石和各种骨片的生长与体长的生长之间，通常存在一定的相关关系。因此，可以采用鳞长（鳞径和轮径）等来退算鱼类在以往生命过程中（直到被捕获时为止）任一年份的生长。通常按体长和鳞长等实测数据和各相关函数式拟合的密切程度选定相关式。下面简介常用的几种相关式和建立相关式的具体方法和步骤。

1. **体长（L）——鳞长（R）相关式** Einar Lea（1910）基于对挪威近海鲱的研究，认为鱼的体长和鳞长的增长成正比例相关（图2-5），如下：

$L/R = ln/rn$；$ln = (L/R)rn$

这就是 Lea 正比例公式。

式中，ln——以往任一年份的体长；

L 和 R——实测体长和鳞径；

rn——以往任一年份的实测轮径。

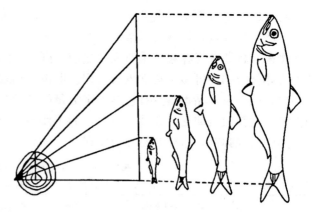

图 2-5 鱼的体长和鳞长生长成正比例相关示意图

Lea 公式表明鱼的体长和鳞长的增长呈直线相关，且通过原点，其函数相关式为 $L = bR$。这就是说，公式假定鱼类的鳞片是在出生（孵化）后就开始生长的，这和实际情况不符。

因此，其退算结果常存在一定误差，但优点是简便，因而至今仍经常使用。

Rosa Lee（1912）发现，采用 Lea 公式退算出来的鱼体长度，往往小于实测数值，而且越是老龄鱼越显著，这被称为李氏现象（Lee's phenomenon）。李氏现象见于同一世代的鱼。例如，同一世代的挪威鲱，2龄时退算的 $L_1 = 9.3 cm$，到 3～5 龄时，退算的 $L_1 = 7.3～7.6 cm$，而到 6 龄时，退算的 L_1 仅 6.5 cm。Rosa Lee 当时认为，这是因为 Lea 公式没有引入鱼体刚形成鳞片时的体长 a；她提出将公式修改如下：

$(L-a)/R = (ln-a)rn$；$ln = a + (L-a)/R)rn$

这被称为 Rosa Lee 公式，即鱼的体长是鳞长的一次函数：$L = a + bR$；L 和 R 呈直线相关，且不通过原点。a 为截距，b 为斜率，在实测一定数量个体的体长和鳞径后，可以按最小二乘法（least squares method）线性回归列出如下方程求解：

$$\begin{cases} \sum L = na + b \sum R \\ \sum (LR) = a \sum R + b \sum R^2 \end{cases}$$

$$a = (\sum L \sum R^2 - \sum (LR) \sum R)/(n \sum R^2 - (\sum R^2))$$

$$b = (n \sum (LR) - \sum L \sum R)/(n \sum R^2 - (\sum R)^2)$$

Г. Н. Монастырский（1930）指出，有些鱼类的体长和鳞长生长呈曲线相关：$L = aR^b$。这就是说，鱼体长度的对数值与鳞长的对数值才呈直线相关，如下：

$$lgL = lga + b lgR$$

式中，lga——截距；

b——斜率。

同样可以按最小二乘法列出方程求解：

$$lga = (\sum lgL \sum (lgR)^2 - \sum (lgL \cdot lgR) \sum lgR)/(n \sum (lgR)^2 - (\sum lgR)^2)$$

$$b = (n \sum (lgL \cdot lgR) - \sum lgR \sum lgL)/(n \sum (lgR)^2 - (\sum lgR)^2)$$

除上述三种相关式外,目前国内外见到的还有抛物线和双曲线公式。应该指出,许多学者发现,即使使用其他相关式,李氏现象在一些鱼类的生长退算中仍可见到。关于这一现象的造成原因,各国学者有许多解释。Ricker(1979)认为,如果采用的鳞长和体长相关式合适,李氏现象可能是大小选择性死亡(size-selective mortality)的结果。这种大小选择性死亡可能源于自然因子,也可能由于捕捞技术,因为捕捞总是倾向于选择生长快速的个体,因此,一个特定年龄的较小个体有较高的存活率。

2. 方法和步骤　首先获取体长和鳞(轮)径的实测资料。用于测定的渔获物应当有一定数量和代表性。首先进行常规生物学测定和年龄鉴定;然后,再在鳞片上选定一条用于测量鳞(轮)径的生长轴线。一般选半径最长、年轮最清楚、体长和鳞径相关程度最高的部位从鳞焦引出生长轴线。生长轴线一经选定,必须始终保持一致。然后用显微镜、解剖镜内的目测微尺沿生长轴线测量鳞径和轮径,或用投影仪放大后测量(见实验三)。耳石、鳃盖骨和匙骨等,有的也可用来退算鱼类的生长,其生长轴线的选定,根据材料而定(图2-6)。

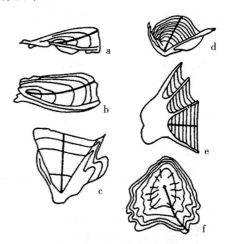

图2-6　耳石、鳃盖骨、匙骨和鳍棘:
示年轮和生长轴线
a. 梭鲈的匙骨　b. 欧鳊的匙骨
c. 鳜鱼的鳃盖骨　d. 鲟科鱼类的匙骨
e. 大黄鱼耳石　f. 俄国鲟胸鳍棘
黑粗线为选定的生长轴线,和
生长轴线相交的横线是年轮

然后,确定最佳相关式。鱼类体长和鳞长相关具有种的特征,这可能和特定种的体形和鳞形以及两者的生长速度有关。而且,这种相关在同种不同种群之间、同一种群的不同发育阶段,如幼鱼和成鱼往往也有差异。但是,也有这样的情况:在一定的体长范围内某特定种的体长和鳞长相关可以同时符合两种或两种以上函数相关式。那么,如何确定最佳相关式呢?一般来说,可以将实测体长和鳞径的数据点画在坐标纸上予以初步判断,或对不同相关式进行相关系数检验,或将退算值和实测值比较,找出最佳相关,以避免随便选用相关式而造成错误。关于a、b常数值的求解,可以将渔获物按一定组距(如1cm)划分为体长组,然后按各体长组的平均体长和相应的平均鳞径,采用函数回归简便求得。表2-5提供了太湖似刺鳊鮈(*Paracanthobrama quichenoti*)1979~1980全年381尾渔获物划分的11个体长组及各项有关统计数值。将这些相关统计值代入按Rosa Lee公式求解a、b的值,便可得到$a=3.7232$,$b=44.7650$;确立太湖似刺鳊鮈的L-R直线相关式为:

表2-5　太湖似刺鳊鮈1979—1980渔获物各体长组平均体长和鳞径

体长组 n	平均体长（L, cm）	平均鳞径（R, cm）	LR	R^2
1 (8.1~9.0)	8.38	0.105	0.8799	0.011025
1 (9.1~10.0)	9.80	0.135	1.3230	0.018225

(续)

体长组 n	平均体长（L, cm）	平均鳞径（R, cm）	LR	R^2
1（10.1～11.0）	10.30	0.175	1.802 5	0.030 625
1（11.1～12.0）	11.70	0.188	2.199 6	0.035 344
1（13.1～14.0）	13.74	0.213	2.926 62	0.045 369
1（15.1～16.0）	15.53	0.238	3.696 14	0.056 644
1（16.1～17.0）	16.29	0.263	4.284 27	0.069 169
1（17.1～18.0）	17.40	0.300	5.22	0.09
1（18.1～19.0）	18.47	0.334	6.168 98	0.111 556
1（19.1～20.0）	19.85	0.375	7.443 75	0.140 625
1（21.1～22.0）	21.30	0.395	8.413 5	0.156 025
∑ 11	162.76	2.721	44.358 26	0.764 607

$$L\,(\text{cm}) = 3.723\,2 + 44.765\,0R\,(\text{cm}) \quad (r = 0.972)$$

如将各体长组的平均体长和平均鳞径转换成对数值，并列出相关的统计值，经过计算同样可以确立 L-R 的对数直线相关式，或幂函数相关式如下：

$$L = 45.505 R^{0.804} \quad (r = 0.974)$$

据此，便可画出似刺鳊鮈 L-R 相关线图（图 2-7）。若将两种相关式作一比较可以发现：

（1）两者的相关系数接近，表明在 8～21cm 体长组范围内，两种相关均可适用。

（2）按直线相关式推算的体长和实测值的差值较幂函数相关小。

（3）外推两种线性相关发现，当 R 越接近 0，或 $R=0$ 时，幂函数相关的退算值越小，甚至和实际情况不符。这表明当体长组超出 8～

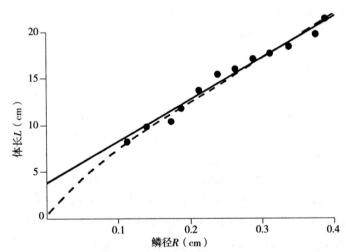

图 2-7 太湖似刺鳊鮈 L-R 相关线图
实线：直线相关　虚线：幂函数相关
（从殷名称，1993a）

21cm 范围，幂函数相关不及直线相关，因此，可以选定直线相关式是最佳相关式。

最后进行体长推算。相关式确定后，根据同时测得的各龄以往年份的轮径资料，便可获得相应年份的推算体长（表 2-6）。要指出的是，不论哪种相关式，都是对于一个种群而言。因此，在推算个体的生长（ln）时，有时为了更符合实际情况，还需引进纠正系

数 K（根据种群资料所得退算体长除以实测体长所得商数），即将所得的 ln 乘以 K 值。由于推算体长代表鱼体各足龄的体长，因此，在用于比较、计算生长率或建立生长方程时更具代表性。此外，通过推算体长可以了解鱼体在以往年代的生长情况，从而可以了解水域环境变化对生长造成的影响。

表 2-6 太湖似刺鳊鮈的推算体长

（从殷名称，1993a）

年龄	实测平均体长(cm)	各龄鱼退算体长（cm）					差值	标本数
		L_1	L_2	L_3	L_4	L_5		
1	11.42						+0.06	76
2	14.29	11.58					+0.28	315
3	16.24	11.44	14.60				+0.34	284
4	17.94	11.35	14.46	16.64			+0.43	52
5	19.36	10.75	14.32	16.38	18.38		+0.47	16
6	21.0	10.43	14.45	16.48	18.27	19.83		2
按标本数平均		11.48	14.57	16.58	18.37	19.83		

第四节 体长、体重关系和生长率

一、体长、体重关系

鱼类的体长和体重之间常有一定的相关关系。同样长度的鱼，体重越大，表明鱼体越丰满，营养状况和环境条件越佳。探讨鱼类在生长过程中体长和体重生长的关系以及相关系数，对于鱼类生态学基础理论研究、鱼类生长的表达和发展渔业生产有重要意义。

1. 体长（L）-体重（W）相关式 测定鱼类生长，以体长最为简便，但在渔业生产上，渔获量常用重量表示；而研究种群数量时，用尾数更为方便。如能确定鱼类的体长、体重关系，既可用体长推算体重，还可以根据渔获物年龄结构，各龄个体平均体重，把渔获量换算成渔获尾数。一般用来表示鱼类体长（L）和体重（W）的数学相关式虽然有好几种，但最为常用的是：

$$W=aL^b，或 \lg W=\lg a+b\lg L$$

式中，a、b——常数。

同样可以根据渔获物各体长组（组距一般为1cm）的平均体长和相应的平均体重，采用函数回归获得。

根据 381 尾太湖似刺鳊鮈的实测体长、体重，建立的长重相关式为：$W=0.015\,1L^{3.127\,3}$ 由此绘得的 L-W 相关线图见图 2-8。

Brown（1957）指出，b 值通常在 2.5～4.0。如果鱼的体长、体高和体宽为等速生长，比例不变，则 $b=3$，或接近 3。实际计算结果鲤科、鲑科、鲈科中的多数鱼类比较符合这一情况，但像鳗鲡等体形细长或其他特殊体形的鱼常不相符。b 值不仅种间各异，而且不同种群或同一种群的雌雄个体，或不同发育阶段的个体也有差别。陈佩薰等（1965）计算长江青鱼在生殖季节雌鱼 b 值为 3.29，雄鱼为 3.04；而在肥育季节，成鱼 b 值为 3.95，幼鱼 2.80。因此，建立体长、体重相关式，应当注意种群、雌雄和不同生长阶段之间的区别，通过相关系数检验，尽可能正确予以反映。

2. 丰满度（fullness） 又称丰满系数，国外一般称条件系数（condition factor）。丰满度最早由 Fulton（1920）提出，表达式为：

$$K=100\ (W/l^3)$$

式中，W——体重；

l——体长；

K——丰满度，以百分数表示。

丰满度是鱼类体长、体重关系的另一种表达方式，常用作衡量鱼体丰满程度、营养状况和环境条件的指标。但是，由于鱼的体重包含

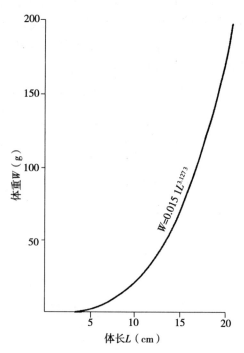

图 2-8 太湖似刺鳊鮈 L-W 相关线图
（从殷名称，1993a）

了性腺和消化道内含物重量，而鱼类性腺重和摄食量有季节性变化，往往会掩盖丰满度的真实情况。因此，Clark（1928）提出用去内脏体重计算，以消除性腺和食量变化的影响。还有一些学者主张，对于体长、体重关系的指数 b 值不等于或不接近 3 的鱼类，采用相对丰满度（K_n）更为合适：

$$K_n=W/\dot{W}$$

式中，W——实测体重；

$\dot{W}$——按长重相关式推算的体重。

丰满度常用于衡量种群内随性别、个体发育阶段以及水域饵料保障季节变化所引起的群体条件状况的定量变化。殷名称（1993a）研究太湖似刺鳊鮈的丰满度和年龄、性别的关系及其季节变化，发现 1～5 龄全年平均丰满度依次为 1.775、1.989、2.027、2.089 和 2.221，随年龄增大而升高。1～2 龄雄鱼略大于雌鱼，而 3～5 龄雌鱼略大于雄鱼。在出生后 2 年内，丰满度除了在冬季略下降外，保持不断上升的趋势。3～5 龄鱼，秋季大量积累营养，丰满度最高，而后随着性腺发育，越冬期来临和食饵保障下降而下降；春季繁殖前稍有上升，夏季繁殖后，由于产卵大量耗能尚未恢复，丰满度最低。此外，丰满度和其他种群属性结合，还可以作为判别不同生态群的指标之一。

3. 含脂量 也是衡量鱼体丰满程度、营养状况和环境条件的指标。一般来说，鱼体脂肪积累主要在性成熟后开始。不同种类的鱼，体内脂肪主要积累部位亦不同。例如，鲨类和鳕科鱼类在肝脏，而鳗和七鳃鳗在肌肉。就多数鱼类来说，内脏、肠系膜表面是分布脂肪的主要部位。测定含脂量的最准确方法是化学分析法：通常是切取鱼体内脂肪含量最

多的器官组织一块作为样品，以该器官组织的含脂率作为鱼体含脂量指标。野外常用的是目测法，通过解剖观察附着在消化道上的脂肪带的分布和大小，来分成若干等级。等级划分标准可以由研究者根据实际观察鱼种确定，如 М. Л. Прозоровская（1952）将里海斜齿鳊的含脂量划分为六个等级；国内，缪学祖和殷名称（1983）也对太湖花鲻的含脂量提出了一个六级（0、Ⅰ、Ⅱ、Ⅲ、Ⅳ、Ⅴ）标准，可供参照。对于一些内脏表面脂肪层厚的种类，还可将内脏表面的脂肪带直接剥下称重，按下式计算脂肪系数（coefficient of fat）：

$$F = 100 (G/W)$$

式中，G——脂肪重；

W——去内脏体重；

F——脂肪系数，以百分数表示。

含脂量的季节变化十分明显，通常和鱼的繁殖、越冬和摄食活动密切相关。将太湖花鲻的脂肪系数和性腺成熟系数的年变化（图 2-9）作一对照，可以发现，脂肪系数全年最低是 6 月（繁殖后）和 2 月（越冬末），都是体内营养物质大量消耗的时期。6 月后，随着产卵后大量摄食，脂肪系数急剧上升，至 10 月达最高峰；而后随着越冬期来临、摄食活动下降和性腺发育，脂肪系数迅速下降；翌年 3 月早春，随着摄食活动恢复，脂肪系数有所回升，但这时所摄取的营养主要用于性腺最后成熟发育，所以此时成熟系数上升特别显著；紧接着 4~5 月产卵活动大量耗能，脂肪系数复又下降。含脂量的季节变化，在河海洄游和一些海洋洄游鱼类中表现得更为突出。

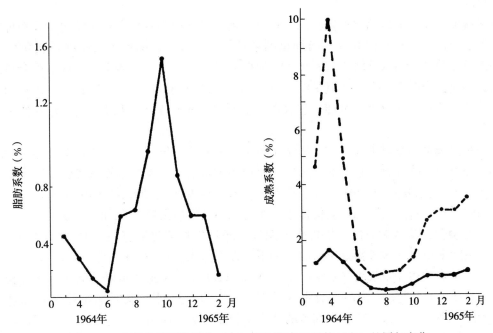

图 2-9 太湖花鲻脂肪系数（左）和性腺成熟系数（右）的周年变化

右图：虚线——雌鱼；实线——雄鱼。

（从缪学祖、殷名称，1983）

二、生长率

1. **生长率类型** 单位时间内鱼体体长和体重的生长值，称生长率（growth rate）。生长率可以分成三种类型：

(1) 绝对（absolute）生长率，单位时间内鱼体体长和体重生长的绝对值：
$$g=(W_2-W_1)/(t_2-t_1); \text{ 或 } g=(l_2-l_1)/(t_2-t_1)$$

(2) 相对（relative）生长率，单位时间内鱼体体长和体重生长的绝对值和这一段时间开始时鱼体体长和体重之比值：
$$g=(W_2-W_1)/W_1(t_2-t_1); \text{ 或 } g=(l_2-l_1)/l_1(t_2-t_1)$$

(3) 瞬时（instantaneous）生长率，亦称特定（specific）生长率或内禀（intrinsic）生长率，单位时间内鱼体体长和体重的自然对数的增长值：
$$g=(\ln W_2-\ln W_1)/(t_2-t_1); \text{ 或 } g=(\ln l_2-\ln l_1)/(t_2-t_1)$$

式中，g——生长率；

W_2、W_1 和 l_2、l_1——分别为时间 t_2、t_1 时的体重和体长。

生长率的时间单位，采用年、月、日均可以。相对和瞬时生长率还可以用百分数表示。例如，1尾鱼在1年内从2kg长到5kg，则它的绝对生长率为3kg/年；年相对生长率为1.5/年，以百分数表达为150%/年；瞬时生长率 $g=\ln 5-\ln 2=0.916$/年，以百分数表达 $G=100g=91.6\%$/年；瞬时生长率通常用日为时间单位：$g=0.00251$/d，或 $G=0.251\%$/d。

绝对生长率一般只能用来比较同一种群或同一世代鱼的生长率，而相对生长率可以用于比较不同世代、不同种群或不同种鱼的生长率。但是，这两种生长率在描述鱼体生长时，都是将单位时间内的增长数，加到这段时间开始时的体长、体重上。这不符合鱼的实际生长情况。瞬时生长率的优点是将单位时间中任何时刻（瞬间）的增长数，重新加在已经增长了的体长、体重上。这样，它表达了生长的复利式特点。因此，它在现今使用得最为广泛。

相对生长率和瞬时生长率大多用于重量生长的表达。体长的瞬时生长率和体重的瞬时生长率是类似的统计量，它们的差别仅在于所用的常数。根据长重关系式就可以看出：
$$g=\ln W_2-\ln W_1=\ln a+b\ln l_2-\ln a-b\ln l_1=b(\ln l_2-\ln l_1)$$

因此，只要 b 是已知的，就提供了一个根据体长资料估算 g 的简便方法。

2. **估算生长率的新方法** 生长率长期都是通过生长测定估算的。但20世纪70年代以来，国际上提出一些最新方法，简介如下，以供深入研究参考。

(1) 甘氨酸鳞片吸收法（glycine uptake by scale） 鱼鳞的主要结构蛋白是骨胶，骨胶的主要成分是甘氨酸。从活鱼体取鳞并浸入用 ^{14}C 标记的甘氨酸中，取得鳞片和这种氨基酸的结合率。再把这一结合率和鱼的特定生长率相关。然后，通过测定结合率，就可以根据两者相关求得生长率（Adelman，1987）。

(2) RNA/DNA 比率法 RNA 作为合成蛋白质的核糖体的组成成分以及作为搬运氨基酸的大分子，在转译 DNA 遗传密码中具有重要作用。有机体蛋白质合成依赖于 RNA。机体生长率高时，RNA/DNA 比率就高。因此，根据种群在一段时间内 RNA/DNA 比率的变化，就可以提供该种群生长率变化的信息（Bulow，1970，1987）。

（3）肝-体指标（liver-somatic index，LSI）　指的是肝脏重和体重的比值。如同条件系数一样，LSI也可用来衡量生长率的变化，虽然间接，但有时很有用（Heidinger和Crawford，1977）。Cui和Wootton（1988）报道，欧洲鳊（*Phoxinus phoxinus*）幼鱼在人工控制条件下，饲以确定的日粮，则鱼的特定生长率和LSI高度相关。但是，这一指标的变化还和鱼的繁殖和性腺发育相关；因此，把它们作为生长率指征时要注意到这一情况。

三、生长比速、常数和指标

这是另一类表达鱼类生长的数学概念。生长比速同样考虑到鱼体的生长是以复利式的、而非简单的百分率进行的这一实际情况，其数学式为：

$$C_V = (\lg l_2 - \lg l_1)/0.4343(t_2 - t_1)$$

这里，0.4343是由自然对数转换成常用对数的系数（$\ln l = \lg l/0.4343$）。不难看出，生长比速实际上和瞬时生长率是一致的。所不同的是生长比速通常以年为时间单位，而瞬时生长率更多的是以日为时间单位；另外，生长比速将自然对数转换成常用对数，再除以0.4343，其精确度也不如瞬时生长率。

将生长比速乘以两个相邻年龄各所经历的时间之和的半数，即为生长常数，如下：

$$C_{Vt} = C_V(t_2 + t_1)/2$$

鱼类不同生长阶段的生长常数通常不一，而同一生长阶段的生长常数则往往比较接近。因此，可以用生长常数来划分鱼类的生长阶段。这样划分的生长阶段，通常和鱼类生活史的性未成熟、性成熟和衰老期相吻合。

Васнецов（1934）指出，鱼类的阶段生长直接从属于鱼的长度，而不是从属于生长开始以后所经历的时间。换言之，鱼类阶段生长的转折点，并不是和生长后所经历的时间相关，而是和鱼体已达到的长度相关。因此，他提出生长指标 C_{1t} 的概念，如下：

$$C_{1t} = C_V l_1$$

可见，生长指标就是将生长比速乘以鱼体开始生长时的长度 l_1。生长指标不仅可以用来划分生长阶段，也可以用来比较鱼类的生长速率。在应用生长指标比较鱼类生长时，同种鱼不同种群或不同世代的生长速率的比较，一般用第一阶段（性成熟前）的生长指标；而不同种鱼的生长速率的比较，一般用第二阶段（性成熟后）的生长指标。这是因为性成熟前鱼类的生长幅度大，变动也大；外源因子，特别是食物因子对该阶段生长影响特别大；而性成熟后的生长特性，通常受遗传型制约，同种鱼往往比较接近，而不同种鱼则差异很大。例如，不同水体欧鳊的生长指标（表2-7）在第一阶段差别较大，幅度为2.59~6.96，表明各水体环境条件的优劣；而第二阶段基本一致，幅度为3.27~3.49，表明受遗传型制约。

表 2-7 不同水体欧鳊的生长指标

(从 Н. И. Чугунова, 1956)

年龄	乌拉尔河			伏尔加-里海区			英吉里诺湖			林齐立梅维西湖		
	体长(cm)	生长指标	平均生长指标	体长(cm)	生长指标	平均生长指标	体长(cm)	生长指标	平均生长指标	体长(cm)	生长指标	平均生长指标
Ⅰ	7.6	7.22	6.96	7.3	5.18	6.20	6.5	4.22	4.17	2.5	1.95	2.59
Ⅱ	19.7	6.70		16.2	7.22		12.4	4.59		4.8	2.15	
Ⅲ	27.7	3.60		25.3	3.82		17.9	3.72		7.4	2.31	
Ⅳ	31.5	2.84	3.27	29.5	3.54	3.47	22.5	4.14		10.3	2.80	
Ⅴ	33.6	3.36		33.2	3.25		27.0	3.51		13.6	3.22	
Ⅵ	37.3	1.12	1.32	36.0	3.25		30.8	3.41	3.36	17.1	3.34	
Ⅶ	38.4	1.52		29.3	1.17	1.33	34.5	3.15		20.9	3.57	3.49
Ⅷ	40.0			40.5	1.48		37.7	2.26	2.33	24.7	3.25	
Ⅸ				42.0			40.1	2.40		28.1	2.10	
Ⅹ							42.5			31.1		

第五节 生长方程

近代，鱼类生态学家为了概括描述鱼类的生长式型，研究控制和影响生长的因子，提出鱼类种群随年龄的生长可用其参数值不变的函数来表示。这种用数理方式概括描述鱼类生长特性的函数式，通常称为生长方程（growth equation）或生长模型（growth model）。现有方程分两类：一类是根据已经取得的鱼体大小建立的，另一类是应用生物能原理建立的。

一、根据已经取得的鱼体大小建立的方程

1. Ricker 方程　这是 Ricker（1975）根据瞬时生长率概念概括的鱼在某个时刻体长和体重的函数式，如下：

$$L_t = L_0 e^{\lambda \Delta t} \quad (2-1)$$

$$W_t = W_0 e^{\mu \Delta t} \quad (2-2)$$

式中，l_t 和 W_t——分别为时间 t 时的体长和体重；

L_0 和 W_0——原初体长和体重；

λ 和 μ——生长系数，即瞬时生长率。$\Delta t = t - t_0$。

也就是说，鱼类个体体长和体重随时间的增长呈指数函数关系。

由于这一方程是瞬时生长率的经验扩展，因此有一定局限性。因为在鱼的整个生活史中，不是一直呈指数生长；但若把生长分成短的时间间距，那么大多可以作为指数生长来对待。同时，在鱼的生活史中，不同发育阶段的长度和重量增长速率不一；因此，也不能只用一个生长系数来处理，而必须划分为若干较短的时期。如果时间间隔（t）不长，如一年，或者最好是一个生长季节，那么，Ricker 方程是有效和准确的。

2. Brody 方程　Brody（1945）发现，一些饲养动物的生长曲线通常呈 S 形。为了进行数学处理，他依拐点分成两半，各适配一分离的曲线；一部分有增加的斜率，另一部分有减少的斜率，分别用以下两式表示：

$$I_t = a e^{k't} \qquad (2-3)$$
$$I_t = b - c e^{-kt} \qquad (2-4)$$

式中，I_t——t 时的长度；

a、b、c——以长度量度的常数；

k' 和 k——分别决定长度增长量的系数。

可以看出，式 2—3 和 Ricker 的指数函数式是一致的。式 2—4：当 t 无限增加时，$i_t \to b$。因此，b 在此表示平均渐近长度，通常用 L_∞ 表示；而当 $t=0$ 时，$i_t = b - c = L_\infty - c$，它代表当鱼按式 2—4 生长时，$t=0$ 时的鱼的（假定）大小。$L_\infty - c$ 往往是负值，重新排列式 2—4，如下：

$$L_\infty - L_t = c e^{-kt} \qquad (2-5)$$

这表明渐近大小与实际大小之差，以 k 速率按指数而减少。很明显，如果 k 较大，减少就越快。对任何既定的起始体长（在指数生长减少的时间开始），k 越大就意味着 L_∞ 越小，从那时以后的生长就开始减慢。因此，把 k 称为生长率是会引起误会的，一般称之为 Brody 生长系数。一般来说，式 2—3 可用于描述鱼类生活史前期阶段生长，而式 2—4 可用于许多种群的后期阶段的生长，但并非对所有的种群都适用。

3. 瞬时生长率和体重相关方程　这类方程的基本假设是：鱼在某时刻（t）的瞬时生长率（g）是该时刻体重（W）的函数。最常见的有两种，即逻辑（Logistic）方程和高氏（Gompertz）方程（Causton 等，1978）。前者认为瞬时生长率是体重的线性函数，而后者认为瞬时生长率是体重自然对数的线性函数，分别表达如下：

$$g = k(1 - (W/W_\infty)) \qquad (2-6)$$
$$g = k(\ln W_\infty - \ln W) \qquad (2-7)$$

式中，W_∞——渐近体重；

k——常数。

运用这两个方程中的任一个，均可以对已观察到的生长（如各龄体重和渐近体重）拟合一条合适的曲线。那么，被选择的方程和它的参数就可以对观测结果作出紧密的数学描述。

根据已经取得的鱼体大小所建立的方程的功能，只能起到描述作用。它无法深入了解已经概括出来的生长式型的形成过程，也不能提出如果环境改变，这种式型将如何改变。

二、Von Bertalanffy 方程及其参数推导

Von Bertalanffy（1938、1957）从新陈代谢角度认识"生长"概念，即任何生物体内的全部生理过程都可以分成同化（组织或物质合成）和异化（组织或物质分解）作用两个过程，这两个过程贯穿生物体生命过程始终。瞬时鱼体增长量（生长）是瞬时同化作用（Assimilation）增加量和异化作用（Dissimilation）减少量之差。同化率（A）与生理吸收表面积（S）成正比[①]，而异化率（D）与总消耗率或体重（W）成正比，因此：

[①] Von Bertalanffy 认为，同化率和鱼体吸收氧气的表面积成比例；Pauly（1981）扩充了 Bertalanffy 的吸收概念，提出同化率与进入鱼体为合成代谢所需要的物质被吸收的表面积成比例。

$$\mathrm{d}W/\mathrm{d}t = AS - DW$$

假设鱼体为等速生长，则 $W=ql^3$，$S=pl^2$（q、p 为常数，l 为体长），则：

$$\mathrm{d}(ql^3)/\mathrm{d}t = ApL^2 - Dql^3$$
$$\mathrm{d}l/\mathrm{d}t = (Apl^2 - Dql^3)/3ql^2 = (Ap/3q) - (D/3)l$$

这一线性微分方程的解为：

$$l_t = (A_p/D_q) - (A_p/D_q - l_0)\mathrm{e}^{-(D/3)t}$$

当 t 无限增加时，$l_t \to A_p/D_p$，因此，A_p/D_q 为平均渐近长度，$D/3$ 为常数，简写作 k；因此 $l_t = L_\infty - (L_\infty - l_0)\mathrm{e}^{-kt}$，其变换式为：

$$l_t = L_\infty(1 - \mathrm{e}^{-k(t-t_0)}) \tag{2—8}$$

由于等速生长，$W_t = al_t^3$，$W_\infty = aL_\infty^3$。所以：

$$W_t = W_\infty(1 - \mathrm{e}^{-k(t-t_0)})^3 \tag{2—9}$$

这就是 Von Bertalanffy 方程的简单原理和推导过程。

式中，t——通常以年龄表示；

l_t 和 W_t——t 龄时的平均体长和体重；

L_∞ 和 W_∞——平均渐近体长和体重；

k——生长系数，规定了曲线接近渐近值的速率，k 越大，意味着曲线接近渐近值越快，L_∞ 和 W_∞ 越小；

t_0——假设的理论生长起点年龄，而它的存在仅仅是方程数学结构的结果。

Von Bertalanffy 方程表明，鱼类的生长趋向于某种理论上的渐近值，越接近渐近值，其生长速率越慢。因此，Bertalanffy 方程和 Brody 方程（式2—4）是一致的。假定将后者的曲线外推到时间轴，称这个时间为 t_0，那么后者同样可以安排成前者的形式；所以，亦有人将这一方程称为 Brody-Bertalanffy 方程。

Von Bertalanffy 方程的最终形式虽然和食物消耗率毫无关联，它也不能作为一个预测方程，而仅仅是对一系列已经取得的生长资料的描述方程，但是该方程的起点符合生物能原理，它提出了生长的一个最基本方程，即 $\mathrm{d}W/\mathrm{d}t = AS - DW$。这一基本方程明确包括了食物的消耗率和吸收率以及环境因子（食物、温度、溶氧等）变动对鱼类生长的作用，所以，它有巨大的扩展前途。这就是说，Von Bertalanffy 方程为发展鱼类生长的预测方程提供了一个新的起点。所以，下面重点介绍和这一方程参数推导相关的方程。

1. Ford 方程　Ford（1933）提供了一种根据任何起始长度来测定鱼类种群逐年增长的方法，认为对于许多鱼类种群来说，$t+1$ 龄时的体长 l_{t+1} 和 t 龄时的体长 l_t 之间存在线性相关：

$$l_{t+1} = L_\infty(1-R) + Rl_t \tag{2—10}$$

式中，$L_\infty(1-R)$——截距；

R——斜率，亦称 Ford 生长系数。

Ford 方程本质上和 Bertalanffy 方程是一致的，如果重复 Bertalanffy 方程，用 $t+1$ 表示 t 即可获得和 Ford 方程完全一致的形式：

$$\begin{aligned}l_{t+1} &= L_\infty(1 - \mathrm{e}^{-k(t+1-t_0)}) \\ &= L_\infty(1 - \mathrm{e}^{-k}) + \mathrm{e}^{-k}l_t\end{aligned} \tag{2—11}$$

式中，$L_\infty(1-e^{-k})$——截距（a）；

e^{-k}——斜率（b）；

k 和 R 的关系——$k=-\ln R$。

这表明，凡符合 Bertalanffy 方程的鱼类种群，其 l_{t+1} 和 l_t 必然存在线性相关。

同样，由于 $W=al^b$，$W^{\frac{1}{b}}$ 与 l 成比例，因此，$t+1$ 龄时的体重 $W_{t+1}^{\frac{1}{b}}$ 和 t 龄时的体重 $W_t^{\frac{1}{b}}$ 亦必然存在线性相关如下：

$$W_{t+1}^{\frac{1}{b}}=W_\infty^{\frac{1}{b}}(1-e^{-k})+e^{-k}W_t^{\frac{1}{b}} \qquad (2-12)$$

因此，只要获得某一种群逐年体长（或体重）生长资料，就可以建立 Ford 方程，并求出 L_∞（或 W_∞）和 k 值。现以太湖似刺鳊鲌为例，$l_1 \to l_5$ 各龄平均退算体长分别为：11.48、14.57、16.58、18.37 和 19.83cm；其 l_{t+1} 和 l_t 的相关数据整理如下：

l_t	11.48	14.57	16.58	18.37
l_{t+1}	14.57	16.58	18.37	19.83

据此，按最小二乘法列出回归方程求解 a（截距）和 b（斜率）的值为：$a=5.6294$，$b=0.7677$，（$r=0.997$）。所以 $L_\infty=24.2378\text{cm}$；$k=-\ln b=0.2643$。

2. Walford 线　Walford（1946）用 l_{t+1} 对 l_t 作图，可以说是一种更方便的描述鱼类种群生长特性的方式。图 2-10A 是较为典型的 Walford 线，此线与通过原点 45°对角线相交的点，依横坐标测得它的长度，即为 $L_\infty=37.1\text{cm}$，而此线在纵坐标上的截距（a），是为起始长度即 $L_\infty(1-e^{-k})=9.57$。在此，斜率 $R=1-a/L_\infty=0.7420$，$k=-\ln R=0.2983$。用 $W_{t+1}^{\frac{1}{b}}$ 和 $W_t^{\frac{1}{b}}$ 作图也可以得到相似结果，并求得 W_∞、R 和 k 值。

图 2-10 是 4 种鱼类种群的 Walford 线图。在每一个例子中，第一个点代表 2 龄对 1 龄作的点，以后顺次取点。（从 Ricker, 1975）Siglunaes 鲱代表典型的 Walford 线；北 Shields 鲱是 Ford 发现在老年鱼中 R 变化显著，从 0.56 增至 0.77 的一个种群。这种现象即便在 Siglunaes 鲱中也能观察到类似的倾向。大眼狮鲈的 Walford 线基本上与 45°对角线平行，这一类型所描述的鱼类种群，其长度以相同的绝对值随年龄而增加，栖息在冷水的长寿命的鱼类可以发现这种类型。鳞鳃太阳鱼的 Walford 线由两部分组成，前期斜率增加，而后期减少。应当指出，

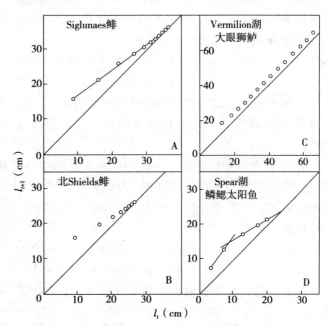

图 2-10　4 种鱼种群的 l_{t+1} 对 l_t 所作 Walford 线图
（从 Ricker, 1975）

除了 Siglunaes 鲱，其他三种类型的 Walford 线均不能适配于 Bertalanffy 方程。这提示，对已经取得的某种群的 l_{t+1} 和 l_t（或 $W_{t+1}^{\frac{1}{b}}$ 和 $W_t^{\frac{1}{b}}$）的资料应当作出是否存在线性相关的检验，并明确这种相关的性质。如 $e^{-k} \geqslant 1$ 或 e^{-k} 前后期变化不一，均不能用（单一的）Bertalanffy 方程与之适配。

3. Beverton 法　Beverton（1954）在求解 Bertalanffy 方程参数值时，先以 Ford 方程求得 L_∞，并将这一 L_∞ 值作为试用值代入由 Bertalanffy 方程（式 2—8）导出的自然对数式中，如下：

$$\ln(L_\infty - l_t) = \ln L_\infty + kt_0 - kt \tag{2—13}$$

这表明 $\ln(L_\infty - l_t)$ 和 t 呈线性相关，截距 $a = \ln L_\infty + kt_0$，斜率 $b = -k$。因此，$t_0 = (a - \ln L_\infty)/k$，或 $(\ln L_\infty - a)/b$。同样 $\ln(W_\infty^{\frac{1}{b}} - W_t^{\frac{1}{b}})$ 和 t 之间亦呈线性相关，如下：

$$\ln(W_\infty^{\frac{1}{b}} - W_t^{\frac{1}{b}}) = \ln W_\infty^{\frac{1}{b}} + kt'_0 - kt \tag{2—14}$$

现仍以太湖似刺鳊鮈为例，将各龄平均退算体长的 $\ln(L_\infty - l_t)$ 和 t 的相关数据整理如下：

t	1	2	3	4	5
$L_\infty - l_t$	12.757 8	9.667 8	7.657 8	5.867 8	4.407 8
$\ln(L_\infty - l_t)$	2.546 1	2.268 8	2.035 7	1.769 5	1.483 4

求解结果：$a = 2.808\ 1$，$b = -0.262\ 5$（$r = 0.999$）。因此，$t_0 = -1.447$。

如果种群的长重关系基本符合 $W = al^3$（似刺鳊鮈 $W = al^{3.127\ 3}$），那么就可以据此直接求得 W_∞；并可将 t_0 和 k 参数值直接用于体重生长方程。于是，便获得太湖似刺鳊鮈的 Von Bertalanffy 生长方程如下：

$$l_t = 24.237\ 8\,(1 - e^{-0.264\ 3(t+1.447)})$$
$$W_t = 322.628\ 3\,(1 - e^{-0.264\ 3(t+1.447)})^3$$

根据方程，求得各龄鱼的理论体长和体重[①]，并由此绘得生长曲线（图 2-11A，B）：其体长生长曲线是一条不具拐点的渐近线，而体重生长曲线是一条不对称的 S 形渐近曲线。

4. 生长速度和加速度　体长和体重生长曲线都是积分曲线，它们只能反映生长过程的总和。为了研究鱼类生长过程变化的特征，可用生长速度（一次微分）和加速度（二次微分）方程。鱼类的体长、体重生长速度，可将 $l_t = f(t)$ 和 $W_t = f(t)$ 函数式对 t 求一阶导数，如下：

$$dl/dt = L_\infty k e^{-k(t-t_0)} \tag{2—15}$$
$$dW/dt = bW_\infty k e^{-k(t-t_0)}(1 - e^{-k(t-t_0)})^{b-1} \tag{2—16}$$

体长、体重生长加速度，可用 $l_t = f(t)$ 和 $W_t = f(t)$ 函数式对 t 求二阶导数，

[①] 将理论体长和体重跟实测体长和体重比较，用 x^2 公式检验差异水平。若差异不显著或差异在统计学上无效，则表明方程可以建立。

如下：

$$d^2l/dt^2 = -L_\infty k^2 e^{-k(t-t_0)} \quad (2—17)$$

$$d^2W/dt^2 = bW_\infty k^2 e^{-k(t-t_0)}(1-e^{-k(t-t_0)})^{b-2}(be^{-k(t-t_0)}-1) \quad (2—18)$$

将有关各参数值代入 15～18 式，便可获得似刺鳊鮈各龄体长、体重的生长速度和加速度，并绘制出相应的曲线（图 2-11，C～F）。体重生长速度和加速度曲线均具明显拐点（inflexion）。根据数学原理，拐点处的 d^2W/dt^2 一定等于零。设拐点年龄为 t_i，由于 $d^2W/dt^2=0$，则：

$$be^{-k(t_i-t_0)}-1=0, \quad t_i = \ln b/k + t_0 = 2.87（龄）$$

似刺鳊鮈体长生长速度和加速度曲线（图 2-11，C，E）显示：随时间 t 的增大，dl/dt 不断递减，而 d^2l/dt^2 却逐渐上升，但位于 t 轴的下方，为负值，表明随着体长生长速度下降，其递减速度渐趋缓慢。体重生长速度和加速度曲线（图 2-11，D，F）显示：当 $t<2.87$ 龄时，dW/dt 上升，d^2W/dt^2 下降，但位于 t 轴的上方，为正值，表明 2.87 龄前是种群体重生长递增阶段，尽管递增速度渐趋缓慢；当 $t=2.87$ 龄，dW/dt 达最大值，而 $d^2W/dt^2=0$；当 $t>2.87$ 龄，dW/dt 和 d^2W/dt^2 均下降，而且，d^2W/dt^2 位于 t 轴下方为负值，表明此时是种群体重生长递减阶段，且递减速度逐渐增加；约 6 龄，d^2W/dt^2 降至最低点，而后又逐渐上升，表明随着体重生长速度进一步下降，其递减速度亦渐趋缓慢，个体开始进入衰老期。此后，鱼体体长和体重均逐渐趋向渐近值，而生长速度和加速度逐渐趋向于零。

最后，尚需讨论的是 Bertalanffy 方程的意义和使用注意事项。作为渔业研究中常用的方程，它主要适用于描述种群被捕获部分（1 龄以上）生长的逐年变化过程。关于它的意义，首先是能够准确描述种群的生长式型，图 2-11 提供了一个描述和分析的具体例子。这里特别要提一下关于生长拐点年龄与性成熟年龄关系：许多鱼类的拐点年龄与性成熟年龄一致，但也有不少鱼类生长拐点年龄与性成熟年龄不一致，大多落后于性成熟年龄。这样的种群，在性成熟后仍有一段快速生长期，因此不宜用初次性成熟划分生长阶段。拐点年龄确定，在理论上是鱼类生长速度转折点，在实践上常用于确定起捕规格和养殖年限时参考。因此，Bertalanffy 方程及其曲线，为概括描述鱼类的生长式型和研究控制鱼类生长的时机提供了丰富的信息和分析途径。

其次，Bertalanffy 方程还可用于不同水域地理种群生长式型的比较。李思发等（1990）曾以该方程确定长江、珠江、黑龙江鲢、鳙、草鱼种群的生长曲线并予以比较。这三种鱼的体长、体重生长曲线和生长速度曲线，一般是长江种群位于最上方，其次是珠江种群，最下方是黑龙江种群。这表明这三个种群的生长、渐近值和生长速度均是长江＞珠江＞黑龙江，显示了种群间在生长特性上的差异和优劣。再从拐点与性成熟关系来看，以鲢为例，黑龙江鲢的拐点与性成熟年龄一致，而长江、珠江种群的拐点都落后于性成熟年龄。

具体使用 Bertalanffy 方程时必须注意几点：

（1）该方程适配于鱼类（长度）生长 S 形曲线的后一半曲线；一般是进入渔获物群体的 1 龄以上的个体，但也可能适配于更高的龄群。因此，在拟合方程及其曲线时，应当对适用年龄范围有一个正确的估计。

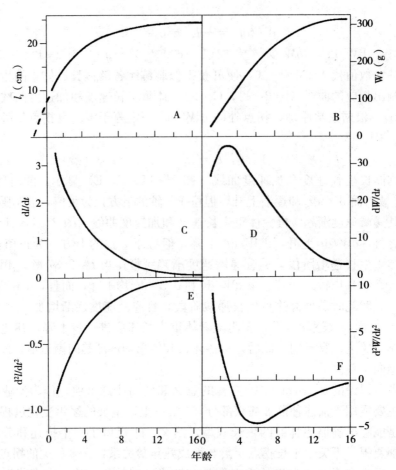

图 2-11 太湖似刺鳊鮈的生长曲线
A. 体长生长（l_t）曲线　B. 体重生长（W_t）曲线　C. 体长生长速度（dl/dt）曲线
D. 体重生长速度（dW/dt）曲线　E. 体长生长加速度（d^2l/dt^2）曲线　F. 体重生长加速度（d^2W/dt^2）曲线
（从殷名称，1993a）

（2）该方程参数值的确定，是以各龄组的平均体长（退算或实测）以及长重关系式为基础的。一般主张用代表足龄的退算体长建立方程。如果长重关系式 b 值接近 3，则体长和体重生长方程的参数 k 和 t_0 一致；如果 b 值和 3 相差较大，表示体重和体长生长速率不一，则体长和体重生长方程的参数不一致，体重生长方程参数必须根据各龄实测体重另外拟合。

（3）用于建立方程的龄组数和样品数要有一定数量和代表性。种群在自然水域的年龄组成，由于捕捞和自然死亡，总是越高龄组的鱼越少。此外，采样渔具的选择性捕捞有时亦会造成各年龄组数量不协调，应当设法避免。因为年龄组不全、高龄鱼缺乏，样品数量少，容易给方程参数推导带来困难并造成误差。

三、生物能方程

根据生物能原理建立生长方程在国际上已越来越受到重视。虽然目前还很初步，但这是今后建立预测生长方程的方向。下面作一简单介绍。有两种类型的生物能方程，但在本质上两者没有差别：

1. **能量型方程** 根据生长的生物能定义：

$$G = C - E - M = C - F - U - M_S - M_{SDA} - M_a$$

式中，C——消耗的食物能；

$E = F + U$——排泄（粪、尿）耗能；

M_S、M_{SDA}、M_a——分别为标准代谢、消化代谢（或特殊动力作用）和活动代谢耗能，三者综合为代谢耗能 M。

上式右侧每一个成分都能表达成当时鱼体重（W_t）、温度和其他相关因子（见第三章）的函数。每一成分的值原则上都能被估算，所以生长 G 也能够被估算；而且鱼在 $t+1$ 时的大小也可以按下式计算：

$$W_{t+1} = W_t + GE'$$

这里，E' 是将作为能量增加的 G 换算成体重增加的系数。在这个方程的多数应用中，时间间隔为 1 日，所以该方程可以用来预测体重的日增长。然而，由于食物消耗率较难准确估算，所以，该方程目前更多地是被用来从观察到的生长推断食物消耗，而不是从观察到的食物消耗推断生长。

2. **代谢型方程** 这种方程的基础是生长等于合成代谢减去分解代谢。合成代谢率被假定为食物消耗率的函数：$H(dC/dt)$，分解代谢被假定为两个成分，即饥饿代谢和摄食代谢的函数。饥饿代谢是体重 W_t 的函数，而摄食代谢亦是食物消耗率的函数 dC/dt；因而分解代谢率被表达为 $J[W_t, H(dC/dt)]$。于是生长 dW/dt 的表达式如下：

$$dW/dt = H(dC/dt) - J[W_t, H(dC/dt)]$$

这一基本方程现已被扩展成这样一种形式：可以通过实验研究温度和鱼体大小对食物消耗率、消化率、排泄率、呼吸率的作用来估算参数值。From 和 Rasmussen（1984）在一次测试中，为投喂湿颗粒饵料的虹鳟估算了参数值，然后用来预测投喂干颗粒饵料的虹鳟的短期（8～16 日）生长，结果是预测的最后体重和实测的最后体重之差在 $-2.1\% \sim 9.1\%$。

思考和练习

1. 试分析鱼类阶段性和季节性生长的特点及其实践意义。
2. 简述食物、温度、溶氧对鱼类生长的作用及其机制。
3. 外源和内源因子对鱼类生长的作用方式和相互关系。
4. 建立鱼类体长和鳞长相关式的原理、方法和步骤。
5. 现有长江鲢鱼种群的退算体长资料：$L_1=20$、$L_2=34.5$、$L_3=48.3$、$L_4=61.2$、$L_5=67.4$cm 以及长重关系式 $W=0.0227L^{2.980}$，请完成以下各项：

（1）建立 Von Bertalanffy 体长、体重生长方程；

（2）绘出 Walford 线；

（3）求出拐点年龄 t_i。

6. 仍以上述长江鲢鱼的退算体长和体重资料，求出其各龄之间体长、体重的绝对、相对、瞬时生长率以及生长比速、常数和指标,并将结果总结成表格形式。

7. Von Bertalanffy 方程的意义和使用须知。

专业词汇解释:

growth,growth rate,instantaneous growth rate,growth efficiency,growth depensation,condition factor,R_{main},R_{opt},R_{max},growth equation.

第三章 摄 食

摄食（feeding）是包括鱼类在内的所有动物的基本生命特征之一。鱼类通过摄食活动获得能量和营养，为个体的存活、生长、发育和繁殖以及种群的增长提供物质基础。鱼类的摄食生态学，简单说来，主要是研究鱼类吃什么、怎样吃、吃多少和吃下的食物用于机体各种生命活动的分配方式，以及这四方面与各种环境因子或鱼类自身形态结构、生理特性的相关性。研究目的是为了最终能提出预测鱼类所需食物的数量和质量的模型，为合理利用水域饵料资源、提高增养殖效果和侦察索饵鱼群等提供生态学依据。

第一节 食物组成

一、食性类型

鱼类消耗的食物种类极为丰富。凡是水中生长的动植物以及在各种情况下由空中和陆上进入水中的动、植物，几乎都可以成为鱼类的食物。所谓水域饵料资源，就是指水域中所存在的（包括外来的）动、植物体的全部总和及其衍生物，不管水域中现有鱼类是否利用它；而饵料基础则是在饵料资源中，被现有各种鱼类所经常利用的那一部分动植物。按照鱼类成鱼阶段所摄取的主要食物的组成，大体上可以将现存鱼类归纳为以下几种食性类型。

1. 草食性鱼类（herbivores） 以水生维管束植物（水草）或藻类为食物，包括以水草为主食的淡水鱼类，如草鱼、团头鲂、长春鳊等，以及以大型海藻为主食的海水鱼，如褐兰子鱼。属于这一类型还有浮游藻类食性的鱼类（phytoplanktivores），如淡水的鲢和海水的沙瑙鱼等，以及着生藻类食性的鱼类（phytobenthivores），如长江上游的白甲鱼和若干浅海河口性鱼类，如鲻、梭鱼等。后者往往还兼食有机碎屑。

2. 肉食性鱼类（carnivores） 以无脊椎或脊椎动物为食物，主要见于海水鱼类。以无脊椎动物为主食的鱼类，通常称为初级肉食性鱼类（primary carnivores），又分为浮游动物食性鱼类（zooplanktivores）和底栖动物食性鱼类（zoobenthivores）两类。前者如淡水的鳙，海水的鲱类、鳀类和姥鲨、鲸鲨以及洄游性的鲥鱼等，后者如淡水的青鱼、胭脂鱼、铜鱼、花䱻以及海水的银鲛类、鲷类和鲆鲽类，还有部分浅海小型鲨、鳐等。以脊椎动物（主要是鱼类）为食的鱼类，通常称凶猛肉食性或次级肉食性鱼类（secondary carnivores），或者称鱼食性鱼类（piscivores），例如淡水的鳡、狗鱼、红鲌类、哲罗鱼、乌鳢、鳜以及海水的带鱼、鲕鱼等。若干种鲨鱼，除吞食大型鱼类外，还袭击海洋哺乳动物，甚至噬人，例如噬人鲨、豹纹鲨等。

3. 杂食性鱼类（omnivores） 兼有动物性和植物性食性，主要见于淡水鱼类，如鲤、鲫、鲂、鲮等。其中，鲤偏重动物性，鲫偏重植物性。杂食性鱼类中，以水底部有机碎屑和夹杂其中的微小生物为主食的鱼类，通常称之为碎屑食性鱼类（detritivores），如鲴属、罗非鱼、鲮等。鲮鱼还特别喜欢利用有机腐败物质，甚至人畜粪便等。鲻、梭鱼有时亦划入此型。

除上述划分法外，也有按饵料生物的生态类群划分的，如浮游生物、底栖生物、游泳动物（指鱼类、头足类和大型甲壳类）、周丛生物、植物和碎屑食性等。还有按捕食方式将凶猛的鱼食性鱼类进一步分成伏击型（乌鳢）、诱饵型（鮟鱇）、搜索型（狗鱼）、追击型（鲑鳟鱼、金枪鱼、大型鲨鱼）以及寄生型（盲鳗）等；或将温和鱼类进一步分成滤食型（鲢、鳙）、吸入型（海马、海龙）、刮食型（鲴）、吞食型（青鱼）等。再有，根据所吃食物种类多少把鱼类分为广食性（euryphagous）和狭食性（stenophagous）两大类。前者摄取的食物种类多而广，杂食性鱼类大多是广食性的，后者摄取的食物种类少而狭，有些草食性或肉食性鱼类可划入狭食性鱼类。在狭食性鱼类中，还有仅以某一饵料生物类群为食的鱼类，称之为单食性鱼类（monophagous），例如青鱼，以螺蛳为食。但它所摄取的螺蛳种类不止一种。因此，真正单一食性的鱼类是不存在的。

概括来说，鱼类的食性是在种的演化过程中对环境适应而产生的一种特性。一般情况下，种的食饵保障程度愈高，饵料基础愈稳定，所消耗的食物种类愈少；相反，则所消耗的食物种类愈多。各种食性类型划分法，虽然提供了对鱼类食性范围认识的概貌，但并不是绝对的。介于两种甚至三种类型之间的中间类型极为普遍。例如，鲐鱼，主食浮游动物，亦兼食鱼类、头足类、毛颚类、多毛类等。总之，许多鱼类在摄食生态学方面表现出巨大的可变动性。因此，应当以生物进化的、辩证的、客观的观点分析鱼类的食性类型。实际上，鱼类在长期演化过程中几乎占据了水体的每一个可能的营养生态位。

二、摄食的形态学适应

鱼类在长期演化过程中，形成了一系列适应各自食性类型和摄食方式的形态学特征。一般来说，每一种鱼对喜好的食饵生物都有特定的形态学适应。它的体形、感觉器官适应于搜索、感知，口、牙齿、鳃耙适应于摄取，而胃、肠构造也适应于消化这种食物。系统发生上并非密切相关的鱼类，由于摄取的食饵生物类群相似，可以在形态学上显示出趋同演化（convergent evolution）。例如，凶猛的鱼食性鱼类，一般都有一个适于高速游泳的纺锤形或流线形体型，而温和鱼类，尽管有各种不同体型，但都倾向于具有符合栖息环境和摄食习性的高度机敏的体型特征。很多底栖生物食性的鱼，如鳐类，常具有平扁形体型。

鱼类的感觉器官具有探测和选择食物种类的功能。眼、内耳、侧线和电感受器官等可以用于食物的定位。主要依靠视觉搜索食饵的，称之为视觉摄食鱼。许多以活动力强的动物为食的硬骨鱼类，如狗鱼，侧线用于食物定位也极为重要。穴居鱼类和一些深海鱼类的侧线系统往往极为发达。嗅觉适于在一定距离内探测食物。软骨鱼类的嗅觉较视觉尤为发达，亦称嗅觉摄食鱼。孟庆闻和殷名称（1981a，b）发现软骨鱼类嗅囊大小、结构和初级嗅板数目等和它的食性类型、摄食方式有一定相关。许多晚间摄食的鱼，如鳗鲡和一些深海鱼类，嗅觉也比较发达。味觉（和触觉一起）对于食物选择和吞咽十分重要。以底栖动物为食的鱼，触须、吻、唇上常分布密集的外味蕾，口腔和咽部则分布有很多内味蕾，不适食用的泥沙，常被最后鉴别后排出。

鱼类口的大小、形状和位置与食性密切相关。凡凶猛鱼类，如鳡、鮊、鳜等，口裂和口咽腔较大，便于吞下食物。若干深海鱼类，如囊咽鱼（Saccopharynx），口和口咽腔极大。这与它们生活在黑暗的深水层相关，依靠大口捕食，有时甚至可以吞食比自身更大的食饵。相反，温和鱼类的口裂一般较小。但有些滤食性鱼类，如鲢、鳙，其口裂和口咽腔也较大，这与它们利用较大的口尽量吞吸较多的水，用以滤食相关。口裂上位的鱼，大都摄取栖息在水面和水层中间的食物；而口裂下位的鱼，有的上下颌具肉质厚唇，用以吮吸底栖动物和水底碎屑为食，例白鲟、胭脂鱼、蛇鮈等；有的上下颌具角质边缘，以舔刮附着生物为食，如白甲鱼、鲴等；许多鱼类口前位，食性比较多样。演化上比较高级的鱼类，通常具有突出颌的能力。这种能力在摄食生态学中具有明显意义。当一瞬间突出颌时，就能飞速地接近食饵对象，并增加能吸入食饵对象的距离；而当食饵对象一旦被捕获时，又可以使关闭口裂的下颌的转动幅度减少。

凡是有齿的鱼类，其齿通常只用作捕食，抓紧已吞入口内的食物，防止逃失；但也有些鱼类的齿有撕裂、啃断、碾磨食物的功用。齿的尖锐程度与食性关系密切。软骨鱼类中凶猛的鲨鱼，齿尖利，位于颌部边缘，能把握和咬断食饵鱼，其后方还有数列齿，齿尖朝向咽腔，可以防止食饵逃逸。以贝类和甲壳类为食的星鲨、鳐等，齿呈铺石状。硬骨鱼类中的鱼食性鱼类，不少具犬牙状齿，如海鳗、带鱼、鮟鱇等；以无脊椎动物为食的，齿常呈圆锥状；以螺、蚬及其他有硬壳的食物为食的，齿大多臼状，如真鲷；还有些鱼类齿呈门齿状，藉以刮食岩礁上的固着生物，如鲀、鳞鲀类。鲤科鱼类无颌齿和口腔齿，但有较发达的咽齿，其咽齿的数目和排列方式以及形态特征等，亦与摄食方式和食性相关。左、右咽齿交叉相间排列，齿面向上，与背面的咽磨角质垫正相配合，对经过的食物进行初步处理。例如，草鱼的咽齿栉状，适于切割水草；青鱼臼状，藉以压碎螺壳，而后吞食其肉（图 3-1）。

鳃耙的数目、形状、排列等也常与食性相关。一般鱼食性鱼类，鳃耙疏而短小；而浮游生物食性鱼类，鳃耙排列细密而长，数目多。鲢、鳙的鳃耙构造颇为特殊（图 3-1）。鲢的鳃耙长于鳃丝，并密集成一片，构成海绵状筛板，主要滤食微小的浮游植物；鳙的鳃耙数目亦多，但较鲢相对少一些，排列紧密但不连成片，主要滤食浮游动物。但亦有鳃耙退化的鱼类，却仍以浮游生物或底生硅藻为食的，例如海龙科、烟管鱼科的鱼类。

胃的大小和形状与食性，尤其是食物的大小关系密切。鱼食性鱼类，如鲭科，胃通常较大，胃壁肌肉层厚，弹性大；胃常呈圆锥形，有一个大的盲囊和一个小的幽门部，能在短时间内吞食大量食饵。温和鱼类胃通常较小，胃壁薄，弹性小，胃通常呈"I"、"U"或"V"形。胃盲囊部不明显或不发达，如银鱼、池沼公鱼、鲷科等。有些鱼类主要摄食泥沙中的有机物质和硅藻等，胃幽门部肌肉特别发达，呈砂囊状，适于研磨和压碎食物，如斑鰶、鲻、梭鱼等。

消化道长度（肠长）与食性亦常相关。一般地，典型肉食性鱼类，肠长与体长比≤1，而杂食性鱼类或偏重植物的杂食性鱼类，肠长和体长比常变动于 1～3，而纯植物性或碎屑食性鱼，肠长可超过体长 3 倍以上。以碎屑为食的野鲮 Labeo horie 可达 15～20 倍。但是，亦常有例外。例如，以藻类为主食的香鱼，消化道较短，而像箭鱼这样的肉食性鱼

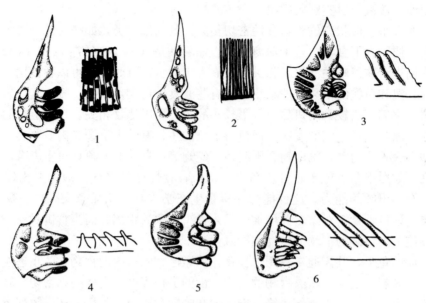

图 3-1 几种鲤科鱼类的咽齿和鳃耙
1. 鲢 2. 鳙 3. 鲤 4. 草鱼 5. 青鱼 6. 鳊
（从孟庆闻等，1987）

类，消化道却较长。

三、食物组成的定性和定量

虽然形态学特征能够用来初步分析鱼类的食性类型，但最终还需根据对鱼类消化道食物组成（diet composition）的具体分析才能予以确定。每一种鱼的食物组成，都可以通过解剖一定数量的消化道，对消化道中所含的动、植物种类予以定性定量检查来获得（见实验五）。把鱼类消化道中所有动、植物种类列表统计，亦称食谱（recipes）。在食谱中，应当列入所解剖的全部消化道中所见到的全部食物种类，甚至包括偶见种类。

描述鱼类的食物组成还应当尽可能指明所吃每一种食物的相对重要性。定量描述的方法有好几种，但可能至今还没有一种方法是完全令人满意的。最简单的方法是估计每一食物种类在消化道中的出现频率（frequency of occurrence）。食谱中的每一食物种类，一般不会在每一尾被解剖的鱼的消化道中出现。出现率是一种食物在被解剖的消化道中出现的次数占全部被解剖（鱼）的消化道的百分比。空消化道一般不计在内。表 3-1 是白洋淀鲫的食谱和出现率。食谱中不仅包括许多植物性食物，也存在许多门类的动物性食物；在低龄鱼群中，碎屑出现也很频繁，表明鲫鱼是一种杂食性鱼类。出现率提供了鱼类消化道中有否某种食物类别的信息，但没有提供它们的数量和体积。因此，出现率并不能真正反映每一种食物对鱼类营养上所起作用，以及鱼类对该种食物的喜好性，尽管有时候在一定程度上可能有这样的作用。例如，硅藻的出现率在白洋淀鲫的食谱中为 100%，那只是因为硅藻个体小，可以附着在其他食物体上而被鲫附带摄入的。计数法是一种与出现频率法有着相似缺点的方法，它统计每一种食物在被解剖消化道中出现的个数占全部食物种类总个数的百分比，而不管这种生物的个体大小和营养价值。

表 3-1 白洋淀鲫的食物组成
(从戴定远，1964)

食物名称	出现次数						出现率（%）
	当年鱼	1^+	2^+	3^+	4^+	总计	
	38尾	41尾	63尾	43尾	6尾	191尾	
篦齿眼子菜	3	10	14	20	1	48	25.13
苦草	1	6	19	20		46	24.03
菹草	2	17	16	15	3	53	27.74
轮叶黑藻	2	3	10	9	1	25	13.08
大茨藻			1	2	6	9	4.71
小茨藻			2	5	4	11	5.75
金鱼藻	1	1	2	1		5	2.61
狸藻			3			3	1.57
转板藻	31	31	36	24	3	125	65.44
间生藻	16	8	16	7	1	48	25.13
颤藻	10	7	14	11	2	44	23.03
束丝藻	6	8	15	6	1	36	18.84
硅藻	38	41	63	43	6	191	100.00
枝角类	3	10	17	16	1	47	24.60
桡足类	1	5	14	14	2	36	18.85
轮虫	6	7	9	6	1	29	15.18
水生昆虫		2	11	12	1	26	13.61
扁螺			1	1		2	1.04
碎屑	38	37	44		1	120	62.83

根据鱼类食物组成中各种类别的食物生物的个体大小、所占实际比重以及营养价值，通常把鱼类的食物分成主要食物、次要食物和偶然性食物。主要食物在鱼类食物组成中所占实际比重最高，对鱼类的营养起主要作用；次要食物是经常被鱼类所利用，但所占实际比重不大；偶然性食物是偶然附带摄入所占实际比重极小的饵料生物。一般地，偶然性食物最易产生时间性和地区性变化。按此分析，上述鲫鱼食物组成中的硅藻自然成了附带摄入的偶然性食物了。确定某种食物是否是鱼类的主要食物，主要采用体积法和重量法。体积法是先在量筒中放入一定容量的水，然后逐一将食物组成中各种饵料生物放入量筒，记载水面升高的刻度，求得各种饵料生物的体积和所占全部饵料生物总体积的百分比。重量法是逐一称重各种饵料生物，最后求得每一种饵料生物占全部饵料生物的重量百分比。由于鱼食性鱼类的食饵生物个体大，因此，比较适宜采用这两种方法。从图 3-2 可见，狗鱼体长 4.5cm 以下时，水蚤、桡足类和摇蚊幼虫是它们的主要食物，占到食物总量的 60%～90%；以后逐渐过渡到以鱼类为主要食物，至体长 6.5cm 时，所摄取的鱼类重量占到总量 90%。

还有一种更正重量法，是先将消化道中已被消化过的或将计数法所获得各种食饵生物，按水域环境中相同（或类同）的饵料生物的重量予以还原、更正，然后再按重量法求得每一种饵料生物的实际百分比。这种方法估计每一种饵料生物对鱼类营养所起作用最接近实际，特别适用于一些初级肉食性鱼类；但必须同时取得水域环境中相同饵料生物的重量，有一定难度。对于饵料生物极微小或很难称重计数的鱼类，特别是碎屑食性鱼类，有时可以

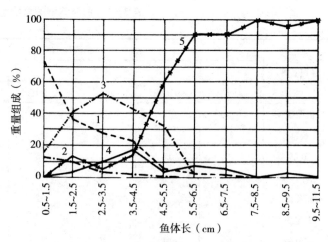

图 3-2 雷宾斯克水库狗鱼食物组成随鱼体生长的变化
1. 水蚤亚目　2. 桡足类　3. 摇蚊幼虫　4. 其他昆虫幼虫　5. 鱼类
（从 Е. В. Боруцкий 等，1961）

采用估计法，用"+"、"++"、"+++"分别表示少量、中等、多等。但此法毕竟十分粗糙，现已很少使用。

四、食物组成的变动

1. **仔稚鱼→幼鱼的食性转化**　鱼类在成鱼期虽然存在着不同食性类型，但在仔鱼期几乎都有一段时间以浮游生物为食，以后才转向各自固有的食性类型。这一食性转化存在于仔稚鱼向幼鱼期的过渡阶段。鱼类在仔稚龟期的摄食形态学是与浮游生物食性相联系的。这时，与成鱼阶段食性类型相适应的摄食器官和方式尚未发育完善。例如，草食性的草鱼仔鱼，尚未形成切割水草的咽齿和咽磨。仔鱼的摄食一般都是依靠视觉吞吸与其口裂大小相符合的微小食料生物，特别是浮游动物。例如，鲢、鳙、草鱼、鲤的仔鱼，全长12mm 以下主要吞食轮虫、无节幼虫、小型枝角类等；12～15mm 时，各种仔鱼的鳃耙发育出现较明显差别：鲢、鳙鳃耙多，密而长；草鱼等鳃耙少，短而稀；鲢、鳙开始向滤食转化，食饵主要是轮虫、枝角类、桡足类，也有少量无节幼虫和较大型的浮游动物。16～20mm 时，摄食器官形态差异进一步扩大，食性分化进一步明显。鲢、鳙的口裂和口咽腔增大，鳃耙发育逐渐完善，滤食机能加强，由吞食完全转为滤食；而且，鲢、鳙之间在鳃耙发育和食物组成方面也出现差别。鲢的食物组成中浮游植物比重逐渐增大，鳙仍以浮游动物为主。草鱼等仔鱼的口裂也增大，适于各自食性类型的咽齿和咽磨开始发育，摄食能力增强，能主动吞食大型枝角类、摇蚊幼虫和其他底栖动物；草鱼开始摄取幼嫩细小水生植物。30mm 时，摄食器官发育更加完善，机能增强，食性分化明显，接近成鱼。幼鱼长至 30～100mm 时，各自的食性则基本和成鱼相同。

鱼类从仔稚鱼向幼鱼期的食性转化，从发育生态学角度看来，是鱼类从浮游生物食性向各种食性类型分化、扩大食物组成的一种重要生态适应。这一食性转化的完成，与鱼的摄食、消化器官的发育一致，具有明显的规律性。在食性转化阶段，随着摄食器官的发育完善，其食物种类和组成不断变化。这时，如果外界环境的食饵供应不能适应这种变化，

就会影响鱼类的存活和生长。对于那些食性类型发生剧烈变化的鱼类,如草鱼仔稚鱼从浮游动物转向草食性,青鱼仔稚鱼转向底栖动物食性,所面临的威胁尤其严重。因此,认识和掌握这一规律性对于养殖生产的苗种培育,适时变换饵料种类,注意饵料的适口和适量有重要意义。

2. **食物组成随年龄(体长)的变化**　鱼类在达到幼鱼阶段后,其草食性、肉食性和杂食性三大类别往往已定型,一般不易发生变化。但是随年龄(体长)、季节、昼夜和水体环境的不同,其食物组成的具体类别仍会发生不同程度的变化。食物组成随年龄(体长)的变化,主要反映了鱼类个体发育不同阶段的摄食形态学适应(如口裂大小、游泳速度、捕食能力等)和生理要求,部分是栖息生境的扩大和转换造成的。仍以白洋淀鲫为例(表3-1),当年幼鱼以转板藻等低等藻类和碎屑为主食;1 冬龄鱼开始摄食水生高等植物,浮游甲壳类也有所增加;高龄组摄食的种类日益复杂。又如,前苏联雷宾斯克水库的狗鱼(图3-2),体长 1.5~2.5cm 开始摄食鱼类,而 5.5~6.5cm 时,食物组成中 90% 均由鱼类组成。不少鱼类从初级肉食性向次级肉食性的过渡,往往是随着年龄或体长的增长而完成的。例如,大银鱼 7cm 以上(朱成德,1985)、刀鲚 13cm 以上(唐渝,1987)开始摄食小型鱼虾。鱼类的这种特性,对于扩大种群的饵料基础、满足不同发育阶段对饵料质和量的生理要求、保证生长发育是有利的。当种群的食物供应不足时,个体间生长差异扩大(见第二章),由于不同体长组所消耗的食物组成的种类和比例不一,因而,种群长度组成差异扩大,就意味着整个种群的食物组成得到扩大,从而保证了种群度过食饵不足的困难阶段。

3. **食物组成的季节变化**　实际上反映了鱼体代谢强度、摄食行为以及水域环境饵料生物的季节变化。这种变化极为常见。通常,广食性的种,主要表现在种类组成上;而狭食性的种,主要表现在各种食饵所占比例的变化。例如,太湖翘嘴红鲌从 8 月至翌年 3 月,集中在敞水区掠食,此时,湖中当年鲚已长大,鲚在翘嘴红鲌消化道中出现率达 48.6%,而鳙和似鲚分别为 8.6% 和 1.5%;随着 4~5 月生殖季节到来,鳙、似鲚等小型鱼类在近岸相对集中,翘嘴红鲌亦游向近岸觅食,此时,鲚的出现率降到 17.5%,而鳙和似鲚分别上升至 21.1% 和 27.8%(许品诚,1984)。

有些鱼类的食物组成还表现出年间变动。这种现象常见于一些海水鱼。这反映了海区水文环境年间变动引起饵料生物种类和数量的年间变化。例如,烟台外海鲐鱼的食物组成,1954 年以细长脚蛾为主,鳀等小型鱼类为次,磷虾极少;1955 年则以磷虾占首位,细长脚蛾、小型鱼也占一定比重;1956 年则以小型鱼类占优势,其他两种食饵占较小比重。研究鱼类食物组成年间或季节变化,有时可用更替率公式统计如下:

$$S=(A+D)/2, \text{ 或 } S=1-E$$

式中,S——更替率,以百分数表示;

A——增补率,即新增加的饵料生物种类的重量百分比,加上原有的饵料种类所增加的重量百分比;

D——减少率,即减少的饵料种类的重量百分比,加上原有留下的饵料种类所减少的重量百分比;

E——相同率,不同季节同一饵料种类的相同的重量百分比。

4. 食物组成的昼夜变化　通常和鱼类的栖息习性、摄食方式以及饵料生物的行动相关。例如，烟台外海鲐鱼在渔汛盛期，晚上以太平洋磷虾、细长脚蛾和鳀为主食，而白天则以桡足类、箭虫、鲐鱼卵和十足目幼体为主食。据分析，这是由于磷虾、细长脚蛾具有白昼下沉、夜晚上浮的垂直移动现象，而鲐鱼基本上一直栖息在水的上层。因此，鲐鱼在晚上能较多地摄取在水上层的磷虾等，而到白天，磷虾等下沉，就摄取仍留在水面的桡足类等。

5. 食物组成随栖息水域而变化　这也是极为普遍、常见的现象，主要是由于不同水体中饵料生物群落组成不同所致。一般来说，在适合该种鱼的食性范围内，总是以栖息水域中数量最多、出现时间最长的饵料生物为主要食物。例如，小黄鱼在渤海主食中国毛虾、虾蛄和鰕虎鱼等，在黄海主食磷虾、褐虾和鳀等，在东海则以磷虾和小鱼为主。各海区小黄鱼的食物组成，都和饵料基础中优势类群吻合。食物组成随栖息水域而变化，部分是由于种群间形态学差异造成的。Livin 和 McPhail（1985、1986）报道了加拿大、大不列颠哥伦比亚区几个不同大小湖泊中三棘刺鱼形态学特征的种群间变动。这种特征和摄食生态学相关，包括上颌长度以及鳃耙长度和数目的变动。来自最小湖泊（1.4hm^2）的刺鱼具有的形态学和行为学特征，使它们较之来自大湖（最大 6 180hm^2）的刺鱼更有效地摄食底栖饵料，而后者在水层中摄食更有效，这样就造成了它们食物组成的差别。

第二节　食物选择性

鱼类食物组成中出现的每一种食饵生物，一般都经过被鱼侦察→接近→选择→捕捉→摄取的过程。鱼类的这一索饵过程的中心是选择。研究鱼类索饵过程和策略在国外较为流行。一般采用野外和实验生态相结合的方法，对象大都是依靠视觉侦察活的饵料生物的鱼种。这方面研究涉及鱼类利用特定饵料资源的最适机制、效率及其和环境因子的关系，对于预测鱼类食物组成变动，深入理解饵料生物的分布、质量和丰度等对鱼产力的影响极为重要。

一、基本概念

鱼类和饵料生物的基本关系，表现为对饵料生物所具有的选择能力。这种选择性应理解为鱼类对其周围环境中原来有一定比例关系的各种饵料生物，具有选取另一种食物比例的能力。根据鱼类对食饵生物的选择（偏好）程度，通常把鱼类的食物划分为喜好、替代和强制性食物。喜好食物是最优先选取的食物，它在鱼类的食物中往往是主要食物；替代食物是指喜好食物存在时，鱼类通常很少选取，而当喜好食物缺少时，鱼类大量选取的食物，这时，替代食物也成了主要食物。当喜好和替代食物都不存在时，鱼类维持生存而被迫选取的食物，称强制性食物。当喜好食物成为鱼类的主要食物时，鱼类生长速度提高，因为喜好食物往往能提供最大的能量和营养价值，而当替代甚至强制性食物成为鱼类的主要食物时，鱼类的生长速度减缓，甚至停止。

查明鱼类对周围环境中饵料生物的选择性有好几种方法。最早的选择性指标（index of eiectivity）是由 А. А. Шорыгин（1952）提出，后经 В. С. Нвлев（1955，即 Ivlev, 1961）修改的，如下：

$$E = (r_i - p_i)/(r_i + p_i)$$

式中，E——选择性指标；

r_i——鱼类消化道食物组成中某一种饵料成分（i）的百分数；

p_i——同一种饵料成分在环境中的百分数。

该指标的值在+1和-1之间，根据正负数值大小，便可估计鱼类对某种饵料生物的正（负）选择性程度。负值表示对该饵料生物避食，或该饵料生物不易得；而正值表示有积极选择性，或易得；零表示无选择性，随机摄取。这一指标的缺点是，它的值不仅取决于捕食行为，而且取决于环境中存在的每一饵料生物的数量。因此，该指标不仅种间或同种不同发育阶段不同，而且还经常呈现季节性和地区性的变化。这就使得在一年中不同时间和地点所获得的这一指标无法比较。不过，选择性指标的季节性和地区性变化通常有一定规律：当环境中喜好饵料减少时，鱼类的选择性加强，指标增大；当喜好食物降到一定限度之后，鱼类对替代饵料生物的选择指标急剧增大。

Chesson（1983）提出计算鱼类的食饵喜好性指标（index of prey preference）来表示鱼类的食物选择性。饵料生物 i 的喜好性指标 a_i 的定义由以下相关式表示：

$$P_i = a_i n_i / \sum_{j=1}^{m} a_j n_j$$

式中，P_i——概率，即属于 i 型的同一群饵料生物中下一个食饵对象的可能被选取的概率；

n_i——i 型食饵生物在环境中数目；

m——食饵生物类型的总数。

如果环境中各型食饵生物的数目相同，那么，i 型食饵生物在食物组成中构成的百分比就可以看作是 a_i。计算 a_i 的公式有三种：

1. 食物获得补充，n_i 假定为常数

$$a_i = (r_i/n_i) / \sum_{j=1}^{m} (r_j/n_j)$$

2. 无食物补充，n_i 不是常数

$$a_i = \ln((n_{i(0)} - r_i)/n_{i(0)}) / \sum_{j=1}^{m} \ln((n_{j(0)} - r_j)/n_{j(0)})$$

3. 同时存在几种捕食鱼　每种捕食鱼选择食饵对象的次序已知，记录下的仅仅是每一种鱼所选取的第一个食饵对象：

$$a_i = (k_i/n_i) / \sum_{j=1}^{m} (k_j/n_j)$$

在这三个公式中，新出现的 r_i 是 i 型食饵生物在捕食鱼食物组成中的数目，$n_{i(0)}$ 是 i 型食饵生物在捕食开始时在环境中的数目，k_i 是第一个食饵对象是 i 型食饵生物的捕食鱼尾数。n_i、$n_{i(0)}$、r_i 可以用具体数目，也可以用百分数；如果用百分数，第二公式（$n_{i(0)} - r_i$）必须取绝对值后，再计算其自然对数值。

鱼类食饵选择性或喜好性指标都假定消化道样品和环境样品分别都准确反映了被消耗的食饵生物在食物组成和环境中的百分数。两者局限性在于没有反映鱼类食饵选择的机

制，而仅仅表明了食饵选择的程度。

二、影响选择性的因子

鱼类对食饵的选择能力，概括来说，由鱼类对食饵生物的喜好性和食饵生物为鱼类的易得性决定。所谓喜好性，是鱼类长期适应摄取某种食饵生物所形成的固有属性。它既取决于鱼类本身的形态、生态和生理学特点，又取决于饵料生物的形态和生化特点。易得性是食饵生物和鱼类在生境中相互形成的一种时空关系特性。鱼类和食饵生物各自的形态、感觉能力、行为和生态学适应特性是易得性的基础。因此，易得性还强烈地受到环境因子的影响，如水文、气象条件对食饵的易得性就会造成很大的影响。因此，在分析水域的饵料状况时，不仅要估计食饵的丰度，而且要估计食饵的易得性以及外界环境条件的影响，这就是所谓的食饵保障。下面以视觉摄食鱼为代表，从食饵生物和鱼类两方面对影响鱼类选择性（包括喜好和易得）的因子作一扼要分析。

1. 食饵生物方面　鱼类能否侦察到食饵对象，是决定选择性的首要因子。食饵对象的重要视觉特征是大小、背景反差和运动，其他相关特征可能包括形状、颜色和怪异行为等。捕食鱼能够见到的潜在食饵对象的最大距离，或能引起捕食反应的距离通常随食饵个体增大而增大，也就是说，较大的食饵对象被侦察到的可能性也较大。在食饵密度低的情况下，鱼类必须通过搜索水域，使食饵对象落入视野。图3-3是Eggers（1977）提出的鱼类视野反应容量模型（reactive field volume model）。这一模型，用于预测鱼类在一定时间内可以搜索的水容量。因为每种鱼对一定大小食饵对象的最大反应距离R_{max}和巡游速度都是可以测定的。

在视野反应域内，离鱼越近的食饵对象在视网膜上的映象越大。

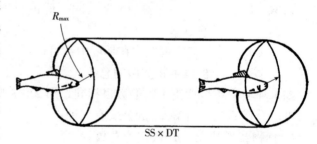

图3-3　鱼类视野反应模型，示浮游生物食性鱼视觉搜索的水容量

R_{max}. 最大侧面感知距离　SS. 游速　DT. 搜索时间
（从Eggers，1977）

因此，离得近的较小食饵对象可能要比离得远的较大食饵对象外观上要大。由此O'Brien等（1985）提出了食饵外观大小模型（apparent size model）的论点：当两个食饵对象同时出现于鱼类的视野反应域内，鱼往往选择外观较大的一个，即使它实际上是小的。只有当食饵密度很高、离得很近，或者当外观较大的食饵并不直接位于索饵鱼正前方时，鱼才根据实际大小，而不是外观大小选择食饵。

鱼类对食饵对象的反应距离还和食饵的背景反差呈正相关。有些食饵对象由于具有特定的形状和颜色，增加了背景反差，也容易被捕食鱼发现。实验证实，仔鱼对藻类培养的体呈绿色的轮虫，较之酵母培养的无色的轮虫，摄食率明显提高。光线之所以成为视觉摄食鱼重要摄食条件，其原因和增加食饵的背景反差相关。捕食鱼的摄食强度和光强度之间通常呈S形相关。随着光强度从完全黑暗逐渐增强，直到抵达摄食临界光强度，摄食强度才会发生改变；然后，摄食强度随光强度增大而迅速抵达最大值。

一般来说，捕食鱼总是喜欢摄取运动着的饵料对象。在给虹鳟投饵时发现，当食饵对象呈运动状态时，虹鳟的反应距离明显增大。Kislaliogla 和 Gibson（1976a）在用十五棘刺鱼 Spinachia spinachia 实验时发现，刺鱼喜欢摄取正在活动的糠虾，而相对不喜欢摄取静止的糠虾。刺鱼的摄食反应频率随糠虾运动速度而增加，但在糠虾的运动速度超过 30mm/s 时，反应频率随速度的进一步增加而下降。表明运动速度有一个临界值。

此外，食饵的可口性和可消化性，以及是否善于躲避和掩藏等，对于捕食鱼的选择也十分重要。一些有棘刺的或有毒的食饵生物显然是不可口的。有些植物细胞或具有几丁质外壳的微小甲壳类甚至通过鱼类的消化道也能存活。同样，善于埋栖、隐蔽或运动诡谲的食饵生物，往往很难为鱼类所获得。这样的食饵生物在长期演化过程中就会逐渐演变成为不被鱼类选择的食饵。当然，对于摄食方式不同的鱼类来说，决定是否被选择的食饵生物特征是不同的，需要具体分析。例如，对于嗅觉摄食鱼来说，食饵生物的生化特征——气味，往往成为鱼类选择的主要因子。

2. 鱼类方面　捕食鱼的体形、游速和捕食方式，对于捕食成功极为重要。擅长巡游的金枪鱼，也许只能捕到被追赶鱼的 10%～15%，相反，专门伏击其他鱼的狗鱼，却能捕到它们想要捕的食饵鱼的 70%～80%。捕食鱼的形态学特征，特别是鱼食性鱼的口裂大小、浮游生物食性鱼的鳃耙间距，往往是食饵大小选择的主要因子。图 3-4 是 Dunbrack 和 Dill（1983）建立的三个长度等级稚鲑所摄取的食饵大小概率模型。对于一定长度的捕食鱼来说，其选择的食饵对象的大小有一个临界上限和下限。例如，60mm 长的稚鲑，这一临界范围为 0.6～3mm；当食饵宽度超过临界高限时，摄取

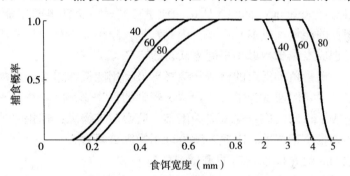

图 3-4　银大麻哈鱼 Oncorhynchus kisutch 稚鱼（40、60、80mm 三个长度组）食饵宽度和捕食概率模型
（从 Dunbrack 和 Dill，1983）

概率迅速下降；而当食饵低于临界低限时，摄取概率也下降。高限大都受口裂的限制，而低限可能受鳃耙间距或视觉不易侦察的限制。随着捕食鱼体长的增长，食饵宽度的临界范围也增大。这一实验室模型，用于预测自然溪流银大麻哈鱼的食物组成获得很好的结果。

随着食饵对象增大，捕食鱼不得不花更多时间去操纵它。实验证实，随着食饵对象的增大，捕食鱼操纵食饵对象的时间开始增加极缓慢；但是，当食饵大小接近捕食鱼口的大小时，则急速增加。操纵时间随食饵大小增加有两方面意义：

（1）捕食鱼索饵时间是有限的，时间用于操纵食饵对象，就不能用于搜索和追赶其他食饵对象。

（2）操纵时间是确定食饵对象对捕食鱼得益程度的因子，因此，也是影响最适选择机制的一个因子。

捕食鱼的经验也是决定选择的重要因子。有经验的词养员都懂得，每当提供一种新的食饵到鱼学会摄取这种食饵都有一个时间间隔。虹鳟接触到新奇的食饵，像漂白的肝块，要过4～6d才产生摄食反应。而后，有经验的鱼发现肝块而接近它的反应距离较之没有经验的鱼约大2倍。但是，如果把肝块染成黑色，就会发现虹鳟又退回到没有经验鱼同样的反应距离。索饵鱼的运动式型同样受经验的影响。鱼类在一个生疏的环境里，随着经验的增加会不断改进搜索路径，从而增加和食饵对象相遇的有效性。如果在某一生境找到可口的食饵，经验会使鱼倾向于在该生境增加逗留和搜索时间，导致所谓的区域局限性搜索（area-restricted searching）；相反，如果在某一生境找不到可口的食饵，经验会使鱼减少在该生境搜索的兴趣，导致区域回避性搜索（area-avoided searching），从而游开该生境。索饵鱼的这两种行为特征，构成了鱼类养殖生产中定点投饵技术的理论基础。

三、最适索饵理论

最适索饵理论（optimal foraging theory，Pyke，1984）假设：鱼类索饵过程中所表现出来的一系列形态、感觉、行为、生态和生理持性是长期自然选择造成的，这些特性保证了鱼类具有最大的摄食生态适应性，而这种适应性总是倾向于使鱼类获得最大的净能量得益（netenegy gain）。所谓净能量得益是所获食饵的粗能量（得益）和获得这种食饵所消耗的能量（成本）之差。因此，最大净得益不是通过索饵过程最大限度地增加得益，就是把成本减少到最小限度来获得。

衡量鱼类索饵的得益和成本，最好用能量作单位。例如，得益可以用所获食饵的粗能量表示，但通常为了方便，假定较大的食物比小的食物具有较多的能量，以所获食饵的重量表示。衡量成本耗费更为困难。通常假定操纵或捕捉（追赶加操纵）食饵的时间和消耗的能量呈正相关。因此，就可以用操纵食饵对象的时间 h 除以食饵的重量或能量 r，即 h/r 表示索饵成本，而 r/h 表示得益。

最适索饵主要包括以下两个方面：

1. 食饵选择 最适食饵选择认为，如果要使单位时间的粗或净得益达到最大，那么最适口的食饵将是那些捕捉成本最小的食饵。当鱼捕捉最适口食饵不能满足机体能量需求时，则依次选择较少适口的食饵对象。这意味着当最适口食饵种类丰度降低、相遇率下降时，食物组成必然扩大，包括越来越少适口的食物。根据食饵对象的适口性排列顺序，能够加入到索饵鱼食物组成中去的新的食饵，必然是净能量得益超过以前选择的所有食饵所获净能量的平均值的食饵。如果这种差异不存在，新的食饵将被拒绝。已经选择出来的食物组成构成最适的饵料。

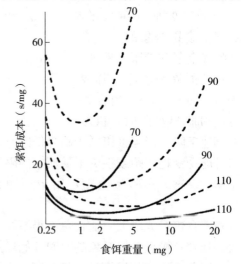

图3-5 十五棘刺鱼捕捉食饵（糠虾）的成本和食饵大小相关

估测成本曲线的鱼体长为70、90、110mm；
实线：摄取第一个食饵，虚线：摄取第六个食饵
（从Kislaliogla 和 Gibson，1976b）

适口性是食饵选择主要指标。Kislaliogla 和 Gibson（1976b）所提供的例子（图 3-5）可以用于说明食饵大小和成本的相关。不同大小的十五棘刺鱼捕捉食饵的成本，开始都随食饵增大而下降，因为随食饵增大操纵时间增加开始是很缓慢的；然后，随着食饵大小接近捕食鱼口裂大小，成本会随操纵时间而急增，直到食饵变得太大而不能被鱼所操纵。这种 U 形曲线意味着，对于一定大小的捕食者存在着一种可以使捕捉成本最小的食饵大小。对较大的捕食鱼，这种最适食饵大小不仅较大，而且范围较宽。这种食饵成本（或者它的反面——适口性）的估计可以用来预测鱼类的最适食物组成。野外调查也证实，实验室所预测的这种最适食饵大小和野外平均食饵大小基本符合。

Werner 和 Hall（1974）实验用不同大小水蚤投喂蓝鳃太阳鱼，发现当饵料密度高的时候，选择最适（最大）食饵的数量比其他的多，而在密度低时，等量选择了所提供的不同大小的水蚤。这一结果基本附合最适饵料选择的预见，但同时也发现，在密度高时，鱼并不完全如预见那样停止对较小水蚤的选择。同样的例子也见于野外溪流。这种表面上的部分不符，表明最适食饵选择理论并不完美；鱼类在摄食生态方面达到最大生态适应的变量尚须深入研究。

2. 索饵点选择　食饵生物在水域，特别像海洋中的浮游动物，通常呈不均匀层片（patch）状分布，且不同层片的食饵密度也不同。这时，鱼类如何选择索饵点呢？主要有两个理论：一是边缘值原则（marginal value theorem），由 Charnov（1976）首先提出。主要假设是：索饵鱼具有了解食物层片的分布、质量和利用率的能力。当索饵鱼在某一层片（离去前不久）的摄食率等于在该生境中各个食饵层片的平均摄食率时，该索饵鱼就会离开这一层片，而转向能取得较高摄食率的食饵密度较高的层片。这一理论再次预测鱼类的最适索饵行为，但没有讨论其机制。野外和实验室研究也有证据表明，鱼类在搜索其生活环境不同区域时，其反应确实不同。另一是理想化自由模型（ideal free model），最早由 Fretwell 和 Lucas（1970）提出。主要假设是：在一个食饵呈不同密度层片状分布的环境里，鱼类的分布和食饵的分布相符；因而没有鱼能够或必须通过转向另一层片来提高自己的摄食率。当食饵层片以及层片里的食饵大小和密度发生季节性变化后，鱼类的分布也会自由地跟着发生变化。这一模型同样假定索饵鱼具有了解食饵层片的分布、质量和利用率的能力，因而不存在对索饵点的竞争。一些实验和野外调查表明，索饵鱼的分布式型接近这一模型，但确实有一些个体比另一些个体占有竞争优势。说明分布并不是完全理想化和自由的；它还受到种内（优势竞争）和种间（捕食者和竞争者）关系原则的影响（见第十章）。

第三节　摄食量和消化率

鱼类对食物的需要量及其消化、吸收率，既是全面研究鱼类摄食生态特性的必要内容，又是评估水域饵料资源利用和鱼产力、建立水域生态系物质和能量流动模型的重要基础数据。在渔业生产实践方面，对于预测天然水域鱼种放流量和养殖鱼类的投饵量，也是不可缺少的。

一、充塞度、充塞指数和摄食节律

充塞度（fillness）和充塞指数（fillness index）是衡量鱼类摄食强度的两个最简单指标。充塞度，亦称饱满度，就是以肉眼区分和鉴别解剖鱼消化道内食物充塞的程度和等级（见实验六）；充塞指数（K）则是解剖鱼消化道内食物重（W_f）和鱼体重（W_b）的比值，即：

$$K = 100(W_f/W_b)，或 K = 10\ 000(W_f/W_b)$$

鱼食性鱼类 K 值一般用百分数；其他食性鱼类常用万（或千）分数表示。鱼体重常用去内脏体重。充塞指数和充塞度是一致的，但较为细致和正确。这两个指标虽然比较简单，但经过全天定时、全年定期采样观察，就可以了解鱼类摄食强度日节律、季节节律和间歇性变化。

李思发等（1980）观测了池养鲢、鳙、草鱼的日摄食节律，方法是先将鱼分别饲养在7只网箱中4～7d，待鱼恢复正常摄食节律后开始检测。每天从上午8时采样第1只网箱中的鱼，每隔4h依次采样另一只网箱，至翌日上午8时，并分别计算采样鱼的充塞指数。结果发现，三种鱼都有明显的日摄食节律（图3-6）；鲢、鳙每日一个摄食高峰，草鱼有两个高峰。

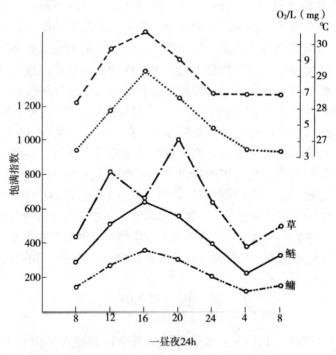

图 3-6　鲢、鳙、草鱼充塞指数和水温、溶氧的昼夜变化
（从李思发等，1980）

1. 鱼类摄食的日节律　这是一种常见现象，主要起因于：

（1）鱼类对食饵生物的定向方法。一般视觉摄食鱼，特别是鱼食性鱼类，白昼摄食强度大于夜晚，而借助于嗅觉或触觉摄食的鱼，则往往相反。

(2) 光照度的昼夜变化，可能作为一种信号刺激，影响鱼的神经内分泌系统，从而导致食欲产生，建立日摄食节律。如鲢、鳙、草鱼的摄食节律（图3-6）和光照度之间似无规律性相关。每天光照最强的时候（12时），不是摄食强度最高的时候，而在天全黑的时候（20时），鲢、鳙仍继续摄食，草鱼甚至出现全天摄食最高峰。但是，三种鱼在午夜停食后，却又都在天亮前后摄食强度开始升高。

(3) 水温、溶氧的日变化，可能直接或间接通过影响食饵生物数量、密度、聚散而影响鱼类的摄食强度。图3-6鲢、鳙、草鱼的日摄食节律曲线，大体和溶氧、水温的昼夜变化曲线一致。

(4) 食饵生物的昼夜移栖行为。浮游生物食性的海洋中上层鱼类，随着其食饵对象的昼夜垂直移栖行为，不仅食物组成，而且摄食强度也有昼夜变化。

(5) 人工饲养条件下，投饵时间和次数也会影响鱼类的每日摄食节律。例如，池养鲢的鱼种，每日上午投饵一次，则清晨和上午强烈摄食，晚间摄食强度下降；而一日投饵4次（9、15、21、3时），消化道中充塞度始终保持较高水平，表明摄食强度无明显变化。

2. 鱼类摄食的季节节律　亦是普遍现象，主要起因于：

(1) 外界水文条件。主要是水温。但水温的作用通常是和溶氧和光照度等其他非生物因子以及食物可获性变化综合在一起的。一般地，鱼类都在生长的适温季节大量摄食，而高于或低于适温条件，鱼类停止或很少摄食，生长也缓慢或停止。因此，温水性、冷水性鱼类和它们的生长季节式型相一致，各自有着不同的摄食季节节律。我国多数海淡水经济鱼类，一般在春夏水温、溶氧等适宜季节，代谢旺盛，摄食强度高，而冬季水温低时停止摄食或摄食强度显著降低。又如，北方冬季冰覆期间形成不良供氧条件，使底栖动物食性的鱼类停止摄食。这是食物消耗季节性律动，演化成对不良环境条件的一种适应。

(2) 饵料生物供应量的年变化。鱼类种群的食物组成和摄食强度的年变化常有一定规律。鱼类的最高摄食强度，往往发生于食物组成中某一喜好食物种类大量出现的时候，而这种食物便成了该种群的主要食物。此时，肠管中食物的量多而种类少；而当摄食强度下降时，肠管中食物量少，但种类多。例如，一种冷水性白鲑，夏季的食谱由7种食物组成，饱满指数为58.5，而冬季食谱由3种食物组成，饱满指数为112.0。

3. 周期性间歇　也是一种常见的摄食节律现象。这在鱼食性鱼类特别明显。许多鱼食性鱼类饱食一顿，可以停食数天，待胃排空后再次摄食。但多数温和鱼类的停食间歇比较短，特别是浮游生物食性的鱼类，似乎不间断地摄食。但李思发等（1980）发现，鲢、鳙、草鱼在午夜24时后，均有6h左右停食时间。

二、消化速率

消化速率（rate of digestion）是研究鱼类食物消耗率的基础数据，它以食物通过消化道的时间表示。有胃鱼类，以全部（100%）食团从胃排入肠道，即胃由满到空的时数表示；无胃鱼类，以全部食团从整个消化道排出，即肠由满到空的时数来表示。也有用50%食物从胃移入肠道或从整个消化道排出体外的时数来表示。

研究消化速率的方法主要有：

(1) 喂饵法　在实验条件下饲养一群鱼于水族箱或水池中，让鱼消化道食物排空后喂饲，记下鱼类开始摄食的时间；估计喂饲至饱后即停止供饵。在这一过程中每隔一定时间，在不惊动整个鱼群的情况下，采集部分鱼解剖，观察食物团移动情况，并计算充塞指数。将充塞指数与时间进行相关分析。充塞指数从最大⇆最小（或0）的时间，或在连续摄食情况下取得两个相等充塞指数的时间的1/2，可作为消化速率时间。

（2）野外调查法　从自然水体同时捕起一批同种鱼，假设这批处在同一索饵点的鱼，具有大致相同的摄食节律，解剖其中部分鱼，观察消化程度和充塞等级，其余蓄养起来。以后每隔一定时间再取部分进行解剖观察，直到消化道中食物完全排空。最后根据消化等级和充塞等级与时间相关分析。有时可在同一水体分别捕数批鱼，按此法重复验证。也可以在野外直接观察鱼类的摄食节律的变化：定时（每隔2～4h）采样，然后解剖并计算充塞指数，最后将充塞指数（最大→0）与时间进行相关分析。同时，此法可测知日平均充塞指数。

（3）染色法　投喂带色食物，记录从摄取到排出带色粪便的时间，便是食物通过消化道的时间。此法适宜于研究无胃的仔鱼。

（4）X射线法　Molnár和Tölg（1960）把注射有硫酸钡的饵料强迫试验鱼吃进，然后用X线的影像监察饵料由摄取到排空时间。此法常用于凶猛鱼类。

（5）同位素法　Peters和Hose（1974）把预先感染有放射性同位素物质的饵料喂饲试验鱼，然后用同位素监察仪重复测定放射性物质在试验鱼体内辐射性变化来推定食物消化时间。

影响消化速率因子很多：

（1）水温是理化因子中影响消化速率的重要因子。通常在适温范围内，随着水温升高，消化速率加快。例如，褐鳟排空90%胃内容物所需时间，5.2℃时为24h，而15℃时仅8h。随消化速率加快，有关过程如食欲、摄食量、吸收和转换系数亦相应提高。

（2）鱼体大小、摄食强度和生理状态（如饥饿和食欲）对消化速率影响较大。一些研究表明，消化速率与鱼体大小成反比。即幼鱼较成鱼的排空时间通常要短；也有些报道提出，排空时间和鱼体重呈负指数相关。摄食强度提高，食量的增加，有时亦会延长消化所需要的时间。在临界范围内，饥饿常刺激鱼类加快消化速率，尤其是鱼食性鱼类。

（3）食物大小、种类、可消化性和含脂量等对消化速率也有一定影响。

三、日　粮

鱼类的摄食量（C）占其体重（W）的百分数，称为食物消耗率（rate of food consumption），如下：

$$K_d = 100(C/W)$$

鱼类一昼夜24h的摄食量占其体重的百分数，通常称为日粮（daily ration）。日粮是研究鱼类摄食量的最基本数据，可用以推算月粮和年粮。

1. 在实验条件下　通常用饲养法直接估算鱼类的日粮。试验前将鱼移入水族箱，停止喂饲1～2d。然后饲以已知种类和数量的活饵料，统计一昼夜被吃食物的数量，或者以一份定量食物被完全摄取所需时间来推算日粮。为得到可靠数据，通常进行较长时间（至少1个月）的饲养实验；在实验鱼移入水箱后4～7d，恢复正常摄食节律后进行统计。这种方法较为简便可靠，一般可用下式统计：
$$K_d = 100[F_c/0.5(W_1+W_2)t]$$

式中，K_d——日粮，以百分数表示；

F_c——饲养期消耗饵料总量；

W_1 和 W_2——分别为初始和最后总体重；

t——饲养天数。

饲养法适用于以大型饵料生物为主食的鱼类，特别是鱼食性鱼类；较少用于以小型浮游或底栖生物为主食的鱼类。但是，估算养殖鱼类人工饲料消耗量，通常不受此限。

2. 在自然条件下　通过对种群日粮的估计，可以了解它们对食饵资源的需求量，从而有效地管理一个种群或鱼类群落。现简单介绍几种方法。

(1) 日平均充塞指数法　通过上述野外调查法获得鱼的日平均充塞指数和消化速率，即可按下式计算日粮：
$$K_d = 24\overline{K}/T$$

式中，$\overline{K}$——日平均充塞指数，即同一天测得各次充塞指数的平均值；

T——消化速率。

李思发等（1980）用此法估算了 4～6 月池养鲢、鳙鱼浮游生物日粮平均分别为体重的 11.4% 和 6.7%，草鱼的浮萍、青菜叶日粮平均为体重的 28.6%。

由此法发展而来的 Staples (1975) 法，现已经常使用：在规定时限（24 或 48h）内，每 4h 采样一次，一半样品立即杀死，另一半饲养在无饵水池内 4h，至 4h 末，湖中鱼和池中鱼肠含量之差即为 4h 耗饵量；统计全部样本，即可估算日粮。

(2) 氮收支法（nitrogen budgets）　本法根据是：鱼类在一昼夜消耗的食物的含氮量，一部分储存在体内，一部分随粪便排出，一部分随蛋白质代谢产物一起排泄，收支平衡。鱼类一昼夜耗氮量可以通过实验测得：通常把水体中捕到的鱼，取一部分立即用生化方法测定氮含量；另一部分饲养在盛有水用棉花过滤过的水族箱内不超过 3h；随时收集（不超过 10min）鱼排在水族箱内的粪便，并测定氮含量；3h 后，从水族箱中取出试验鱼，测定水族箱水的氮含量，同时测定对照水族箱的氮含量，两者之差即为随蛋白质代谢产物一起被排泄出的氮量。根据试验前后鱼体重量差测定储存在体内的氮。在一昼夜内可以进行 3～4 次这样的试验，以避免昼夜摄食节律不同而引起的误差，最后便可推算出一昼夜平均耗氮量。在知道了鱼类食物组成中各种饵料生物的重量比和含氮量百分比，就可以计算出日粮。例如，假定幼鲤一昼夜总耗氮量 17.9mg。幼鲤消化道内平均含各 400mg 湿重的摇蚊幼虫和软体动物，两者的氮含量分别为 1.55% 和 0.67%。因此，两者实际氮含量各为 6.2 和 2.68mg，对于在肠道中全部食物的含氮量来说，分别约占 69.8% 和 30.2%。因此，总氮耗量 17.9mg 中，摇蚊幼虫占 12.49mg，而软体动物占 5.41mg。最后，根据两者的含氮量百分比，再重新换算成摇蚊幼虫和软体动物的实际湿重，各为 806mg 和 807mg。总计幼鲤日粮为 1 613mg，或等于体重的 26.9%。

本法优点是可以计算出天然水域中鱼类在一定时间内吃下的食物量，缺点是工作量大，还必须具备化学实验室。

(3) 能量收支法（energy budgets）　Винберг（Winberg, 1956）在进行大量资料综

合、整理、分析和推导后提出，天然食物能量的85%是可消化的，其余15%能量随粪便排出；在85%摄入能量中又有3%～5%以尿或其他排泄物形式排出。因此，用于生长（ΔB）和代谢消耗的能量（R）约占食物所含能量（C）的80%，即：

$$0.8C = \Delta B + R，或 C = 1.25(\Delta B + R)$$

这就是著名的Winberg能量平衡公式（Winberg model）。根据这一公式，生长耗能可通过测定鱼类生长来获得。将一段时间内增长体重除以天数，便得日平均增重。然后按鱼体的生化组成分析，获得蛋白质、脂肪等营养物质的百分组成，再根据各种营养物质的热价（表3-2）换算能量。代谢耗能通过测定代谢率（Q）来获得。由于被消化吸收的食物在鱼体内氧化分解时，需要消耗一定量的氧。因此，可以通过测定耗氧量来判断鱼类的氧代谢强度，并计算出鱼体代谢耗能。鱼类的合适换算单位是：每消耗1mL氧产热13.6J。

应该指出，标准代谢率（Q）与鱼体重（W）之间呈指数相关：$(Q) = aW^b$。指数b值通常小于1，表示随鱼体增大，相对标准代谢率（R_s/W）下降；b值有种间变动，Brett和Groves（1979）计算许多鱼类，平均值为0.86 ± 0.3；Winberg（1956）计算266种淡水鱼，b值在0.71～0.81之间。a值变化较大，鲑科鱼类的a值约是鲤科的2.5倍；a值还受温度等影响，但这通常是容易测定的。因而，测定了a值就能够预报鱼类在任何体重与温度条件组合下的标准代谢的相当精确值。Winberg曾报道20℃时部分鲤科鱼类标准代谢率与体重关系式为：

$$Q = 0.336W^{0.80}$$

Winberg还建议，当把实验室测定的标准代谢率用于野外时，考虑到鱼的活动状况，代谢率应当加倍。

但是近代研究表明，Winberg公式并不适用于所有鱼类。首先，粪尿损失的能量占食物能量的20%，可能仅对部分肉食性鱼类比较符合，如以甲壳类为食的鱼类。而以软体无脊椎动物像多毛类等为食物，则仅损失5%；有些鱼食性鱼类，这部分损失也仅为6%。相反，草食性鱼类的损失普遍较大，如草鱼和遮目鱼所食草料的50%不消化。王骥和梁彦龄（1981）在估算东湖鲢、鳙的粪尿损耗时，认为仅23.6%食饵能转化为生长和代谢能。其次，鱼类消化和吸收率还受食物大小、数量和温度等的影响。Ware（1975）还提出，鱼的活动代谢不一定是标准代谢的2倍，而是随环境、种类、发育阶段而变动，一般生长迅速的幼鱼期可达到3倍。因此，在使用Winberg公式时，最好针对不同研究对象作适当改变。

月粮和年粮的估算是在日粮的基础上进行的，但并非简单地将日粮乘以每月或每年天数而求得。下面将要谈到鱼类的摄食量受许多因素的影响，因此，必须根据具体条件和情况予以分析、处理后估算。特别是年粮，由于鱼类摄食活动有明显季节性变化，因此，应当把全年划分为几个摄食期，取得不同年龄组鱼在各摄食期代表性温度条件下的日粮资料，才能最后综合，求得年粮。

3. 影响食物消耗率的因子　鱼类的食物消耗率，首先和摄食节律、消化速率密切相关，而这两者又受到鱼类本身和环境众多因子的影响，这在前面已经谈到。此外，还有必要提出几点：

(1) 食物消耗率随生长（体重增加）而变化。鱼类的最大日粮（C）和体重（W）之间通常呈指数相关，$C=aW^b$。这一相关既可表现为日粮，又可表现为一餐所消耗的食量。指数 b 值通常<1，这表明随着鱼的生长，所消耗的食物量相对于体重来说是下降的，尽管其绝对消耗量随代谢需要、消化道容积增大而增加。

(2) 食物消耗率随食饵生物数量和密度而升高，呈渐近线相关。这是因为鱼饱食后就不再摄食；同时，索饵时间也是有限的。在环境中出现捕食者时，这种相关会消失；索饵鱼不得不付出更多的时间和能量去警惕和躲避捕食者，因而摄食量必然减少。同样，集群性鱼类在集群时，由于容易发现食饵层片，同时，花在摄食上的时间超过避敌，因而食物消耗率通常提高。

(3) 饥饿和食欲的作用。在食物充分且又无其他干扰因子存在时，饥饿和食欲作为摄食动力决定鱼的摄食量。鱼在主动停食前所消耗的食物数量体现了它的食欲，而饥饿表现为一有摄食机会就会迫不及待地去摄取，其摄食量可能仅在开始时有所增加。饥饿通常都有个时间界限，在一定范围内恢复摄食机会，可以恢复摄食强度，而超过范围则不能恢复原有摄食强度。

(4) 水温、溶氧等非生物因子通过对代谢和消化速率的作用，影响鱼类的食物消耗率。摄食的最适温度是出现最高消耗率时的温度。食物消耗率在适温范围随水温而上升可以表现在两方面：每餐食量和每日进餐数的增加。此外，pH 低于 5.5 或高于 8～9，常引起鱼的摄食率明显下降。

四、吸收率和饵料系数

1. 吸收率（absorption efficiency）　在营养学上又称消化率（digestibility），是衡量鱼类对食饵消化、吸收和利用程度的指标，计算式如下：

$$A = 100(C - F)/C$$

式中，A——吸收率，以百分数表示；

C——摄食量；

F——粪便排出量。

由于食性类型的不同，各种鱼类的吸收率变化很大。从一些报道的数据来看，肉食性鱼类吸收率为 70%～98%，而草食性或碎屑食性鱼类的吸收率为 31%～88%。何志辉（1975、1987）曾对浮游植物食性的鲢的消化性能作了综述，认为鲢的食物消化率还随年龄、水温而增大，但随过量摄食而下降。在缺氧而导致过量摄食时，大部分藻类活着随粪便排出，消化率极低。吸收率的测定方法有两种：

(1) 直接法　通过食物组成定性和定量工作，分析鱼类摄取的食物中营养物质或能量以及相应的全部粪便中残留的营养物质或能量。这时，需要收集排入水体中的所有粪便。实际测定时主要困难是粪便中物质会流失于水中。Henken 等（1985）采取从前肠（接近食道）取食物和从后肠（接近肛门）取粪便，进行化学分析，所得数据更接近实际情况。

(2) 间接法　在食物中加入指示剂（Cr_2O_3 或放射性 Cr_2O_3）的方法，现已经常使用。指示剂不被鱼体消化吸收，随食物在肠管中移动，又不影响食物的吸收。本法特别适合于测定配合饵料的吸收率。实验时先将均匀地混有 Cr_2O_3 的食料喂鱼，一定时间后收集部分粪便，分别测定食物中和粪便中的营养物质和指示物质的含量百分比，就可以按下式计算：

$$A=100[1-(R/r)(p/P)]$$

式中，R 和 r——分别为食物中和粪便中 Cr_2O_3 的含量（%）或 ^{51}Cr 活性；
P 和 p——分别为食物中和粪便中营养物质的含量（%）。

同样，也可利用天然饵料中内在的难吸收物质作为指示剂。本法优点是不需收集所有粪便。

2. 饵料系数（feed coefficient） 又称营养系数（nutritional coefficient），也是衡量鱼类食饵营养价值的指标。通常用鱼类所吃食饵重量（C）与鱼体增重（ΔB）之比值来表示，如下：

$$F=(C/\Delta B)$$

当 C 和 ΔB 用干重表示时，又特别称为饵料效能系数，或生产效能系数（coefficient of production effect）。衡量所吃食饵用于鱼类日常维持和生长的比例时，则可用鱼体增重（ΔB）占所吃食饵重（C）的百分数来表示，这称为饵料转换效率（E）：

$$E=100(\Delta B/C)$$

从生长的角度分析，饵料转换效率（feed conversion efficiency）就是生长效率（见第二章）。运用饵料转换效率衡量种群利用饵料资源的生态效率时，ΔB 和 C 通常用能量为单位。

同种鱼以不同食物为饵时，饵料系数不同。营养价值越高的食物，饵料系数越小。同一食物对于不同鱼种，饵料系数不同；这是种间营养生物学和耗能方式不同所致。同样，同一食物对于同种不同发育阶段的个体，饵料系数也可能不同。一般来说，仔幼鱼阶段随着摄食和消化器官功能发育，对食物消化吸收率提高，饵料系数逐渐变小；成鱼阶段随着生长用于维持耗能比例增加，饵料系数逐渐增大。由于季节不同或其他原因引起水温、溶氧等环境因子的变化，同样会影响饵料系数。一般地，在适温范围水温越高、溶氧充足，鱼体增重越快，饵料系数变小。据试验，草鱼鱼种在20℃时饵料系数较29℃时提高1~2倍；鲤在水体溶氧从3~6mg/L降为2~0.5mg/L时，饵料系数提高1倍。在养殖生产上，同样的饲料，适口性、硬度、投饵时间、数量和方法是否既能保证饲养鱼吃饱，又能保证完全消化吸收，也是影响饵料系数的重要原因。饵料系数缩小，在生产上意味着降低成本。因此，降低饵料系数，以同样数量的饵料生产更多的食用鱼常是生产上追求的目标之一。

第四节 食物能量的分配流程

食物中的能量和营养物质在鱼体维持、生长和繁殖之间的分配流程，是鱼类生物能量学（Bioenergetics）研究的主要内容，也是研究饵料生物量转换成鱼类生物量，以及物质和能量在生态系结构的不同层次间传递和流动的基础。本节重点讨论鱼体能量收支的结构、成分等；至于能量用于生长、繁殖和运动的式型将在有关各章讨论。

一、能量流动公式

能量流动公式（energy flow equation）是在 Winberg 公式基础上，由 Brett（1970）和 Warren（1971）分别提出的鱼体能量收支式之一。按这一公式，食物能量在鱼体内的流程是：食物作为总能源（E_r）进入鱼体后，部分不被吸收的能量（E_f）作为粪便排出；在留下的吸收能量中，部分以非粪便排泄物（E_u，主要是尿和氨）排出体外；余下的称同化能量，其中，又有部分用于食物被消化、吸收，以及处理和转运过程中所做的功，这部分称作特殊动力活动（specific dynamic action）耗能，用 E_{SDA} 表示；余下的生理使用能量，也称净能量，主要用于两方面：代谢耗能和生长耗能。鱼类的代谢和其他生物一样，分为标准代谢（E_s）和活动代谢（E_a）；而生长包括躯体（E_b）和性产物（E_p）生长两部分。综上所述，鱼类摄食后能量的理论分布流程可用下式表示：

$$E_r = E_f + E_u + E_{SDA} + E_s + E_a + E_b + E_p$$

这就是能量流动公式（图 3-7）。其他的能量收支式，基本上都符合这一公式。

式中，E_{SDA} 通常归属于代谢耗能，同 E_s 及 E_a 合称代谢耗能（E_M），而 $E_b + E_p$ 是生长耗能 E_G 的两部分；因此，上式可简化为：

$$E_r = E_f + E_u + E_M + E_G$$

能量流动公式中的能量单位，以往用卡（cal），现行国际统一标准为焦耳（J）；其换算是 1cal = 4.184J。每单位时间的能量流动率，称功率，以 J/s 为测量单位。

二、能量收支各成分测定和分析

1. 能量收支各成分的测定目前还不能达到十分正确。各种直接或间接的热价（caloric value）测量法都可以采用。所谓热价，也称卡价，是指 1g 营养物质（蛋白质、脂肪或碳水化合物）完全燃烧时所释放的热能。因此，食物、粪便、鱼肉和性腺样品都可以通过有氧燃烧热量计直接测量所释放的热能。当然，也可以通过化学分析法获得这些样品中各种营养物质的百分比来计算其能

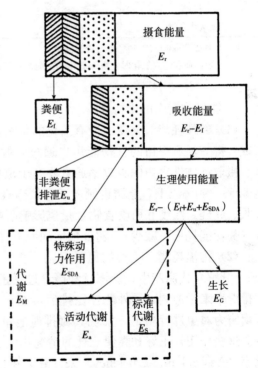

图 3-7 食物能量在鱼体内的分布流程
图示一尾鱼消耗 100 单位能量的理论分布流程，每个盒子的大小表示在饵料丰度正常及没有外来压力情况下，每一能量传递环节失去的和利用的能量比例
（从 Webb, 1978）

量含量。体内贮备物质氧化分解所产生的热量可以通过氧热价（oxycaloric value）来换算。氧热价是某种营养物质氧化时，消耗 1L 氧所产生的热能。但是，代谢耗能不能简单地以三种营养物质的平均氧热价来换算；因为这种氧热价估算较为复杂，它和食物组成、鱼体代谢类型以及特殊动力作用，包括贮备物质氧化分解耗能均相关。鱼类的合适值约

是：每消耗1mL氧产热13.6J（Wootton，1990）。氮排泄物的能耗可以通过测定氨和尿的数量来估算，因为鱼类的氮排泄物基本上由这两者组成。氨氮的能耗约是24.85kJ/g，而尿素氮约是23.05kJ/g（Elliott，1971）。

目前技术上还不能同时测定能量收支的各个成分。因为鱼体的能量只有在鱼被杀死后才能测定；生长要经过一定时间后，当总能量含量发生变化后才能估算；加上各个成分在测定技术上的误差，鱼的个体能量收支会出现某种不平衡。Solomon和Brafield（1972）对鲈（*Perca fluviatilis*）在28～31d期间能量收支的测定，以粪便、排泄、呼吸消耗的总量加上生长，估算的支出范围约是收入的84%～166%。

表3-2 三种营养物质的热价和氧热价*

营养物质	热价（kJ/g）	氧耗量（L/g）	氧热价（kJ/g）
蛋白质	23.6**	0.95	18.70
脂肪	39.5	2	19.75
碳水化合物	17.36	0.81	21.34

* 本表按Blaxter（1969）提出资料编制。

** 蛋白质在体内氧化时，由于氧化不完全，一部分以尿素和氨形式排出，因此热价为17.8kJ/g，表中氧热价也按这一数值换算。

2. 能量收支中的维持成分

（1）粪便耗能 粪便由没有消化的食物、黏液、消化道脱落细胞、代谢酶以及细菌等组成。排粪后所保留的食物能可以通过吸收率估算。影响吸收率的最重要因子是食物质量。摄取动物性食饵的吸收率通常要高于植物性食饵。动物和植物蛋白的吸收率较高，可达80%～90%以上，脂肪也倾向于有较高吸收率，但碳水化合物一般只有30%～40%被吸收。此外，温度和所吃食物数量也影响吸收率。一般在适温范围吸收率随温度上升而提高（粪便能耗损失减少），随日粮增加而下降（粪便能耗损失增加）。

（2）排泄耗能 鱼类的氮排泄物，主要是氨和尿素有两个来源：内源性，由蛋白质（氧化分解）代谢产生；外源性和摄食过量蛋白质相关。内源性氮排泄可以用不供食的鱼的排泄率来近似测定，外源性氮排泄可在用餐后氮排泄的增加量来测定。Elliott（1976）以褐鳟为对象进行测定，发现其氮排泄能量损失随温度上升而增加，但随日粮增加而减少。这些作用，正好和粪便能耗的情况相反。鱼类排粪排尿后所保留的食物能可以通过同化率（Assimilation efficiency）来计算。同化率A'%的计算式如下：

$$A' = 100(C - F - U)/C$$

式中，C——摄食量；

F——粪便排出量；

U——氮废物排出量。

褐鳟的同化率在一个相当宽的温度和日粮范围内几乎不变，原因是这两个因子对粪便耗能和排泄耗能的作用正好相反。

（3）代谢耗能 粪尿耗能是以废物形式排出体外的，而代谢释放的热能则为鱼体用来进行各种活动，包括组织执行机能、重建和合成新的组织以及游泳耗能等。鱼类的代谢可以分为标准代谢（standard metabolism，M_s）和活动代谢（active metabolism，M_{max}）两种水平。前者又称基础代谢或静止代谢，是鱼在静止、不摄食时的能量消费量。鱼的这一代谢耗能水平，大约是哺乳类的1/10～1/30，是小型鸟类的1/100。标准代谢很难测定，因为鱼要进行本能的游泳，不可能真正静止。但可以测定一定游速范围内的代谢率，再通过游速和代谢率相关外推到静止时可能有的代谢率。后者是不摄食鱼在最强烈活动水平时的代谢率。这种强烈活动以不导致氧债为限。有时，快速巡游或洄游可以达到这种水平。最大活动代谢和标准代谢之差（$M_{max}-M_s$）决定了鱼的活动幅度。在这两个极端之间另有两个重要的代谢水平：常规代谢（routine metabolism），即不摄食鱼维持本能游泳时的代谢，以及伴有摄食活动的摄食代谢（feeding metabolism）。常规代谢和鱼体重之间相关，以及指数 b 值都和标准代谢相似；摄食代谢和食物种类、数量等相关，有一个较大的变化幅度。鱼类平时生活通常是以这两种代谢水平为基础的。鱼类的代谢水平（M）随游速（V）而增加，其相关式是：

$$\lg M = a + bV$$

式中，M——以单位体重能耗（或氧耗）表示；

a——标准代谢的对数，即 $V=0$ 时的能量消耗率，而 V 达到最大活动水平时的 M，即为 M_{max}。图3-8提供了这些代谢率范围的一个例子。

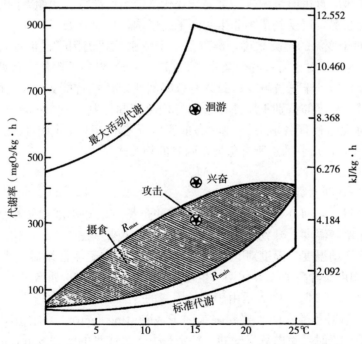

图3-8 红大麻哈鱼（*Oncorhynchus nerka*）鱼种的活动代谢和标准代谢和温度相关
斜线区表示在维持食量（R_{main}）和最大食量（R_{max}）时的摄食代谢率；
"星"表示鱼在15℃时，伴随攻击、兴奋和向湖洄游的最大耗氧率
（从 Brett 和 Groves，1979）

（4）特殊动力活动（SDA）耗能　鱼摄食时代谢率上升，因为伴随这一摄食消化过程，鱼要支出能量。鱼在进食时，以耗氧率表示的代谢率迅速上升，数小时内抵达峰值，

然后又重新回到进食前水平。这种增加的能耗称作 SDA 耗能，主要是鱼在摄食、消化过程中所做的功，如增加肌肉活动能力、分泌消化酶，以及处理和转运消化产物、蛋白质的脱氨基，也可能包括合成新组织的代谢耗能。SDA 同日粮大小及食物组成相关。对一定种类的食物来说，SDA 和日粮往往呈线性相关。Jobling（1981）在许多鱼类包括草食性和肉食性鱼类中发现，所摄取食物中大约 9.5%～19%的能量用于 SDA。

（5）总代谢率（total metabolic rate，Md） 由标准代谢（M_s）活动代谢（M_a）和（M_{SDA}）共同组成。这里的活动代谢是伴随一般游泳活动的代谢，并非最大活动代谢（M_{max}）。食物中能量在 M_s、M_a 和 M_{SDA} 中的分配，对于鱼的生存和繁殖成功有重要意义。三种成分的总量应当不能超越鱼在需氧呼吸条件下能够获得的最大能量（M_{max}）。因此，一种成分的能耗增加意味着另一种成分能耗的下降。但是，Elliott（1979）对褐鳟和鳕通过分别测定三种成分的耗氧率结果提示，三种成分的总和可以超过 M_{max}。这就是说，三种成分并非同时都产生各自的最大能耗。据对一些自由游泳鱼的活动进行遥测发现，鱼通过有规律的惯性式的本能游泳，使用于游泳的活动代谢耗能抵达很低程度。这样，节省下能量便用于维持生命（M_s）和摄食（M_{SDA}），并且进一步可用于生长。

三、影响代谢率的非生物因子

代谢占用了摄取食饵能量中较为重要、变化又较大的部分。代谢率的变化不仅取决于鱼体大小和活动状况，还受到诸多非生物因子的影响，现简介如下。

1. 温度 对于变温的鱼类来说，温度是一个特别重要的因子。温度首先是一个致死因子（lethal factor）。对于每一种鱼类来说，都有一个上限和下限停止代谢活动的致死温度。在限界以外，鱼处于抵抗域，以致死有效时间测定"抵抗能力"。在限界以内，鱼处于耐受域，这时，温度的特别重要性在于它对代谢率起控制因子（controlling factor）的作用，即通过对代谢过程各成分活性状态的影响左右代谢率。标准代谢（M_s）随温度（T）的上升而增强，几乎见于所有鱼类，两者的相关式是：

$$M_s = e^{bT}$$

式中，b——代谢常数。

活动代谢（M_{max}，M_a）和温度相关，在有些鱼类可以和标准代谢相似，但在另一些鱼类，活动代谢率随温度上升到某一温度界限后就降下来（图 3-8），这一界限通常就是该种鱼类的最适活动温度。温度对鱼类代谢速率的影响，还经常用温度系数 Q_{10} 来表示。所谓 Q_{10} 就是当温度每升高 10℃，代谢（生化）反应增加的比率；如增加 2～3 倍，即 Q_{10}=2～3。当 Q_{10}<2 或>3 时，则表示由于别的因素的介入而影响代谢速率。

2. 溶氧 溶氧对鱼类代谢主要起限制因子（limiting factor）的作用，因为在一定温度条件下最大需氧代谢是受供氧支配的。特别是由于水体氧的溶解度低，因此它有时较之食物更能限制鱼的能力水平。当氧浓度从饱和逐渐下降时，M_s 先保持稳定，直到降至一定水平，M_s 短期内会上升；这种上升可能是鱼在低氧条件下力图得到补偿而增加呼吸水流的流通所做的功引起的。但是，随着溶氧进一步下降，M_s 迅速下降，最终死亡。M_{max} 对于氧浓度下降比 M_s 敏感，通常随氧浓度从饱和下降而下降，所以，鱼的活动度（$M_{max}-M_s$）也迅速下降。$M_{max}=M_s$ 时的氧浓度，称之为无额外活动水平的氧浓度，接近致死氧浓度。

3. 盐度　生活在盐度变动大的水体的鱼类（如河口鱼类），或者在不同盐度水体洄游的鱼类，盐度起阻碍因子（masking factor）的作用。盐度变化激起鱼体进行渗透调节额外耗能，这样就减少了用于生长的能量，从而对正常代谢活动起了阻碍作用（见第二章）。鱼类用于渗透调节的额外耗能，可以通过比较在不同盐度条件下，游速一定的鱼的代谢率来估计。鱼类一般不会游出它们的盐度耐受区，所以盐度一般不会成为鱼的致死因子。对于在海、淡水之间洄游的鱼类，在特定阶段盐度也起指导因子（directive factor）的作用，引导鱼类沿着盐度有梯度变化的水流游泳。

思考和练习

1. 如何证实鱼类对食物的选择性？选择性是由哪些因子决定的？
2. 确定鱼类日粮的方法和意义。
3. 鱼类摄食量变动规律和原因。
4. 从生物能概念出发，在哪些环节、采取什么措施可以降低饵料系数？
5. 以"×湖×鱼（鲢、鳙、鳜、鲤、草鱼、罗非鱼任选一种）摄食生态学研究"为题，简明扼要列一份500～1 000字研究计划，包括研究目的、方法和内容。

专业词汇解释：

herbivores, carnivores, omnivores, planktivores, benthivores, piscivores, ditritivores, convergent evolution, recipes, frequency of occurrence, index of electivity, index of prey preference, reactive field volume model, apparent size model, marginal value theorem, ideal free model, rate of digestion, daily ration, absorption efficiency, feed coefficient, energy flow equation, specific dynamic action, caloric value, oxycaloric value, active metabolism, standard metabolism, routine metabolism, feeding metabolism, lethal factor, limiting factor, directive factor, masking factor, controlling factor.

第四章 呼　　吸

呼吸（respiration）是鱼类生命活动的基础。鱼类维持机体包括摄食、生长、繁殖、避敌和洄游等一系列生命活动所需要的能量，是依靠不断从外界吸取氧气（oxygen），氧化和分解从外界摄取并贮存在机体组织内的营养物质所释放出来的。鱼类可以依靠贮存物质耐受较长时间的饥饿，而且不少种在生活史的一定阶段还能正常地停止摄食，但是，却几乎一刻也不能停止呼吸。研究鱼类的呼吸生态，重点了解鱼类作为水生脊椎动物，其呼吸过程主要特点、对溶氧要求以及对水环境溶氧变化的适应、矛盾和统一，从而加深认识自然水体和养殖水体缺氧对鱼类生活的影响，为维护水域生态环境和发展养鱼生产服务。

第一节　鳃呼吸的机制、特点和影响因素

极大多数鱼类通过鳃执行血液和水环境的气体交换。从水中吸取氧气满足体内组织代谢的需要，同时将组织代谢产生的 CO_2 和其他废物排入水环境。这一气体交换是在两种液相（血液和水）之间进行的，和陆生脊椎动物在液相和气相之间交换不同。同时，水和空气有许多明显差异，水的密度大、溶氧量远较空气稀薄和不稳定。鱼类长期适应于这样的环境，其呼吸过程有其独持的方式，也容易受环境因子的影响。

一、呼吸运动和生活方式

鱼类的呼吸主要依靠口、口咽腔和鳃盖的协调一致运动，造成呼吸水流出入鳃区得以完成。对于多数活动性中等的硬骨鱼类来说，其呼吸过程是口张开，上下颌内缘一对口腔瓣倒向内侧，接着鳃条骨展开并向下沉落，口咽腔扩大，口内压力低于外界，水流入口咽腔；与此同时，鳃盖骨自前向后向外方凸出，鳃腔容积增大，鳃盖后缘的一对鳃盖瓣在外部水流的压力下贴近鳃孔，将鳃孔关闭得很紧，因而鳃盖内形成真空间隙，鳃腔压力低于口咽腔，即形成鳃腔吸引泵，水渐渐由口腔流过鳃区进入鳃腔；当水开始流入鳃腔时起，口腔瓣直立将口关闭，口咽腔内压增高，并在肌肉协同作用下，口咽腔由前向后缩小，将水不断压入鳃腔并充满整个鳃腔，此时，口咽腔起着加压泵的作用；与此同时，鳃盖亦有力地向体侧收拢，鳃盖瓣终被冲开，水被压出体外。然后，口张开，鳃盖瓣关闭，呼吸运动重新开始。可见，通过计数单位时间内口或鳃盖的启闭次数，就可以了解鱼类的呼吸频率（breathing frequency）。对于特定种来说，呼吸频率决定着流经鳃的水容量，或称呼吸容量。频率快，流经鳃的水容量大；频率慢，则水容量小。呼吸容通常以每千克（克）鱼体重每分钟流经鳃的水通〔1/（min·kg）〕表示。

鱼类的呼吸频率和容量随各种因素而变化，如种类、个体大小、温度（季节）、水中

CO_2含量、溶氧量、活动等。不同种类或个体大小的鱼，由于生活方式不一，对溶氧要求不同，口咽腔大小和鳃盖等形态结构不同，呼吸频率往往不一。鱼类对温度升高，水中CO_2含量升高，溶氧下降以及紧张活动，甚至恐惧、求偶等情绪上激动的反应，是增加呼吸频率和幅度，从而大大增加呼吸容量。例如，体重25g的草鱼鱼种在水温12℃时，呼吸频率为68次/min，17℃时增到82次/min，到28℃时可达139次/min。又如，虹鳟在正常呼吸时，其频率约为80次/min，而运动后可增至100次/min，但呼吸容量因此而从594增至3 042mL/（min·kg）；运动、水中溶氧量和呼吸容量的关系，还可用胭脂鱼的实验表明，在一定条件下该鱼呼吸容量可低至50 mL/（min·kg），但在运动情况下可高至6 000mL/（min·kg），而当水中溶氧减少时可高达12 900mL/（min·kg）。

不同的鱼类，特别是不同生态类群，由于生活方式不一，其呼吸运动的方式不一。Hughes（1984）将硬骨鱼类呼吸方式划分为三大类群：多数快速游泳的大洋性种类，例如金枪鱼，鳃发育相当好，鳃丝和鳃小片数目众多，它们利用连续快速游泳而造成强制性呼吸水流，口和鳃盖在呼吸过程中一直张着，使水流大量不停地流过鳃区。对于这样的鱼类，鳃腔泵的吸引作用较为微弱。这同样见于栖息在急流溪水中的鱼类。这类鱼身体非常扁平，常吸着在水底石头上，口也一直张着，任急流不断从口流进，从鳃孔流出，从而完成呼吸作用。相反，运动迟缓的底栖鱼类，鳃发育较差，鳃丝短、鳃小片数目少，鳃腔泵的吸引作用较强。而活动性中等的鱼类，鳃发育良好；如前所述其口腔泵的加压和鳃腔泵的吸引作用同样重要。

有些鱼类的呼吸方式较为特殊。例如，有些山溪鱼类鳃盖孔极小，在停止进水时，鳃腔内可以保留相当多水量；加上溪水温度低、溶氧充足，鱼类吸着在石头上，活动能力差，耗氧低，所以，它们的呼吸运动可以休止一段时间。板鳃鱼类的呼吸基本上和多数硬骨鱼类相同，不同之处是它们没有鳃盖，但有若干鳃间隔皮褶，每一皮褶控制一个外鳃裂的启闭。生活在海底的鳐类，口和鳃裂都位于体盘腹面。它们在游泳时以普通方式呼吸，而停留在海底休息时，则改由体盘背面的喷水孔吸水，再由鳃裂排出，以避免用口吸水，把泥沙带水一并吸入而损伤鳃器官。七鳃鳗在吸着其他鱼体时，依靠鳃囊壁肌肉的作用，水由外鳃裂进出。粘盲鳗在营寄生生活时，情况亦类似。盲鳗钻入其他鱼体内部时，水流通过总鳃管（孔）进入各鳃囊，行气体交换后再由总鳃管（孔）排出。这些都表明鱼类的各种呼吸方式通常与其特定的生活方式相关。

任何一种呼吸方式都包含了某种"机械运动"，使水能不断地接触呼吸面，以保证气体交换顺利进行。由于水的密度和黏度较高，鱼类完成这种呼吸运动所消耗的能量，较之陆上脊椎动物将空气吸入肺要大得多。Kramer（1987）提出，对于多数依靠口咽腔和鳃腔运动进行呼吸的硬骨鱼类来说，一尾休息着的鱼，其代谢率的10%用于支持鳃的呼吸；而这种能量消耗率随着水体溶氧的下降，倾向于上升。因为鱼必须做更多的功，加大通过鳃的水量来补偿水中较低的溶氧量。这同时意味着鱼体用于其他机能，如生长、繁殖、摄食耗能的减少。因此，水体充足的溶氧量水平，对于鱼体以最小的能耗完成呼吸运动是十分必要的；而不同生境或生活方式的鱼类，通常都倾向于采用一种能使它们的呼吸运动耗能达到最小的方式进行呼吸。

二、气体交换和鳃结构

按照物理学原理,气体分子不论在气体或溶解状态都处于不断运动的状态,具有扩散性。各种气体分子运动所产生的压力,称为分压(partial pressure)。在一定容积内所含的气体分子数量越多,浓度越高,则分压越高。扩散总是由浓度高(或分压高)向浓度低(或分压低)的地方进行。鱼类鳃部实现气体交换的部位是鳃小片(secondary gill lamellae),鳃小片的壁极薄,仅由上下两层单层上皮细胞及一些支持细胞构成,可以让一些脂溶性的 O_2、CO_2 等气体分子自由通过。鳃小片内血液和水环境进行气体交换也是一种物理性的扩散过程,其方向和速度取决于各自所含气体的分压差和性质。按 Fick 扩散定律(Fick's law of diffusion),水中溶氧扩散到(鳃)血液的扩散率可以用下式表示:

$$R = DA\Delta P/d$$

式中,R——扩散率(mg/h);

D——扩散常数,由氧气扩散所通过的组织性质决定〔在 1atm/μm 的压力梯度时,以每 1h 通过 $1mm^2$ 的氧的 mg 数表示;关于鱼鳃,一般为 0.12mg/($mm^2 \cdot h$)〕;

A——扩散所穿越的面积,即鳃面积;

ΔP——鳃小片壁两侧(水中和血液中)氧分压差(以 1atm=760mmHg 计);

d——扩散通径的长度(鳃小片壁的厚度)。

所以,氧的扩散和鳃的面积及鳃小片两侧氧分压差成正比,而和鳃小片壁的厚度成反比。因此,除了水环境氧分压外,鳃的结构对于氧的扩散起着重要的作用。

鳃小片壁的厚度,随不同种类的生活方式而不同。金枪鱼等大洋性快速游泳种类,鳃小片壁极薄,仅约 0.53~1.0μm,但大多数硬骨鱼类约为 2~4μm,一些底栖性种类约 5~6μm,板鳃鱼类多数在 5~11μm,有些呼吸空气的种类,鳃小片数少壁厚,达 20μm,其水呼吸效率很差。

鳃面积在氧扩散过程中起重要作用。鳃的形态特点为鱼类提高呼吸效率提供了一个极大的呼吸面。每一鳃弓有许多鳃丝,而每一鳃丝的两侧又有许多鳃小片(图 4-1)。鳃丝和鳃小片的数目以及它们所构成的呼吸面积,与不同种类的生活方式及鱼的大小相关。Jager 和 Dekkers(1975)将已发表的鳃面积的测量数据转换为体重 200g 鱼为基准的数据,结果发现鳃面积和鱼的活动性呈正相关,多数硬骨鱼类为 150~350mm^2/g,鲭科鱼类可超过 1 000mm^2/g,其中金枪鱼达 1 500~3 500mm^2/g,而其他大洋性鱼类为 500~1 000mm^2/g。

特定种鳃的表面积(A)是个体体重(W)的函数,表达式如下:

$$A = aW^b$$

不同鱼类之间 b 值不同,但典型值大约是 0.8(Hughes,1984)。这表明对于一个特定种来说,较大的鱼其鳃面积相对较小。鱼的代谢率与体重相关,情况相似(见第三章)。在鳃面积、代谢率和体重之间的这种相关,决定了种的典型的生长式型。换言之,随着鱼体生长增重,鳃面积相对减少,供氧量相对下降,决定了种的生长率逐渐低下。因为,生长只有在氧气供应足够时才能发生。这是呼吸决定鱼类生长的又一机制。另一参数 a 是特定大小鱼体鳃面积的指标，活动性高的鱼，这一参数大；相反，则小。

鳃既然具有极大的表面积与血液供应，为什么不能适应空气呼吸呢？如果鳃能保持湿润，所有鳃丝和鳃小片均能伸展开，它们就能用于呼吸空气。但鳃丝和鳃小片结构十分柔软，只有在水里依靠水的浮力支撑才能充分展开；而离开了水，空气无法托住柔软的鳃丝和鳃小片使其展开，它们势必互相叠合在一起。这样，呼吸面就大大缩减。大多数鱼不能较长时间离水生活，其形态学和生态学原因就在于此。有些种类或许能依靠部分鳃表面进行一定时间的空气呼吸，但当鳃表面水分蒸发，鳃丝和鳃小片完全皱缩在一起时，就完全失去呼吸功能而死亡。

鳃小片壁两侧氧的分压差决定氧的扩散方向和速度。这种分压差取决于不断流经鳃部的水的溶氧量，并依赖水流和血液的逆向对流系统（counter-current system）得以维持。硬骨鱼类和多数板鳃鱼类都具有这种对流系统（图4-1）。在这一系统中，含氧最充足的刚流入的新鲜水和已部分充氧的血液在出鳃丝血管处邻接，而部分脱氧的水和刚进入鳃的含氧最低的血液在入鳃丝血管处邻接，从而保证了鳃小片各部位呼吸面两侧的氧分压差达到最大。

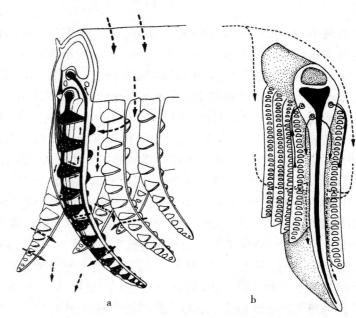

图4-1 硬骨鱼类和板鳃鱼类鳃的部分：示水流和血流方向
a. 硬骨鱼类（从Wootton，1990） b. 板鳃鱼类（从孟庆闻等，1987）
实线箭头示血流方向 虚线箭头示水流方向

鱼类依靠各种有效的鳃结构从流经鳃部的水中吸取溶氧。在有利的外界条件下，水的溶氧量高，呼吸频率低（单位时间流经鳃的水容量少，流速慢）时，鱼类吸取水中溶氧高达85%~90%，而一般情况下为50%~60%，当溶氧量低、呼吸频率高，以及其他不利因子存在（如水温升高）时，水中溶氧利用率可降低到10%~20%或者更低。

三、血液对呼吸气体的运输

鱼体组织和细胞吸收O_2和排出CO_2，必须在鳃和组织经过两次气体交换。这两次气体交换的实现主要是依靠气体的分压差作为动力完成的。根据实际的测定，在正常情况下水、鳃和组织中氧分压（P_{O_2}）依次降低，而CO_2分压（P_{CO_2}）依次升高，所以，O_2能够从水中透过鳃小片壁进入血液→组织→细胞内，而CO_2的扩散方向正相反。这也表明水环境的P_{O_2}和P_{CO_2}的高低直接影响鱼类的气体代谢。

O_2和CO_2在鳃和组织的两次交换，还必须借助于血液对气体的运输。O_2和CO_2在血液中以物理溶解和化学结合两种方式运输。在气体交换时，进入血液的气体首先溶解于血液，才可进一步转化为化学结合状态；反之，气体从血液中释放出来，则首先从化学结合状态分解为溶解状态，才能离开血液。O_2 的结合依赖血液内红细胞所具有的亚铁血红蛋白（Haemoglobin，Hb）。O_2 和 Hb 的结合是一种疏松的氧合，而不是氧化，因而既能迅速结合，也能迅速解离。这种结合和解离，取决于氧的分压。当血液流经鳃时，水的氧分压高，经扩散进入鳃的氧大量与 Hb 结合，而当血液流经组织时，组织氧分压低，较多的氧合血红蛋白（HbO_2）解离，放出氧气进入组织。这一过程可以表达如下：

$$Hb + O_2 \underset{P_{O_2}低（组织）}{\overset{P_{O_2}高（鳃）}{\rightleftharpoons}} HbO_2$$

血液中 Hb 和 O_2 结合的数量百分比，称为氧饱和度（oxygen saturation）。它首先取决于环境中的 P_{O_2}，P_{O_2} 高，氧合量增多，HbO_2 饱和度大；相反 HbO_2 饱和度就下降。P_{O_2} 和 HbO_2 饱和度的关系，可以绘制成如图 4-2 所示的曲线，称之为氧离曲线（oxygen dissociation curve）。氧离曲线通常为 S 形渐近线，上段平坦，下段坡度很陡，即 HbO_2 饱和度开始随 P_{O_2} 升高急剧上升，而当 HbO_2 达到一定饱和度（>80%）或者当 P_{O_2} 上升到一定程度后，P_{O_2} 的进一步升高对 HbO_2 饱和度所起作用就相对减弱。其次，也决定于特定种血红蛋白对氧的亲和力。例如，鳗鲡的 Hb 对 O_2 有较高亲和力（图 4-2a），即使在 P_{O_2} 较低情况下，血液携带氧也较快达到饱和，因此，它们对水体溶氧条件要求低；相反，Hb 对 O_2 亲和力较低的鱼类，如图 4-2a 中的红点鲑（*Salvelinus fontinalis*），较之鳗鲡，其氧离曲线右移，意味着达到和鳗鲡同样的 HbO_2 饱和度，它所要求的 P_{O_2} 要高。一般地，活动能力强的鱼类，如鲭、金枪鱼、鲣等，血液不断向组织输送 O_2，其 Hb 必须在较高 P_{O_2} 条件下才能达到饱和，它们对水体的溶氧要求也高。Hb 和 O_2 结合能力还和温度呈反相关。温度低，Hb 氧合能力强，而温度高，Hb 氧合能力差，HbO_2 越容易解离。同种鱼类的氧离曲线，随温度升高而右移（图 4-2a）。因此，温度高时，要达到低温时同样的 HbO_2 饱和度，则必须提高环境 P_{O_2}。最后，HbO_2 饱和度还受 P_{CO_2} 和 pH 的影响，Hb 和 O_2 的结合力随 P_{CO_2} 升高而降低，而随 pH 的下降而下降（图 4-2b）。因此，当 P_{CO_2} 增高或 pH 下降时，达到 HbO_2 饱和所需要的水环境的 P_{O_2} 必然升高。

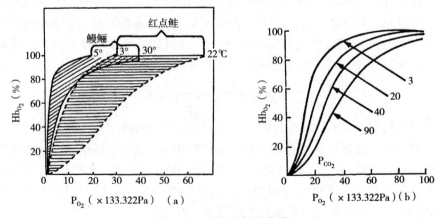

图 4-2 鱼类的氧离曲线

a. 鳗鲡和红点鲑的氧离曲线　b. P_{CO_2} 对氧离曲线的影响

CO_2 的化学结合有两种形式：

1. 直接与 Hb 的氨基结合，形成氨基甲酸血红蛋白（HbNHCOOH）　CO_2 和 Hb 的结合量，主要受 Hb 的氧合数量的影响。在 P_{CO_2} 相同时，HbO_2 与 CO_2 的结合能力不如 Hb。所以，当血液流经组织时，由 HbO_2 释放 O_2 成为 Hb，提高了与 CO_2 的结合能力，组织代谢产生的 CO_2 就易和 Hb 结合，随血液运送到鳃；当血液流经鳃时，Hb 大量与 O_2 结合，成为 HbO_2，降低了与 CO_2 的结合能力，CO_2 就容易从血红蛋白中释放出来经鳃排到体外，这一过程可用下式表示：

$$HbNH_2 + CO_2 \underset{HbO_2 \text{数量高（鳃）}}{\overset{Hb \text{数量高（组织）}}{\rightleftharpoons}} HbNHCOOH$$

2. 与钠、钾离子结合成碳酸氢钠（钾）　CO_2 由组织进入血液后，大部分透过红细胞膜进入红细胞内，在碳酸酐酶的作用下与水结合成碳酸，而血浆中由于缺乏碳酸酐酶，因此只有少部分 CO_2 是在血浆中与水结合成碳酸的。碳酸又可解离为 H^+ 和 HCO_3^-，其中一部分 HCO_3^- 和红细胞中的 K^+ 结合，生成 $KHCO_3$，另一部分可透过红细胞膜，与血浆中 Na^+ 结合，生成 $NaHCO_3$。HCO_3^- 和 Na^+（或 K^+）的结合和解离取决于 P_{CO_2} 高低。当血液流经鳃时，P_{CO_2} 低，血液中 $NaHCO_3$ 或 $KHCO_3$ 又按照上述反应的相反方向途径转变为碳酸，最后在碳酸酐酶的作用下解离为 CO_2 和水，并经过鳃小片膜扩散到体外。上述过程可用下式表示：

$$CO_2 + H_2O \underset{\text{碳酸酐酶}}{\overset{\text{碳酸酐酶}}{\rightleftharpoons}} H_2CO_3 \rightleftharpoons H^+ + HCO_3^-$$

$$HCO_3^- + Na^+ (K^+) \underset{P_{CO_2} \text{低（鳃）}}{\overset{P_{CO_2} \text{高（组织）}}{\rightleftharpoons}} NaHCO_3 (KHCO_3)$$

如上所述，影响血液对 CO_2 的结合和运输，直接决定于 P_{CO_2}。同时，也取决于 O_2 和 Hb 的结合。因此，凡影响 O_2 和 Hb 结合的因子，包括鱼的种类、温度、P_{O_2} 以及 pH，也对 CO_2 的结合和运输发生影响。

第二节　鱼类对溶氧的要求和适应

一、耗氧量和呼吸商

鱼类是需氧动物（aerobic animal），它们从水体中吸取氧气，用于氧化和分解从外界摄取并贮藏在机体组织内的营养物质，从而释放出 CO_2 和能量；能量用于维持机体的各种生命活动，而 CO_2 排出体外。换言之，鱼类对溶氧的要求从根本上来说与其代谢活动的类型和强度相关。代谢活动强，耗氧量大，排出的 CO_2 也多，其呼吸强度就高；反之，呼吸强度低。因此，耗氧量不仅是鱼体对溶氧要求的指标，而且也是鱼体呼吸强度或代谢强度的指标。

耗氧量是指鱼体在单位时间内所消耗氧量的绝对数值。耗氧量常用耗氧率（rate of oxygen consumption）来表示。耗氧率是指单位时间（h）、单位体重（g 或 kg）所消耗的氧量（mg 或 mL）。例如，1 尾 5g 重的鳗鲡的耗氧量是 0.75mg/h，用耗氧率表示则为 150mg/（kg·h），或 0.15mg/（g·h）。

耗氧率作为判断鱼体代谢强度的指标时，亦称代谢率。鱼类的代谢有标准代谢和活动代谢之分，因此耗氧率同样有标准耗氧率和活动耗氧率之分。但是，鱼类平时生活通常是以常规代谢和摄食代谢水平为基础的，这时的耗氧率，称作常规耗氧率和摄食耗氧率。在使用耗氧率表达鱼类呼吸强度时，应该注意分清这些概念的含义（见第三章），不要随便混用。表4-1是一些鱼类的标准耗氧率。

表4-1　几种淡水鱼的标准耗氧率

（从 Bond，1979）

鱼名	鳟（Salmo trutta）			鲫			鲤			杜父鱼（Cottus spp.）	
温度（℃）	10	10	20	10	20～22	32～35	10	20	30	15	25
耗氧率[mg/(kg·h)]	81	128	282	15.7	30～160	127～262	17	48	104	92～157	150～264

鱼类种间由于生活习性、栖息场所、食性、生长式型和活动性的不同，其代谢强度不同，耗氧率也不同。根据鱼类对水体溶氧的要求不同，大致上可以把淡水鱼类分成四个类群：

(1) 需氧量极高的鱼类　这一类鱼对溶氧要求严格，对水中溶氧通变化的耐受范围狭小，称狭氧性鱼类（stenoxybiotic fishes）。它们通常在急流、冷水环境中生活。例如，鲑鳟鱼类，鲦鱼等。所适应的水体溶氧量夏季6.5～11.0mg/L，冬季＞5mg/L。寒带地区的冷水性鱼类基本上均属于这一类群，因为6.5mg/L通常是20℃水温时的水体溶氧量，超过20℃溶氧量会随之下降。

(2) 需氧量高的鱼类　这是一类主要在江河等流动水体中生活的鱼类。例如，江鳕、白甲鱼和一些鮈属鱼类，所适应水体的溶氧量在5～7mg/L，一般属于适宜低水温生活的鱼类，或介于冷水性和温水性鱼类之间的类群。

(3) 需氧量较低的鱼类　这一类鱼对溶氧要求不太严格，对水中溶氧量变化的耐受范围较广，称广氧性鱼类（euryoxybiotic fishes）。它们可以在流水和静水水体中生活。例如，我国的四大家鱼，所适应的水体的溶氧量夏季4～4.5mg/L，冬季2～0.5mg/L。温带地区的温水性鱼类大都归属于这一类群。

(4) 需氧量低的鱼类　这一类鱼也属于广氧性鱼类。它们对溶氧的要求很不严格，甚至可以在溶氧量为0.5～1.0mg/L的水体生活。鲤、鲫和一些热带鱼类隶属于这一类群。

鱼类维持机体生命活动的能量主要来自有氧呼吸，但也有一小部分来自无氧呼吸或机体内其他生化过程。其他生化过程供能最后也放出CO_2。因此，要确切地表示鱼类的呼吸强度，还必须采用呼吸商（respiratory quotient, RQ）指标。呼吸商，也称呼吸系数，是鱼体CO_2产生量与同一时间内耗氧量的比值（CO_2/O_2）。鱼类的呼吸商一般<1，即它们在呼吸时吸收的O_2多，而释放的CO_2少。这表明鱼类在生活中很少进行无氧呼吸。鱼类的无氧呼吸一般仅见于避敌或掠食瞬间发动的冲刺或突发游泳时。这种游泳方式由白肌执行，要求能量供应在短期内迅即增加，而O_2的供应量未能在时间上相应跟上，只能依靠无氧呼吸供能，欠下氧债（oxygen debt）。有些鱼类在低氧水体也可以采取一段时间无氧呼吸，积累氧债。无氧呼吸最终产物是乳酸盐，使白肌很快疲劳。鱼体必须通过以后的需氧呼吸分解乳酸盐，抵消氧债。因此，无氧呼吸供能一般不能持久。

二、影响耗氧量的因素

在养殖生产上，鱼类的常规耗氧率往往是决定放养密度、防止鱼池缺氧以及运输死亡对策的基础。因此，尽管第三章已从代谢角度讨论了影响鱼类代谢率的一些因子，这里仍有必要从不同角度作些简要补充。鱼类的耗氧量除种间不同外，还受到一系列内外因素的制约：

1. 内在因素　主要是年龄、个体大小（尤其是体重）和活动性。这种相关的本质在于代谢强度的变化和鳃的发育程度。因为耗氧量同时受鳃的结构、呼吸面积的制约。耗氧量和体重之间通常呈指数函数相关，即：

$$R = aW^b，或 \lg R = \lg a + b\lg W$$

式中，R——耗氧量；
　　　W——体重；
　　　b——指数，通常<1（见第三章）。

这表明鱼类的耗氧量随鱼的年龄和体重增加而上升，但耗氧率（R/W）却下降。这一相关首先表明幼鱼的耗氧率大大高出于成体。

图4-3可见，鳙的鱼苗阶段较2龄鱼的耗氧率几乎高出15倍。鲢、草鱼、青鱼的情况亦类似，鱼苗的耗氧率高达3.09mg/（g·h），鱼种一般在0.33~0.64mg/（g·h），而2龄鱼在0.21mg/（g·h）左右。鱼苗运输特别要注意供氧，其原因就在于此。

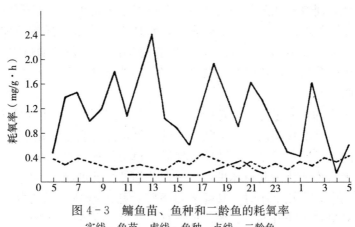

图4-3　鳙鱼苗、鱼种和二龄鱼的耗氧率
实线：鱼苗　虚线：鱼种　点线：二龄鱼
（从叶奕佐，1959）

其次，在建立了某种鱼类耗氧量和体重相关式后，根据池养鱼的重量资料就可以大致了解其耗氧量，以及耗氧量随鱼体生长（增重）的变化，从而根据水体溶氧资料，判断水体溶氧是否足够，并及时调整池鱼的放养密度，防止缺氧。此外，耗氧量也受其他一些因子如鱼体活动性、性别、饥饿和生殖等的影响。

2. 外在因素　首先是温度。温度通过控制鱼类的代谢强度（见第三章）影响其耗氧量。在一定温度范围内，鱼类的耗氧量和温度呈正相关。这一相关使鱼类的耗氧量变动呈现季节性周期，特别是四季分明的温带和高纬度地区的鱼类，这种季节周期十分明显。夏季水温高，耗氧率也高，冬季水温低，耗氧率也低。例如，实验测定表明2龄鲢、鳙、草鱼在夏季和冬季的耗氧率范围分别为 0.161~0.264mg/（g·h）和 0.012~0.037mg/（g·h），相差 5~10 倍以上。这一结果提示要特别注意水体夏季鱼类的缺氧问题。此外，温度也影响鱼类耗氧的日周期变化。

水体 P_{O_2} 或溶氧量和鱼体耗氧量亦密切相关。一般地，需氧生物对外界氧分压变化有两种变化式型，一种是耗氧率高低取决于氧分压高低的随变生物（conformers），而另一种是耗氧率可以在氧分压的较大范围内保持不变的调变生物（regulators）（图 4-4）。鱼类基本上属于后一类，在一定范围内可以依靠主动的呼吸运动调节保持相对稳定的呼吸强度，而不受氧分压变化的影响。但是，当环境氧分压降到某一水平，鱼类再不能依靠主动调节保持其正常的

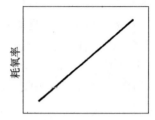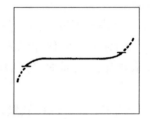

图 4-4　生物对环境氧分压变化的两种基本式型
左：随变生物　右：调变生物
（从 W. B. Vernberg 和 E. J. Vernberg，1972）

呼吸强度，这时的氧分压，称临界氧分压（critical oxygen partial pressure）。在临界氧分压以下，鱼类的耗氧量随氧分压的下降而急剧下降，直至抵达窒息点。因此，临界氧分压和窒息点是两个不同的概念，不能混淆。在临界氧分压以上，鱼类的耗氧量一般可以维持不变。但当氧分压突然升高时，鱼类的耗氧量在短期内也可以随之升高，但随后会较快恢复正常水平。因此，研究和测定鱼类的临界氧分压对于维持鱼类的正常代谢有重要意义。

P_{CO_2} 和 pH 对鱼类耗氧量的影响主要表现在水体 P_{CO_2} 升高，导致鱼体血液 CO_2 向外扩散受阻，从而降低 Hb 和 O_2 的结合力，耗氧量随即减少。鱼类的适宜 pH 范围通常在 7~8；当 pH 下降或升高时，鱼类的耗氧量下降，而当 pH>10 或<2.8，都会因损坏鳃的表面而导致呼吸中止。

盐度变化对鱼类的耗氧量也有一定的影响。当鱼类置于新的可以耐受的盐度中时，开始会表现出一种暂时性的代谢反应，多数鱼类的耗氧量这时会下降；在一定时间后达到稳态水平，这一时间在不同鱼类是不一致的。然后，鱼类的耗氧量重新上升，并往往超越原先水平，这是因为盐度变化激起鱼体进行渗透调节额外耗能的缘故。例如，将鲤、鲫从淡水移入到高盐度水中，头几个小时，其耗氧量下降；盐度越高，耗氧量下降越烈；此后，虽然浓盐度下耗氧量却重新升高。其次，鱼类对盐度的反应还与鱼的生活习性相关。例如，将海水鱼类生活的海水稀释，不同生境的鱼类反应不一。一般外海性鱼类，盐度稀释到一定程度，耗氧量即开始下降；沿岸性鱼类随盐度稀释而耗氧量下降的程度不如外海鱼类；而一些生活在河口区的广盐性种类，则盐度的变化对耗氧量基本无影响。这些特点表明，在海淡水鱼类相互移植和驯化时，不仅要考虑可能性，而且要注意盐度变化的驯化速率。

影响鱼类耗氧量的因素自然还不止这些。但是，当这些因素的组合影响到鱼类常规耗氧率时，单是从保持鱼类的最适水质条件，就不难得出维护水域生态环境重要性的结论。例如，当污染等引起水体溶氧量下降时，即使在临界氧浓度以上，鱼类也必须增加呼吸运动来保持常规耗氧率，而这种添加的运动需要消耗更多的氧，所以鱼就处在环境供氧较少却要吸取较多的氧的状态中。如果溶氧下降，鱼体增加呼吸频率、水温升高和 P_{CO_2} 上升

等综合发生作用,那么水体环境将变得使鱼类和其他生物无法生存,而这在自然水体和养殖水体都是可能发生的(见本章第三节)。

三、缺氧和窒息

各种鱼类对水体的溶氧量水平都有一定的要求范围。在溶氧充足的情况下,鱼类的常规耗氧率基本不变,呼吸频率也保持衡定。这时,通过鳃的血液和氧饱和度往往接近或达到饱和指数(95%)。当水体溶氧水平下降、鱼体缺氧(anoxia)时,机体的第一个反应便是提高呼吸运动频率,以维持一定的呼吸强度。例如,实验表明,鲢鱼种在水体溶氧量 4mg/L 时,呼吸频率为 80 次/min;溶氧降至 2mg/L 时,呼吸频率提高到 130 次/min;溶氧 1mg/L 时,频率可超过 160 次/min。不过,鱼类依赖呼吸运动所起调节作用是有限度的。因为在低溶氧时,尽管增加了呼吸频率,但呼吸效率降低,增加摄取的氧量有限;同时,提高呼吸频率也提高了机体对氧和能量供应的要求。

水体溶氧水平低于临界氧溶量时,尽管鱼体呼吸频率继续增加,但一般已起不到调节作用。这时,多数鱼类采取两种方式,力图摆脱机体缺氧。一种是迁移栖所以回避不良的低氧环境。例如,深水湖泊在夏季或冬季出现周期性低氧状况时,会导致底层鱼类向上层迁移。湖泊或池塘中的鱼便会集群游向溶氧高的进水口。还有,鱼的"顶水"习性和趋向溶氧丰富水域亦有密切关系。另一种是游到水面吞吸水的表面膜(surface film of water),以弥补正常鳃呼吸的不足,这便是俗称的"浮头"。运用这种对策力图摆脱缺氧威胁在鱼类中极为常见。因为水的表面膜直接和空气界面接触,较之主体水域含有丰富得多的溶氧。随着水体溶氧的下降程度,鱼在水面吞吸表面膜的时间延长;而如果水体溶氧水平获得改善,鱼仍随时保持离开水面正常生活的能力。因此,一般可以将鱼类到水面吞吸表面膜时的水体溶氧量,视作维持鱼体正常呼吸强度的临界溶氧量(这时水体的氧分压,就是临界氧分压)。例如,据中国科学院水生生物研究所梭鱼研究组以 50% 梭鱼浮头为标准测定,7~8 月梭鱼浮头的临界溶氧量为 1.06~1.16mg/L(表 4-2)。临界溶氧量概念表明,生产上发现养殖鱼出现浮头现象时,需立即采取措施,改善水体溶氧,否则延误时机将使鱼体难以恢复正常生活能力。

表 4-2 梭鱼"浮头"和"窒息"时水体溶氧量
(据中国科学院水生生物研究所梭鱼研究组 1984 资料整理)

类别 条件 个 体 数	浮头(mg/L)*		窒息(mg/L)	
	室内	室外	25~28℃	37℃
部分个体	1.18	2.7	0.50~0.52	
50%个体	1.06~1.16	2.0**	0.42~0.45	0.93~0.97
100%个体	0.9	1.2		

* 观察日期 7~8 月;
** 浮头个体未严格计数。

如果水体溶氧量继续下降,鱼体无法单纯依靠表面膜维持机体最低代谢供氧,则必然进入窒息状态(asphyxia)。鱼体窒息死亡时的环境溶氧量,称为窒息点(point of asphyxiation）。窒息点和鱼体大小、种类以及水体温度、P_{CO_2} 和 pH 等相关。一般养殖实践证明，我国淡水一些主要养殖鱼类的最适溶氧量约为 5～5.5mg/L，低于 2mg/L 开始出现浮头，1mg/L 就会引起严重浮头。叶奕佐（1959）报道，养殖鱼类鱼种在夏季（27～28℃）的窒息点分别为（mg/L）：鲢 0.72～0.34，鳙 0.68～0.34，草鱼 0.51～0.3，鲤 0.34～0.3，鲫 0.13～0.11。据观察，一些野杂鱼类的窒息点通常高于养殖鱼类，而养殖鱼类中鲢最高，青、草鱼次之，鳙较低，鲤、鲫最低。根据这一特点，池塘养鱼实践中，把鳘等野杂鱼浮头称轻度、鲢浮头为中度，而鳙等浮头为重度，鲤鲫浮头为严重浮头。当鲤、鲫浮头，青、草鱼等失去游泳能力搁在池边时，则意味着全池死鱼——"泛池"的最严重时刻即将来临。同样，根据野杂鱼苗的窒息点（0.6～0.7mg/L）高于家鱼苗（0.3mg/L）的特点，生产上常常采取一种叫"挤鱼"的方法，即将家野鱼苗混杂的鱼苗短时间高密度盛放在一容器内，当水中溶氧量逐渐下降至 0.6～0.7mg/L 时，野杂鱼苗几乎死尽，从而保留下全部家鱼苗。

鱼类的临界氧溶量和窒息点，一般和鱼类正常生活时对溶氧的要求一致。例如，冷水性的虹鳟，对溶氧要求高，其临界氧溶量和窒息点也高。一般溶氧量低于 5mg/L 即出现呼吸困难，而低于 3mg/L 便窒息死亡。在不同水温条件下，鱼类的窒息点相差也很大。梭鱼在水温 37℃时的半数窒息溶氧量约是 25～28℃时的 1 倍（表 4-2）。此外，水体 P_{CO_2} 升高，pH 不正常时，同样会导致鱼类窒息死亡的溶氧量升高。

四、空气呼吸

鱼类的空气呼吸，从系统发育和地理学观点两方面看，分布极为广泛。具有这种习性的鱼类，从热带沼泽到北极沼泽均可见到。但总的来说，热带暖水性鱼类比温水或冷水性鱼类有更多气呼吸种类。特别在那些水体含氧量较低，或容易发生缺氧现象的热带沼泽地更为常见。这种呼吸方式可能起源于历史上的低氧环境，经过长期的演化、发展，构成了目前各种式样的气呼吸适应。多数兼性气呼吸种类，在水体溶氧充足时，依靠鳃呼吸，而在水体溶氧不足时，就进行气呼吸，以弥补鳃呼吸不足，因而成为对低氧环境的一种特殊适应。但是，也有些鱼类，其气呼吸已和环境溶氧量的高低毫无联系，而成为一种专性的呼吸方式。

具有气呼吸特性的鱼类，其共同特征是鱼体有特化的器官或部位分布着丰富的微血管，可以直接进行空气呼吸。常见的气呼吸式型有：

1. **皮肤呼吸** 最典型的例子是鳗鲡。鳗鲡在水中摄入的氧约 10% 是通过皮肤的，而在空气中则 66% 的氧通过皮肤吸入，其余部分通过鳃吸入。鳗鲡依靠皮肤呼吸可以离水生活相当长的时间。这对于鳗鲡扩大生活空间、迁移栖息场所和实现降海洄游等极有帮助。栖息在各种封闭水域的鳗鲡到了洄游季节，常常在夜间从水中游上陆地，通过潮湿的草地辗转水域，最终进入江河实现降海目的。此外，生活在稻田沟渠的黄鳝、海边滩涂上的弹涂鱼类、鳚类、鰕虎鱼类等，其皮肤都具有一定的呼吸功能。

2. **口咽腔呼吸** 黄鳝生活于含氧较低的稻田和浅水沟渠，并善于在泥土中钻洞穴居。其鳃已退化，但其口咽腔内壁特化，富有微血管，能够有节律地吞吸空气充满口咽腔并排出，进行辅助性呼吸，所以黄鳝在生活时经常将头部抬出水面进行气呼吸。还有，合鳃鱼属（Synbranchus）、电鳗（Electrophcrus electricus）等的口咽腔呈褶状变形，提供了广大的气呼吸面。

3. 消化管呼吸　有些鱼类的消化管有关部位特化而具有气呼吸功能。例如，南美的吸口鲇（Plecostomos）、钩鲇（Aucistrus）的胃可以进行气呼吸。许多鳅科鱼类，如泥鳅、条鳅、花鳅等，肠道后段具有呼吸功能。这些鱼类在水中溶氧充足时用鳃呼吸，而当溶氧低下或CO_2含量提高时，可以升到水面吞吸空气，压入肠内进行呼吸，剩余气体和血液中排出的CO_2则从肛门排出。据伍献文（1949）研究，泥鳅的肠呼吸具有周期性：炎夏高温季节，水中溶氧减少，是为肠呼吸期；平时为静止期。泥鳅在肠呼吸期到水面吞吸空气的活动，随水中溶氧的减少而增加。

4. 鳃上器官呼吸　有些鱼类的鳃腔或鳃上方扩大的腔内，具有特化的呼吸上皮。例如，所谓的迷器鱼类，像攀鲈、斗鱼、乌鳢、胡子鲇等，在鳃的上方有一个由鳃弓的部分骨骼特化而成的带有呼吸上皮的硬结构，称鳃上器官，可以进行气呼吸。但这些鱼类仍不能完全脱离鳃呼吸，如攀鲈，虽然可以脱离水生活一段时间，但超过6~8h亦会死亡。乌鳢的鳃上器官发达，离水后利用气呼吸可以维持相当长的时间，生活力极强。所以，养殖业把它视作清塘难以对付的对象之一。

5. 气囊呼吸　印度产的囊鳃鲇（Saccobranchus fossilis），自鳃腔后穿过脊椎骨附近的肌肉直至尾部有1对管状长囊，内部充满气体，可以在陆上生活一段时间。

6. 鳔（肺）呼吸　鱼类中由鳔（肺）进行气呼吸的大都是一些古老种类，可能起源于志留纪晚期和泥盆纪早期的缺氧环境。例如，多鳍鱼（Polypterus）、弓鳍鱼（Amia calva）和肺鱼（Dipnoi）等的鳔都有不同程度特化，有管道通到食道腹面，在缺氧或干涸的环境里能行使肺的功能，直接呼吸空气。美洲肺鱼（Lepidosiren paradoxa）和非洲肺鱼（Protopterus annectens）等，虽然有鳃，但已失去了利用鳃呼吸维持生命的能力，而成为专性气呼吸鱼类。它们即使在水体溶氧良好时也要到水面呼吸空气。如果限制不让它们到达水面，就会死亡。它们在干旱季节钻入泥里时，鳃完全不起作用；特别是非洲肺鱼，当水域完全干涸时，能用泥和黏液构成一个特殊的"茧"壳，蛰伏在里面进行夏眠。"茧"壳顶端有小孔和外界相通。这样，鱼体完全依靠鳔（肺）呼吸，可度过几个月之久的干涸期。澳洲肺鱼（Neoceratodus forseri）的呼吸依靠鳃和鳔（肺）共同完成，所以仍属兼性气呼吸鱼类。它们离水后不能存活，平时躺在水底，每隔40~50min上升到水面一次，将鼻吻部露出水面，进行气呼吸。

第三节　水体溶氧和二氧化碳的变化特点

一、溶氧的产生和消耗

水中溶氧量较之大气中氧量少得多。按绝对数计算，1L大气中有210mg的氧，而1L水中一般只有7mg氧，仅是大气中的1/30左右。不仅如此，水中的气体成分和数量经常处于变动之中，水中的溶氧往往是一个可变因子，对鱼类的代谢活动和各种生命机能起着限制的作用。在各种水域，溶氧量在不同生态因子作用下可以在零直到饱和和过饱和状态之间波动。

水体中溶氧来源，主要是浮游植物和其他水生植物光合作用产生的，部分是从空气中溶解进来的。因此，水生植物的盛衰对水体溶氧量起重要作用。在水生植物特别是浮游植物大量繁生的季节，白天在光线可以达到的深度，水中溶氧量可以比正常情况下高1~2倍，抵达饱和状态。空气中氧向水体的溶入速率和大气压力（或氧分压）、水温、盐度和水的流动、潮汐、波浪、风力等相关。大气压力（或氧分压）越高，氧的溶解速率增快，溶解度大，两者呈正相关。但是，氧的溶解速率和水温、盐度则呈反相关，水温和盐度高，溶解度低；相反，则溶解度高。在正常的情况下，纯水的溶氧为5.54~10.23mg/L，同0~30℃水温幅度成反比。水的流动、潮汐、波浪、风力等能增加空气中氧溶入的速率。因此，流水水体溶氧量一般较静水水体高，且分布亦较均匀。

水体中溶氧的消耗，主要是水生生物（包括植物、鱼类和其他动物）的呼吸。有机物或一些无机化合物被细菌或其他生物氧化和分解亦消耗一定量的氧，少量由水表层扩散到大气中。所以，水体中水生生物数量和密度，养殖水体中养殖鱼的数量和密度，对水中溶氧消耗起关键作用。当水生生物大量死亡、腐败，使水中溶解和不溶解有机物质的含量增加，促使细菌大量繁殖时，有机物质的氧化分解以及细菌的呼吸作用，消耗大量的氧气，能使水体的含氧量骤然下降；而含氧量下降，又会加剧水生生物的死亡，造成恶性循环。因此，自然水体溶氧低下的重要因素往往是水体富营养化，有机物含量高和污染；而养殖水体溶氧不足，则通常是放养密度过高以及有机物含量过多。

二、溶氧的变化特点

水体溶氧的变化特点通常与它的产生和消耗特点相关。首先，溶氧在水体的垂直分布是不均匀的，通常可分为表层、表面下层和深层三个区域。表层的溶氧往往和它接触的空气处于平衡状态，特别是表面膜，溶氧往往接近饱和。表层厚度主要取决于水温等水文因子以及风力和波浪等使水和它所接触的空气的混合程度。表面下层的范围较宽，溶氧量变化较大。这一水层不能直接和大气交换气体，而影响溶氧增加或减少的因素却很多。因此，溶氧的季节变化、昼夜变化在这一水层中特别明显。深层含氧量取决于水体深度、水的垂直流动、表层水离开表层时的含氧量，向下散布所需时间以及散布过程中氧的消耗速率。一般来说，深层的含氧量变化较之表层下层稳定。因此，水体的最低含氧量有时并不发生在底部，而在某些中间水层。一些热带深水湖泊和大洋深渊，下层水体往往终年缺氧，除了短期停留外，鱼类基本上不到这一区域。

不同类型的水体，溶氧量及其变化不同。海洋一般不会出现缺氧现象，溶氧在表层含量特别高，通常都达到当时温度和盐度条件的饱和度。一般在400~600m深处溶氧含量才急剧减少。溶氧不足或急剧变化只见于局部海域，如隔断的浅水海湾、港口以及晚间浮游藻类大量繁生的区域。江河、溪流由于水的不断流动和混合，除特殊情况外，溶氧含量丰富且分布均匀。湖泊的溶氧量受水温和风力搅动等影响较为显著，溶氧量常随季节而变化（图4-5），但一般都足以满足鱼类和其他水生生物的需求。例如，太湖冬季含氧量约为9.72~13.6mg/L，夏季为4.96~8.64mg/L，都超过了分布在该水域鱼类对溶氧的要求。但是，华南的一些湖泊，由于夏季温度偏高，溶氧量有时偏低，仅1.8mg/L，接近鱼类生活的临界溶氧量。在养殖水体，特别是换水不便的港堰和精养池塘，水体小，溶氧消耗比较显著。溶氧变化和水体绿色植物多寡、昼夜光合作用和呼吸作用强弱以及养殖鱼的密度和有机物含量密切相关。溶氧在这些水体的季节变化和昼夜变化最为明显。因此，较之天然水体，养殖水体的溶氧条件更为重要。

水体溶氧具有季节和昼夜变化节律。季节变化主要是水温和水生植物特别是浮游植物的盛衰所致；其他水生生物的盛衰、数量和密度及其呼吸强度也有一定影响。昼夜变化主要是水生植物昼夜光合作用和呼吸作用强度变化所致。大型湖泊溶氧量季节变化主要和水温相关，有机物质分解耗氧也有一定影响；而浮游植物季节性盛衰，由于白昼光合作用产氧和夜间呼吸作用耗氧相抵消而影响不太显著。图4-5示湖北梁子湖含氧量周年变化与水温呈明显反相关。在池塘等小水体，溶氧的季节变化和昼夜变化十分明显、剧烈。小水体溶氧的季节变化受水温和浮游植物两方面影响都十分显著。因此，水体溶氧量季节变化的高

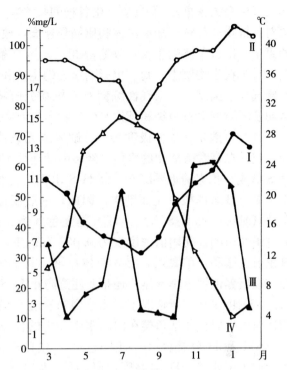

图4-5 梁子湖水温、溶氧量（及其饱和率）和有机物耗氧量的周年变化

Ⅰ.溶氧量（mg/L）　Ⅱ.氧的饱和率（%）
Ⅲ.有机物耗氧量（mg/L）　Ⅳ.水温（℃）
（从王祖熊，1959）

量和低量都出现在夏秋季。这种溶氧量的高低差十分明显，表现为剧烈的昼夜变化。特别在夏季，一方面水温高、气压低，鱼类耗氧率升高、有机物质也加速分解。因此，水中溶氧量溶入少而消耗快；另一方面，白天繁盛的浮游植物光合作用产氧多而补偿了氧的消耗，到下午2～4时，水中溶氧，特别是表层水可达到过饱和，但一到晚间，浮游植物呼吸作用也大量消耗O_2，使溶氧量剧烈下降，至黎明前（3～6时）溶氧量可降低到最低值（0.1～0.3mg/L）。池塘也常常在这时因缺氧而出现养殖鱼浮头现象，严重时，甚至会造成全池鱼窒息死亡。因此，一般采取增氧机增氧时，多在晴天中午开机搅水，造成池水垂直流转，把上层水中浮游植物光合作用所产生的过饱和氧送到下层去，改善下层水溶氧条件，防止翌晨鱼类浮头。

在纬度较高地区，例如我国北方，小型湖泊和池塘等水体，如果冬季有厚的冰雪覆盖而妨碍了氧气扩散溶入水中，也可以发生缺氧。因为水中原有氧气在漫长封冰期间，由于鱼类和其他水生生物呼吸作用以及有机物分解耗氧，其含量逐渐下降。特别是一些养殖鱼类密度较高的越冬池，甚至会降到使越冬鱼窒息的浓度。

三、水体缺氧和H_2S、NH_3等有毒气体产生

溶氧不仅对鱼类的生存以及摄食、生长、繁殖和发育等各种生命机能都会产生直接的

作用（见有关各章），而且也产生各种间接影响。良好的溶氧条件，能促进水体好气性细菌对有机物的分解，加速水体物质循环速度，改善水质，有利于鱼类的各种天然饵料生物的繁生，促进鱼体的生长、发育。相反，溶氧条件差，有机物分解慢，水体物质循环迟缓，对饵料生物繁生不利，也影响鱼类的生长和发育。特别是在水体严重缺氧时，还会引起嫌气性细菌滋生。嫌气性细菌对有机物分解将产生还原性的有机酸、H_2S 和 NH_3 等，从而使环境变得对鱼类和其他水生生物更加有害。

H_2S 一般是在水体极度污染、缺氧或无氧情况下，含硫有机物经嫌气性细菌分解产生，或是在富含硫酸盐的水体，经硫酸盐还原细菌的作用而生成。因此，水中溶氧不足是 H_2S 形成和积累的重要因素，而 H_2S 出现又是水体严重缺氧和无氧的标志。如果增加水中溶氧，H_2S 即被氧化而消失。因此，一般仅在静水小潭或肥水池塘的底部，在夏季严重缺氧时会导致 H_2S 产生。H_2S 是无色气体，具恶臭，可溶于水，对鱼类有极毒作用。对虹鳟幼鱼的致死阈值浓度仅为 0.008 7mg/L，金鱼幼鱼为 0.084mg/L。H_2S 的毒害机制是通过鳃和口腔黏膜，渗入鱼体血液，与 Hb 中的铁化合而使 Hb 失去载氧能力。因此，在精养池塘等小水体，还是要注意防止 H_2S 的产生。

NH_3 也是在缺氧情况下，由含氮有机物分解而产生，或者是含氮化合物被反硝化细菌还原而生成；包括鱼类在内的水生动物的代谢最终产物，一般也以 NH_3 的形式排出体外。NH_3 和 H_2O 接触后，即生成 NH_4^+ 和 OH^- 而建立化学平衡。水体中 NH_3 和 NH_4^+ 的含量取决于水的 pH 和温度：pH 低、水温低，NH_3 比率小，通常 pH<7，几乎都以 NH_4^+ 形式存在；而 pH 高、水温高，则 NH_3 比率高，一般 pH>11，几乎都以 NH_3 形式存在。NH_3 和 NH_4^+ 是性质不同的两种物质，NH_3 对鱼类和其他水生生物有极毒作用，即使浓度很低，也会抑止鱼类生长发育；而 NH_4^+ 无毒。据试验，NH_3 含量>8mg/L 时，对大多数水生动物有致命影响。一般自然水体 NH_3 含量较低，不会给鱼类带来严重影响。但在缺氧、严重污染时，NH_3 的含量也会升高，甚至有害。在高密度精养鱼池，尤其在换水不良、施肥投饵过量造成有机物过多时，NH_3 的浓度可能会达到抑止鱼类生长发育的程度；也有报道提到，即使流水密养，也必须注意控制放养密度和投饵量，防止因缺氧、氮排泄物增加而引起鱼类 NH_3 中毒。

四、CO_2 溶量的变化特点

水体中 CO_2 溶量，主要由包括鱼类在内的水生生物呼吸排出，微生物分解水中有机物时也产生部分 CO_2，还有少量由空气溶入。水生植物的光合作用消耗一定量的 CO_2。CO_2 在水体中有结合和游离两种存在形式。在天然水体，特别是海水，游离 CO_2 量不高，一般不超过 20～30mg/L，经常低于 7mg/L。这是因为水体中通常存在着一个 CO_2 平衡系统，可以用以下化学式简单表示：

$$CO_2 + H_2O \rightleftharpoons H_2CO_3 \rightleftharpoons H^+ + HCO_3^-$$
$$H_2CO_3 + CaCO_3 \rightleftharpoons Ca(HCO_3)_2 \rightleftharpoons Ca^{++} + 2HCO_3^-$$
$$2HCO_3^- \rightleftharpoons CO_3^= + H_2O + CO_2 \uparrow$$

由于 CO_2 溶入水中会形成 H_2CO_3，后者离解后放出 H^+ 又会影响水体 pH。因此，水体 CO_2 的增和减都会影响 pH，而任何影响 pH 的因素，也会影响到上述平衡系统。当水

中 CO_2 大量积累（pH 下降）时，碳酸盐（$CaCO_3$）会吸收 CO_2 而形成可溶性 $Ca(HCO_3)_2$；相反，当水中游离 CO_2 不足（pH 升高）时，$Ca(HCO_3)_2$ 即进行解离而释放出 CO_2。因此，在一般情况下，由于游离 CO_2 含量过高而引起鱼类中毒死亡的情形在自然水体较为少见。

在精养鱼池等小水体，CO_2 溶量和 pH 往往跟溶氧一样，存在着季节、昼夜和垂直分布的变化，而其变化过程则往往和溶氧的变化过程相反。例如，CO_2 的昼夜变化，白天水中的 CO_2 被水生植物利用而降低，晚上光合作用停止，由于水生生物呼吸排出又逐渐增加，至天亮前常抵达峰值。因此，CO_2 溶量上升往往和溶氧下降同时出现。

水体 CO_2 溶量增加对鱼类和其他水生生物有毒害作用。其毒害机制主要是在游离 CO_2 浓度高的水体中，鱼体血液里的 CO_2 不能向外扩散，而使血液 CO_2（或 H_2CO_3）浓度升高，pH 下降，从而影响 Hb 和 O_2 的结合力，造成血液供氧不足，最后死亡。陈宁生、施琼芳（1955）对鲢、鳙等的试验表明，在水中氧量保持充分情况下，CO_2 溶量低于 30mg/L 对养殖鱼无影响，80mg/L 表现为呼吸困难，100mg/L 昏迷和失去平衡，200mg/L 死亡。如果仅从 CO_2 溶量考虑，即使精养鱼池的 CO_2 溶量也极少会超过 30mg/L 的。因此，似乎对养殖鱼不会产生不良影响。但是，由于 CO_2 的上升、pH 的降低以及溶氧的下降三者往往同时存在，而一般又发生在鱼体代谢增强、对溶氧量要求高的夏季，而且，水体 CO_2 浓度升高，pH 下降，温度上升等，同时意味着临界溶氧量以及窒息点的提高，因此，CO_2 溶量的升高，必然起到加剧已经缺氧鱼类濒临死亡的作用。

思考和练习

1. 请以"鱼怎样在水里呼吸？"为题写出 1 000 字左右科普文章一篇，要求通俗、正确、简明、生动，并点出鱼类呼吸易受环境因素影响而变化的特点和原因。
2. 为什么鱼类在夏秋季节的清晨特别容易浮头？
3. 试从鱼体和环境两方面简要阐明维护水域生态环境，特别是高溶氧水平的必要性。

专业词汇解释：

breathing frequency, partial pressure, Fick's law of diffusion, aerobic animal, oxygen dissociation curve, oxygen saturation, rate of oxygen consumption, respiratory quotient（RQ）, critical oxygen partial pressure, stenoxybiotic fishes, euryoxybiotic fishes, oxygen debt, anoxia, conformers, regulators, surface film of water, asphyxia, point of asphyxiation.

第五章 繁　　殖

　　繁殖（reproduction）是鱼类生活史的一个重要环节，包括亲鱼性腺发育、成熟、产卵或排精，到精卵结合孵出仔鱼的全过程。这个环节与鱼类的其他生命环节相互联系，保证了种群的繁衍发展。鱼类通过摄食、生长为繁殖准备了物质和能量资源，而通过繁殖又把这种资源传递给后代。鱼类所繁殖的后代的质和量，主要取决于产卵鱼群的丰度、结构和素质，包括性腺发育程度、性周期、繁殖力等，而鱼类繁殖的成功又取决于繁殖时间和地点的选择以及鱼体能量资源分配给繁殖的百分数和合理性。每一种鱼的繁殖策略都是长期自然演化的结果。鱼类繁殖生态的研究重点就在于分析和讨论这些基本问题和环境因子的相关性。因此，它不仅是种群动力学研究的基础，而且直接服务于渔业生产实践，对于自然水域鱼类资源的保护和增殖，以及开展鱼类人工繁殖、大力发展养殖业都有重要意义。

第一节　繁殖策略、技术和两性系统

一、繁殖策略和技术

　　所谓繁殖策略（reproductive strategies），简单来说，是指每一个物种的繁殖特性，包括该物种的两性系统、繁殖方式、繁殖时间和地点以及亲体护幼等在繁殖过程中所表现的一系列特性。鱼类的每一个体都有各自的繁殖特性，它是由该个体的基因型决定的，并通过该个体所属基因库（gene pool）的进化历史所加强，属于同一基因库的个体所特有的繁殖特性的联合，就可以看作是这些个体共有的繁殖策略。鱼类的繁殖策略是在漫长的自然选择过程中形成的，它保证种及其后代对所生存的环境有最大的适应性。因此，要了解鱼类每一物种的繁殖策略，就应当了解该物种的演化史，了解自然选择过程。在这一自然选择过程中，物种对某些环境因子产生反应而逐渐形成某种繁殖特性。这些在历史上对构成物种繁殖特性起作用的因子，可以称作终端因子（ultimate factors）。

　　个体对繁殖特性的表达，通常称表现型，其范围由个体遗传型决定。某些特性可能有较大的弹性，所以个体表达这一特性的表现型范围就宽广；另一些特性也许是不可变动的，几乎看不到任何变异。Wootton（1984）提出，由于个体所处环境变化引起特性表达的变动，是个体对这些环境变化的技术性反应（tactical response）。个体的这种技术性反应，就是它的繁殖技术（reproductive tactic）。个体的繁殖技术只能在物种繁殖策略所规定的范围内变动（图5-1）。这种技术是鱼体内部通过调节达到某种平衡的一种外在反应，以保证个体在完成一系列繁殖特性的表达的前提下，对环境变化所支出的能耗抵达最小程度。因此，要了解个体繁殖技术的变动，就在于识别在个体一生中能引起变动的那些环境因子。这种能使个体繁殖技术发生变动的因子，可以称为近端因子（proximate factors)。由此可见，在学习本章下面将要介绍的各种各样繁殖特性时，应当联系历史和现时的环境因子的可能作用，予以分析比较，才能获得正确理解，并运用于实践。

二、鱼类的两性系统

1. 性别(sex)和性征(sexual characters)

鱼类性别最基本表达方式应该是由遗传基因控制的遗传性别。遗传性别是在受精时经过一半来自卵和一半来自精子的染色体的结合而形成的，所以又称染色体性别。但是，目前在大约1 000多种进行过染色体数目和组型研究的真骨鱼类中，仅约30多种能从细胞学角度证明具有性染色体。在遗传性别的控制下，通过个体原始性器官分化而形成的性别，称为生理性别或性腺性别。目前，鉴别鱼类的性别主要依靠性腺性别。

性腺是鱼类生殖器官的主要部分。一般地，鱼类的性腺成对、左右对称位于腹腔背侧，即消化道上方、鳔的两侧。有些鱼类的性腺左右不对称，例如，香鱼性腺的左叶约占性腺重的78%，而右叶仅占22%（曹克驹等，1982）；又如，银鱼的性腺，左侧前位，右侧后位，特别是雄性左侧精巢呈细带状，易被忽视（秦克静等，1986）；还有，黄鳝的性腺左侧发达，右侧常退化。少数鱼类的性腺不成对，单个，如圆口类；若干软骨鱼类（如猫鲨）和硬骨鱼类（如剑尾鱼 *Xiphophorus belleri*）也具单一卵巢。卵巢在多数鱼类呈不同程度黄色，但亦有灰色、草绿色或黑色的。精巢一般均呈乳白色，或略带微红色。

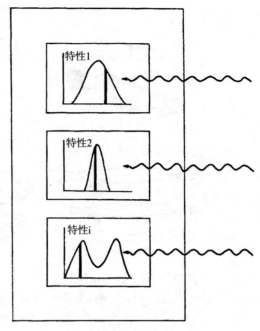

图5-1　鱼类繁殖策略、技术和环境因子相关模式图

大方框表示繁殖策略，由特性1，2.……i组成。每一个特性具有的表现型表达范围由曲线表示；浓黑垂线表示繁殖技术，繁殖技术只能在该特性的表达范围内变动；繁殖技术的表达取决于鱼当时所处的环境条件，波动箭头示环境因子

（从Wootton, 1990）

在性腺性别基础上，鱼类的性别可进一步分为雌雄异体、雌雄同体和单性型三种系统。雌雄异体（gonochorism）见于鱼类的绝大多数种，是指完成性别分化后的个体体内，仅存在卵巢或精巢一种性腺。许多雌雄异体的鱼类在外形上很难识别性别；但也有不少鱼类可以利用一系列外部特征鉴别雌雄，这被称为雌雄异形（hetromorphism）。雌雄异形通常由第一性征和第二性征决定。前者是指那些与繁殖活动直接有关的特征，如性腺、生殖导管和交配器以及一些鱼类雌鱼的产卵管等；后者又称副性征，是指那些与繁殖活动本身无直接关系，但和性腺发育及性激素分泌活动有关的特征，如生殖季节出现的婚姻装（breeding or nuptial colours）和珠星（pearl organs）等。

雌雄异形的表现方式是多种多样的（图5-2）：

（1）雌雄个体体形和大小不一　虽然这见于许多鱼类，但由于群体各年龄组相互混合

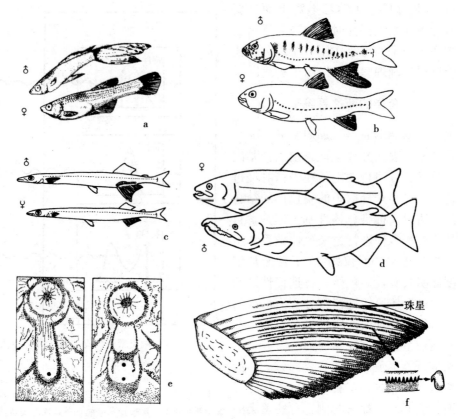

图 5-2 鱼类的雌雄异形
a. 孔雀鱼　b. 马口鱼　c. 银鱼　d. 大麻哈鱼
e. 罗非鱼泄殖系统最后开孔：左侧雄性，右侧雌性　f. 雄性鲢的胸鳍：示珠星分布

和掩盖，这种差别通常不易察觉。但也有少数种类雌雄鱼大小差别很大，如食蚊鱼（*Gambusia affinis*）和孔雀鱼（*Poecilia reticulatus*）等。还有一种康吉鳗更为悬殊，雌鱼可达 45kg，而雄鱼不超过 1.5kg。一般认为，雌鱼大于雄鱼对保证一定数量后代有利，而雄鱼大于雌鱼又往往和领域行为及亲体护幼习性相关。

（2）雌雄个体形体构造相异　表现在第一性征方面有全部软骨鱼类雄性腹鳍内侧分化形成的鳍脚，少数硬骨鱼，如食蚊鱼科（Poecilidae）鱼类雄性臀鳍前端变异成的交配器，以及鳉鲅鱼类的雌鱼性成熟后具有产卵管等。此外，较为常见的还有银鲛类雄性的腹前鳍脚和额鳍脚，可能和交配时执握雌体相关。若干鱼类雌雄个体泄殖系统的最后开孔不一。例如，雌性罗非鱼肛门后有较短的生殖乳突和生殖孔，其后还有一泌尿孔；而雄鱼肛门后仅有一较长的尿殖乳突和尿殖孔。真鲷情况与此相似。还有不少种类，雌雄鳍形相异，如雄性马口鱼臀鳍前部鳍条延长，剑尾鱼雄性出现延长的尾等。还有，雄性银鱼臀鳍上方有一排鳞片，而雌性则完全裸露无鳞。这些形态上差异可能和求爱期间配偶选择相关。大麻哈鱼雄性成鱼出现呈弯钩状的颌和大齿，被用于和对手争夺产卵场领地。更有些种类两性差异还可表现在内部构造上，例如，性成熟雄性刺鱼肾脏扩大并开始分泌黏液，被用来筑巢。

（3）雌雄鱼体色不同　这也是常见的，如较为闻名的有隆头鱼（*Labrus mixtus*）若干海猪鱼（*Halichoeres*）和䲢鲉鱼类等。还有一些鱼类在繁殖季节出现鲜艳体色，特别是雄鱼更为突出；待繁殖季节过后，这种色彩会消失或淡化，因此被称为婚姻装。这种现象在鲑鳟鱼类、鳟鱼类、丽鱼类、䲢鲉鱼类中均可见到。一般认为，雌雄体色不同或婚姻装具有同种识别、配偶选择和吸引异性的生物学意义。

（4）珠星　鳞许多鲤科鱼类到了生殖季节，雄鱼身体的某些部位，如吻部、颊部、鳃盖、头背部和鳍条等处，会出现一种白色坚硬的锥状突起，称为珠星或追星、婚姻结节；这是表皮细胞特别肥厚和角质化结果。雌鱼珠星一般很少见或不明显。我国淡水养殖的四大家鱼，雄性的珠星主要分布在胸鳍上。珠星可能在亲鱼的生殖活动中起兴奋和刺激作用，因为鱼在进行生殖时，雌雄鱼体频频接触的部位，大都是珠星密布的部位。

2. 性转换（sex change）和雌雄同体（hermaphroditism）　卵生硬骨鱼类的性别分化一般在孵化出膜后完成，有两种型式：一种是雌鱼所产的后代分成两部分，同时或先后形成两性个体；另一种是雌鱼所产的全部后代，先分化成一种性别（雌性先分化居多，但也有雄性先分化的），然后其中部分个体再向另一种性别转换。Yamamoto（1969）认为，后一种式型在鱼类中并不少见，只是多数鱼类的这种性转换是在性腺发育的早期阶段完成，不被注意到而已。但也有些鱼类的性转换完成得较晚。最典型的例子是黄鳝，性腺从胚胎期到初次性成熟均为卵巢，以后才逐渐有部分个体的卵巢内部发生变化，转化为精巢。据调查，几乎所有黄鳝个体，一生中都要经过雌雄两个阶段。这种在性成熟后才开始从一种性别向另一种性别转换的现象，称之为性逆转（sex reversal）。

由于性逆转现象的存在，其间必然有处于雌雄同体的过渡阶段。但这种雌雄同体现象是暂时性的，性腺的卵巢或精巢往往不能在同时存在情况下发育成熟，而且最终都要向单性的性腺转化，所以这实际上不是真正的雌雄同体，因此，有些学者称之为雌雄间体（Г. П. Персов，1982）。但是，Wootton（1990）从个体生活史分析，把具有性逆转或虽然同时具有卵巢和精巢，但成熟先后不同的种类归为不同时性雌雄同体（sequential hermaphroditism），下分雌性先熟（protogyny）和雄性先熟（protandry）两型，但以雌性先熟型更为多见。这种不同时性雌雄同体见于13科硬骨鱼类，其生态学意义有各种解释。Wootton（1990）认为，性改变得益必定超越性腺重组和其他第二性征发育的耗能。雌性先熟的隆头鱼提供了一个极好的例子。这一类鱼的大小是决定雄性繁殖成功的关键因子。一尾大的雄鱼借助于领域优先权，要比一尾小的雄鱼每日参加产卵排精的比率高10～40倍。因此，每一个体都通过雌性先熟避免对它们参加繁殖活动不利的时期：当它们是小个体时，是雌鱼，而当它们大到足够竞争领地时就转变成雄鱼。如果种群的丰度增加，可能因为大的雄鱼在保卫领地方面增加困难，以及有更多的成熟雌鱼供应，就会引起种群中小的雄鱼百分比增加。

真正的雌雄同体，亦称同时性雌雄同体（synchronous hermaphroditism），特点是同一个体内同时存在两性性腺，且都能发育成熟，并终生保持。卵巢和精巢通常轮番成熟，从而防止了自体受精；但也有极少数可以同步成熟，且能进行自体或异体受精，如鮨科中的锯鮨（*Serranus seriba*），这在鱼类中极为罕见。总的来说，同时性雌雄同体较不同时性雌雄同体少见。由于后者具有雌雄间体阶段，因而以往有些报道常将两者相混淆。

Warner（1978）报道，深海比女鱼目 Aulopiformes 的鱼类属真正雌雄同体，并认为这种现象可能和深海种群密度低相关，这样可使任何种内相遇都有可能配对繁殖。一些热带和亚热带浅海鱼类，如鮨属（*Serranus*）的一些种类，也有同时性雌雄同体。淡水鱼类仅知一种溪鳉（*Rivulus marmoratus*）具有真正的雌雄同体。此外，在有些鱼类中还发现偶然性、突发性雌雄同体或性逆转现象。

性转换和雌雄同体现象的存在，提示在鱼类性别分化中，特别在早期阶段，向雌向雄分化的因素可能都存在。因此，可以用性类固醇激素等方法转换和控制鱼类的性别。日本、菲律宾、以色列、英、美各国在这方面开展了广泛研究。国内以罗非鱼为对象采用雄（雌）激素伴食投喂方法，处理刚离开雌鱼口腔的体长仅 9～11mm 的仔鱼，往往能大幅度提高群体中雄（雌）鱼的比率。在养殖生产上控制鱼类性别有实用价值：

（1）不少鱼类雌雄个体体型、大小有明显差别，因此，养殖单性鱼可以提高产量。

（2）以养殖单性鱼控制过量繁殖是控制池塘养殖罗非鱼群体过密、生长率减慢的有效方法。

（3）很多鱼类雌性初次性成熟年龄较雄性晚 1～2 年，性成熟前快速生长期长，摄食所得能量主要用于躯体生长，生长效率高。因此，养殖雌性鱼可以提高生产效益。

3. 全雌种群（all-female population） 鱼类的单性繁殖（parthenogenesis）很少见。现以墨西哥东北的 *Poeciliopsis* 属为例，简介鱼类两种类型的全雌种群：杂交型（hybridogenetic）和孤雌型（gynogenetic）。两者都起源于一个有性繁殖种 *P. monacha* 的雌鱼和另一个亲缘关系接近的种（如 *P. lucida*）的雄鱼之间的杂交种。杂交型全雌种群来自于 2 倍体杂种（2n），这一杂种只有雌性才有活力并且能产生带有母本染色体的卵（1n）。然后，这些卵被另一种（*P. lucida*）的精子受精，再次产生雌的杂种。通过这一机制，雌性 *P. monacha* 的染色体被保留在这一单性杂种系列中。在这一杂种系列中，父本的染色体虽然能在后代中得到表达，但是那些后代却不能把它们父本亲体的任何基因传递给它们的后代。孤雌型全雌种群是 3 倍体杂种（3n）。它所产生的卵也是 3 倍体。这种卵的发育必须被另一有性种的精子激活，但是这种精子在基因型和表现型方面对后代都不起作用（图 5-3）。因此，杂交型和孤雌型的全雌种群，都寄生性地依赖另一近缘种的精子，才能保证种群的繁衍发展。

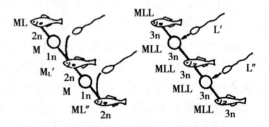

图 5-3 Poeciliopsis 属单性繁殖两种模式
左：杂交型 右：孤雌型
M. *monacha* 鱼的染色体组 L. *lucida* 鱼的染色体组
"撇"代表 *lucida* 鱼染色体组的不同等位基因符号
（解释见课文）
（从 Vrijenhoek，1984）

前苏联西部地区的银鲫亦是全雌种群，染色体数目为 3n。但是，到了东部西伯利亚和黑龙江流域有一定比例的雄性，构成了特殊的两性型种群。我国黑龙江省的银鲫（*Carassius auratus gibelio*）种群就是这样一种特殊的两性型种群，染色体数为 150±，一般称 3n，但尚有不同看法。银鲫雄性个体能产生正常精子，是可育的；但是雌性个体，都具备孤雌性生殖方式。同种或异种精子进入卵细胞只起激动卵子发育的作用。精子带来的父本染色体在卵细胞的原生质内解体，胚胎后来的发育都是按母本遗传的。日本同样存在两性型和单性型的（银）鲫种群。沈俊宝等（1983）认为，我国黑龙江银鲫可能是过渡区种群处于特化的一种型式，其历史起源可能是由于冰河期环境急变，或通过天然杂交等方式，部分2倍体鲫鱼种群逐渐特化成了3倍体银鲫种群，而这种特化至今还没有达到全雌程度。

全雌种群的增长率必然比有性种群高。如果繁殖力相同，那么有性繁殖种群每产生1尾雌鱼，单性繁殖的种群将产生2尾雌鱼。由此，它的种群丰度的增长将是有性形式增长率的2倍。然而，单性繁殖的潜在缺陷包括在后代之间缺少基因变异，所有的后代和它们的母体基因型相同，并且也无法通过真正的雌雄结合而净化若干致命突变在染色体中的积累。究竟是什么样的生态环境，造就这种全雌种群以及近缘的有性和单性种群的合作存在，目前还不清楚。有些报道认为，可能和食饵丰度等相关（见本章第四节）。但是，这些全雌种群为研究鱼类单性、有性繁殖以及杂交生态学和进化理论提供了丰富材料。

第二节 性腺发育

性腺发育过程就是鱼类把摄食所获得的物质和能量资源分配给性腺的过程，这部分资源往往占鱼类分配给整个繁殖过程资源的大部分。后者还包括亲鱼发育第二性征和繁殖行为所消耗的能量。研究鱼类性腺发育以及影响和控制性腺发育的因子，对于鱼类繁殖生态学理论研究，以及掌握人工繁殖时间、掌握渔汛和中心渔场的变动均有重要意义。

一、性腺发育过程

性腺发育过程，包括精卵从形成到产出以及伴随的性器官机能化的全过程。终生只产一次卵的鱼类，性腺发育呈单周期型，其生命周期大部分时间是在这一性周期中度过的；反之，一生有两次以上产卵机会的鱼类，性腺发育呈多周期型。它们在初次产卵后，以后每次产卵和前一次产卵的时间间隔通常有一定季节节律，这被称为繁殖周期（reproductive cycle）或性周期。这一周期在许多鱼类是一年，但也有二年或半年甚至更短的。对性腺发育过程的研究，一般均以卵巢为主，因为卵巢较精巢更具代表性。现将目前常用的性腺发育分期方法介绍如下：

1. 组织学法　通过组织切片，以性腺内卵子（或精子）形成过程中的细胞学特征为依据，将性腺发育和成熟过程划分为6期，用罗马数字Ⅰ～Ⅵ表示。此法优点是精细，但费时多，不适宜大量观察。各期最主要细胞学特征为：

Ⅰ. 卵原细胞分裂形成初级卵母细胞，并处于染色体交会期。

Ⅱ. 处于以核和细胞质增长为特征的小生长期的初级卵母细胞在卵巢内占主体；最后在卵膜外形成一层由单层上皮细胞组成的滤泡膜。幼鱼常有相当长时间停留在此期。

Ⅲ. 处于以卵黄沉积为特征的大生长期的初级卵母细胞在卵巢内占主体；滤泡膜上皮细胞分裂为两层。

Ⅳ. 处于成熟前期的初级和次级卵母细胞在卵巢内占主体。此期卵母细胞呈半透明状，卵黄粒融合成一片，核及其周围细胞质向卵膜孔附近移动，出现极化现象；最后核膜溶解，染色体进行第一次成熟分裂，即减数分裂，放出第一极体，这时的卵母细胞称次级卵母细胞。许多学者主张将Ⅳ期进一步分成前后两个亚期，或初、中、后三个亚期。亚期的划分标准随具体对象而定。例如，梭鱼，Ⅳ初：卵母细胞内油滴细小分散不明显，卵黄粒增大；Ⅳ中：卵母细胞内油滴向核周围集中，卵黄粒互相融合；Ⅳ末：油滴汇合成一个油球，核偏向动物极。这样划分对人工繁殖选择催青时间十分重要。一般催青注射应在Ⅳ中至Ⅳ末才起作用。因此，人工繁殖称"成熟亲鱼"，是指性腺发育已达Ⅳ期，经催青注射激素能起正常排卵反应的鱼。

Ⅴ. 成熟卵细胞在卵巢内占主体。次级卵母细胞开始第二次成熟分裂，即平均分裂，就成为成熟卵细胞。成熟卵细胞脱出滤泡，成为卵巢内流动的成熟卵，是为排卵；而在适合条件下，成熟卵从鱼体内自动产出体外，即为产卵。卵产出时，其第二次成熟分裂一般处于分裂中期，直到受精后才完成，放出第二极体。卵母细胞由Ⅳ向Ⅴ期的成熟过程一般是很快的，仅数小时到数十小时。因此，在人工繁殖时，要准确把握鱼卵成熟时机，及时进行人工授精。成熟卵错过产出时间会退化而被吸收；相反，未成熟的卵硬挤出来人工授精，其效果会十分低下。

Ⅵ. 卵巢内主要剩留一些Ⅱ期的初级卵母细胞和已排出卵的滤泡膜。少数未产出的卵很快退化、吸收。最后卵巢完全退化到Ⅱ期，重新开始新的发育周期。

2. 目测法　依据性腺发育不同期相所表现的外部形态特征划分。此法简便，适于大批野外观测。各种鱼类的划分标准大同小异（具体方法和步骤见实验六）。

3. 性体指标（gonadosomatic index，GSI）法　性腺大小或重量变化是性腺发育过程最重要特征之一。GSI 也称成熟系数（coefficient of maturing），是一种常用描述性腺相对大小的指标，表达式如下：

$$GSI = 100 \text{（性腺重/体重）}$$

式中，GSI——取百分数，体重一般用去内脏体重。

GSI 可以用鱼体和性腺的湿重、干重计算，也可以用能量为单位。GSI 主要用于衡量性腺发育程度和鱼体能量资源在性腺和躯体之间的分配比例。当这种能量比达到一定阈值时，鱼才进入性成熟状态。在繁殖周期内，GSI 的变化反映了正在发育的性腺的生长过程。因此，它的变化通常和组织学法和目测法是一致的。

GSI 有种的特征。它在种内的变化主要是：

(1) 雌雄相异　卵集的 GSI 一般要比精巢大得多。这体现了亲鱼资源物质主要分配给卵巢，使卵能够用以发育成为仔鱼，直到向外界摄食。多数鱼类卵巢 GSI 较大，鲑科和部分鲤科鱼类，可达 20%～30%；鳗鲡甚至可达 65%～75%。有些鱼类精巢的 GSI 特别小，如梭鲈（$Lucioperca\ lucioperca$）仅 0.67%。但是，也有少数鱼类精巢的 GSI 可以超过卵巢，如北极鳕（$Boreogodus\ saida$）可以高达 10%～27%。精巢大小可能和受精模式相关，对于卵广泛散布的、受精率低的以及有其他雄性竞争受精的种类，大的精剿也是一种优点。

(2) 随年龄（体长）而增大　雌鱼特别明显，体现了鱼类个体繁殖力随年龄（体长）而增大的关系。

GSI 的种间差异十分普遍。这种差异部分反映了卵的发育和产卵时间式型的变化。图 5-4 是硬骨鱼类 GSI 在年繁殖周期内的两种变化式型。在繁殖季节内，有些种的雌鱼在较短的时间间期排出该繁殖季节成熟的全部的卵。这种雌鱼称之为不分批产卵鱼（total spawners），它们的 GSI 通常仅在产卵前达到高峰，产卵季节过后迅速跌落。GSI 在产卵前后变化剧烈。另一些种是分批产卵鱼（batch spawners），它们往往在整个繁殖季节内产出数批卵，繁殖期延长。GSI 在产卵前后不出现急剧变化。分批产卵鱼每次产卵的数目可能低于不分批产卵鱼，但产卵总数仍可以很高。

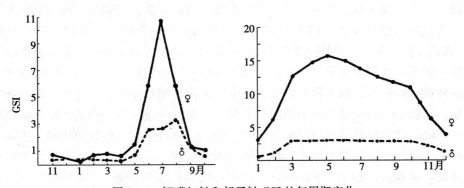

图 5-4　翘嘴红鲌和胡子鲇 GSI 的年周期变化

左：翘嘴红鲌，代表不分批产卵鱼，繁殖季节 5～7 月（从许品诚，1984）；
右：胡子鲇，代表分批产卵鱼，繁殖季节（4～10 月），每批产卵间隔 20～30 天
（从潘炯华、郑文彪，1983）

4. 卵径测定法　卵在发育过程中，一个显著变化是体积不断增大。处于不同发育期相的卵细胞，其卵径显著不同。因此，根据对不同发育期相卵细胞直径测定资料并对卵巢中主要卵群的卵径测定，便可判断卵巢成熟度。在实际工作中，通常测量Ⅲ～Ⅳ期卵巢中已积累卵黄的卵的直径（见实验六），从而用以判断卵巢成熟度和产卵的时间式型。图 5-5 是广东大亚湾 2 种鱼的卵径分布，代表 2 种产卵式型。不分批产卵鱼类，卵母细胞是同时成熟的，其卵径大小分布均匀，如棕斑兔头鲀，90% 以上卵的直径在 0.4mm 左右，呈单峰型。分批产卵鱼类，卵母细胞是分批成熟的，其卵径分布不均匀，通常有数群不同大小的卵粒群，成熟一批，产出一批；如印度鳓，呈多峰型，卵径 0.7～0.8mm 和 0.5～0.6mm 两个峰值约各占 45% 左右，在该繁殖季节均能成熟，分批产出；而卵径 0.2～0.4mm 的卵约不到 7%，在该繁殖季节一般不会成熟。

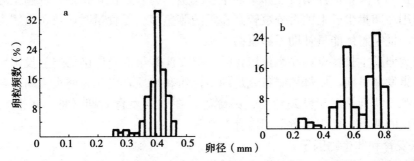

图 5-5　棕斑兔头鲀 *Lagocephalus lunaris*（a）和印度鳓 *Ilisha indica*（b）的卵径分布
（从徐恭昭等，1989）

二、性腺发育和环境因子

1. **性腺和躯体生长与食物消耗** 鱼类从摄食获得的能量，除维持耗能外，主要用于躯体生长和性腺生长。躯体生长往往是性腺生长的前提和基础。据现有报道，卵黄蛋白质形成和蓄积机制，有两种可能性：一是卵细胞本身吸收氨基酸和单糖类等低分子物质合成卵黄蛋白；二是吸收来自躯体其他组织中已合成的蛋白质或前期物质。卵内脂质来源，一般认为主要是从其他组织中转移来的，少部分是从外界食物中直接吸收来的。王祖熊等 (1964) 测定，在卵巢发育早期（Ⅱ～Ⅲ期），蛋白质和脂质均呈直线上升，但此时肌肉和肝脏所减少的蛋白质只及卵巢增加量的 1/20，而脂质同样是增加的。这说明卵巢早期发育主要靠外界提供营养。到了Ⅲ～Ⅳ期，卵巢中蛋白质增长量仍大大超过肌肉和肝脏蛋白质减少量，而脂质的增长量却低于肌肉和肝脏脂质的减少量。这表明此期卵巢蛋白质增长仍主要靠外源，而脂质则完全可能依靠内源供应。这种现象在一些长距离溯河或降海产卵的鱼类中更为明显。这些鱼类原来蓄积在体内的大量脂质，经过产卵洄游、性腺最后成熟和产卵活动，通常消耗贻尽。Wootton (1990) 认为，积累的脂肪主要是用于代谢的能源，而不是作为一种成分转运到卵巢。

鱼类躯体和性腺生长的关系和比例在一生和年周期中往往具有一定的特点。在生活史的最初阶段，躯体生长率很高；而性腺生长要在躯体生长达到一定程度才开始。躯体和卵巢生长的时间在鱼类的年生长周期中通常是交替的，至少生活在明显季节性环境中的鱼是这样的。这一特点可能和能量的贮备和分解周期相关。因为在卵巢生长的后期，需要大量的能源物质，而此时往往通过摄食不能完全满足，有的种类甚至已停止摄食。因此，前期的躯体生长、能量贮备和后期的能量分解、转运到卵巢就会交替出现；尽管这种交替对不同鱼类来说，其季节表现不完全相同。我国多数春季产卵的鱼类，一般在产后夏秋季节有一个强烈摄食、躯体生长期，所积累的脂肪用于越冬和冬季卵巢的生长，到了翌年春季产卵前，通常还会有一个摄食高峰，以补充卵巢最后发育成熟和产卵活动所需要的能量。太湖花鲭脂肪系数和 GSI 的周年相关变化（图 2-9），就是一个很好例子。

在卵巢生长季节，鱼类摄食一般总是优先满足卵巢生长。通过减少食量供应的实验可以看到这一点。4～10 月是三棘刺鱼卵巢生长季节，这时，持续 21d 不给供应食物，虽然肝和躯体生长率下降，但并不改变卵巢的生长式型。另外，低食量的三棘刺鱼雌鱼将它们吸收的能量用在卵巢生长上的百分数较高食量的雌鱼多。低食量时，雌鱼躯体含有能量出现明显分解，提示躯体能量补助了卵巢的生长。

根据鱼类卵巢生长特点，在亲鱼培育时不仅要注意早春产卵前的追加投饵，还要注意产后、在卵巢发育早期，使母体储备充足的蛋白质和脂质，以作为卵巢晚期发育的间接营养和能量来源。特别是对于鲢鳙鱼类、鳗鲡等，在卵巢发育后期（Ⅲ～Ⅳ期）摄食量减少，甚至停止的种类，更应注意早期培育。

2. **性腺发育和非生物因子**

温度 在适温范围内温水性鱼类精卵形成速度和水温呈正相关。因此，调节水温就可调节性腺发育的年周期，提前或迟缓鱼类性腺成熟和产卵时间。例如，利用温水培育亲鱼，能使我国东北地区草鱼提前成熟、产卵；把饲育真鲷亲鱼的水温提前达到成熟产卵的水温，结果也能使产卵提前 1~1.5 个月。温度往往还能直接控制鱼类的排卵和产卵。以成熟金鱼做实验，水温低于 14℃，尽管其他一切条件具备，也不排卵、产卵；如果温度提高到 20℃，第二天立即排卵、产卵。在自然条件下，春季产卵的鱼，卵巢经冬季生长至翌年春，随水温的上升完成最后成熟。而秋冬季产卵的鱼，则卵巢的最后成熟要求降温条件。因此，温度往往还成为鱼类产卵的信号因子（signal factor）。各种鱼类的产卵都要求一定的水温条件。我国淡水鲤科的一些鱼类，一般均要求 18℃ 以上的产卵水温。正在产卵的温水性鱼类遇到水温突然下降，冷水性鱼类遇到水温突然上升，往往会发生停产现象，而水温回升（复降），又会重新产卵。

光照被认为是对鱼类性腺发育和成熟起直接作用的指导因子。光照对性腺的影响，以光周期的变化最为显著。按照性腺成熟和光照时间关系，可以把鱼类分为长光照型鱼（longday type fish）和短光照型鱼（short-day type fish）。春夏长光照时间产卵的鱼属于前者，而秋冬短光照时间产卵的鱼属于后者。实验证明，对长光照型鱼提前把日照时间比自然状态延长一些；对短光照型鱼提前把日照时间比自然状态缩短一些，通常能使鱼类性腺提前成熟和产卵。例如 Kuo 和 Nash（1975）报道，原在 12~1 月产卵的短光照型鲻鱼，在水温 17~26℃ 条件下，用人工短光照（6h 光照＋18h 黑暗/d）刺激，可提前 2~6 个月性腺成熟，最早可提前到 5~6 月产卵。这是控制鱼类性腺发育和成熟的一个重要途径。光周期对鱼类性腺发育影响，可能和一定量的光照射和光照时间长短的变化相关。现已证实，鱼类性腺成熟具有每日的临界光照时间。把处于繁殖期的阔尾鳉鱼置于临界光照（12~13h/d）以下，那么其 0.4mm 以上大型卵母细胞就会完全破坏，若恢复到临界光照以上，卵母细胞再次生长。鱼类产卵需要一定的光照度，并且光照度的变化往往会成为成熟亲鱼产卵的诱因。鱼类通常在光照度发生变化的黎明或傍晚产卵。将黎明前产卵的阔尾鳉鱼作试验，人工颠倒昼夜，几天后便出现在人工亮期开始时产卵。黑暗处抑制产卵的个体，在 5 lx 以上光照度时，排卵个体全部进行产卵；而在白天光照条件下，突然给予强光（>5 000 lx），也能诱导排卵个体全部产卵。

水流对不少鱼类性腺的最后成熟（从 Ⅳ 中后期→Ⅴ）极为重要。大黄鱼一般在阴历十五、三十大潮汛时，3~5d 性腺发育可由 Ⅳ 期进入 Ⅴ 期；这时，大黄鱼结成大群，同时发出强烈叫声，游向较急的潮流中集中产卵；形成渔汛。在江河中，性腺接近成熟的鲢、鳙、草鱼、青鱼等，每当产卵季节就会成群地上溯到产卵场，在那里等待流水条件；当山洪暴发、水位猛涨造成湍急水流时，经数小时至数十小时的作用，性腺才能最后完成 Ⅳ→Ⅴ 期过渡，进入产卵状态。即使是一些在静水湖泊产黏性卵的鱼类，如鲤、鲫等，微流水亦是刺激大量产卵的诱因之一。此外，盐度对一些海产鱼类性腺的发育和成熟也十分重要。特别是一些降海洄游产卵的鱼类，其性腺一定要到海洋后才能最后发育成熟。当然，凡影响鱼类躯体生长的各种非生物因子，必定也会影响到性腺的生长，均应引起注意。

最后还应当指出，研究性腺发育和环境因子的关系，目的是达到人工控制和调节环境因子来促进或抑止鱼类的性腺发育、成熟和产卵。在鱼类性腺发育过程中，各种环境因子通常不是单独地起作用，而是形成不同的组合，连续性地起作用。因而，不能由于强调某一方面而忽略了另一方面。

三、性腺发育和神经-内分泌调节

非生物环境因子对性腺发育的作用,往往通过神经-内分泌调节实现。鱼脑神经中枢接受外界刺激后首先释放出一类小分子的神经介质(如多巴胺、去甲肾上腺素和羟色胺等)传递至性上位神经中枢——间脑下丘脑。特别是位于视束交叉前部的视束前核和接近脑垂体柄的下丘脑隆起部的外侧核,是两个重要的神经分泌核,它们受刺激后分泌一种神经激素,称促性腺激素释放素(GTH-RH),或促黄体生成释放素(LRH),从而传递至脑下垂体的间叶细胞,触发其分泌贮存的促性腺激素(GTH)。

脑下垂体和性腺是影响鱼类性腺发育的最重要的内分泌腺。脑下垂体分泌的GTH,可能有促黄体生成激素(LH)和促滤泡激素(FSH)等。这些激素经血液或淋巴液循环到达性腺,主要作用是促进雌鱼卵母细胞的大生长和最后成熟排放;刺激雄鱼精子和精巢间质细胞的形成;促进性激素的合成和分泌。

实验证明,脑垂体分泌GTH在亲鱼接近成熟时特别活跃,因此,人工繁殖催青用的脑垂体最好采自性成熟个体。性腺作为内分泌腺的功能是分泌性激素,包括雌激素和雄激素。性激素具有促进脑垂体的分泌活动、刺激性腺发育成熟,出现副性征以及导致亲鱼发情产卵。近年来一些研究还提出,性激素可以激发下丘脑分泌GTH-RH;雌激素能刺激卵母细胞的小生长,并作用于肝脏,促使在肝脏合成的卵黄前期物质的释放,从而转移蓄积到卵内,促进卵母细胞大生长。

甲状腺和肾上腺皮质(肾间组织)对性腺发育可能也有直接或间接的作用。切除甲状腺或投给抗甲状腺物质,常使鱼类性腺发育受阻,而投给甲状腺素能提早性成熟。但甲状腺是否直接作用于性腺尚不能肯定,抑或这是由于促进鱼体生长而产生的间接作用。Sundararaj(转引自山崎文雄,1982)用鲇做材料,对GTH作用于卵巢诱导排卵过程进行了一系列研究证实,GTH不是直接作用于卵巢,而是先作用于肾上腺皮质,促进肾上腺皮质激素的分泌,从而作用于卵巢引发排卵。据此,Sundararaj提出"脑垂体—肾上腺—卵巢"作用系统,但这是否适合于所有鱼类尚待研究。

鱼类的性腺发育过程是一个复杂的过程,需要各个环节的相互协调和配合。图5-6表明性腺发育、成熟过程是外在生态条件刺激和内在调控系统互相配合的结果。据此人们推测,鲢、鳙、草鱼、青鱼、鲮等不能在静水池塘产卵,可能是缺乏像自然界那样的综合生态条件的刺激,从而影响其下丘脑GTH-RH(或LRH)的合成和释放,以及垂体所分泌的GTH的量不足所致。于是,在家鱼人工繁殖(artificial reproduction)中引入了生态和生理相结合的方法,即主要是人工直接向鱼体注射鱼类垂体悬浊液或所提取的GTH,或用绒毛膜促性腺激素(HCG)代替鱼体自身垂体分泌的GTH的作用,或者把人工合成的LRH及其类似物(LRH-A)代替鱼体自身下丘脑释放的LRH的作用,由它来激发垂体分泌GTH;同时辅以自然江河的生态条件,在产卵时给亲鱼提供流水等刺激。这样,终于在1958年首先取得池养鲢、鳙人工繁殖的成功;此后,草鱼、鲮、青鱼等我国主要淡水养殖鱼类的人工繁殖也相继成功(钟麟等,1965)。这是我国鱼类养殖业的一项重大成就,从此结束了单纯依靠自然江河捕捞鱼苗的养殖历史。

目前,促性腺激素等的使用对于鱼类的最后发情产卵,往往可以起决定性作用。但应

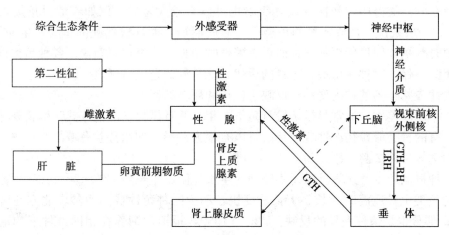

图 5-6 鱼类性腺发育成熟机制模式图

注意到这是在性腺发育良好的基础上才有可能实现的。因此，这并不意味着可以忽略其他生态条件。还值得提及的是，赖泽兴等（1984）通过用注射脑垂体的鲮鱼来诱导未注射脑垂体的鲮鱼产卵的试验，使未注射脑垂体的鲮的诱产率达到或接近同年常规人工繁殖催产的产卵率水平。赖泽兴等认为，这很可能是注射鱼在发情高潮时，各种激素的分泌和释放处于高峰状态，并大量进入血液，产卵时由于滤泡膜破裂，将血液中所含的各种激素带入水中。这些激素与其他起辅助作用的各种因素，如雄鱼的求偶声、追逐喷水等一起作用于未注射鱼，再通过"下丘脑—垂体—性腺"作用系统，调节其相应激素的分泌活动，导致发情和完成整个产卵过程。这一试验提出了激素的化学诱导作用，并表明不通过注射的方法同样可能导致性腺最后成熟和产卵。显然，要使鱼类人工繁殖获得成功，关键在于确保繁殖的各个环节所需要的内外条件都能实现，甚至还要注意鱼类个体前期生长的作用。

第三节 繁殖时间和场所

一、繁殖时间

调查鱼类的繁殖时间，对于鱼类资源保护、制定鱼类的最小捕捞规格和禁渔期，渔业上掌握渔汛或渔期、合理组织生产以及人工繁殖时机的选择等均有一定意义。在理论方面，对于深入研究鱼类繁殖的定时机制和变动及其生态学意义极为重要。

1. 初次性成熟年龄　初次性成熟标志着个体生活史的一个重大转折。有些鱼类一生只产一次卵，初次性成熟年龄决定于生活史长短；所有个体在抵达性成熟后，在产卵时或产卵后不久都死亡，这被称作非重复产卵型（semelparous）生活史。属于这种式型的鱼类，一部分是寿命仅一年的鱼类，如东亚地区特有的银鱼、香鱼等，另一部分是洄游性鱼类，如溯河型的大麻哈鱼（Oncorhynchus）和降海型的鳗鲡（Anguilla）。在初次性成熟后能再次或多次产卵的鱼类，称作重复产卵型（iteroparous）。和大麻哈鱼同属鲑科的鲑属（Salmo）也属于此型，虽然其成员初次产卵后成活再次产卵的比率通常较低。

鱼类初次性成熟年龄种间差异极大。生活在热带和亚热带浅水潭中的鳉，仅几周龄便可抵达性成熟；而鲟科的一些种类，如黑龙江鳇（Huso dauricus）要到 17 龄才开始性成熟。即使在同一类群中，初次性成熟年龄也可以有较大差异，例如鲽形目鱼类，范围是1～15龄。一般来说，性成熟早的鱼类，生命周期短，而性成熟晚的鱼类，生命周期长。前者繁殖时距短，但世代更新快，而后者繁殖时距长，但世代更新慢。各种鱼类以不同的性成熟年龄，保证物种获得最大数量的后代，这是种的适应特性之一。

初次性成熟年龄的种内变动，反映了遗传和环境的影响。

（1）雌雄间差别　通常是雄鱼较雌鱼早一年，并且雄鱼初次性成熟时体长和体重也较雌鱼小。有的种类雌雄初次性成熟年龄可以有较大差异，如纽芬兰海域的美洲鲽，雌鱼成熟年龄为7.8～15.2龄，雄鱼为5.3～7.5龄。

（2）种群间差别　这既反映了不同地区生长适温、生长条件的差异，如我国南方较北方地区的鱼类生长适温时间长、生长速度快，不少同种鱼性成熟年龄较北方地区可提前1～2龄；部分也是遗传差异的反映。Alm（1959）报道，饲养在相同条件下的褐鳟的不同种群，仍表现出不同的性成熟年龄，就是例证之一。

（3）种群内差别　这主要反映环境因子对种群生长和死亡率的作用。鱼类初次性成熟年龄在一定范围内往往以最初几年的生长速率为转移。不同世代的鱼，由于环境因子变化，生长速率差异，可以在不同年龄成熟。纽芬兰海域美洲鲽雌鱼的成熟年龄，1961—1965年平均为14龄；而1969—1971年为11龄，但是性成熟的体长没有显著变化（Pitt，1975）。这表明鱼类初次性成熟与体长的关系较年龄更密切。当强大的捕捞压力降低了美洲鲽的丰度时，由于食物供应增加而使存活的鲽生长率提高，就使性成熟年龄提前。实验生态学也证明，食物供应不同能够左右鱼类性成熟时间。例如，太平洋鲱、褐鳟、三棘刺鱼等，在获得较高食物供应时，性成熟就提前。即便同一世代的鱼，由于群居行为等的影响，个体间生长速度差异，性成熟开始年龄也可以不同。总之，食物供应以及其他能引起生长率发生变化的环境因子，均能影响鱼类的初次性成熟年龄。

2. 繁殖季节　鱼类初次性成熟后，往往在一定季节进行繁殖。鱼类一般总是在一年中能使它们繁殖后代的时间延至最长，并使它们的后代的早期发育获得最佳环境条件，特别是食饵条件的季节繁殖。这种特定的繁殖季节是鱼类对环境条件长期适应的结果，它和内源性的繁殖周期相关。鱼类通过内源繁殖周期和外源环境提示（如温度、光周期和水流等）的同步反应，便可以准确地在特定季节开始产卵。

在高纬度水域生活的鱼类，繁殖周期通常是一年一次。这些地区四季变化明显，特别是温带地区，伴随着温度、光照时间等非生物因子的变化，食饵的质和量亦呈季节性变化。以水域浮游生物丰度变化为例，一般总是冬季最低，春季迅速上升，盛夏开始下降，但在冬季大幅度跌落前往往还会出现第二个高峰。这些水域的鱼类，大多在春季和初夏产卵，称春季产卵型。我国地处北温带，多数海淡水经济鱼类属此型，产卵季节为4～6月，高峰5月。这一式型的鱼，性腺发育在秋季和整个冬季。GSI的变化与此吻合（图2-9，右）。雌鱼往往在较短时间产完全部所怀的卵，产卵季节延续时间短，属不分批产卵型。卵（胚胎）发育通常也较快，如鲢、鳙等，在水温适合时，仅1～2d仔鱼便可孵出。仔鱼摄食期通常和水域浮游生物丰盛期相配合。此外，也有部分鱼类如翘嘴红鲌，产卵季节5～7月，盛期6～7月，其性腺发育在秋季和冬季极缓慢，直到春季卵巢才快速生长（图5-4，左），并在晚春或夏季产卵。这种式型，称为夏季产卵型。

分布在寒带和亚寒带的鱼类，有不少是在秋季和初冬产卵的，特别是鲑科的种类，大都在秋季9～11月产卵，称之为秋季产卵型。这一式型的鱼，性腺在春末和夏季发育，至秋季成熟。一般产大卵，卵径可达4～6mm。卵一般埋在砂砾下，孵化期长达3.5～4个月；初孵仔鱼具一大卵黄囊，耗尽大约又要经历2～3个月。因此，当它们进入初次摄食期而从砂砾下钻出来时，已是春季饵料生物大量滋生的季节了。

但是，也有部分鱼类，其分布和繁殖季节式型是与上述不相符的。例如，狗鱼、三棘刺鱼、欧洲鳄等北方水域鱼类，属春季和夏季产卵型；而一些南方种类，如我国的中华鲟却在秋季产卵；福建的真鲷产卵期11～12月；鲻在1月；太湖大银鱼12～3月；松江鲈2～3月等。它们往往都各有相应的适应方式。如松江鲈，胚胎发育长达26d，孵化14d后卵黄囊才消失，因此，当仔鱼开始向外界摄食时，大致也在4～5月（邵炳绪等，1980）。

同种鱼类的季节性繁殖式型并非固定不变的。分布在不同水域的同种鱼类由于各地水温的季节变化不同，产卵季节就会不同。例如，鲢要求的产卵水温是18℃以上；长江流域5月初达到18℃，因而产卵期在长江流域是5月开始；而在珠江流域，则4月就抵达18℃，开始鲢的产卵期；相反，黑龙江流域却要推迟到6月。正是由于这个原因，原属春季产卵型的鱼类，在我国黑龙江地区，除了部分在春末产卵，多数在夏季产卵了。还有一些鱼类，由于分布水域和繁殖生态习性不同，种内可以形成产卵季节不同的生态群。这在海水鱼类和洄游性鱼类中较为常见。例如，大黄鱼在黄海南部和浙江沿海的族群，产卵期主要在春季4～6月，在福建沿海的族群主要也在春季；而在广东东部和广西西部沿海的族群，主要在秋季10～12月。还有，如洄游到黑龙江来产卵的大麻哈鱼族群，有7～8月产卵的夏大麻哈鱼和9～10月产卵的秋大麻哈鱼之分。淡水的太湖新银鱼，也有春季（3～5月）和秋季（9～11月）两个产卵群。

鱼类繁殖季节持续时间的长短，主要和种或种群的繁殖特性、分批或不分批产卵、产卵群体的年龄组成以及产卵时期外界因子的变动相关。有些具有分批产卵特性的鱼类，甚至没有明显的繁殖季节性。例如，带鱼除冬季外，蓝圆鲹除秋季外，其他季节几乎都可发现有产卵活动。许多春夏季节产卵的温水性鱼类，尽管它们的产卵盛期具有明显的季节特征，但延续时间较长。例如，鲤、鲫产卵期往往始于早春，终于夏末秋初。这些鱼亦属分批产卵鱼。有的具有明显繁殖季节式型的鱼类，虽然繁殖盛期局限在一个较短的时间，但延续时间也可长达2～3个月。例如，鲐鱼繁殖季节是5～7月，而盛期在5月下旬到6月中旬大约20d范围内。还有不少鱼类的产卵期长短，和水温升降、洪水大小等环境因子相关。例如，鲢、鳙、草鱼、青鱼等在长江干流的繁殖期是4月底到7月初。它们虽然是不分批产卵鱼，但产卵鱼群成熟有早晚。早成熟的鱼群，洄游到产卵场遇到合适的水文条件就可产卵；而后到的鱼群，由于一次洪峰已过，要等到下次洪峰才能引起排卵和产卵活动。由于不同年龄组的鱼性腺发育、成熟时间有所不同，因此产卵鱼群年龄组复杂的鱼，产卵季节延续时间相对较年龄组简单的鱼要长一些。

在低纬度水域生活的鱼类，不论海、淡水都分成两部分：一部分全年产卵，另一部分具有明显的繁殖季节式型。这个区域温度和光照时间变化较高纬度小得多，特别是热带水域许多鱼类可以全年产卵，在它们的卵巢内往往具有不同发育期的卵群，成熟一批，产出一批。但是，即使是这些鱼类，种群中积极繁殖鱼的百分比往往也有明显季节变动。另一部分鱼类则在限定的季节内繁殖。这种季节性式型在淡水鱼类，往往同雨季和旱季的变更引起河水涨落相关。热带海水鱼类，虽然较少受雨季和旱季的影响，但仍具有明确繁殖季节的种，这表明同样有一种生理机制控制着性腺的成熟时间。

鱼类繁殖季节的定时机制可能包括两种成分：性腺发育的内源周期和一个能使这一周期和环境提示（environmental cues）同步的机制。哪些环境因子能和内源的繁殖周期密切配合起到提示作用，使鱼类准确地在特定时间产卵，还不是十分清楚的。温度和光照时间可能是最重要的环境提示，但也可能包括食物丰度和水的化学性质变化。从另一方面来讲，性腺发育的季节节律也并非不可改变的。几乎遍布世界各地的鲤鱼就是一例，它们可以在不同温度和光照时间的地理区域生活，繁殖季节在不同地理区域差异很大。在热带水域甚至可以全年产卵，每一个半月产卵一次。又如，欧洲的褐鳟现在已被移植到东非高地和新西兰。这些都表明繁殖的定时机制是可以变动的，并且可以在一个广阔环境范围内都具有功能。控制繁殖时间式型的内部（神经内分泌）系统，通过对它们所处地区温度和光照时间等的选择，在允许的限度内和环境提示配合，从而形成定时的繁殖季节式型。

二、繁殖场所

调查鱼类的繁殖场所和繁殖所要求的环境条件，对于鱼类资源保护、制定禁渔区和合适的水域保护措施，以及为人工繁殖提供相应的生态条件十分必要。

部分软骨鱼类和少数硬骨鱼类（约见于13科）的卵不仅在体内受精，并且在输卵管或卵巢腔内发育，仔胚受到母体很好保护。这些鱼类的繁殖一般不受特定的繁殖场所限制。在水体中，凡适合于卵生鱼类产卵，在生殖季节能吸引生殖群体来到并进行繁殖的场所，称为产卵场（spawning ground）。特定鱼类的产卵场，一般都具备该种鱼类产卵所要求的环境条件。鱼类所要求的产卵场和产卵条件，一般总是和种的繁殖式型、卵的特性以及仔胚和初孵仔鱼发育所要求的条件一致的。

鱼类的产卵场并不是固定不变的。即使某一水域原来并不具备某种鱼类的产卵条件，而后转变具备了产卵条件，也可以转变为该种鱼类的产卵场。相反，如果原来的产卵场所具备的产卵条件受到破坏和干扰，就会不同程度地影响鱼类的繁殖，甚至从此不再成为鱼类的产卵场。人为因子的干扰，对鱼类产卵场的影响和破坏，现已十分普遍。江河水利建设工程不仅改变河道水文因子，而且阻断洄游性产卵鱼类的通道，对这些鱼类的自然繁殖造成不利影响。例如，葛洲坝水利枢纽大坝拦腰隔断了过去宜昌的家鱼产卵场，破坏了该河段产卵场的生态特征，因而现在南津关至大坝一段区间未监察到再有产卵场。工业污水和农药等对水质的污染、农业罱河泥、捞水草肥田，对草上产卵鱼类和水底部产卵鱼类的产卵场和产卵条件造成严重危害。成熟亲鱼在得不到合适的产卵场和产卵条件时，就不能产卵。已成熟的卵会退化吸收，或者即使产出也不能正常发育。因此，保护鱼类产卵场和产卵条件不受破坏，划定禁渔区和提出合适的保护措施，如拦河坝建立过鱼设施、禁止在产卵场捞水草、罱河泥等，通常是鱼类繁殖保护工作的一个重要方面。

不同的鱼类要求的产卵条件不同，产卵场所也不同。一般来说，产卵条件要求严格的鱼类，其产卵场往往有一定的范围和限制。例如，一些在海洋生活的鲑鳟鱼类，到了产卵季节，要克服种种困难和阻力，洄游到特定的江河上游产卵场产卵。又如，在淡水生活的鳗鲡，生殖时要不远千里汇集到热带海区产卵。还有，在海洋和江河等大水体中繁殖的鱼类，它们的产卵条件大都比较严格，因而产卵场通常有一定的地理位置，尽管其范围大小可以有所变动。相反，产卵条件要求不严格的鱼类，就像在湖泊或其他小水体中生活和繁殖的种类，它们的产卵条件往往普遍存在于所生活的水体，因而其产卵场分布往往较为广泛而又容易变动，或者说没有明确的产卵场。

鱼类所产卵的特性，是决定产卵场和产卵条件重要因素之一。极大部分海洋鱼类产浮性卵；卵在发育期随水流而移动，一般没有缺氧危险，但是有可能遭遇捕食者而引起高死亡率，而且，仔鱼期亦要求丰富的食饵条件。它们的产卵场所通常比较稳定，大都在近岸大陆架、浅海、港湾或河口区产卵；这里水流缓、水浅且暖，浮游生物繁茂，有利于仔胚的顺利发育和仔鱼索饵。我国主要海产经济鱼类，带鱼、大黄鱼、小黄鱼、鲐鱼等的产卵场均在近海水域。水深一般不超过20m。因此，构成了太平洋西部沿岸最良好渔场之一。我国的鲢、鳙、草鱼和青鱼是一类有代表性的在江河干流产卵的淡水鱼类，卵半浮性，或称漂流性，在静水中沉入水底，而在流水中才能随波逐流漂浮，不致发生缺氧危险。据易伯鲁等（1964，1988）调查，在长江干流由四川至安徽约有它们的产卵场36处。就地理环境而言，这些产卵场都在大江两岸地形发生较大变化的江段，如江面陡然紧束，或山岭由一岸伸入江中，或河道弯曲多变，江心常有沙洲，以及河床糙度大、水较深的江段。在长江发洪时，这些地形特点常会使下泻江水受阻，造成或大或小的"泡漩水"，即水流上下翻滚、垂直交流。鲢、鳙等鱼类在这样的江段产卵，卵不致下沉，从而保证了卵的受精和正常孵化。因此，除水温外，一定的水深、流速、流量，特别是"泡漩水"的形成，就成了这些鱼类自然产卵场的必要条件。

大部分淡水鱼类和部分近岸海洋鱼类，把卵产在水底岩石、砂砾、软泥和水草等基质上。卵沉性或沉黏性。对这一类鱼来说，卵和仔鱼期最大的潜在危险是缺氧、被淤泥掩盖以及被微生物感染和捕食者捕食等。它们对产卵场往往亦有一些特殊的要求。在水底部产卵的鱼类，产卵场主要取决于底质的性质以及水质、水流和水深。例如，黑龙江的大麻哈鱼，产卵场一般是石砾底质，水深约2m，水质较清，流速1m/s。又如，鲟鳇鱼类大都在底质为砂砾、流急的河床上产卵。中华鲟的产卵场在长江上游的金沙江以下一带急流江段。这些鱼类的产卵场都有一定的水流条件能保持卵的清洁和供氧。鲑科鱼类在砂砾中埋栖的卵能够防止捕食者捕食危险，但必须要求一定的水流能进入埋栖卵的产卵坑内，以保证卵的供氧条件。许多淡水鲤科鱼类和少数海水鱼类如燕鳐鱼属（*Cypselurus*），喜在植物茎叶上产黏性卵，产卵场常分布在水体沿岸沉水植物茂盛的浅水区。鲤、鲫、鲂、花鲭、似刺鳊鮈等鲤科鱼类，产卵场水深约0.3～1m，通常集中在环境安静、水生植物茂盛，并有一定微流水的湖湾或湖泊有内河流入的河口区。卵黏着在水草上较之沉在水底部发育的鱼卵改善了呼吸条件。因此，水草是这些鱼类适宜产卵场的最重要条件。在饲养条件下常利用这一特性，采用棕榈皮扎成人工鱼巢，诱导这些鱼类繁殖。采用这种方法也可以在适宜湖岸放巢产卵。在太湖，还形成在产卵场敷设人工鱼巢捕捉花鲭亲鱼的渔法。

还有一些繁殖方式独特的鱼类，在它们经常生活的水域，只要具备了它们的独特产卵条件，就可以产卵，因而产卵场所广泛而易变动。例如，生活在浅水湖泊、河流的鳑鲏亚科 Acheilognathidae 鱼类只要有河蚌等软体动物存在，亲鱼就可以发情产卵。一些有筑巢护幼习性的鱼类，如黄颡鱼、罗非鱼，在底质适宜挖坑的湖沼浅水区，都可以成为它们的产卵场所。

第四节 产卵群体和繁殖力

一、产卵群体

许多卵生鱼类在繁殖季节到来时，常集结成群体到产卵场进行繁殖。同种鱼类因生殖目的而临时集结成的群体，称产卵群体（spawning stock）。参加产卵群体的每一个体，其性腺发育一般均达Ⅳ期，在即将到来的繁殖季节中能参加繁殖活动、繁衍后代。各种鱼类由于种的特性决定，其产卵群体结构类型不尽相同，现简介如下。

1. 结构类型　Г. Н. Моностырский（1949、1953）分析了鱼类产卵群体（P）的结构，把初次性成熟的所有个体，统称为补充群体（K），把第二次以至多次重复性成熟的所有个体，统称为剩余群体（D）。种群中性未成熟的个体，属于预备群体。如果已查明一种鱼的初次性成熟年龄，就可基本区分出产卵群体中补充群体和剩余群体所占的数量比例。据此，可以把鱼类产卵群体划分为三个结构类型，以符号表示如下：Ⅰ. P＝K；Ⅱ. P＝K+D，K＞D；Ⅲ. P＝K+D，K＜D。

第Ⅰ类型的产卵群体仅由补充群体组成，即参加产卵繁殖活动的全是初次性成熟的个体，没有重复产卵的个体。属于这一类型的鱼类，一部分是寿命短的鱼，如香鱼、银鱼和青鳉等，它们都是当年成熟产卵，产后死亡的；另一部分是洄游性的鱼类，如大麻哈鱼和鳗鲡等。它们分别在海洋或淡水生活数年，在抵达成熟年龄时，集群洄游到产卵场产卵，然后死亡。

第Ⅱ类型的产卵群体由补充和剩余群体两部分组成，但仍以补充群体为主。这一类鱼个体一般较小、生命周期短，其中很多种类寿命仅 2~4 龄，最高也不超过 6~8 龄；因此，产卵群体年龄组成简单；性成熟早，1 龄成熟不少，大多在 1~3 龄；一生中产卵次数虽不多，但种群世代更新快，增殖潜力大。属于这一类型的淡水鱼类，如鲨、颌须鮈、蛇鮈、逆鱼等；海水鱼类如鳁、沙丁鱼等。

第Ⅲ类型的产卵群体也由补充和剩余群体两部分组成，但以剩余群体为主。这一类鱼个体一般较大，生命周期长，寿命一般在 6~8 龄以上，大都在 10 龄左右，如淡水的鲢、鳙、草鱼、青鱼、鳡等，海水的大黄鱼等。因此，产卵群体年龄组成复杂；性成熟较迟，一般在 3~5 龄以上；一生中产卵次数较多，但种群世代更新慢，增殖潜力小。在这一类型中，更有一部分鱼生命周期特别长的，如鲟鳇鱼类，可达 20~30 龄以上，性成熟特别迟，往往在 10 龄以上。鲟鳇鱼类不仅成熟晚，更有的并非每年产卵，一般要隔 2~3 年才产卵一次，因此种群增殖潜力特别小。

这三类鱼的划分对鱼类资源保护有一定指导意义。对于第Ⅰ类鱼，特别是洄游性鱼类，捕捞产卵鱼群应有一定的限制；但另一方面，在保证留下一定数量亲鱼的情况下，又应该尽量予以捕捞利用。例如，对溯河产卵的大麻哈鱼群体的组成、数量甚至尾数，都要在调查研究的基础上作出基本估计，并据以制定捕捞计划。这一类鱼中寿命短的鱼类，资源遭破坏后一般较易恢复。例如，太湖银鱼的数量，在强大的捕捞压力下，尽管年间数量波动大，但仍呈上升趋势（见表5-1）。但是，在水域的竞争能力，它们常不如第Ⅱ类鱼，所以还是应当积极保护。

第Ⅱ类鱼的增殖潜力并不亚于银鱼等寿命仅一年的鱼。它们不仅具有生命周期短、性成熟早的特性，而且还属于重复产卵型。在水域强大的捕捞压力下，其他大型经济鱼类资源通常均衰退，但往往总是这一类鱼仍能保持一定的种群数量，构成了"水域鱼类小型化"的代表。较为典型的例子是太湖刀鲚和其他小型鱼类：1987—1989年的平均产量约是1952—1954年的6~7倍（见附表）。因此，这一类鱼不宜作为（太湖）繁殖保护的对象，更不应作为重点保护对象（如刀鲚）。在某种情况下可能还需要加以限制，以发展其他大型经济鱼类。

第Ⅲ类鱼适宜于在性成熟个体死亡率逐年变动不大、环境条件比较稳定的情况下生活。如果这一类鱼的资源遭到破坏，由于每年补充的产卵群体较少，种群数量一般不容易恢复，尤其是那些寿命特别长、性成熟特别晚的种类。仍以太湖为例（见表5-1），鲢、鳙、草鱼、青鱼的自然种群在太湖已基本消失，近二三十年来，其种群数量由人工放流维持。在太湖能繁殖的鲤、鲫等鱼类，其产量至今仍未恢复到50年代初的水平。因此，这一类鱼应当是水体的重点保护对象。对这一类鱼的产卵群体年龄组成的分析特别重要。如果产卵群体以补充群体或低龄剩余群体为主，年龄结构简单化、低龄化，初次性成熟年龄提前，常表明资源已受到严重破坏，应当积极采取措施，予以保护。

表5-1 太湖大型经济鱼类和小型鱼类的产量变化
（从殷名称等，1991）

（单位：t）

年份	年平均总产量	刀鲚		银鱼		鲢、鳙		青、草鱼		鲤、鲫、鳊		红鲌		小型杂鱼	
		产量	%	产量	%	产量	%	产量	%	产量	%	产量	%	产量	%
1952—1954	4 630	710	15.3	600	12.9	740	15.9	215	4.6	955	20.5	330	7.1	370	8.0
1979—1981	12 860	6 825	53.1	800	6.3	705	5.5	275	2.1	695	5.4	205	1.6	2 165	16.8
1987—1989	13 015	4 720	36.3	1 270	9.7	1 120	8.6	495	3.8	890	6.8	760	5.8	2 415	18.6

2. 性比　性比（sex ratio）是指鱼群中雌雄鱼的数量比例。性比是决定种群繁殖力的重要因素之一。在所有其他情况相似的情况下，雌性占优势是维持和增加种群数量的手段。研究鱼类的性比，一般有种群性比和产卵鱼群性比之分。产卵鱼群性比主要和鱼类的繁殖习性相关，总是有利于确保繁殖的成功。种群性比是种群结构特点和变化的一种反映，既具有种的特性，又受到环境因子的影响。

产卵鱼群的性比大都是雄多于雌。徐恭昭等（1962）对我国沿海大黄鱼的5个主要产卵鱼群的性比分析表明，全都是雄多于雌，大约是2∶1。据认为，大黄鱼在流速急的高潮时产卵，这样的性比有利于卵子受精，增加后代数量；同时也和雄鱼寿命长、性成熟较早有关。淡水鱼类产卵群体中雄鱼多于雌鱼的也很常见。青海湖裸鲤在溯河产卵时，雌雄比基本上是1∶3，少数为1∶2。梁子湖蒙古红鲌雌雄比是1∶6~15，黄尾密鲴为1∶3~15，团头鲂为1∶8~9；这被认为是雄性在产卵季节在产卵场相对较为集中的结果。但也有一些报道表明，产卵鱼群性比雌雄接近1∶1。例如，厦门地区的真鲷在产卵季节全过程的性比基本上是1∶1。许多产黏性卵的淡水鲤科鱼类，不管其产卵群体性比组成如何，但在追逐、求爱、配对时，往往也是成双成对的。至于一些具有筑巢、亲体护幼习性的鱼类，如乌鳢、斗鱼等，产卵时都是成对的。

鱼类种群性比大都接近1∶1，特别是经过多次渔获物分析，常常会得到这样的结果。这是由于大多数鱼类的性别分化都属于雌雄同时分化或性转换在个体发育早期阶段完成的缘故，并且这种分化通常受遗传型的控制。但是，种群的性比也并非一成不变的。Thompson（1959）认为，鱼类的性比在不同体长组可以不同。据此他把鱼类划分成3种性比类型：

（1）雌雄鱼生长节律、性成熟年龄和寿命没有明显差异，各体长组性比相似，如大西洋鲱。

（2）雄性性成熟早于雌鱼，寿命也低于雌鱼，因而在性成熟小型个体中，雄性占优势；而大型个体中雌性占优势，就是同一年龄群，其中大型个体也表现出雌性占优势，如鲤科、鲟科、鲽科中许多鱼类。

（3）雄鱼个体大于雌体，而且在个体较大的鱼群中，雄鱼也占多数，如红大麻哈鱼。这一类鱼，不少雄鱼有护幼习性；我国所见的海鲇也有这种现象。

性比随生活条件而变化可以举出不少例子。银鲫在生活条件良好时，种群中无雄性存在，而当条件恶化、生长缓慢时，鱼群中才有雄性出现。这是保障种群在生活条件良好时迅速增加数量、生活条件恶化时得以延续生存的适应性。黄鳝亦有类似情况，生活于定期干涸的水域，饵料不足时，种群中往往雄性和雌雄间体占优势。还有，细鳞大麻哈鱼，种群丰度高的年份，雄性多，而丰度低的年份，雌性多。这提示性比的不稳定性乃是一种生态适应；它既决定于种的演化历史，又决定于种群所处的环境条件。种群可能是通过性产物的自动调节方式，改变性比结构，以有助于在条件急剧改变时保持种群的延续。

二、繁殖力及其变动

繁殖力（fecundity）体现了物种或种群对环境变动的适应特征。因此，研究鱼类的繁殖力有助于正确估测种群数量变动的基础。任何影响鱼类繁殖力的因素，都是影响鱼类种群数量变动的因素。繁殖力的变动及其调节规律，通常是阐明种群补充过程最主要手段之一。

1. 基本概念　正确地说，鱼类的繁殖力应该是雌鱼产出的经过受精的活的卵的数目，但这在硬骨鱼类是非常难以测定的。首先，雌鱼确切的产卵量难以估测；其次，产出的卵的受精率一般也很难确定。因此，从统一和方便起见，国内外大都还是用雌鱼的怀卵量表示鱼类的繁殖力。研究鱼类的繁殖力可以分为：

（1）个体繁殖力（individual fecundity）　1尾雌鱼在繁殖季节前卵巢中所怀的成熟卵粒数，称为个体绝对繁殖力（absolute fecundity）；而雌鱼单位体重的平均怀卵量叫做个体相对繁殖力（relative fecundity）。对于不分批产卵鱼类来说，雌鱼在繁殖季节前卵巢中所怀卵的大小、规格和成熟度基本上是一致的，因此，其绝对繁殖力代表了整个繁殖季节的繁殖力（breeding season fecundity）。但是，对于分批产卵鱼来说，雌鱼在繁殖季节前卵巢中所怀卵的大小、规格和成熟度往往是不一致的。卵巢中成熟的卵子只能代表它的分批繁殖力（batch fecundity），而不能代表繁殖季节繁殖力。它的繁殖季节繁殖力应当是各批繁殖力的总和。这里，同时涉及到的一个问题是"成熟"卵粒的标准，按性腺发育期相，成熟卵粒应当指Ⅴ期卵。但是Ⅴ期卵在卵巢中是流动的，保留时间极为短暂。一般在繁殖季节前解剖卵巢，见到的大都是Ⅳ期卵。对于分批产卵鱼来说，其卵巢可能同时存在Ⅲ、Ⅲ~Ⅳ和Ⅳ期的卵。如果将Ⅳ期卵作为成熟卵计数，又如何区分Ⅲ~Ⅳ期的卵。所谓"成熟"卵就没有一个统一的标准。因此，现在一般主张，凡是已进入Ⅲ期的、开始积累卵黄的卵都可以计算在内（实验六）。这样计算的结果，对于不分批产卵鱼来说，由于卵的大小、规格趋向一致，误差不会很大；而对于分批产卵鱼来说，实际上也是统计它的繁殖季节繁殖力。因为在该繁殖季节能够分批产出的卵，一般都应该是已进入大生长期的Ⅲ期以上的卵。但这不是绝对的。对有些鱼类来说，在该繁殖季节开始时，原来处于小生长期的卵也可能进入大生长期。

相对繁殖力是以绝对繁殖力除以雌鱼的体重（一般用去内脏体重）。相对繁殖力可以用来比较大小不同的不同种或不同种群鱼的繁殖力，它体现了鱼的繁殖策略。相对繁殖力高，意味着鱼所怀的卵体积小、数量多，每个卵成功发育成为成体的机会少。种的繁殖策略是通过产生大量的卵来抵御环境压力，保证种的延续，如鲢、鳙、大黄鱼、鳗鲡等。相对繁殖力低，意味着鱼所怀卵的体积大，数量少，卵含有的卵黄多，因此，有更多的营养物质供孵化后的仔鱼利用，从而使每个卵发育成为成体的机会增加，例如鲑鳟鱼类。

（2）种群繁殖力（population fecundity） 指一个繁殖季节内种群中所有成熟雌鱼所产（怀）卵粒的总数。近似计算式如下：

$$F_p = \sum N_x \bar{F}_x$$

式中，N_x——X 龄（包括各龄组）雌体的数量；

$\bar{F}_x$——每尾 X 龄雌体的平均绝对繁殖力。

一般通过对产卵群体的年龄和性比组成分析、不同龄组雌鱼的平均绝对繁殖力以及参加产卵群体的雌鱼总数进行估测。因此，一个种群的繁殖力决定于产卵群体中雌鱼的数目以及每尾雌鱼的实际怀卵量；而成熟雄鱼的数量则决定于前几代鱼群数量的变动，所以还要在多年（产卵场）渔获量变动资料的基础上进行估算。

此外，易伯鲁等（1988）在调查长江鲢、鳙、草鱼、青鱼四大家鱼产卵场规模时提出，在产卵场下方设点，由定量采集通过长江干流断面的鱼卵和鱼苗的径流量，获得采集点以上产卵场的产卵量，从而综合起来对长江四种家鱼种群的繁殖力（产卵量）作出总的估算。这一方法自1958年以来经过反复验证是比较有效的。长江四大家鱼产卵场调查队（1982）按此法估计长江中上游四大家鱼的总产卵量20世纪80年代初约为173亿，而20世纪60年代为1 100亿，缩减了84.3%。

2. 繁殖力变动及其机制

（1）种间变动 鱼类个体繁殖力种间变异极大。繁殖力最大的是翻车鲀（*Mola mola*），约3亿粒，而少的仅几粒或几十粒，如软骨鱼类中的宽纹虎鲨仅产2~3颗卵。调查不同种类的怀卵量可以发现一些规律：软骨鱼类一般低于硬骨鱼类，大多不超过30个；而硬骨鱼类除少数种外，至少也在数十以上。淡水鱼类往往低于海水鱼类。许多淡水鱼类的怀卵量在1万～15万；家鱼的高龄个体和若干大型鲟科鱼类，怀卵量可超过100万粒。怀卵量在几十到几百万粒的种类，大都见于海水鱼类，如大黄鱼、带鱼、遮目鱼、鲐等。鳗鲡的出生地是热带海区，怀卵量可高达700万～1 500万粒。胎生鱼类低于卵胎生鱼类，而两者又同时低于卵生鱼类。在卵生鱼类中，有亲体护幼习性的往往低于没有亲体护幼习性的；而在没有亲体护幼习性鱼类中，产黏性卵的大都又低于产浮性卵的。这些特点表明鱼类个体繁殖力的大小，是物种维持种族绵延，对外界环境长期适应的结果。那些在早期生活史阶段死亡率高的种类，其怀卵量往往就高；而早期死亡率低的种类，怀卵量就低。

(2) 种内变动 鱼类繁殖力与年龄相关。一般情况下在前期是随年龄而增大，而到了高龄阶段，繁殖力增大减缓，甚至有下降现象。郑文莲、徐恭昭（1962）报道浙江岱衢洋春宗大黄鱼繁殖力，在生命周期中表现出三个明显阶段：低龄期（2～4龄）繁殖力低，在10万～20万；盛期（5～15龄）繁殖力随年龄出现明显升高现象，从20万上升到80多万；老龄期（16龄以上）繁殖力缓慢下降，在40万～60万。一些淡水鱼类的个体繁殖力在生命周期中往往也有一个剧增阶段，如太湖鲫鱼的繁殖力2冬龄约为1冬龄的2.92倍，3冬龄鱼约为7.17倍，而4冬龄可高达10.8倍（殷名称，1993b）。

但是，在实际调查中常发现年龄不同而体长、体重相同的鱼，其繁殖力往往接近；而年龄相同的鱼，其繁殖力却随体长和体重而增加。一般地，鱼的繁殖力（F）与体长（L）呈幂指数相关，而与体重（W）呈直线相关，如下：

$$F = aL^b; \quad F = a + bW$$

但是，繁殖力与体长、体重之间的这两种线性关系也不是绝对的。繁殖力与体长也可以呈直线相关，而与体重也可以呈幂指数相关。图5-7提供了广东大亚湾8种鱼类繁殖力与体长、体重相关；与体重关系，除杜氏鲮鳀呈指数相关外，其他7种均呈直线相关；而与体长相关，则5种呈幂指数相关，3种呈直线相关。因此，要根据具体对象所获得的资料拟合后确定。

同种鱼类的不同种群或同一种群的不同世代，繁殖力往往也不同。这通常反映了环境因子对鱼类繁殖力的影响。其中营养条件往往是首要的。栖息水域食饵保障程度高，鱼类生长快，丰满度提高，卵细胞发育迅速、良好，繁殖力高；相反，卵细胞发育不良，甚至萎缩、退化、吸收，繁殖力就下降。种群丰度变动引起世代间繁殖力的变动亦很常见，种群丰度低，供饵条件好，繁殖力高；相反，繁殖力低。这是鱼类繁殖力对环境条件变化的一种补偿性适应。繁殖力和栖息水域凶猛鱼类种群数量以及水温、水质等因子亦有一定关系。据报道，黑龙江鱼类的繁殖力较前苏联欧洲地区相近（或相同）种类要高，以银鲫为例，在黑龙江平均个体繁殖力约为6.8万，而在前苏联欧洲地区仅2.6万，原因是黑龙江存在着大量的凶猛鱼类。水温不适和水质污染等引起鱼类繁殖力变化，部分是由于这些因子给雌鱼造成压力，使繁殖力下降，部分是这些因子加速了卵的吸收。

同一水域的不同生态群，繁殖时间不同，繁殖力常有明显差异。例如，浙江近海的大黄鱼，春季生殖的鱼群繁殖力比秋季群高；又如，进入黑龙江产卵的秋大麻哈鱼的繁殖力要比夏大麻哈鱼平均高40%左右。还有太平洋和大西洋的鲱，不同季节的产卵群，其卵的大小和怀卵量都有明显差异。这可能和不同生态群的供饵条件、摄食时间长短、外界水

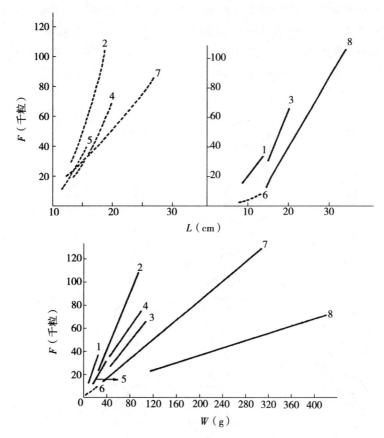

图 5-7 广东大亚湾 8 种鱼类个体绝对繁殖力（F）和体长（L）、体重（W）的关系
1. 裘氏小沙丁鱼 2. 斑鰶 3. 圆吻海鰶 4. 中颌棱鳀 5. 长颌棱鳀 6. 杜氏棱鳀 7. 大黄鱼 8. 银鲳
虚线示幂指数相关　实线示直线相关
（从徐恭昭等，1989）

温变化以及性腺发育周期等变化相关。有时，在同一产卵场产卵的同种鱼群，其繁殖力也可随产卵早晚而有不同；早到产卵场的，洄游和摄食时间短，其繁殖力往往低于晚到的。这在一些海洋鱼类中常可以见到。此外，繁殖力和产卵次数、卵径等呈反相关，在种内也同样存在。因此，对于鱼类繁殖力的变动，必须予以详细分析研究，才能从繁殖力变动方式和环境因子作用之间找到相关性。

（3）繁殖力变动的潜力和机制　Г. М. Персов（1975）提出，鱼类个体繁殖力有两个指标："潜在"的和"最终"的繁殖力。潜在繁殖力是鱼类个体内在的不一定表现出来的繁殖力，而最终繁殖力是鱼类个体最终表现出来的繁殖力。对于不重复产卵鱼，潜在繁殖力应从两方面来分析，一方面是性别分化后的实际情况，另一方面是最初卵母细胞的数量，即在结束小生长期后的卵母细胞的数量。对于重复产卵鱼来说，潜在繁殖力首先取决于进行周期性增殖分裂的性细胞，这些性细胞有相当数量维持在性原细胞阶段，作为贮存量的一部分，以补充产卵后的卵母细胞。

最终繁殖力依赖于潜在繁殖力。因此，研究鱼类最终繁殖力的形成和变动，需要详细地分析性细胞贮存量的形成、消耗与补充的规律（图 5-8）。也就是说，鱼类个体繁殖力的变动，取决于性细胞贮存量的变化。性细胞贮存量的变动规律，目前虽说还没有很多资料，但比较清楚的是，它主要取决于性腺的发育情况。所以，凡影响性腺发育的内外因子，亦必影响性细胞的贮存量。前面谈到的鱼类繁殖力在不同种、种群或不同世代，以及在不同环境条件和产卵季节等的情况下的变动，实际上反映了内外两方面因子对鱼类性腺发育的影响。

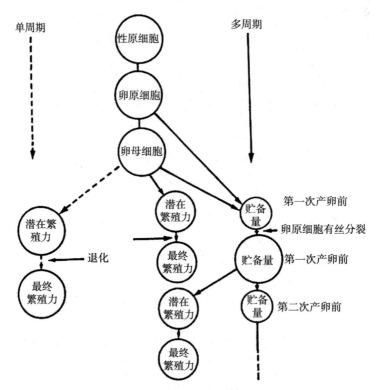

图 5-8 鱼类个体繁殖力形成模式图
(从 Г. М. Персов，1975)

鱼类繁殖力的种间不同，主要是由种的遗传型（内因）决定的，但这同样是鱼类在进化过程中长期适应自然环境（外因）的结果。鱼类繁殖力的种内变动，大都是环境因子的作用，但它离不开特定种性腺发育的特点。可以说，改变环境因子只是鱼类繁殖力变动的起动因子，但最终实现还要通过性腺发育。所以，种内繁殖力的变动通常是有限度的，不会超越潜在繁殖力的许可范围。

第五节 繁殖方式和行为

一、繁殖方式

鱼类在长期自然演化过程中，适应各种类型的水体环境和生活方式，其繁殖方式极为多样化。长期以来，对鱼类繁殖的生态类型缺乏统一的划分标准。下面提出的这个系统，主要依据受精卵、亲体和环境（繁殖场所）三者的联系方式分类。这是在 Balon（1975）

系统的基础上，稍加修改、整理而成的。

1. **无亲体护卫型（nonguarders）** 鱼类大部分种，卵在水中受精，发育是独立的，没有亲体护卫。但也有些鱼类，卵在雌鱼生殖道内受精，然后再产出体外，这主要见于部分软骨鱼类。这一类型，根据所产卵和各种基质关系，又分以下几个亚型：

（1）水层产卵亚型 亲鱼将卵产在水层中，卵浮性或半浮性，在水层中随波逐流发育而不受底质类型的影响。大部分海产硬骨鱼类，如经济意义特别大的鳕科、鲽科和鲱科（鲱属除外）以及部分淡水鱼类属此型。我国极大多数海产经济鱼类和淡水的四大家鱼也属此型。

（2）水底部产卵亚型 亲鱼将卵产在水底部，卵沉性或沉黏性，在水底部的岩石、石砾或砂砾上暴露发育，或掩藏在石砾或砂砾内发育，如大麻哈鱼。

（3）草上产卵亚型 亲鱼将卵产在专一或非专一的水生植物的茎叶上发育，卵黏性。许多淡水鲤科鱼类，如鲤、鲫、鲂、花鳊等以及海水的燕鳐鱼等属此型。

（4）喜贝性产卵亚型 亲鱼将卵产在无脊椎动物体内发育，如鳑鲏类。

（5）洞穴产卵亚型 亲鱼将卵产在天然洞穴内掩藏发育，如 *Anoptichthys jordani*。

2. **亲体护卫型（guarders）** 卵（仔鱼）在亲体护卫下发育。又可分两个亚型：

（1）基质亚型 亲鱼将卵产在自然基质上，如岩石、植物或水层中，然后在旁侧守护，直至仔鱼孵出。

（2）营巢亚型 亲鱼在产卵前先筑巢，在巢中完成产卵行为，然后由亲体之一守护，并伴随对巢的修补、通气等。营巢的材料多种多样，石砾、砂土、植物茎叶以及鱼类自己吹成的气泡等均可筑巢。也有利用天然洞穴和其他动物体，如海葵等营巢产卵的。刺鱼的巢十分奇特，由雄鱼将水草的根、茎及碎片搜集在一起，然后用肾脏分泌的黏液胶合起来，再含少量沙铺在巢底，使巢牢固。筑好的巢外观呈椭圆形，像一个沉在水中的鸟巢，两端各有一个进口。斗鱼的泡沫巢也十分有趣，繁殖前亲鱼先在水面上用口吞下空气，然后沉入水底把空气呈泡沫状吹出，外附黏液的泡沫聚黏在水面构成一个直径约5～10cm的浮巢（图5-9，2）。

3. **亲体型（bearers）** 卵在亲鱼体表或体内发育，下分两个亚型：

（1）体表亚型 卵挂附在亲鱼体表、皮肤、额前或口腔、鳃腔、孵卵囊内发育。青鳉所产的卵依靠卵膜上的长丝状物集成束，挂在母体生殖孔后面发育。南美河川中的鳗尾鲇（*Platystacus cotylephorus*），雌鱼腹部皮肤在产卵季节变得特别柔软，卵产出后雌鱼即伏在其上，不久卵即嵌入皮肤和亲鱼连成一体；待仔鱼孵出后，母体腹部又恢复原状。雄性钩鱼（*Kurtius gulliveri*）的前额有一钩状突起，能将卵块钩挂在突起上孵化。丽鱼科的一些种类，如移植到我国的莫桑比克罗非鱼和尼罗罗非鱼，繁殖时亲鱼用嘴和鳍在浅水泥底挖坑构成巢穴；在巢内产卵排精后，雌鱼即将卵和精子吸入口中受精和孵化。海马（*Hippocampus*）的繁殖方式亦十分奇特。雄鱼腹部皮肤褶连成一个"孵卵囊"，雌鱼将卵产在此囊内。仔鱼发育完善后才离开孵卵囊。海马以这种独一无二的方式既保护了后代，又加速了雌海马再次产卵。有的雄海马一年可"产仔"10～20次，每次30～300尾。

（2）体内亚型 卵的受精发育均在母体生殖道内完成。通常有卵胎生（ovoviviparous）和胎生（viviparous）两种。软骨鱼类中的白斑角鲨、白斑星鲨、许氏犁头鳐

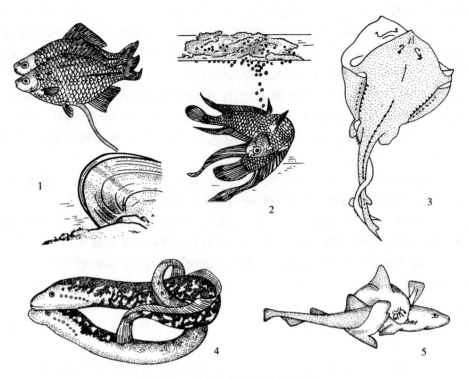

图 5-9 几种鱼类的配对生殖行为
1. 鳑鲏 2. 斗鱼 3. 鳐 4. 海七鳃鳗 5. 猫鲨

以及硬骨鱼类中的绵鳚、黑鲪等属卵胎生，卵发育的营养完全或大部依靠卵黄供应。在软骨鱼类中还发现一种极为奇特的现象，母体生殖道内的一个或多个卵（仔胚）的发育是在消耗其他卵（仔胚）的基础上完成的，称之为卵食营养（matrotrophous oophages）。若干种板鳃鱼类，如灰星鲨，属胎生；母体输卵管已发展得类似哺乳动物的子宫，并借一种"卵黄胎盘"的结构与仔胚发生血液循环联系，供应仔胚发育的营养需要。极少数硬骨鱼类，仔胚发育和母体亦发生营养联系。Wourms（1981）报道，食蚊鱼科胎生的 *Heterandria formosa* 受精卵重 0.017mg，而仔胚出生时重 0.68mg，增重 3 900%。

二、繁殖行为

繁殖行为是鱼类对历史和现时环境条件的一种反映。对特定种来说，下面介绍的这些繁殖行为的组成成分并非都必须发生，而且繁殖行为的描述通常记载行为的典型式型，行为的技术细节往往随环境而变化。

1. 选择和游向繁殖场所 鱼类由于繁殖时要求一定的环境条件，因而必定会耗费一定的时间和能量选择和游向繁殖场所。关于产卵场和产卵条件已在繁殖场所一节中作了讨论，而关于游向产卵场的过程和机制，将在第八章详细介绍。

2. 繁殖场所准备和领域防卫 多数鲑科鱼类在产卵前选择河流的清冷支流或浅水源头的砂砾河床为产卵场。雌鱼通过身体的强烈弯曲在砂砾上挖坑而耗能。雌鱼产出一批卵就移到上端另挖一坑，新坑中挖出砂砾掩盖了老坑中刚产的卵，这样不断挖坑直到雌鱼产出全部的卵。营巢产卵的鱼类，用于筑巢的时间和能量占繁殖行为耗能的很大成分。斗鱼从开始到水面吞吸空气到筑成泡沫巢，一般约需3～5d，而刺鱼等构筑细巧巢的，花费的时间更多。产卵场所准备和筑巢也是一种防卫措施，它的优点是耗能经济而作用并不低于领域防卫。雌鲑防卫它正在挖坑的领域，而1尾大的雄鲑能够防卫可以同时容纳几尾雌鱼产卵的领域。雄刺鱼生机勃勃地防卫它的巢周水域，对付同种或异种的入侵。鱼类通过将时间和能量分配给产卵场所准备和防卫，最终对提高卵和仔鱼的存活率作出贡献。

3. 求爱和配对　雌雄亲鱼在产卵前可能会有一段时间追逐嬉戏，称之为求爱活动。求爱活动往往具有种类识别、配偶选择，相互定向游向繁殖场所，以及雌雄鱼同步排放精卵的功能。求爱活动在有些鱼类可能很简单，只是一种临时性的附属活动，如一些混杂配偶型种类；而在有些鱼类，特别是具有筑巢、亲体护幼习性的单配偶型鱼类，可能很复杂费时。

鱼类的配对通常分三种类型：

（1）混杂配偶型（promiscuity）　在一个繁殖季节两性个体均可以有众多的配偶，或者雌雄亲鱼在产卵时常集群混杂在一起。

（2）多配偶型（polygamy）　又分一雄多雌亚型（polygyny）和一雌多雄亚型（polyandry），前者在一个繁殖季节，雄性有多个配偶，而后者是雌性有多个配偶。

（3）单配偶型（monogamy）　配偶成对较长期逗留在一起。

许多鱼类在进行生殖活动时是成对进行的，即使有些混杂配偶型也不例外。图5-9是几种鱼类的配对生殖行为。海七鳃鳗是到河流中产卵的。雄鱼先到河中，以腹部挖成小槽；后到的雌鱼躺在槽中，并以口吸盘吸住槽壁、顶住水流；然后雄鱼以口吸盘吸住雌鱼头背部；在雌雄鱼身体发生颤动时，完成产卵和排精。猫鲨交尾时，雄鱼体卷曲，围抱着雌鱼身体中部，通常用一个鳍脚受精。鳐科鱼类交尾时，紧贴腹面，尾部绞在一起；雄鱼用胸鳍棘刺将雌鱼抱住，用两个鳍脚受精。斗鱼将要产卵时，雌雄鱼游近浮巢，雄鱼将体卷缠住雌鱼，头尾几乎相接；并作急剧的翻转运动，同时完成产卵排精过程。鳑鲏在繁殖季节往往成对在一起追逐游泳。遇到河蚌时，雌体的产卵管随即伸长，并不断游近河蚌出水管，窥视和剔逐管口，然后陡然倾斜身体，用长的产卵管对准出水管，迅速将卵排入河蚌鳃腔，每次1～5粒；雄鱼紧接雌鱼的每次产卵，都有射精活动，而且是从河蚌的进水管射入；受精作用在河蚌体内水管中完成，仔胚在鳃腔发育。

4. 亲体护幼　据Sargent和Gross（1986）统计，硬骨鱼类各科中78%无亲体护卫，雄性护卫占11%，雌性护卫占7%，而双亲护卫占4%。亲体护卫在淡水鱼类中可能较海水鱼类更常见。雄性护卫占优势一方面可能和雌鱼必须确保一定的繁殖力相关，因为亲体护卫需要耗能，对雌鱼来说意味着繁殖力下降；另一方面，也可能和体外受精和雄性领域行为相关。亲体护卫主要是保护卵和仔鱼避免被捕食。如雄性斗鱼在浮巢的附近游动，驱赶要来食卵的雌鱼，并不时吹气泡修补浮巢，有脱落的卵或初孵仔鱼，雄鱼便会用口衔住送回巢中。口孵型的罗非鱼是由雌鱼承担亲体护卫的。卵在母体口中发育，刚孵化的仔鱼仍留在雌鱼口中，直到卵黄囊大部分吸收，才能短时离开雌鱼口腔；若遇危险雌鱼即游近仔鱼，迅速将仔鱼吸入口腔；直到仔鱼游泳范围逐渐扩大能完全独立生活时，雌鱼才离开仔鱼。

亲体护卫通常是要耗费时间和能量的。减少具有亲体护卫习性的亲鱼的食量供应，可以观察到亲体护卫活动明显减弱。但是，亲体护卫提高了卵和仔鱼的成活率。因此，具有亲体护卫习性的鱼类，共同特点是繁殖力相对较低。这提示鱼类在亲体护幼行为的能量投资和生产大量卵的细胞质投资之间存在着一种平衡。

思考和练习

1. 举例分析鱼类繁殖策略和技术的关系。
2. 雌雄同体和单性种群也是鱼类的一种繁殖策略？为什么？
3. 鱼类性腺发育分期的方法和意义。
4. 如何确定分批和不分批产卵鱼类？
5. 叙述影响鱼类性腺发育的因子及其作用机制。
6. 举例说明繁殖时间和地点选择对于鱼类繁殖成功的意义。
7. 举例说明产卵场形成和变动原因以及保护产卵场的意义。
8. 分析鱼类产卵群体结构类型的方法及其意义。
9. 举例说明繁殖方式、领域防卫和亲体护幼的生态学意义。

专业词汇解释：

ultimate (or proximate) factors, gonochorism, bermaphroditism, hetromorphism, pearl organ, parthenogenesis, GSI, long (or short) -day type fish, spawning stock, individual (or population) fecundity, nonguarders, guarders, bearers, promiscuity, polygamy, monogamy.

第六章 早期发育

鱼类早期发育阶段,即鱼类早期生活史(early life history of fish,ELHF)阶段,指的是鱼类生活史中成活率最低的卵、仔鱼和稚鱼三个发育期。20世纪60年代以来,围绕着决定鱼类早期存活的生态学因子所展开的研究,在国际上受到广泛重视,现已发展成为水产科学的一个崭新领域。殷名称(1991)曾有综述介绍这一领域的主要研究内容与其进展。本章将重点介绍影响卵和仔稚鱼发育、生长和存活的主要生态学因子以及有关的基本概念,为鱼类自然资源繁殖保护和养殖业的苗种培育奠定基础。

第一节 卵的质量、受精和发育

一、卵的类型、大小和质量

1. 类型 鱼类的卵(图6-1)通常由卵膜、原生质和卵黄三部分组成。有的种类在卵膜外还有一层胶膜,或称次级卵膜。软骨鱼类和盲鳗类的卵,外有角质卵囊。卵黄构成卵的主要部分,是仔胚发育的营养来源;原生质在多数鱼类呈一薄层,包围着整个卵黄,这是构成仔胚的物质基础。硬骨鱼类的卵根据形态构造、生化组成以及密度,可分为以下两大类:

浮性卵(pelagic eggs) 形状较小,色泽透明。产出后浮在水面,随波逐流漂浮发育,多见于海水鱼类,如大黄鱼、小黄鱼、带鱼、鳓鱼等。不少浮性卵卵黄所含脂肪凝集成一个或多个油球。以往认为浮性卵的浮性是油球的作用。现已证实,海洋鱼类卵的浮性主要取决于卵(黄)内水分的含量,而油球作用很小,仅是营养物质存在的一种形式。Craik和Harvey(1984、1987)还发现浮性卵在卵巢内最后成熟阶段,吸收大量水分并伴随着蛋白质磷酸脂的下降。这些水分的进入可使卵(黄)内水分含量高达92%,从而使卵液呈低渗、卵的密度低于海水。这是卵呈浮性的一种生态适应属性。

沉(黏)性卵(demersal eggs) 形状较大。产出后沉在水底部各种基质上发育,常见于淡水鱼类,如大银鱼、太湖新银鱼和鲑鳟鱼类等。不少沉性卵在卵膜外还有一层胶膜,遇水后产生或多或少黏性,用以黏着在水草上发育,又称黏性卵(adhesive eggs),如鲤、鲫所产的卵。据Craik和Harvey研究,沉性卵(黄)含水量大都保持在60%~70%,在卵巢内最后成熟阶段没有"大量吸收水分"的过程。

还有一类沉性卵,如我国四大家鱼所产的卵,卵膜平滑无黏性,产出后吸水膨胀特别明显,在卵膜和紧贴原生质的卵质膜之间出现较大卵周隙,扩大了卵的体积,使密度减小,但仍稍大于水。在静水中沉入水底,而在流水中能随流漂浮发育,称半浮性卵或漂流性卵。

卵含有蛋白质、脂肪、水分和各种无机盐等。一般淡水鱼类卵所含盐分约为0.5%,

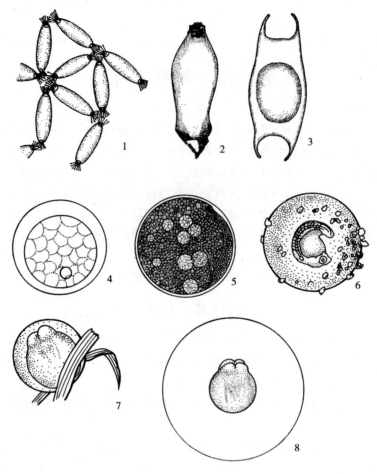

图 6-1 鱼类的卵
1. 盲鳗：示卵囊端部丝状突起末端小钩互相联络　2. 梅花鲨：示角质卵囊
3. 何氏鳐：示角质卵囊　4. 斑鳠：浮性卵、单油球　5. 凤鲚：浮性卵，多油球
6. 棒花鱼：沉（黏）性卵　7. 鲤鱼：沉（黏）性卵　8. 草鱼：半浮性卵、示卵周隙

而海水硬骨鱼类为 0.7%。海淡水鱼类卵的渗透调节功能是由原生质区实现的，而且这种调节是单向的，即淡水鱼卵只限于防止在低渗环境中不再吸入水分，而没有防止在高渗环境中失水的功能；相反，海水鱼卵只限于防止在高渗环境中失水，当外界盐度降低到低渗时，卵会吸水而死亡。淡水鱼一般不能在海水中繁殖，海水鱼不能在淡水中繁殖的道理大都在于此。同样道理，若把卵置于等渗的鱼用任氏液中，就能节省其渗透调节耗能，从而延长卵的活性时间。

2. 大小　卵的大小在种间波动很大。海水硬骨鱼类的浮性卵，卵径大都在 1mm 左右；淡水沉性卵卵径多数在 1～1.5mm；卵径小于 0.5mm 的鱼类较少：日本七鳃鳗约为 0.46mm，短颌鲚为 0.4～0.45mm，鰕虎鱼 0.3～0.5mm；而卵径大于 2mm 的硬骨鱼类也较少：鲟鳇鱼类在 2.5～3.5mm，黄鳝在 3～4mm，鲑鳟鱼类可达 5～5.5mm，矛尾鱼 *Latimeria chalumnae* 的卵红色，圆形，卵径 85～90mm，重达 320g，是最大的硬骨鱼卵。软骨鱼类的卵一般均较大，卵囊的长和宽均有数厘米。1953 年在墨西哥湾 56.7m 海底拖到一颗鲸鲨的卵，长宽高为 30cm×14cm×9cm，里面还躺着 1 尾 34cm 长的仔胚，这是迄今世界上发现的最大鱼卵。

鱼类种间卵的大小对种的早期发育和存活具有重要的生态学意义。大卵的卵黄虽然可能降低初孵仔鱼的活动能力，但会延长从内源转向外源营养的时间，从而有利于仔鱼建立初次摄食，提高存活率。其次，卵的大小和仔鱼大小关系密切。据 Shirota（1970）测定 40 种海淡水硬骨鱼类，其初次摄食期仔鱼长度（L，mm）和卵的直径（D，mm）之间存在着一个简单的相关式：$L=4D$。一般个体大的仔鱼，其摄食和避敌能力强，生长迅速，存活率高。同样，大卵在种内也被认为有利于仔鱼建立初次摄食、生长、避敌和提高存活率。

然而，卵的大小和繁殖力之间一般倾向于负相关。同时，鱼卵大小还影响发育速率。鱼类产的卵越大，其发育速率一般越慢。据 Ware（1975）调查 14 种西北大西洋鱼类在产卵高峰水温条件下，卵径（D）和孵化天数（I）之间的相关式为：$D=0.101I+0.67$。不过，种内个体在相同温度条件下，卵的大小对发育速率似乎不起作用。尽管如此，这仍然提示大卵提高仔鱼存活率是以降低繁殖力和延长最易遭受敌害捕食的卵的阶段为代价的。因此，鱼卵的最适大小，往往是种适应环境，在后代数量和遭受饥饿和敌害危险之间取得平衡的结果。一般地，在较低温度条件下，孵化期长、代谢率低，对大卵有利；相反在较高温度条件下，孵化期短、代谢率高，对小卵有利。鱼类种内看来存在着这种生态生理的精细调节，以适应季节性和地区性的环境差异。

种内控制卵的大小的因子可能有这样几方面：

（1）亲体大小　一般雌体大，产的卵也大，如大西洋鲑 *Salmo salar* 在海里生活时间长的雌体，个体长得大，产的卵也大。

（2）产卵群体　大西洋鲱的不同产卵群体之间，卵的大小差异很大；不同河流的同种鲑科鱼类所产卵的大小变化不一。

（3）季节　许多鱼类卵的大小存在季节性差别，即在春季较低水温条件下产最大的卵，而随着季节的进展，温度上升，卵的大小下降。大西洋鲱特别明显，冬春季产的卵大，而夏秋季产的卵小。

（4）食物组成　通过影响卵的成熟周期相，即卵内物质积累时间的长短，影响卵的大小。在养殖生产上，饥饿和高密度饲养，最常见的不良影响是降低繁殖力，并使卵的大小不均匀。

3. 质量　卵的质量是早期发育成功的关键之一。简言之，卵的质量低劣主要表现为活性低、影响受精率、孵化率和仔鱼存活率，其次是卵形状不规则、异常受精、卵膜软化以及染色体畸变等遗传缺陷。卵的质量变动有多种表现方式，以卵的活性最为重要。卵的活性常随排卵后在鱼体内停留时间延长而下降。例如，虹鳟的卵在排卵后可在亲体内保留 30d 或更长，而在体内保留 18d，其活性即明显下降，一般排卵后 4～6d 内用挤压法取得的卵，人工授精后仔苗的成活率最高。但是大头胡子鲇（*Clarias macrocephalus*）的卵，在 26～31℃时排卵后保持最高活性的时间仅 10h。可见，卵的活性在排卵后能保持多久是种的特性之一。因此，对于用挤压法获得卵，或者用注射激素而产出的卵，非常重要的是选择挤压、注射激素以及人工配对和授精的时间。

雌体所产卵的大小和所含营养成分，也是卵的质量指标之一。例如，鲑鳟鱼类的卵，有一种重要成分——类胡萝卜素对卵的发育和孵化十分重要。这是因为类胡萝卜素不仅是产生维生素 A 的前身，对仔胚呼吸有重要作用，而且是色素细胞形成色素的来源，对仔胚发育、变态都有影响。所以，只有在类胡萝卜素含量超过临界浓度时，孵化率才高。不同的鱼类，卵的营养成分影响质量的标准可能不一样。已有实验证明，给雌虹鳟投喂缺少脂肪酸和维生素 E 的食物，会导致影响卵的活力；而给红海鲷投喂低蛋白和缺磷的食物，会导致卵的孵化率低或仔鱼畸形。此外，卵的质量还和亲鱼饲养时的环境因子相关，诸如不适当投饵、温度、光线、水质以及高密度饲养亲鱼所获得的卵，其受精率和孵化率往往降低。

二、卵的受精

1. 精子活力　鱼类精子寿命和活力一般较短促，随种类而不同。我国四大家鱼的精子在淡水中只能活动 50～60s，而作激烈运动时间仅 20～30s；鲤的精子在水中保持活动时间 1.5～3min，鲈 1～2.3min，狗鱼 3～4min，鲟 10～15min，个别如大西洋鲱的精子，可保持 24h。总的来说，精子在水中活动时间大多在 1～25min；但各种鱼类都具有适应性，以保证精卵在短暂时间内迅速结合。

精子寿命和活力与水环境的盐度、温度和 pH 关系最为密切。精子尾部原生质所含盐分和卵相仿。不论海淡水鱼类的精子，在进入水环境后都要消耗大量能量调节渗透压，以防止水分的进入或流出。相反，当精子原生质渗透压和外界水环境一致时，就能大大节省其渗透调节耗能，从而延长精子寿命和活力。因此，如果用等渗的蔗糖液、任氏液或其他溶液，常可提高精子活力。例如，青鳉卵在淡水中搁置半分钟后受精，其受精率仅 72%，而 4min 后为 6%，6min 后为 0；但如果用任氏液，则 6h 后受精率仍达 97%。

在适温范围内，温度升高，精子活力和代谢加强，能量消耗加速，因而寿命缩短；相反，温度下降，则可延长精子寿命。离体精液低温保存法就是运用精子的这一生物学特性。一般来说，温度越低，则保存时间越长。王祖昆等（1984）报道，鲢、鳙、草鱼、鲮的冷冻精液在液氮中保存 60～90d（最长超过 700d），受精能力没有受到显著影响。

精子对水环境的酸碱度（pH）也非常敏感。弱碱性水环境，可以提高精子的活力，但其寿命相对缩短；相反，有一定浓度的 CO_2 形成的弱酸性水环境，可以麻醉精子，降低其代谢强度和活力，相对延长了它的寿命。但是，对于提高受精率来说，提高精子活力较延长寿命更重要。

2. 卵的受精　绝大多数鱼类的受精作用在体外水环境中完成。精子在精巢内是不活动的，因为精液内有一种称为雄配子素 I 的分泌物，能够抑止精子的活动。精子被排入水中后，由于雄配子素 I 迅速扩散（消失）和水中氧的激活，立即活动起来。在接近卵膜孔区时，精子还可产生雄配子素 II，起溶解卵膜的作用。卵子的卵膜孔区有两种受精素，称雌配子素 I 和 II，前者有吸引和加速精子活动的作用，后者有破坏被吸引到卵的表面而不能进入卵的精子。精卵入水后，由于雌雄配子素的共同作用，最终使一个精子的头部由卵膜孔进入卵内，实现精卵两核的融合，完成受精过程。这一过程的实现和精、卵本身质量和活力，以及环境条件的适合程度密切相关。因此，凡影响精卵质量和活力的因素，均影响卵的受精率。

在卵子入水、受精的同时，其形态、生态和生理会产生一系列变化：

（1）卵黄四周的原生质向动物极集中逐渐隆起形成一胚盘。受精卵在胚盘形成后不久出现第一次卵裂，进入新的生命周期；而未受精卵只在胚盘上出现不规则突起，大都在数小时后解体死亡，卵外观浑浊、不透明。据此可计算受精率。

（2）卵内液泡破裂，泡液渗入卵质膜和卵膜之间。由于这种泡液是一种粘多糖类，呈胶质状，渗透压高于外界水，从而引起外界水大量进入卵膜，形成扩大的卵周隙。卵周隙形成时间通常仅数分钟，但亦有长达数小时的。海水鱼类卵周隙较小或不明显。淡水鱼类中有的种类卵周隙很大，如四大家鱼成熟卵卵径约 1.5～1.7mm，而入水后卵径（包括卵周隙）约 4.5～5.5mm；但多数种类卵吸水膨胀后卵径不超过 1 倍。卵周隙出现，为仔胚提供了一个较为宽畅、有利于发育的卵内空间。

（3）卵膜变硬。硬化过程较之卵周隙形成过程要慢得多。各种鱼的硬化过程经历时间和硬化程度不一。以大麻哈鱼为例，仔胚发育到心脏搏动期卵膜强度最大，而后卵膜又开始逐步软化；卵膜最硬时可负荷的重量约是受精前的 40～50 倍。卵膜硬化的生态学意义在于使卵能够经受得住外界环境的挤压和碰撞，保护卵内仔胚发育。

卵的受精也可以在人工操作下完成，称人工授精（artificial fertilization）。我国相传在春秋时代，就有利用人工授精繁殖鲤鱼的；但有正式专题报告的还是从 20 世纪 30 年代开始的。海水鱼的人工授精试验始于 20 世纪 50 年代。人工授精的成功，主要取决于选择授精的时间和方法以及技术掌握是否适当；当然也和授精时的条件相关。选择授精时间，实际上是选择性腺发育良好、具有成熟卵和精子的亲鱼，强行挤出的未成熟卵和延期收集到的过熟卵，都会影响到受精率。人工授精的方法，基本上有湿法、干法和半干法三种（详见实验七）。

三、卵的发育

受精卵出现第一次卵裂，便标志着卵（胚胎）发育阶段的开始。根据卵内胚胎的发育循序和形态特点，发育生物学通常将卵的发育过程划分为许多期相。这些发育期在不同的鱼类往往有所变动，但大致都符合"卵裂—胚体形成—器官分化—孵出"这样一个基本顺序。但是，卵的发育时间在种间变化却很大，可以从不到 1d（如鲢）到长达 1 年（例八角鱼 Agonus cataphractus）。多数鲤科鱼类在数天到十数天之间，而鲑科鱼类一般在 2～4 个月。显然，这主要是种的遗传型决定的。由于绝大多数鱼类卵的发育是在不稳定的体外环境中完成的，因此，卵的发育速率和成活受环境因子的影响极大，现简述如下。

1. 水温　卵发育的水温范围随种不同。一般这一范围不会超越产卵季节和场所的水温变幅。就多数温水性鱼类来说，这一范围在 10～30℃，超过这一范围即引起发育停滞、异常或死亡。根据发育速率、孵化率和初孵仔鱼的健康程度，在卵的发育温度范围内，还可找到适温、甚至最适温范围。例如，家鱼卵发育的温度范围为 17～28℃，适温为 22～28℃，最适温为 25～27℃。种内卵的发育速率受水温影响最大，一般在许可的温度范围内，两者呈正相关，即发育时间随水温降低而延长，随水温上升而缩短。例如，鲢卵在水温 18℃时，历时 61h；而在 28℃时，只需 18h。图 6-2 是 11 种鱼类在不同温度条件下卵发育经历时间。以虹鳟为例，3℃时历时100d以上，而17℃时不到20d仔胚即可孵出。

水温升高虽然能促进卵的发育，但这对鱼类并非一定有利。不少研究证明，孵化期水温能影响仔胚的体长、卵黄囊大小、肌节、色素沉着和上下颌的分化等，而这些特征对于仔胚孵出时迅速适应环境和存活十分重要。例如，许多鱼类仔胚的体长随孵化期水温下降而增加，而较长的身体对初孵仔鱼的运动是有利的。因为仔鱼多数是用躯干波动来游泳的，增加体长就意味着增加游速，有利于生存和摄食。因此，最适孵化水温，不仅要考虑发育速率，还要考虑初孵仔鱼器官发育和健康程度。

Apstein (1909) 认为，种内卵发育所需要的总热量是一个常数，或者说卵发育所需时间（天数或时数）和温度（℃）的乘积是个常数，这便是度·日（day-de-grees）或度·时

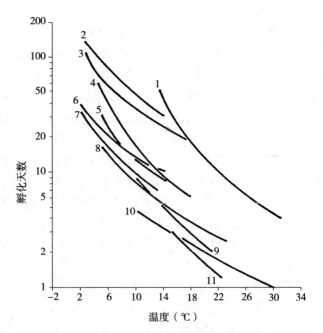

图 6-2　若干硬骨鱼类在不同温度条件下卵发育经历时间
1. 斑鳉 *Cyprinodon macularius*　2. 溪鳟 *Salvelinus fontinalis*
3. 虹鳟 *Salmo gairdneri*　4. 胡瓜鱼 *Osmerus eperlanus*
5. 大西洋鲱 *Clupea harengus*　6. 欧洲鲽 *Pleuronectes platesa*
7. 太平洋鳕 *Gadus macrocephalus*　8. 似鳕鳚 *Enchelyopus cimbrius*
9. 鲭 *Scomber soombrus*　10. 鲻 *Mugil cephalus*
11. 条纹鲈 *Morone saxatilis*
（从 Blaxter, 1988）

(hour-degrees) 的概念。这个指标现在看来并非绝对；这对卵发育适温范围相对狭窄的鱼类来说较为正确，而对适温范围较宽的鱼类来说，只能用来表示一个粗略的关系。而且，若水温升高接近适温上限时，水温略有变化，其发育时间变化不大；而水温下降接近下限时，水温略有变比，其发育时间变化较大。

温度变化对仔胚的最后孵出关系较大。仔胚的孵出一方面依靠胚体表皮孵化腺分泌孵化酶使卵膜变软，另一方面依靠自身活动性加强。温度因子通过影响仔胚孵化酶的分泌及其活性而控制仔胚的孵出。例如，鲫在10℃的低水温中卵发育360h也不能孵出，但若借助外力剥去卵膜，仔胚可以继续发育。这说明低温抑止了孵化酶的分泌和活力，也降低了仔胚的活动能力，从而使仔胚不能正常孵出。在低温环境下，仔胚的这种延缓孵出，有助于度过不良环境，具有生态学适应意义。

2. 溶氧　鱼类耐低氧能力一般在卵发育期最差，因此溶氧对卵的发育和成活至关重要。鱼卵发育对溶氧要求随种类、卵的类型和特点而不同。通常，能在含氧量较低的水环境中发育的鱼卵，大都是沉（黏）性卵，而要求在含氧量较高的水环境条件下发育的卵，多数是浮性和半浮性卵。实验证实，一颗鲢卵从受精到仔胚孵出，直到卵黄囊消失共耗氧约0.17～0.18g，较之一颗鲤卵同期发育的耗氧量高3～4倍。

鱼卵发育对溶氧要求的另一个特点是随着发育的进展不断提高对溶氧的要求。在发育初期对氧的要求较低，而后逐渐增加，到仔胚心脏搏动、血液循环开始，耗氧量显著加大；至孵化前，即仔胚开始扭动到出膜这一阶段，氧的需要量达最高峰（图6-3）。

鱼卵发育所需要的氧是通过扩散得到的。当卵表面和周围水流之间造成一个氧分压梯度时，氧气才能不断通过扩散进入卵内。因此，卵表面的水流循环是促进氧的扩散、为鱼卵供氧的一个最基本条件。根据这一原理，

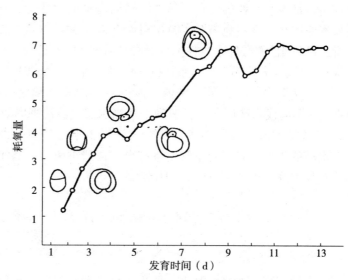

图6-3 鲱卵在发育期间耗氧量的增长
纵坐标．$\mu lO_2/100$ 粒卵·h;
受精卵在水温8℃、盐度1.5‰条件下经15d孵出
（从Braum，1978）

国内外孵化场所设计的孵化箱或孵化筒几乎都是流水型的。水流的大小取决于不同鱼种卵的类型、对溶氧的要求以及发育阶段。例如，西欧、北美的立式或卧式鲑鳟鱼卵孵化箱大都用微流水，而我国的家鱼采用的孵化筒是从底部压入水，造成循环泡漩水流。

如果周围水流的氧浓度低于临界水平，卵通过降低呼吸强度和延缓发育来取得生存机会，但这种生存机会随着发育进展，对溶氧要求增加而逐渐减少；如不及时改善供氧，最终会导致发育失败。野外调查发现，鲱鱼黏集在卵群可多达10层，处于中下层的卵由于卵间水循环差、供氧不足，往往发育迟缓，甚至坏死。这种现象在大麻哈鱼的卵群中也存在。当仔胚接近或到达孵出期，缺氧常促使发育不完全的仔胚提前孵出；相反，若水的溶氧过饱和则会抑止仔胚的孵出。但是，在正常氧含量幅度内，溶氧量越高，孵出的正常胚胎越多；而当溶氧量降低到一定程度时，孵出的仔胚几乎都不正常。所以，保持正常供氧条件，是促进鱼卵正常发育、孵出的基本条件之一。

3. 光照　不同鱼类要求的光照条件不同。有些鱼类的卵适应在光线差的深水层，抑或在极黑暗的底质内避光发育。对这一类卵，加强光照往往会延缓甚至破坏它们的发育。据报道，大麻哈鱼的卵在有光处发育较无光处慢4～5d，若施以过度光照，甚至会导致卵代谢失调而死亡。相反，多数浮性卵在光线充足条件下才能正常发育，如置入黑暗处会延缓其发育。

4. 盐度和水质等　海淡水鱼类的卵各自适应不同的盐度范围。对多数海洋鱼类卵和仔鱼的培育来说，1.2‰～3.5‰的盐度是适宜的。一般地，淡水鱼的卵随着水域盐度升高，死亡率增大；相反，海水鱼的卵随着水域盐度下降，死亡率增大。盐度剧变对处在任何发育期的鱼卵都是不利的。在自然条件下，河口区鱼类卵的发育受盐度变化影响较大。此外，工业污水和农药污染过的水质，由于各种化学物质、重金属离子存在以及pH偏低

或偏高，都不利于卵的发育。例如，清洁海水铜含量仅 $1\sim2\mu g/L$，如果接近 $20\mu g/L$，即要检查原因，甚至避免铜制工具接触孵化箱；铜的含量达 $30\mu g/L$，就会严重影响鲱卵的发育。pH 偏低的酸性水，使卵膜软化，卵球扁塌失去弹性，从而影响仔胚正常发育，容易提早破膜。pH>9.5 时，卵膜也会提早溶解。家鱼卵发育的适宜 pH 约 7.5；海水鱼卵发育 pH 为 $7\sim8.5$。此外，水流、波浪对卵的发育和成活影响也很大。例如，黄海鲱一般在 5m 以内浅水区产卵，若遇到不适当水流、波浪把卵块带上岸，就会造成大量死亡。

5. 敌害生物　除敌害捕食鱼卵（详见本章第三节）外，卵膜外细菌和各种微生物，还有水霉的附生，对卵的正常发育都会造成严重威胁。例如，细菌在卵膜表面生长，会使卵膜牢度下降，出现坏死区、增加耗氧量等。

第二节　仔鱼的生活方式、摄食和生长

一、生活方式

鱼类的仔胚从卵膜内孵出，便进入仔鱼期。根据仔鱼器官发育顺序和形态特点，仔鱼期同样可以分成许多不同的发育期相，而不同发育期相的仔鱼，其生活方式、营养类型和生长式型都各有特点。初孵仔鱼的长度和分化程度，在种间有很大的不同（图 6-4），这是与该种的繁殖方式、卵的大小、孵化期长短以及孵化时环境条件（主要是温度）相适应的。鳑鲏类的初孵仔鱼在河蚌体内得到很好保护并继续发育，因此孵化期短，仔胚在较早发育期孵出；有的初孵仔鱼仅有十几个肌节，眼囊也未形成。部分口孵丽鱼类，其初孵仔鱼情况与此类同，一般在较早发育阶段即孵出，卵黄囊较鱼体大得多。许多海洋性种的孵化期也短，初孵仔鱼通常具大卵黄囊，口、肛门、眼色素等均未形成，亦只能随波逐流继续发育。但是，亦有部分种仔鱼初孵时发育已相当完善。例如 Fuiman (1984) 报道，甲鲇科（Loricariidae）的种类，仔胚孵化时背鳍和尾鳍已部分发育。鲑鳟鱼类如虹鳟的仔鱼，尽管卵黄囊还很大，但脊索末端已向上弯曲，除腹鳍芽刚形成外，各鳍均已出现鳍条，血管系统和卵黄囊循环相当明显，并具有含血红蛋白的血液。鳜鱼初孵仔鱼的口和消化道已形成，下颌稍能活动，血液红色，$1\sim2d$ 后巡游模式即形成，开始摄食。八角鱼的孵化期长，其初孵仔鱼的卵黄囊几乎已消失，孵出后很快便能自由游泳和摄食。许多孵化期长的板鳃类的幼体，在孵化时虽然还有卵黄囊，但除此外，其他特点和幼鱼期相似；卵胎生和胎生的种类，幼胚往往以变态后的幼鱼形式产出。

初孵仔鱼大都不能立即向外界摄食，而有一段时间仍依靠卵黄营养，称卵黄囊期。此期持续时间长短主要取决于不同鱼种仔胚孵化时的分化程度、卵黄囊大小和环境条件，主要是温度因子。鲑鳟鱼类的仔胚孵化时，分化程度虽然较高，但卵黄囊大、外界水温低，因此卵黄囊期可延续 $1\sim2$ 个月。许多在春夏季孵出的海淡水仔鱼，尽管分化程度较低，但外界水温高，仔鱼发育迅速，卵黄囊期延续时间较短，大都不超过 $7\sim10d$；短的 $2\sim3d$，如鳜；也有仅 1d 的，如鳀科的一些鱼类。

鱼类鳃的发育和完善是在仔鱼孵化后经过一段时间才完成的。在鳃发育未开始或完善之前，仔鱼依靠鳍褶、皮肤和卵黄囊上分布的丰富微血管吸收氧气。初孵仔鱼的耗氧量和耗氧率均随鱼体进一步发育而上升。一般地，在仔鱼建立外源摄食后，体重开始增长，这

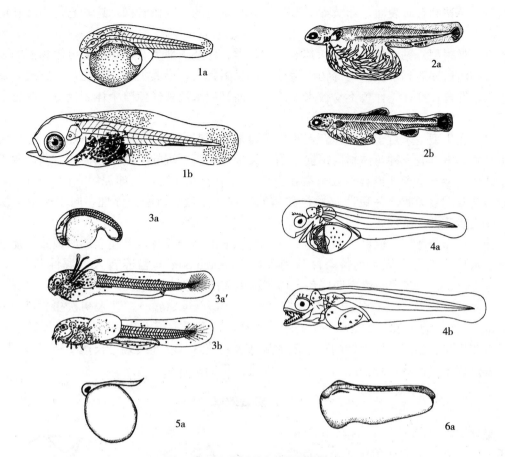

图 6-4 几种硬骨鱼类的初孵仔鱼
1. 赤点石斑鱼 2. 虹鳟 3. 泥鳅 4. 鳜 5. 口孵丽鱼 6. 鳑鲏
a. 初孵仔鱼 b. 摄食期仔鱼 a′. 鳃丝出现期仔鱼

时耗氧量和仔鱼体重仍呈正相关，而耗氧率开始转为和体重增长呈反相关。由此可见，鱼类一生中，仔鱼期，特别是建立向外界摄食前后的仔鱼耗氧率最高；而此时有效的鳃呼吸尚未发育。因此，仔鱼对环境水体的溶氧变化特别敏感，常有一些特定的生活方式与之适应。更有少数鱼类，在胚胎或仔鱼期出现外鳃（external gill）以帮助呼吸。从生态学角度分析，外鳃是鱼类对特定生命阶段供氧不足的一种适应性器官，大都是临时性构造。

卵黄囊期仔鱼的生活方式，除丽鱼类、鳑鲏类等较为特殊外，大致可归纳为四种类型：

（1）浮游型 大都来自海洋鱼类浮性卵，仔胚在卵的较早发育阶段孵出，借卵黄中含有大量水分继续保持浮性（Yin 和 Craik，1992）；早期游泳模式大都由阵发性快速游泳，并伴之相对较长时间的间歇组成；这种早期游泳模式，一般仅持续 1～2d，也有持续 4～7d 的，然后建立自由游泳（巡游）模式，并获得摄食能力；卵黄囊期较短；生活水层呼吸条件较好，仔鱼呼吸血管网不发达。

（2）潜伏型 来自产在石砾或沙砾中的沉性卵，仔鱼孵出后潜伏在砾石之间生活。例如，褐鳟孵出后 3 周内呈正向地性，负趋光性。然后，根据水温变化，仔鱼在 4～6 周内开始向上转移到石砾表面;卵黄囊期较长;具有发达的呼吸血管网,这和它们生活环境含氧条件较差相适应。

(3) 吸附型 见于淡水鲤科和其他一些鱼类。仔胚头部具有特殊的能分泌黏液的黏附器官,孵出后在遇到水生植物等物体后,就能黏附其上,形成头朝上,尾朝下方式,在水流中摆动发育;这样,仔鱼不易被水流冲走,而又使水流和仔鱼整个体表接触,改善了呼吸条件。

(4) 底生型 来自于沉性卵。初孵仔鱼通常呈正趋光性;无持续游泳能力,静止时横卧于水底;常具有一种鱼体斜向窜向水面,又极快平横下沉的早期游泳模式,藉以改善呼吸条件和更换栖息点。也有少数鱼类在发育过程中形成外鳃丝,如泥鳅(图 6-4, 3a′)。随着卵黄囊的被吸收,仔鱼器官发育和鳔的出现,仔鱼不断增强浮性,向水的中上层移动,并逐步建立巡游模式。

仔鱼在卵黄囊期完成口、消化道、眼、鳍功能的初步发育,并建立巡游模式,能活泼游泳于水体中上层,从而具备条件从内源性(endogenous)营养转入外源性营养(exogenous feeding)。多数卵黄囊期仔鱼在卵黄耗尽前的短期内开始转向外界摄食,出现一个内源营养和外源营养共存的混合营养期(mixed feeding stage)。进入初次摄食期(first feeding stage)的仔鱼大多在浮游生物水层生活,依靠摄取浮游生物,主要是浮游动物继续发育和生长。随后,仔鱼期的长短范围从数天到数月(欧洲鳗鲡可长达 2~3 年)不等。在这一过程中,仔鱼最终会经历一个变态期进入稚幼鱼阶段。

二、摄食效率

摄食效率(effectiveness of feeding)对于仔鱼建立外源摄食和存活至关重要。几乎所有硬骨鱼类的仔鱼均依靠视觉摄取活的饵料生物。抵达初次摄食期的仔鱼大都具有色素完备、发育良好和可动的双眼。一般地,仔鱼的水平和垂直单眼视野都是 145°,而通过转动双眼可获得 45°双眼视野。许多海淡水仔鱼对食饵所构成的球形敏感区的直径约为 10mm,即进入这一区域的食饵对象都能引起仔鱼的摄食反应。这种反应包括:双眼对称地转向食饵对象,并使躯体和食饵对象成一纵行,体形往往呈 S 形,最后突然伸直身体向前猛扑(图 6-5)。仔鱼的这一摄食反应可能由于种种原因,诸如食饵逃避、其他刺激存在而被阻断;只有部分原发的摄食反应能够以猛扑完成,而完成的摄食反应,也不一定全部能够

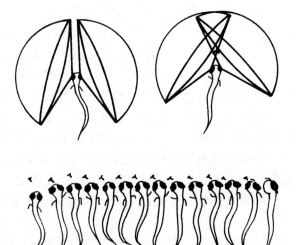

图 6-5 瓦氏白鲑(*Coregonus wartmanni*)
仔鱼的视野和一次捕食过程
上:左侧为正常视野,右侧为食饵对象的立体定位;
下:摄录下的一次突进捕食过程
(从 Braum, 1978)

捕捉到食饵。Braum（1978）提出，仔鱼的摄食效率可以用成功捕到食饵对象的反应次数占完成的反应次数的百分数来表示。

摄食效率随种而不同，这是和仔鱼的形态构造及机能特点相联系的。例如，在饵料供应足够情况下，仔鲱的初次摄食效率仅1%，而狗鱼仔鱼可达30%左右；主要原因是狗鱼仔鱼的口裂大、上下颌坚强有力、鳔功能好，因而运动迅速而省力，捕食准确，成功率高。而后，摄食效率随发育天数而增加。特别是随着初次摄食成功，持续摄食效率会不断增高，同样的例子，仔鲱在1个月后摄食效率可增至25%，而第2个月可增至50%；狗鱼则在初次摄食后15d内很快增至80%左右。这既表明仔鱼摄食器官发育日益完善，也反映了有经验的仔鱼的捕食本领要强于没有经验的初次捕食的仔鱼。

仔鱼的游泳能力和速度在摄食生态学上有重要意义。殷名称和Blaxter（1989）指出，巡游模式的建立是仔鱼开始外源营养的先决条件。初孵仔鱼通常无持续游泳能力。建立巡游模式时间随种类而不同。例如，狗鱼、鳜等几乎在孵化当天，鲱和鳕约在孵化后1~2d，而江鲽约需4~5d。巡游速度决定仔鱼同食饵对象的相遇频率，或搜索水体的容量。仔鱼搜索水体容量可以根据其平均巡游速度和球形视觉敏感区的直径估计。游泳能力强、速度快、单位时间内搜索水体容量大的仔鱼，和食饵相遇频率高，其摄食效率一般较大。因此，凡影响仔鱼游泳速度的因子，如仔鱼的体长、鳔的发育和水温等，都能影响仔鱼的摄食效率。

饵料对象大小、质量和密度是影响仔鱼摄食效率的特别重要的因子。仔鱼对饵料的选择主要是大小选择。大小适口，仔鱼的吞食才能成功。饵料对象的临界大小（包括附肢在内的最大宽度）受仔鱼口的大小的限制。仔鱼摄取的饵料宽度，一般占其口宽（左右口角之间的最大宽度）的0.2~0.5，很少超过0.8。仔鱼摄取饵料的最大尺度随生长而增大，但饵料大小范围的低限和平均值的上升较慢，这是仔鱼扩大食饵范围的生态适应。因为自然水域各种颗粒的密度和大小呈反相关，摄取大的饵料必须搜索大得多的水容量。因此，这一生态适应特征具有重要的能量效应。

饵料的质量通过影响仔鱼的发育和生长，对仔鱼以后的摄食效率将产生一定影响。例如，桡足类的幼体和成体以及卤虫（Artemia）的无节幼体被认为是海水鱼育苗获得最佳成活率的活饵料。但是，长期以来采用卤虫幼体饲养海水仔鱼成败的例子均有，其原因主要是不同来源的卤虫幼体质量不一，特别是脂肪酸的结构不同而引起。目前，用作鱼类育苗的微小饵料对象，有裸甲藻、轮虫、贝类的担轮幼虫、桡足类的幼体、卤虫幼体和网捕的天然浮游生物。同时，"绿水"（藻类密度相当高的水体）饲养仔鱼的兴趣亦在增加。据认为，"绿水"不仅可作为第二食物来源，还能缓解水体中仔鱼代谢产物的波动、增加溶氧量。此外，Appelbaum（1985）采用全人工配合饵料饲养仔鱼也已获得成功。

仔鱼初次摄食所要求的饵料（临界）密度是存活的关键之一。这是因为只有保证一定的食饵密度，才能使仔鱼和食饵相遇，引起仔鱼的摄食反应，并使摄食效率获得不断提高以及保证发育和生长的营养需要。Braum（1978）比较了两组瓦氏白鲑仔鱼的摄食效率，其中A组始终有充足的食饵，而B组仅开始时有充足食饵；在卵黄囊消失头8d内，摄食效率都是3%，但到9~16d，A组提高到21%，而B组仍然停留在原来水平。这表明饵料密度是影响摄食效率的主要因素之一。仔鱼初次摄食时饵料临界密度和最适密度随鱼种而不同,且与仔鱼形态和行为学相关。在种内则随仔鱼发育阶段不同而变化。例如,冬鲽初次摄食要求的无节幼体密度为 800 个/L,而建立摄食行为后立即降为 300 个/L,之后又随生长而增加。因此,仔鱼初次摄食的饵料临界密度并不代表整个仔鱼期存活所需的密度。实验研究还揭示,食饵密度的变动会影响到仔鱼摄食率、食量、活动性、生长率和生长效率等。因此,寻求最适密度以及与此相关的仔鱼密度仍然是当前仔鱼饲养研究的主要内容之一。

影响仔鱼摄食效率的最重要非生物因子是光照和水温。仔鱼是视觉摄食者,没有光照就不能产生视觉反应。实验室测定仔鱼摄食的最低光强度,可以用来估计仔鱼能够摄食的水的深度和白昼时间的长短。Blaxter(1965)发现,仔鲽完成食饵对象映象的形成、感觉活动和捕食,需要的光照强度($10 \sim 10^{-2}$ lx)较之光觉反应所需强度($10^{-4} \sim 10^{-6}$ lx)要大得多。这种情况也见于其他仔鱼。实验揭示仔鱼摄食的临界光照强度是 0.1lx,最好保持在 $100 \sim 500$ lx,但不要超过 1 000lx;光照时间和自然白昼长短保持一致。水温对仔鱼摄食效率亦有重要影响。在不同水温条件下,仔鱼的游泳速度和摄食效率明显不同。例如,瓦氏白鲑的仔鱼 4℃时的游速为 16mm/s,而 16℃时为 29mm/s;同一种仔鱼在 12℃时摄食效率为 31.2%,而对照组在 5.3℃时仅为 4.1%。这表明对于仔鱼摄食来说,显然存在着一个最适温度。

三、日龄和生长

在饲养条件下,仔鱼的日生长可以通过实测体长和体重获得。Farris(1959)曾将 4 种海洋鱼类卵黄囊期仔鱼的体长生长划分为三个期相:初孵时的快速生长期,卵黄囊消失前后的慢速生长期以及在不能建立外源性摄食后的负生长期。这被认为是多数海洋仔鱼体长生长的模式。Yin 和 Blaxter(1986)对大西洋鳕和江鲽生长的研究发现,江鲽的生长符合这三个期相,但鳕不符合(图 6-6)。鳕在第二期相的生长速率(0.101mm/d)显著大于第一期相(0.056mm/d)。鳕的这种生长式型在海洋仔鱼中较少见到。根据观察仔鳕的发育,初孵仔鱼已具备一个较长的身体(体长 4.502mm),初孵期营养主要用于发育颌和消化管,在进入摄食期后,已具有一个较大的口裂和比江鲽高得多的初次摄食率(图 6-8)。相反,初孵江鲽体长仅 2.6mm,初孵期的快速发育和体长增

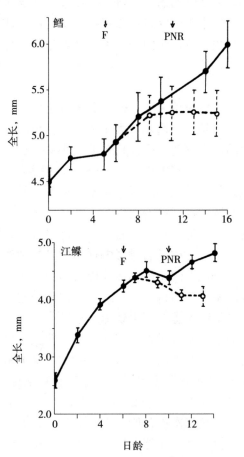

图 6-6　鳕、江鲽仔鱼的体长生长
实线:摄食仔鱼　虚线:饥饿仔鱼;垂直线段,
95%可信限　F. 初次摄食,PNR. 不可逆点
(从 Yin 和 Blaxter,1987)

长，为建立外源摄食作准备；进入摄食期后，它的口裂较小，初次摄食率较低（图6-8），体内贮存的营养物质和能量，主要用于提高活动水平、搜索和摄取食饵，以建立外源性营养，而暂缓生长耗能。饥饿仔鱼在进入PNR期（见本章第三节）后，随着鱼体消瘦和器官萎缩，会出现负生长（长度缩短），这是骨骼系统尚未发育完善的仔鱼，为保障活动耗能，提高存活机会的一种适应现象。

Panella（1971）最早在鱼类耳石上发现轮纹的日沉淀现象（daily deposition of rings），从而引出了日轮的概念。Brother等（1976）以饲养仔鱼为材料，证实日轮可以用来鉴定仔鱼的日龄。此后，运用耳石鉴定各种仔鱼日龄的报道逐渐增多。仔鱼日轮的发现及其应用被认为是鱼类早期生活史研究的一大进展。由于日轮的发现，不仅使自然仔鱼的日龄和日生长估测成为可能，而且还可以运用这一技术鉴别仔鱼种群、推测产卵时间、仔鱼早期发育条件和估测死亡率。因此，它对鱼卵和仔鱼调查、补充量估测具有特别重要的意义。日轮的观察可以按Simoneaux等（1987）提出的方法：把固定的仔鱼标本放在玻片上，然后用解剖针从仔鱼头部两侧耳囊中取出直径十几到几百微米的耳石，用透明胶水固定后在光镜下放大200～1 000倍观察。图6-7示7日龄和20日龄鳎（*Solen solea*）的箭耳石（*saggitta*）上的日轮。

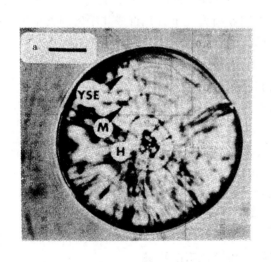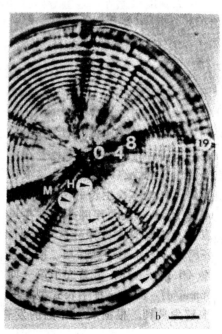

图6-7 仔鳎耳石上的日轮

a. 水温19℃，7日龄，标准体长5.1mm，耳石直径47μm　b. 水温12℃，20日龄，标准体长8.6mm，耳石直径89μm　H、M、YSE分别表示孵化、张口和卵黄耗尽；标尺为10μm

（从Lagardere，1989）

ZWeifel和Lasker（1976）提出仔鱼孵化后最初一个月的Laird-Gompertz生长方程，认为对多数仔鱼是适合的。一个单周期的*L-G*生长方程式是：

$$L_t = L_0 e^{\frac{A_0}{\alpha}(1-e^{-at})}$$

式中，L_t——时间为 t 时的仔鱼体长；

L_0——初孵体长；

A_0——初始生长率；

α——生长衰减指数，在方程中用正数表示。

根据大批仔鱼日龄鉴定和实测体长，可以求得 L_0、A_0 和 α 三个参数，建立方程。该方程描述的是一条 S 形生长曲线，拐点时间 t_i 和渐近值 L_∞ 分别为：

$$t_i = L_0 \mathrm{e}(\frac{A_0}{\alpha}-1); \quad L_\infty = L_0 \mathrm{e} \frac{A_0}{\alpha}$$

影响仔鱼发育和生长，除前面提及诸多因子外，还应当提及的是饲养箱大小。室内育苗的一个常见现象是长度级差（size hierarchy）或称生长离散，即随着仔鱼的生长，仔鱼群的长度范围扩大。例如，仔鲱群孵化后 1 周长度级差范围为 9～11mm，到第 9 周可扩大为 12～52mm。这种长度级差现象在自然界是否发生，目前还不能肯定；但一般认为，这是室内饲养箱饲养即囚养（captivity）的作用造成的。原因是对食物的竞争，在拥挤条件下某些个体取得优势显性，以及不存在捕食者对较小个体的选择性捕食。囚养除限制仔鱼生长、扩大长度级差外，还会导致仔鱼器官发育异常以及感觉和行为反应能力的丧失。减少囚养的不良影响，一是扩大饲养箱尺度，二是增加饵料丰度。正是基于这样一种考虑，产生了海水仔鱼的"近自然水域"（mesocosm）饲养方式。这一方式介于自然水域和室内饲养箱之间，就是将仔鱼放在一种较室内饲养箱大几十、几百或几千倍的大型饲养网箱或有塑料网壁的圆锥形袋状物内，挂放在遮荫的近岸水域，或者将仔鱼直接投放在有围拦的海湾或海岸池内饲养，以克服室内囚养的缺陷。

研究仔鱼的发育和生长，必然涉及体长和体重的测定。需要注意的是，仔鱼由于其骨骼未骨化，身体各部固定后特别易收缩，且不同部位的收缩率不同。影响仔鱼收缩率的主要因素是：

(1) 固定剂的种类、浓度、渗透性、固定时间以及仔鱼种类、体型和日龄。

(2) 网捕时间。瘦长型的仔鱼，如鲱的收缩率初孵仔鱼约为 5％～10％，较大仔鱼可降低到 2％；而经由浮游生物网道释放的，或经模拟网捕的仔鱼，随后固定，收缩率可高达 20％以上。还有，仔鱼固定后体重亦会下降，一些海洋鱼类的仔鱼干重降低率可达 30％～80％。因此，在测定仔鱼生长率或建立生长方程时，样本的性质极为重要。最好用新鲜的和固定的标本互相对照、校正，否则就容易导致错误结果。

第三节　影响仔鱼存活的生态学因子

鱼类的高繁殖力和早期发育阶段的低成活率表明，如果能阐明鱼类早期大量死亡的机制，提高成活率，不仅在理论上具有重大意义，而且在实践上将给人类社会带来巨大的经济效益。因此，围绕着早期死亡而展开的经济鱼类补充量变动的研究，一直是本世纪以来渔业生态学的中心论题。目前，定量分析鱼类早期生活史阶段自然死亡还有很大困难。但是，已经提出的一些假说、观点、理论和方法为探索这一难题提供了重要途径。

一、饥饿和"不可逆点"

Hjort（1914）最早提出海洋鱼类种群丰度变动多半取决于新的年级的仔鱼群的存活。他提出两种变动机制假设：一是仔稚鱼从产卵区漂移、分散；二是大批仔鱼在初次摄食期所引起的死亡，是年级强度剧烈变动的潜在原因。近代，人们对 Hjort 假设作了详细研究。在 20 世纪 60 和 70 年代初，饥饿作为仔鱼死亡率的主要原因是补充量研究的焦点之一。

仔鱼必须在卵黄耗尽前后及时从内源转入外源性营养，否则就会进入饥饿期（stlarvation stage）。在海洋调查中发现，一些海区饥饿仔鱼的百分率确实很高。这表明饥饿期的出现在仔鱼生态学上并非没有可能的。它主要由两方面因素确定：一是种特有的摄食效率，另一是环境条件的合适性，特别是适口饲料生物的存在与否。一般认为，饥饿引起仔鱼死亡在卵和卵黄囊较小、初孵仔鱼器官发育较差、混合营养期短暂、外界环境变动较大，特别是饵料密度分布不均的海洋鱼类仔鱼中较为常见。Blaxter 和 Hempel（1963）首先提出不可逆点（the point-of-no-return，PNR）的概念，从生态学角度测定仔鱼的饥饿耐力。所谓不可逆点，是指饥饿仔鱼抵达该时间点时，尽管还能生存较长一段时间，但已虚弱得不可能再恢复摄食能力，故亦称不可逆转饥饿（irreversible starvation）或生态死亡（ecological death）点。抵达 PNR 的时间（天数或时数），从受精、孵化或初次摄食期算起均可以。一般来说，仔鱼抵达该"点"的时间和鱼卵的孵化时间、卵黄容量及温度相关。孵化时间长、卵黄容量大、温度低、代谢速度慢，PNR 出现晚；相反，则出现早。Yin 和 Blaxter（1987a）报道，仔鱼的 PNR 时间还和仔鱼日龄及活动水平相关。例如，鲱、鳕、江鲽的卵黄囊期仔鱼在平均水温分别为 7.5、6.9 和 9.5℃时是在卵黄吸收后 3～5d，而 36 和 60 日龄的仔鲱在水温分别为 9.6℃和 10.5℃时为停食后 6～7d。32 日龄的江鲽在 12.3℃时长达 23d。鲆鲽类仔鱼在转向底栖生活后，耐受饥饿的能力特别强，这可能是由于活动水平降低、节省能量消耗的缘故。

仔鱼初次摄食和 PNR 的确定有各种方法。Yin 和 Blaxter（1986、1987a）提出一种简便摄食试验：从仔鱼孵出后 2～3d 开始，隔天取样一次，每次随机采 20 尾标本，放入一个约盛有 5L 水的黑色饲养箱内，然后按 10～11 个/mL 密度加入轮虫。轮虫在投喂前一天以海洋藻类饲养，使体呈绿色。然后将饲养箱置于恒温室内，以免温度变动影响仔鱼的摄食效能，并在饲养箱上方 1.5m 处装置 80W 日光灯管一支，提供散射光照。4～6h 后逐尾检查仔鱼消化道。由于仔鱼体透明，轮虫绿色，所以很容易鉴别摄食仔鱼百分数；由此可以确定仔鱼抵达初次摄食和最高初次摄次率（％）的日期。不同种类的仔鱼由于摄食效率不同，其初次最高摄食率（％）是不同的。当仔鱼的摄食率（％）低于 1/2 最高初次摄食率（％）时，即 50％的仔鱼已虚弱得不可能再恢复摄食能力时，即为 PNR 的时间（图 6-8）。

研究仔鱼抵达 PNR 的时间，对于海洋和大型湖泊仔鱼调查估测种群补充量具有重要意义。在自然水域，过了 PNR 的仔鱼通常呈中性浮性，停留在浮游生物水层而极易被浮游生物网捞到。根据这样捞到的仔鱼来估测种群补充量显然是不正确的。因此，鉴别健康和饥饿仔鱼的工作，在海洋仔鱼的调查中就显得十分重要。最常用的鉴别方法是观察仔鱼

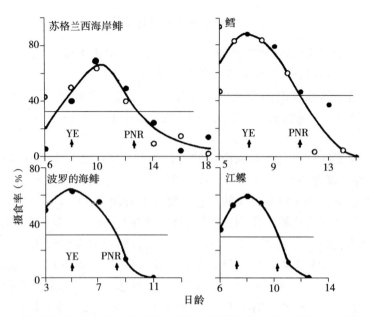

图 6-8 苏格兰西海岸和波罗的海鲱、鳕和江鲽饥饿仔鱼初次摄食率（%）的变化
水平线示 1/2 最高初次摄食率　YE. 是卵黄耗尽　PNR 是不可逆点；黑点是第一批实验仔鱼，白点是第二批实验仔鱼

(从 Yin 和 Blaxter，1987a)

的形态学变化，如测定丰满度、身体各部比例、特殊饥饿体征，如胸角（pectora, angle），胆囊膨大和头部、躯干部进展性萎缩等。Yin 和 Blaxter（1986）报道，消化道高度（GH）和肌节高度（MH）的比率，是鉴别鳕、江鲽摄食和饥饿仔鱼的有用特征之一，前者大约是后者的 2~3 倍。此外，胰、肝、消化道组织学检查以及鱼体生长成分的变化均可用于鉴别饥饿仔鱼。在养殖实践中，仔鱼初次摄食和 PNR 的测定同样十分重要。因为饥饿对仔鱼存活和生长的影响极为明显。例如，北鳀鱼抵达初次摄食期后，延迟 3d 投饵就可使 13 日龄仔鱼的存活率从 70% 降为 20%，标准体长从平均 7.1mm 降为 4.6mm；如延迟 4d，仔活率降为 6%，体长降为 3.6mm。

二、临界期概念

临界期（critical period）概念最早由 Fabré-Domergue 和 Biétrix（1897）提出，指的是养殖鱼类仔鱼从内源营养转向外源营养时所遇到的高死亡率。之后，Hjort（1914）和 Elster（1937）分别将这一概念用于解释海淡水鱼类种群丰度的变动。他们认为，在仔鱼结束卵黄营养时，若缺乏适口的食饵就会产生巨大的死亡率，从而造成鱼类年级强度的变动。从此，临界期便成为鱼类生态学研究中一个基本概念获得广泛使用。这一概念的基本观点是：鱼类早期生活史阶段是死亡率最高的时期；该阶段存在着一个大量死亡的内在危险期，即所谓的临界期。临界期一般在仔鱼卵黄囊消失，从内源营养转向外源营养的时期出现。因为这是鱼体发育阶段中，形态、生态和生理机能产生剧烈变动的时期。此时，鱼体从营养上的自给自足，转向外界觅食，和外界发生直接的联系。这种机能的转变往往和仔鱼器官发育尚不完善发生矛盾，导致仔鱼对外界环境条件，特别是饵料保障的变化特别敏感。因而，死亡率也就特别高。简言之，所谓临界期就是指仔鱼从内源营养转向外源营养时，由于饵料保障和仔鱼器官发育两者的共同作用而造成的大量死亡的危险期。

临界期是一个内在的危险期，其压抑或表露不仅取决于仔鱼对环境的要求或对环境的适应能力，也取决于环境条件是否适合仔鱼的要求。在适合的条件下，临界期压抑，仔鱼顺利摄食，正常发育；在不适合的条件下，如仔鱼摄食机能已形成，却不能及时得到适口的饵料供应，则导致临界期表露，高死亡率发生。控制临界期表露的主要因子是：

（1）饵料的大小、质量和密度，这是决定仔鱼初次摄食成功的最主要因子。

（2）仔鱼摄食机能的形成和适口饵料密度高峰出现时间的配合。初次摄食的仔鱼都需要伴以视觉、摄食、消化和运动等器官功能的形成。这些机能的形成，若与外界适口饵料密度高峰出现时间一致，仔鱼顺利实现初次摄食；若早于或晚于外界适口饵料出现的高峰，则仔鱼初次摄食成功率就降低，就意味着高死亡率。因此，两者的默契和一致往往是仔鱼成活的最重要因子。如果配合得好，临界期被压抑；反之，则表露。因此，在养殖实践中，提高供饵技术，保证及时、适口、适量供饵，就有可能控制临界期的表露。在我国池塘养鱼中，适时下塘是养好嫩口鱼苗（仔鱼）的重要技术措施之一，原因是鱼苗池清塘、注水和施肥后，各种浮游生物的繁生，出现高峰时间不同；一般顺序是：浮游植物和原生动物—轮虫和无节幼虫—小型枝角类—大型枝角类—桡足类；而鱼苗入池，随着口裂增大，依次摄取的食饵对象是：轮虫—无节幼虫—小型枝角类—大型枝角类和桡足类。鱼苗适时下塘，就可以利用两者的一致性，从而提高成活率。同样，在自然水域，各批仔鱼群出现的高峰能否和环境中适口饵料生物出现的高峰相配合，对仔鱼群的成活率亦起重大影响，从而决定着种群的年级补充量。

临界期的主要标志是高死亡率。因此，近代不少学者认为临界期可能存在于鱼类早期发育的不同阶段。Blaxter（1988）提出，潜在的临界期，除初次摄食期外，还可能有：

（1）孵化期 一切影响孵化酶活性、卵膜正常软化、破裂的内外因子，对仔胚的孵出和存活均有重要意义。

（2）鳃丝形成期 仔鱼早期营皮肤血管呼吸，其每单位体重的体表区随体长增长缩小较快，而每单位体重的耗氧量随体长增长减少较慢。这就导致在鳃丝发育未完成条件下，仔鱼对环境氧含量极为敏感。

（3）上游期 仔鱼鳔的初次充气对于正常游泳、摄食、避敌和听觉形成十分重要。许多喉鳔类仔鱼依靠到水面吞吸空气而完成鳔的充气。如果仔鱼上游过程受阻，就会延迟鳔充气而导致死亡。闭鳔类仔鱼鳔充气失败，同样会导致行为异常，甚至死亡。

（4）变形期 变形期仔鱼失去体透明等特征，易被敌害发现，因而保护机制（如中上层鱼类的集群和鲆鲽类的埋栖行为等）的发育极为必要。任何阻断变形期仔鱼形成保护机制的因子都可能导致仔鱼死亡。

还有一种观点认为鱼类早期生活史阶段的死亡率可能是稳定的。也就是说，在鱼类早期生活史阶段并不存在特殊的临界期。这种观点在敌害捕食作为早期生活史阶段死亡的最重要因素提出以后，正在获得越来越多的支持。这两种观点实际上表明了一种思想，即影响仔鱼成活的因素是多方面的，随着鱼种和发育期的不同，饥饿、敌害捕食、呼吸、环境因子变动、疾病甚至遗传缺陷等，都可以引起仔鱼的高死亡率。因此，初次摄食作为仔鱼发育阶段的主要临界期,并把它作为一个基本概念,在具体应用时要十分谨慎。

三、敌害捕食

20世纪80年代,敌害捕食开始被假定为鱼类早期生活史阶段自然死亡的最重要因素,从而决定着种群补充量和丰度的变动;而鱼类自然死亡率和年龄之间的反相关,实际上是随着鱼类生长、潜在捕食者减少的结果。提出这一观点的基本理由是:

(1)根据对"近自然水域"饲养方式的研究,饲养在食饵丰度和海洋相近的近自然水域中的仔鱼,在没有捕食者时获得很高的存活率和生长率,而且所需的食饵密度较实验室估计要低得多;相反,若在近自然水域引入敌害生物,就会破坏仔鱼种群。

(2)被认为是鱼类死亡率最高的卵和卵黄囊期仔鱼阶段,不存在饥饿因素。

(3)在卵和仔鱼阶段,发现都具有相当稳定的死亡率,特别是海洋浮性鱼卵的死亡率,有时和仔鱼阶段一样高(5%~20%/日)。

(4)海洋中潜在的捕食者的丰度要比鱼卵和仔鱼的丰度高得多。

(5)采用和海洋相似的低饵料密度饲养一些海洋鱼类仔鱼获得成功,都提示捕食引起鱼类早期生活史阶段死亡的可能和严重性。

卵和仔鱼的捕食者主要是无脊椎动物和鱼类。无脊椎动物,如肉食性桡足类(Copepods)、枝角类(Cladocera),不仅能直接捕食鱼卵,还能利用它们的附肢刺破卵膜吮吸鱼卵和仔胚为营养。各种水生昆虫及其幼虫,如龙虱、甲虱、水甲虫、水蝎、松藻虫等攻击并捕食仔幼鱼,对养鱼池造成相当严重的损失,曾有这些甲虫耗尽全池初孵鲢及鲤的纪录。一些淡水鱼类,在产卵季节常以鱼卵为主要食饵对象。缪学祖等(1983)在调查花䱻产卵场时,解剖40尾体长12cm左右的黄颡鱼,发现胃内摄取鱼卵平均每尾127粒,最多1尾451粒。在海洋中,毛颚动物、水母类,特别是从赤道到两极均能见到的海月水母(*Aurella aurita*)甲壳类中的磷虾,以及乌贼、鱿鱼等,对鱼卵和仔鱼的捕食均十分严重。Theilacker和Lasker(1974)根据磷虾在加利福尼亚沿岸的丰度,以及实验室所获对仔鳀的平均摄食率,估计其对仔鳀的日消耗率每平方米海面高达2 800尾。这一数字比海洋调查所获每平方米海面所存在的卵黄囊期仔鳀的平均数目还高出40倍。同样,中上层集群鱼类及其幼鱼往往是海洋鱼类浮性卵和仔鱼的最重要捕食者。其中,最著名的例子是鲱和鳀。根据一些海区鲱的胃内容物分析,食物组成中卵和仔鱼可高达50%左右。许多报道提到鳀摄取海洋鱼类,甚至包括它们自己的卵和仔鱼。Hunter和Kimbrell(1980)发现鳀胃内鳀卵数量的增加和海区卵的密度呈指数相关。他们根据产卵高峰月份采样的鳀胃内容物分析,每尾鳀平均摄卵5.1粒,日消耗率为86粒,并据此估计约占每日产卵量的17%和卵的日死亡率的32%。此外,鲽和鳕等底层鱼类,则往往是高度密集的底层鱼卵和仔鱼的重要捕食者。

就鱼卵和仔鱼方面来说,被敌害捕食主要取决于以下因子:

(1)亲体产卵行为会影响到敌害生物对其卵和仔鱼的侵袭。例如,许多产浮性卵的海洋鱼类在晚间产卵,这样可以降低白昼活动的浮游动物对卵的侵害程度,因为当卵变得易受浮游动物侵袭之前,产卵区的卵的密度由于受海流作用已经分散、稀疏;相反,一些鲱科鱼所产的卵在一定区域往往十分密集,这就增加了被捕食的危险,因为敌害生物可以聚集到这一区域对卵和仔鱼进行选择性捕食。

（2）鱼卵没有主动避敌能力。因此，敌害捕食对卵的生存危害极大，特别是对产浮性卵的海洋鱼类更是如此。仔鱼的避敌能力随着仔鱼的发育和生长而改善。Yin 和 Blaxter（1988）发现仔鱼的方向性避敌行为是在进入初次摄食期后才建立的，也就是说，在此以前仔鱼的避敌行为是一种无方向（目的）性行为。同时，仔鱼避敌游泳速度和维持这种游泳速度的能力和时间，以及感觉和运动器官的发育状态，都随仔鱼大小和日龄增长而获得改善。同时，随着仔鱼长大，潜在敌害生物的数目可能也会减少。因此，一般认为，在仔鱼期，卵黄囊期仔鱼可能是敌害生物数量最高的时期。这个阶段的仔鱼，既能被无脊椎动物，也能被鱼类所摄取。

（3）饥饿对仔鱼避敌能力的影响。一般认为，敌害生物会选择捕捉快要死亡的食饵对象，因而最幼小的以及那些由于饥饿或其他原因变得虚弱的仔鱼最易受到敌害袭击。食饵不足将导致仔鱼发育迟缓，从而延长早期生活史阶段，也就是延长了仔鱼摆脱捕食者的时间。然而，实验生态学也证实，饥饿仔鱼对捕食者的反应可以保持较高水平，直到饥饿后期；饥饿仔鱼在一次捕食攻击中可能更加敏感，但在连续的攻击中，其避敌游泳能力和持续时间不如同期摄食仔鱼（Yin 和 Blaxter，1988）。

捕食的主要研究工作包括：

（1）调查捕食者种类、丰度和划分类群。

（2）研究敌害搜索、侦察和捕食鱼卵和仔鱼的方法和过程，建立捕食过程理论模式。

（3）估计捕食死亡率，主要涉及捕食者胃内食物分析和每日消耗量。尽管这些研究工作难度较大，但基于捕食对鱼类补充量调节起着特别重要的作用，人们对这一领域的研究兴趣仍在深入和扩大。

四、环境因子变动

海洋鱼类仔鱼和卵在水层中分布、数量变动及其和环境因子变动的相关性，是预测补充量及其变动的主要依据之一。环境理化因子，如水温、盐度、水深、流速、流量、风浪以及水污染等对鱼类卵和仔鱼的分布和存活，具有直接和间接的影响。卵和仔鱼是鱼类生活史中最稚嫩的阶段，任何不适宜的环境条件都会引起它们的大量死亡。例如，各种卵和仔鱼的发育和生长要求合适的温度范围，不适宜的水温变化将会延缓其发育，甚至导致死亡；它们的分布也必然受到等温线的限制。如果海流把它们带到不适合发育的水域，就会导致它们的死亡。这种观点 Hjort（1914）早就提出，现在又被提出来作为卵和仔鱼阶段死亡的重要因子，获得广泛重视。环境理化因子的变动通常被认为对河口区产卵鱼类的后代数量影响最为剧烈和明显。若干野外调查证实，河口区鱼类的新的年级的补充量，往往在很大程度上和最近年份环境因子的变动相关。

环境理化因子通过影响饵料生物的分布和密度，从而影响仔鱼的分布和存活，具有特别重要的意义。近代，学者们在研究了海洋鱼类仔鱼摄食所要求的饵料生物临界密度以及这些饵料生物在海洋的平均密度之间的悬殊性后认为，仔鱼的存活依赖于小规模食饵密集区或称"层片"（patch）的存在。仔鱼群一旦发现食饵"层片"，便具有停留在"层片"摄食的能力。这就是说仔鱼及其食饵生物在海洋中的分布并非随机的，而是以密集区的形式作不均匀分布。许多研究结果都证实了这一论点。那么，如果环境因子打破了这种饵料生物分布的密集区，对仔鱼的存活会造成什么影响呢？Lasker（1975）在南加利福尼亚外海叶绿素水层采样时发现，当一场风暴搅乱了这一仔鱼食饵生物稠密层时，该水层饵料生物密度和弱风期间密度完全不同。他由此获得启示，提出了"稳定性假设"（stability hypothesis），即在稳定的海洋气候条件（主要标志是弱风）下，海洋冷热水团间前锋和间断性的存在和发展，导致仔鱼食饵生物集聚在密集区（出现了所谓 Lasker 事件）时，仔鱼食饵的可获性增加，生长和成活率增高。一般认为，连续 4d 风力小于 5m/s，便可构成一次 Lasker 事件（Lasker's event）。此后，许多学者论证 Lasker 事件和海洋仔鱼存活相关，是构成若干预测仔鱼存活模型的基础；并预言 Lasker 概念可能获得和 Hjort 的临界期概念同样广泛的应用。

卵和仔鱼在海洋中的分布、数量变动及其和环境因子的相关性的调查方法日新月异。现在已经能够运用卫星和其他航空辅助装置来探测海洋中卵和仔鱼的密集区，并有能力在不同深度水层定量采样，采样量扩大。例如，Solemdal 等（1984）采用的水泵系统过滤水量达 60m^3/min；Wiebe 等（1985、1976）报道一种简称 MOCNESS 的浮游动物网，在船上配有电脑和环境因子感受系统，可以遥控采样并测定相关的环境因子。配合野外生态调查，在室内研究和测定各种环境因子（如水温、盐度、流速、重金属离子等）对仔鱼发育、生长和存活的影响，对探索鱼类早期死亡原因、保护资源和室内工厂化育苗同样具有重要实践意义。因此，自 20 世纪 70 年代以来，仔鱼的环境耐力生态研究在国际上已日益受到重视。一般地，测定仔鱼对某个环境因子的耐受力、适应范围或最适范围，在时间上应从初孵开始至仔鱼期结束连续进行。因为在仔鱼期的不同阶段，这种耐受力也是变动的。具体方法见实验八。实验八介绍的测定仔鱼对温度和盐度耐受力的基本原理和方法，同样可以用于测定对其他环境因子的耐受力。

思考和练习

1. 为什么卵的质量是鱼类早期发育成功的关键之一？
2. 如何提高仔鱼的摄食效率并促进其发育和生长？
3. 如果设计室内人工育苗，应该想到哪些因子？为什么？
4. 孵化场出现卵和仔鱼大量死亡现象，应从哪些方面着手调查和分析死亡原因？
5. 你认为鱼类早期大量死亡的原因是什么？

专业词汇解释：

ELHF, pelagic (or demersal) eggs, endogenous (or exogenous) feeding, mixed feeding stage, first feeding stage, the point-of-no-return (PNR), critical period, size hierarchy, stability hypothesis, Lasker's event.

第七章 感觉、行为和分布

鱼类借助感觉系统从它们生活的环境中接受各种各样信息，经过中枢神经系统的处理，对改变着的环境条件作出恰当的行为反应。本章谈到的鱼类对光、声、电的感觉和行为反应，只是鱼类对环境信息产生行为反应的一部分。在鱼类的摄食、呼吸、繁殖、避敌、洄游、种内和种间联系以及领域防卫等一系列生命行为的形成过程中，感觉都起了极其重要的信息传递作用。因此，感觉是鱼类和环境取得联系并保持协调一致的桥梁。

鱼类的分布，从生态学角度认识，是对生活栖所的选择和适应。研究鱼类的地理分布，有助于深入理解鱼类在演化过程中与其生活环境联系方式的形成。

第一节 感觉和信息传递

鱼类的感觉（sense），已知有视觉、听觉、嗅觉、味觉、触觉和温觉等。此外，鱼类还有一种和听觉相关的特殊感觉器官——侧线，用于探测水的振荡。某些鱼类还具有电感觉，用于探测身体周围的电场。视、听、侧线和电感觉能够使鱼获得信息，了解它们在环境中所处的空间位置。在水的清晰度很差的情况下，如在洞穴、深水或浑浊水，听觉、侧线感觉或电感觉可以代替视觉。嗅觉和味觉属于化学觉，能接受环境中各种化学信息。

就感觉能力而言，如果把鱼看作处在水体的某一中心点上，那么它能够接受环境信息的最大距离，就是它的感觉边界。不同的感觉类型，其边界是不同的。一般来说，鱼类的视觉虽然特别重要，但它所能接受的信息的距离，代表着一个较近的边界，而听觉所能接受的信息的距离，代表最远的边界。同样，侧线和电感觉的感觉界限亦不相同。这些感觉界限往往随鱼的生长和环境的改变而改变。距离鱼体近的物体或刺激，可能同时有几种感觉提供信息，而距离远的物体或刺激，也许只有单一的感觉能提供信息。鱼对物体或刺激产生行为反应的能力，取决于感觉系统和环境之间的相互关系以及鱼类分析感觉信息的能力。

鱼类的感觉由分布在体表或器官、组织内部的能够接受机体内外环境变化信息的特殊的结构，即感受器（receptor）执行。感受器可以是神经元的一部分，如感觉神经末梢；或加上一些简单附属结构，如味觉毛细胞和支持细胞组成的味蕾；也可以是一些特殊分化的细胞，如视网膜的感光细胞。鱼类的触觉、温觉、味觉，有时还包括电感觉，由感受器直接感受刺激，而视觉、听觉、嗅觉等一般经由感觉器官感受刺激。感觉器官（senseorgan）由感受器和一些非神经性的组织、细胞一起构成。

一、视 觉

视觉（vision）主要用于侦察饵料对象、辨认其他鱼和掠食者，以及熟悉栖息环境。

因此，它几乎和鱼类各种行为反应的形成都相关。

鱼类视觉器官的形态构造、视觉的形成，和水域光强度的特点相关。水作为光线传播的一种介质，不如空气好。阳光到达水面，大部分被反射回去，仅一小部分经折射渗透到水中，而进入水中的光线由于被吸收和散射也随深度而减弱。因此，光强度在水域有分层现象；这在深水湖泊、水库或海洋特别明显。以海洋为例，一般分为三个水层：从水面至水下80m区间为真光层，光线充足，动植物繁茂；至400m区间为弱光层，只有少量光线透入，植物数量很少；400m以下为无光层，无植物存在。和陆生脊椎动物不同，鱼眼所适应的水环境光强度较陆上要弱得多，因而它具有角膜弧度小、晶状体呈圆球形、无弹性等特点。这些特点虽然能使眼在光强度较差的水中提高折射率，产生清晰图像，但调节性差，不能远视。一般在最清洁的水中，40m以外的物体鱼类就不能看到。因此，视觉为鱼类提供的信息仅限于鱼体周围物体。在水上层生活的鱼类，虽然能看到陆上的物体，但由于入水光线的折射，使鱼在表面完全平静的水中可以看到的水面上的物体，都出现在每个眼上方的一个97.2圆锥窗内（图7-1）。如果水面起伏不平，透射光线不断改变折射角度，鱼类观察水面物体的这个圆窗就会遭到破坏。光线在水域分层，使鱼的视觉适应产生很大差异。仍以海洋鱼类为例，在真光层中鱼眼通常发育正常；弱光层中鱼眼通常大而发达，以弥补光强

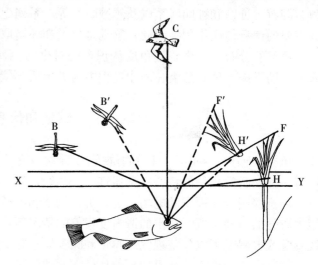

图7-1 光线进入完全平坦水面（XY）的折射
鸟位于C，正在眼（E）的上方，能看到鸟的实际位置 蜻蜓位于B处，看起来似在B′处 而位于F～H处的植物，似在F′～H′处
（从Bond，1979）

度不足；无光层中鱼眼趋向两个方向发展，一是有特别发达的眼，并常有发光器，这通常见于在接近无光上限水层生活的鱼类，有些小型鱼类的晶状体甚至突向外生长，形成"望远镜"似的眼睛；另一是眼退化或无眼，而由发达的侧线或触觉所代替，这通常见于无光下层或溶洞内的鱼类。不同生活方式的鱼，其眼的发达程度亦不同。一般白天活动靠视觉摄食的鱼类，有突出的眼，其直径大约相当于头长的1/5～1/6；而黄昏或夜间活动、主要用视觉捕食的鱼，或至少部分靠视觉摄食的深海鱼类，眼径可达头长的1/3～1/2；而那些靠听侧系统、电感受和化学觉在夜间或无光条件下活动的种类，眼大都退化或很小。

鱼眼视网膜（retina）是产生视觉作用的部位，其内层有视杆（rods）和视锥（cones）两种视觉细胞。视杆细胞接纳光线强弱，司光觉；因此，光敏感性高，可以辨别物体的轮廓特征，但无辨色和精细分辨的能力。视锥细胞接纳光波长短，司色觉；有辨色和精细分辨的能力，但必须在亮光视觉（photopic vision）条件下才能起作用。对两种视觉细胞起作用的光照度阈值，一般视锥细胞为10^{0}～10^{-2} lx，而视杆细胞为10^{-4}～10^{-5} lx。因此，生活在光照条件好的水体里的鱼类，视觉发达，一般都是既能感光，又能感色；而

生活在光照条件差的水体里的鱼类，视觉不发达，通常只能感光，而不能感色。如果用光刺激阈值来表示鱼眼对光的敏感性，则视觉发达的鱼，光刺激阈值高，敏感性低；而视觉不发达的鱼，光刺激阈值低，敏感性高。深海鱼类（300m以下水层）和夜间活动的种类，由于长期在光照度极低的环境中生活，感色已成为不可能。在它们的视网膜中，大部或完全没有视锥细胞；但感光的视杆细胞相对很发达，数目可高达 $20×10^6$ 个$/mm^2$，因此，对光的敏感性大为增强。它们的视网膜能吸收射到膜上的光的90%以上。

视网膜的不同适应状态也能影响光刺激阈值。明适应时，光刺激阈值增高，对光的敏感性降低；而暗适应时，光刺激阈值降低，敏感性增强。硬骨鱼类的眼对光亮和黑暗的适应，大部分是通过视网膜色素和视觉细胞运动完成的（图7-2）。色素颗粒（细胞）位于视网膜外层，它们通过一些突起可以移向或离开视觉细胞的外部。在明适应时，视网膜色素上皮（retina epithelium pigment，REP）之色素颗粒扩散，移向视细胞，而视杆细胞伸长，外节移入色素区；在暗适应时，色素上皮被拉回，而视杆细胞的收缩部分或肌样体部分将它们拉开，再次使它们暴露。视锥细胞与视杆细胞相反方向运动，但是它们通常不被色素上皮遮盖。色素和视细胞的移动需要一定的时间。据实验测定，大麻哈鱼对亮光适应约需30min，对黑暗适应约需1h；而且暗适应通常有潜伏期，而明适应一般无潜伏期（Ali，1975）。章厚泉、何大仁（1991）报道，青石斑鱼视网膜运动反应，暗适应75min，至少有15min潜伏期；明适应15min，没有潜伏期。在暗适应开始后，鱼眼对光的敏感性的提高与暗适应时间成比例，但当完成暗适应后，敏感性就不再随暗适应时间延长而增加。因此，在昼夜不同生态条件下，鱼类对光的敏感性是有差别的。这些都表明鱼类对光敏感性的差别是与生态条件相联系的，是鱼类长期适应特定生活条件的结果。

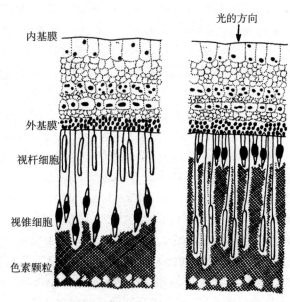

图7-2 视杆、视锥和色素颗粒细胞在硬骨鱼类视网膜中的移动
左：暗适应 右：明适应
（从 Bond，1979）

水对光线的波长起强烈的过滤作用。这种作用取决于水的性质。在浮游植物和颗粒物质少的开畅性海洋，短波长的蓝光穿越到最深的深度，而在浮游植物和颗粒物质较多的淡水，较长波长的光穿越最远。特别在池塘等一些肥沃水体，即使是相距几米的两个生境，光线的光谱质量可以有较大的不同（Levine等，1980）。根据对视网膜光谱敏感性曲线的研究，发现它和环境光学特性相适应。海水鱼的光谱敏感曲线向短波段移动，而淡水鱼向长波段移动。在明视条件下，淡水鱼光谱敏感曲线峰值约在610nm，而海水鱼约在560nm；在暗视条件下，淡水鱼峰值约在560nm，而海水鱼约在520nm。

鱼视网膜所具有的视色素和种所生存的水体的光谱成分之间亦有一定的依存关系。一般来说，所具有的视色素的最大吸收峰，与种的生活场所光谱照明的最大能量的光波波长是一致的。Lythgoe（1979）报道，在大洋、深的近岸水体和珊瑚礁等蓝色水体里生活的鱼类，一般具有450～550nm最大吸收波长的视色素，即它们对蓝绿光最敏感；在浅的近岸水体或淡水生活的鱼类，一般具有最大吸收波长为450（蓝光）到接近650nm（橙红光）的色素。

不同生活环境和习性的鱼类，其视网膜所含有的对光敏感的视色素往往不一。概括说来，淡水鱼视网膜中主要具有玫瑰红色的视紫质（porphyropsins），最大吸收峰在530nm；而海水鱼主要具有紫色的视紫红质（rhodopsins），最大吸收峰在500nm。但是，许多海淡水鱼类具有两种色素的混合物；还有不少鲤科鱼类和少数其他淡水鱼却只有视紫红质。过河口性洄游鱼类在生活史的某一阶段，一种色素可能超过另一种色素。已知鲑在溯河时由视紫红质转变为视紫质占优势；而鳗鲡在降河时，则转变为视紫红质占优势。一些深海鱼类的视网膜中的主要色素，最大吸收峰约为485nm，称为视金质（chrysopsin）。

视力（visual acuity）是对物体细小结构的分辨能力，一般以能够分辨两个互相靠得很近的物体的最小距离为衡量标准。Guthrie（1986）指出，鱼的视力与鱼的生活式型相关。例如，肉食性太阳鱼（Lepomis）的视力为两个物体射入眼的光线在视网膜上形成4′视角，而杂食性的金鱼的视力为15′视角。视力随鱼的生长、视网膜上视觉细胞密度增加而不断获得改善。其次，鱼类分辨物体，不仅依靠亮度，也依靠颜色。但是，色觉只有在高于10～100lx照度时才能实现；也就是说，只有那些依靠白昼视觉摄食的鱼，才能辨别颜色。大多数硬骨鱼类和七鳃鳗有辨色能力；而板鳃鱼类、深海鱼类和晚间活动的鱼类，大都无辨色能力。

二、听侧系统

听侧系统（acoustico-lateralis system）指内耳和侧线。由于两者的感觉单位——神经丘（neuromast）的结构和功能相似，通常合并在一起讨论，尽管两者反应刺激的类型有所不同。内耳主要对鱼体平衡而出现的位置改变以及对声音引起的压力波或水位移产生反应，而侧线主要对水流的机械刺激或水的位移产生反应。这种水的位移可以来源于水流、鱼类自身和其他动物的游泳以及声源。

水比空气的密度大得多，变形亦小。因此，尽管在水中引起响声需要更大的能量，但声音传播的速度要比空气中快4.8倍（Popper和Coombs，1980），而且不会很快衰减。声音在水中传播速度约为1 500m/s，随温度和盐度而稍有变化。声音在水中可以长距离传送。所以，它对鱼类来说是一个潜在的信息来源。

鱼类在水中接受声波讯号，一般较接受视觉或嗅觉信号更为灵敏。在多数种类中，声能是通过球囊和听壶内的感觉毛细胞接纳的。声音产生的压力波和水位移，使耳石在感觉毛细胞床上移动或颤动，从而形成听觉。Hawkins（1986）指出，鱼类多数对低频声感觉敏锐，典型范围是低于2～3kHz（千赫）。不同种类感知低频的下限相差不大，而上限却有一定差异（图7-3）。鱼类对声频的反应范围直接与听觉器官结构相关。那些在内耳和鳔之间具有韦伯氏器（Weberian apparatus）联络的骨鳔鱼类（Ostariophysan fishes），听觉特别灵敏，上限可扩大到5kHz，如鲫的声频范围为25～3 480Hz，鳑的范围为20～5 000（7 000）Hz，棕鮰（*Ictalurus nebulosus*）约为50～10 000（13 000）Hz。内耳和鳔之间有联系的鱼类，还有鲱类、鲲类和鳃类等不少鱼类。这些鱼类的听觉声频上限，一般较内耳和鳔之间无联系的鱼类（如鳕、鲽等）高得多。后者能引起反应的最高频率，大都在500～800Hz或以下。因此，一些在晚间摄食或生活在浑浊、黑暗水体的鱼类，耳鳔联系的形态学适应，可以弥补视觉信息质量差的缺陷。例如，晚间摄食的鲲（*Myripristis*），其鳔前部突出，紧接

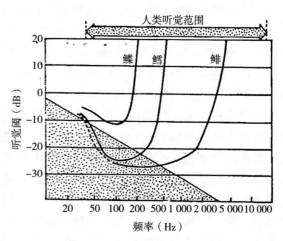

图7-3 鲽、鳕和鲱的听觉阈
（引自赵传细等，1979）

包含内耳的颅骨部分的一个窗口。生活在黑暗水体的长颌鱼（Mormyridae）、裸臀鱼（Gymnarchidae）、裸背电鳗（Gymnotidae），不仅演化出电感受器，也演化出某种式型的鳔和内耳的联接。

侧线能探测低频水位移，最大敏感度为30～150Hz，或净流速低至0.025mm/s（Bleckmann，1986）。侧线能使鱼感知其他动物，包括潜在食饵生物和敌害的存在，恰当地顺应水流，维持在鱼群中的位置和回避障碍等。但是，侧线对水位移信号的感知距离较近，因为这些讯号随时间的衰减十分迅速。侧线感知静物是通过鱼在物体周围游泳引起水的位移，传递到静物反射回来才实现的。侧线的这些能力对晚间活动、摄食或在深海生活的种类尤为重要。

近代对鱼类的听觉和声振动的研究表明，鱼类通过内耳、气鳔和侧线等器官分辨出频率和振幅不同的声音，甚至能辨别痛苦、受惊、危险、索饵和求偶等讯号，还能判别声源的方位，并借以确定自己的方位和作出相应的反应。因而，听侧系统对鱼类的生活如索饵、避敌、寻找同类和求偶等具有重要的意义。

三、电感受

电感受（electroreception）是一种可能源于侧线的感觉系统。鱼类有两种型式的电感受器：被动的和主动的。被动电感受器探测环境物体产生的电场。鲨、鳐和鲇类中极大部分不发电的鱼类，具有对电敏感的罗伦氏壶腹（ampullae of Lorenzini）或相似的器官，可以认为是这些鱼类拥有的被动电感受系统。主动电感受器能够探测鱼体自己具有的发电器官（electric organ）主动发出的电场的畸变（distortions），见于具有发电器官的鱼类。主动电感受器也能感知环境的电刺激。

鱼类的电感受器有各种大小不同的类型，大型的罗伦氏壶腹，主要见于板鳃鱼类；而较小的壶腹器官被称为陷器（pit organ）或微壶腹（microampullae），在鳐类和许多淡水鱼类，如电鳗、长颌鱼、鲇、肺鱼和多鳍鱼中都存在。这些鱼往往都是典型生活在浑浊水

体或在晚间摄食的；它们生活的环境条件，有时视觉几乎不提供信息。

电刺激来源有动物性和非动物性两类。动物性由水生动物的发电器官或者其他活动过程产生，包括生物电刺激。非动物性由水团运动、大气过程以及各种地质和电化学过程引起。火山、地震、闪电和人的电子活动等，都会对鱼类的电感受器提供刺激。鱼类在异常自然现象前的反常行为可能与此相关。

电感受的功能主要和物体的定位、信息的传递有关。某些鲨已被证明有能力通过生物电场找到隐蔽在基质内的鲆鲽鱼类，因其覆盖物虽然能阻止气味的散发，却能使电场通过。许多电敏感种类对磁力或其他非生命电场源都能产生反应。主动的电感受，鱼体发电器官在其周围形成一个电场；当鱼游动时，在电场中遇到的和水的导电性不同的物体，都能使该电场发生畸变；鱼便能利用这种畸变测定物体的方位，从而作出适当的反应。这种电感受的距离一般不远，但是对于夜间摄食和在浑浊水体生活的鱼类显然十分重要。发电鱼类之间的信息传递可能和生殖活动、领域行为等相关。信息传递的距离在 $0.5\sim7m$，取决于种类和水的状况。此外，在大麻哈鱼和鳗鲡的长距离洄游中，特别在海洋阶段，曾被认为是通过对大地电场的敏感性进行定向导航的，但大多数证据都是间接的，而且对这种导航的机制尚不明确。Moffler（1972）曾报道鱼类可能有无线电传递。他试验上百种鱼类都能放射氢离子辐射波，而且发现凡掠食性、夜间活动、视力弱或盲目的鱼类，放射的这种信号较一般鱼类强，提示这种通讯方式同样具有行为学意义。

四、化学感觉

鱼类的化学感觉（chemical sense）指嗅觉（olfaction）和味觉（taste）。水作为一种优良溶剂，可使许多有机和无机物质溶入；尽管有些只是微溶的物质，它们仍然能为鱼类灵敏的嗅觉和味觉所感受。一般来说，各种各样有气味易挥发的物质是嗅觉的有效化学刺激物，而无挥发性的物质，如葡萄糖、氯化钠等是味觉的有效化学刺激物。不过，近来发现挥发性弱的氨基酸，亦能刺激鱼的嗅觉感受器。一般来说，鱼类的嗅觉普遍较味觉敏锐。鱼类通过嗅觉和味觉从环境获得重要化学信息。

嗅觉由分布在嗅觉器官嗅上皮内的嗅觉细胞执行。嗅觉细胞是嗅觉的感受器细胞。溶于水中的化学气味通过水流进入鱼的嗅囊，从而实现嗅觉。嗅觉提供的信息在鱼类摄食、繁殖、洄游定向以及避敌方面特别重要。探知食物是嗅觉的主要功能。鲨、鳐一般被认为是嗅觉摄食鱼类。实验证明，用棉花堵塞鲨鱼的两个鼻孔，它就失去了探寻食物的能力；如果仅堵塞一个鼻孔，则它们仍能寻找和发现食物。鲨的嗅觉极其灵敏，用食饵鱼的提取液作试验，即使稀释至极低的浓度，也会引起鲨产生索食行为反应。饥饿的鲨比饱食的鲨对食饵鱼提取液的反应更强烈。有些甚至能检测浓度为 1×10^{-10} 食物提取液。通过试验确定用嗅觉定位食物的鱼类还包括圆口类、非洲肺鱼和许多硬骨鱼，如鳗鲡、鲐、隆头鱼、鳕和若干鲤科鱼。溯河性鲑在洄游中利用嗅觉定向已于20世纪70年代在美国获得证实（见第八章）。鲤科和一些近缘鱼，在受到凶猛鱼类袭击后，受伤个体皮肤释放一种微量警戒物质（alarm substance，德文原名 Schreckstoff），几乎立即引起同种或相近种鱼类的惊恐反应并隐藏起来。实验证实，鲅的皮肤提取液浓度稀释到 2×10^{-11}，仍能被感受到并引起惊恐反应。那些被袭击后幸存的鲤科鱼，当掠食者气味出现时，同样会出现惊恐反应。

还有，含有 L-丝氨酸的哺乳动物的皮肤漂洗物或提取物，可引起大麻哈鱼的惊恐反应。这些都表明对潜在的掠食者气味的识别。

味觉的感受器是味蕾（taste buds）、某些游离的神经末梢以及和味蕾感受器细胞相似的纺锤细胞（spindle cells）。软骨鱼类的味蕾仅局限于口咽部，而硬骨鱼类的味蕾和其他味觉感受器，除口咽部外，还广布于唇、触须、鳃腔、头部和身体的表面以及某些特化的鳍条上。现已证实，许多鱼类对苦、甜、酸、咸味以及氨基酸等有味觉反应；而且，鱼对有些物质引起的味觉反应阈值较人低许多。例如，鲤科鱼对蔗糖的反应阈值比人低 500～900 倍，而对氯化钠的味觉能力比人灵敏 200 倍。鱼类的味觉种间有明显的差别。味觉参与对食物的定位和选择。一般认为味觉对食物的最后选择和摄取起重要作用。一般身体和鳍上遍布味觉感受器的鱼类，味觉对探寻食物起较大作用。在大多数鱼类中，唇上、口内、鳃弓上的味觉感受器，有助于最后检出食物并引起捕捉和吞咽的反射，以及引起排斥不需要的颗粒的反射。味觉在丽鱼和斗鱼的求爱活动中，也被认为有某种作用，因为口和鳍在配偶选择、求爱和产卵过程中有频繁接触。

近代，国外在鱼类化学通讯（chemical communication）方面做了大量基础研究工作。宋天福（1987）曾有综述介绍。在鱼类行为的很多方面，都证实化学通讯（主要是嗅觉）具有重要的作用。化学感觉除上述功能外，在诸如生殖行为中寻找配偶、触发产卵活动某些阶段的进程、识别幼鱼、同种个体间识别、集群以及领域防卫等行为中都具有独特的功能。目前认为鱼类化学通讯的递质是信息素。所谓信息素是由个体释放至外界而被另一个体所接受并产生一定的行为或生理性反应的物质。但是，目前对信息素究竟是一种偶然的代谢产物，还是具有一定信号意义的特殊物质，还不甚了解。一般来说，鱼类的生活水、黏液、尿、腺液、卵巢液和精液等都含有或起到信息素的作用。这类基础研究不仅对阐明鱼类的行为生态机理，而且在实践运用方面都具有重要意义。因此，这是一个很有前途的研究领域。

第二节　鱼类对光、声、电的行为反应

鱼类感觉系统所接纳的各种信息可以是物理的，也可以是其他生物或同类产生的。例如光，既可以是日光，也可以来自其他生物或鱼类自身的生物光。鱼类自身发出的光、声、电信息，以及感受器接收这些信息所产生的行为反应，通常总是和鱼类完成诸如摄食、繁殖、避敌等各种基本生命活动相关。因此，了解鱼类发光、发声和发电的机理，以及对光、声、电的行为反应（behavioural reaction），是鱼类行为生态学研究的重要内容之一。

一、发光和趋光行为

1. 发光　现知发光鱼类至少见于 42 个科。主要是硬骨鱼类，板鳃鱼类只有角鲨科和电鳐科有发光的种类。鱼类的发光依靠特殊的发光器。发光器的结构从简单到复杂样式不一，但就发光方式和性质而言分两类：一类是发光细胞发光，也称自发光，如灯笼鱼科的鱼类（图 7-4），发光器构造一般比较简单，由一群特化的皮肤腺细胞，即发光细胞

（photocytes）集合而成。这种腺细胞能分泌含有荧光素（一种杂环酚 heterocyclic phenol）和荧光酶的腺液；荧光素在腺细胞内接受来自血液的氧，经荧光酶作用缓慢氧化而放出荧光。另一类是共生细菌发光，如发光金眼鲷科（Anomalopidae）的光睑鲷（*Photoblepharon palpebratus*，图7-4）和发光金眼鲷（*Anomalops katotron*）。这两种鱼的眼下有一特大呈半月形的发光器，其构造较为复杂，包括主要发光部分——由许多

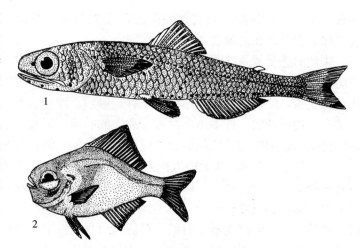

图7-4 两种发光鱼类
1. 金焰灯笼鱼（*Myctophum aurolaternatum*）
2. 光睑鲷（*Photoblepharon palpebratus*）

深入真皮的腺状小管组成的腺体部和一些附属结构，如反射层、色素层和晶体等。这些鱼类本身没有发光能力，而是在发光器的腺体部内含有成百亿个发光细菌，它们依靠从鱼体血液中获得的能量和氧，使其分泌的荧光素转变产生荧光，并维持自己的生存，而鱼类则依靠它们发光。在大多数自发光的鱼类中，发光器里常分布有神经纤维，发光受中枢神经系统直接控制。光睑鲷控制光的显示是间接的；其发光器外表面有一层眼睑似的黑色皮肤褶膜，升起来可将发光器遮住，降下来能使发光器裸露。光睑鲷的发光本领，不仅在鱼类中数一数二，而且也胜过其他发光生物。据测定发光照强度约为 $2\mu lx$，在暗室里1尾鱼发出的光的亮度，可使2m外手表上的指针秒盘看得一清二楚。

大多数发光鱼类生活在海洋的弱光和无光层，多半见于300～1 000m深度；而深海鱼类中近2/3的种类又都能发光。因此，鱼类的发光通常被认为是对深海光线微弱的一种适应。发光的生物学意义通常和照明、诱捕、种类识别、种内传递信息、集群、生殖和避敌等项相关。位于头上的发光器，可照亮鱼的最有效视野中的物体，从而有可能如探照灯样使被捕食者笼罩在光束之中，从而达到取食的目的。深海角鮟鱇和巨口鱼类中一些掠食性种类，发光器通常位于近口部或口内、或须上和"拟饵"上，从而通过发光把被捕食者吸引到口边进行捕食。发光器数目、排列位置种间不同，而同种鱼类通常一致。因此，可用来在黑暗环境中识别同类，有助于集群。许多种类雌雄鱼的发光器数目和配置样式也不一，它们通过发光图案的显示，可以吸引和选择同种的配偶。这对集群生殖十分重要。有些鱼类仅在求偶时显示发光器的光，孔蟾鱼（*Porichthys*）就是其中一例。许多发光鱼类的发光器位于腹面，这使发光鱼能与来自上方的亮前景相适应，也使在其下方的捕食者能看到这些发光鱼的轮廓的机会减少，从而减少了被捕食的机会。光睑鲷在受到袭击时，立即按Z字形轨迹游泳，在Z字的第一段，发光器亮着（裸露），然而突然关闭（遮盖）发光器，急速转弯，当瞬间发光器重新打开时，已摆脱了捕食者的追击。光睑鲷的发光器被关闭或打开一次，即出现一次闪光。据测定，这种闪光频率平时仅2～3次/min，在受到

袭击时可增加到 75 次/min。特别是当一群光脸鲷受到袭击时，同时出现这样的闪光频率常可使捕食者眼花缭乱，无所适从，从而达到保护自己的目的。光脸鲷的闪光频率在遇到异性或同类时也会发生变化，这可能是传递信息的一种方式。

2. 趋光行为　根据鱼类对光照强度的要求，大致可把鱼类分为喜光性和怯光性两大类群。喜光性鱼类一般随光照从黑暗逐步增强而活动增强；怯光性鱼类一般只在 0.1～0.01lx 照度时才活动，而后则随着光强度增强而活动减少，如黄鳝、鳗鲡、江鳕等。喜光性鱼类在黑暗中发现光源，一般会产生一种朝向光源的定向运动，称为正趋光性（positive phototaxis）；怯光性鱼类对明亮的光源，一般会产生远离光源的定向运动，称为负趋光性（negative phototaxis）。还有一部分鱼类对光刺激无（中性）明显反应。人类早在 300 多年前就掌握了鱼类的趋光特性，开展光诱渔业，如地中海沿岸、西非摩洛哥、阿尔及利亚一带，以及我国福建、广东近海都很早就发展了灯光捕鱼。原理就是利用人工光源作为诱源，诱捕趋光性鱼类。光诱渔业主要捕捞对象有竹刀鱼、竹筴鱼、沙丁鱼、沙璃鱼、鳀、鲱、脂眼鲱、蓝圆鲹、鲐、青鳞鱼、银汉鱼等。

在光诱渔业的实践中发现，鱼的趋光性受许多内外因子的影响：

（1）水温　在光诱鲱鱼时，开始鱼群追随运动光源，随灯的下降而下降，但在下降到水温不适宜水层时，鱼群就游离光源。我国舟山渔场秋冬汛灯诱蓝圆鲹、鲐，均属温水性鱼类，光诱效果好的 9～10 月，水温为 22～28℃；当 11 月中旬水温降到 20.8℃，基本上就灯诱不到鱼了。

（2）水体透明度　不仅直接影响鱼类的趋光反应，还影响灯光在水中形成光区大小，从而影响集鱼效果。一般地，外海透明度大，光线传播远，诱鱼效果比近海好。福建东山渔民在灯诱蓝圆鲹、金色小沙丁鱼时，很重视"水色"条件，认为"青蓝色"水清，最好；"白涝水"较浑，不好。

（3）潮流和风浪　在光诱鲱鱼时，如果潮流的流速等于或超过鱼的游速（0.35m/s）时，就不能成功。同样道理，风浪也妨碍正常灯光诱鱼。我国渔民经验，灯光诱捕最好时间是小潮水和流头流尾，即在高低潮平流前后 1～2h。

（4）月光　舟山渔场的光诱渔业，两个生产高峰都在无月光的夜晚（上、下弦月，尤其在月出前和月落后的时间）。有些鱼类满月时的捕捞量较新月时减少 150%。这是因为无月光夜晚，鱼眼处在暗适应下，对光源刺激阈值低、敏感性高；而在有月光的夜晚，鱼对光照度刺激的阈值提高、敏感性低。而且，月光作为背景光，分散了鱼眼对人工光源的反应，使鱼不能在光源处稳定集群，处于离散状态。

（5）鱼的年龄　同种不同年龄的个体对光的反应、光强度的要求不同。有些鱼幼鱼期有趋光性，而成鱼期却没有。福建东山渔民经验，体长 3～7cm 的蓝圆鲹和金色小沙丁鱼的趋光性很强，在灯下能"吃火成群"，而大的蓝圆鲹只能"吃暗火"，说明幼鱼较成鱼趋光性强。

（6）鱼的生理状况　主要是性成熟和饥饿程度。性成熟期的鲱、鳀、沙丁鱼、秋刀鱼等一般无趋光性；而生殖期过后，这些鱼的趋光性会很快恢复。不少浮游生物食性的鱼，趋光性和摄食往往联系在一起。因此，饥饿会增加鱼的趋光性，饱食时趋光性减弱。光照区内无该种鱼类的饵料生物时，鱼也不会长期停留在光照区内。

关于趋光机制，有几种假说：

(1) 机械说 由 Loeb 提出，是一种非适应性肌紧张理论。这一学说认为鱼体两侧对称，当光线在黑暗中突然不均匀地照射鱼的左眼或右眼时，改变了鱼体肌紧张的对称性，从而强迫鱼向光源运动。这一学说把鱼的趋光看作是一种非适应性行为，是一种在黑暗中定向的破坏和强迫运动的结果。

(2) 适应说 以 Franz 为代表。这一学说的基础是鱼对光的反应是与鱼长期来形成的生活习性相联系的；鱼在不同发育阶段要求不同的生态条件，若改变鱼的生态条件和生理状态，则鱼对光的反应也改变；幼鱼的趋光反应是对光作集群运动，而这种集群通常和摄食、御敌相联系。因此，这一学说认为鱼对光刺激反应是一种适应性行为，是由鱼的演化历史、个体发育和生活条件所决定的。

(3) 信号说 由 Зусер 提出。这一学说把鱼的趋光看作是一种无条件和条件性食物反射。由于一般摄食浮游生物的鱼和白昼摄食的鱼有正趋光性，而夜间摄食的鱼有负趋光性，因此，光和鱼类的摄食行为相联系，具有信号意义。实际上适应说和信号说是相互补充的，适应说建立在光诱幼鱼的基础上，而信号说也考虑到成鱼对光的反应。

(4) "信号-适应"假说 Протасов（1968）提出在光诱鱼开始时，光具有信号意义，使鱼进入弱光区。之后，鱼感受到更强的光，而且对此也很快适应，于是，在鱼的后面越来越暗，而前面越来越亮；随着鱼对光强度适应性提高，鱼越来越向前。简言之，光仅在一开始对鱼具有食物和集群的生物学信号意义，之后，随着视觉的光适应提高，鱼越是趋向强光区。最后，在光源处特强光刺激下，鱼失去平衡，在行为上出现了带病理性的围绕光源的旋转运动（图7-5）。这一假说，把上述三种假说有机结合起来，较为圆满地解释了鱼类趋光的过程，因而获得较为广泛的认可。

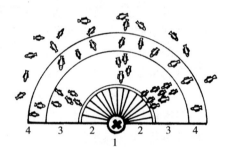

图7-5 鱼类的趋光反应（示光源形成的不同意义的光照区）
1. 光源 2. 强光照区
3. 信号光照区 4. 阈值光照区
（引自俞文钊，1980）

二、发声和声源行为反应

1. 发声 鱼类能发声，这是人们很早就认识的。栖息在我国近海的许多鱼类都善于发声，尤以石首鱼科的大、小黄鱼最为著名。渔民在捕捞大、小黄鱼的产卵鱼群时，根据鱼的"叫声"可以确定鱼群疏密和分布水层，从而确定下网时间和水层。一般地，发声低沉而噪乱时，鱼群密集，而发声清晰悦耳并略有节奏时，鱼群稀疏。鱼类发声的声量、频率和时间随种类而不同，并和环境条件有一定关系。例如，大、小黄鱼产卵时，大潮汛时发声强、声量大，小潮汛时发声弱、声量小。集群发声时间，大黄鱼在下午，小黄鱼近中午。傍晚时发出噪声常达高峰，并可延续至深夜。此外，栖息在沿岸的鱼类发声，一般比外海鱼类响；这是因为近岸水下噪声、声压强度都比外海大，所以鱼类必须发出很大声音，才不致被沿岸水下噪音所掩盖。

鱼类在演化过程中逐渐形成了完善的听觉器官，但没有产生任何特殊的发声器官。鱼体能产生声音的结构，主要是骨骼、肌肉和鳔。鲉类、鳞鲀类、单角鲀类、刺鱼类等鳍棘和窝槽之间摩擦、碰撞发声，是常见的摩擦发声（stridulation）。这种摩擦声通过鳔的共鸣，可以达到一定的响度。此外，牙齿摩擦以及其他骨骼之间的摩擦发声都是最普通的摩擦发声。鳔的发声大都配备有直接或间接使鳔振动的肌肉。这种和发声相关的肌肉，称声肌（sonic muscles）。声肌一般红色，富含血管，不易疲劳，收缩极为迅速。人工刺激声肌，其收缩频率可达100次/min以上。例如，石首鱼科的鳔为一条深红色的声肌（鼓肌）所包围，鼓肌收缩压迫鳔引起振动，便会发出很高的声音。有些鱼的声肌和鳔紧密结合在一起，如蟾鱼科（Batrachoidae）、鲂鮄科（Triglidae）和豹鲂鮄科（Dactylopteridae）的一些种类。鳔发声频率低，范围40～250Hz，多数在75～100Hz；摩擦发声频率多在100～800Hz以上。除骨骼、鳔、肌肉发声外，鱼类正常生活时，在进行呼吸、游泳、索饵、避敌和繁殖活动时，口和鳃盖的开闭，食物的咀嚼、磨碎、肌肉、鳞片、鳍条收缩，鳍的划动、溅水、拍打，都能发出一定的特征性的声响。这些声响在鱼类生活中，同样起到信号的作用。

鱼类发声的生物学意义，通常和繁殖、集群、领域防卫等相关。许多鱼类在产卵季节发声，被认为是求偶的信号。雌雄两性所发出的声音的强度和频率均可以不同，从而达到通讯、吸引和选择配偶的作用。石首鱼科的发声，通常与加强个体间联络、有利于集群繁殖和索饵相关。黄颡鱼有护卵习性，它在生殖季节发声有吓阻意义，起领域防卫作用。还有的鱼在被惹恼或遭攻击时，发出明显的警告、警报或逃走的声音。一些深海鱼类的发声，通过回声探测，在测定方位方面可能起更大作用。

2. 声源行为反应　鱼类通过听侧系统可以分辨各种声音的频率和性质，并作出相应的反应。一般地，凡和鱼类集群繁殖和索饵相关的声音，能引起鱼群集中的反应；而和危险、受惊、报警等相关的声音，则引起鱼群惊恐而离散。在渔业生产中还发现，鱼类对渔船产生的恒定噪声反应强烈，立即产生惊恐反应，而使上层鱼下降，下层鱼分散。如果这种噪声持续不断，而又并不骚扰鱼群，那么鱼群也可能会习惯而不再惊恐。但是，要是突然改变噪声频率，就会再次使鱼惊恐而离散。实验还证实，采用背景噪声可以掩盖各种声音，这对捕捞作业同样很重要。天气坏时，鱼的听觉减弱，但这时环境噪声增加，可以掩盖船和渔具发出的噪声。风平浪静时，鱼可以在几海里范围内觉察到渔船的噪声。

近代利用海洋生物和鱼类发出和接收声音的特性，设计并制造有效的捕捞工具已日益增多，以"水下声"诱集鱼群的方法最为突出；在提高渔获量方面也有一定的效果。例如，新西兰研制出一种音响诱鱼器（acoustalure），重仅2.7kg，已在生产上试用。它是通过在水中发射音响信号来诱集鱼群。该信号来自集群鱼类摄食时或游动时记录下来的声音，再由换能器将记录声传出，对鲣、金枪鱼等有良好的诱集效果。许多鱼类对海豚声有惊恐反应。日本在20世纪60年代曾以固定的拦网作试验，将录下的海豚声从网口处向网内放，提高了对竹筴鱼、鲕的捕捞效果。美国利用海豚声，吓退企图逃离网具的鲱鱼也取得一定效果。

三、发电和电敏感性反应

1. 发电 现知发电鱼类有 10 科。其中,发电能力强的科有电鳗科(Electrophoridae)、电鳐科(Tropedinidae)、电鲇科(Malapteruridae)和䲢科(Uranoscopidae)等 4 科(图 7-6)。电鳗生活在亚马逊河能见度很低的水内,最大放电量可达 550~800V,有效作用范围达 3~6m,甚至可以击到涉水的马和人。电鲇生活在非洲河流阴暗水域中,也可产生高达 350V 的电流。电鳐分布在海洋底部,有些种可以在相当深的水域生活。一些较大型的种类如大西洋电鳐,可以释放高达 220V 的电流。电䲢也是大西洋底栖鱼类,常埋栖于沙土中,能产生 50V 的电击力。一些发电弱的鱼类,除鳐科外,大多见于热带淡水,属底栖或近底栖。发电鱼类依靠发电器官(electric organ)发电。发电器官由特化的发电细胞(electrocytes)组成。发电细胞大都由肌纤维演化而来,也有由脊神经元变化而来的,如线鳍电鳐科(Apteronotidae)。

发电鱼类一般都属于运动缓慢、底栖或近底栖、夜间活动或在可见度低的浑浊水中生活。眼大多数退化,有些电鳐是盲目的。因此,这些鱼类的发电通常和弥补视力不足、在特定生态环境中进行摄食、御敌、定位、通讯等相关。强发电器官的功能明显地可以杀死和麻痹其他小动物和鱼类,起捕食、攻击和防御作用。弱发电器官的功能主要和定

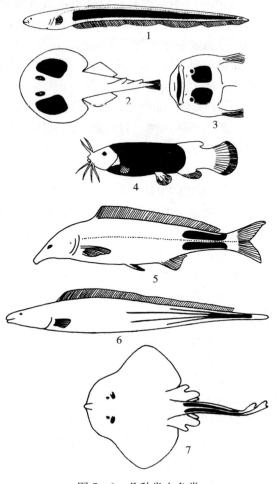

图 7-6 几种发电鱼类
1. 电鳗 2. 电鳐 3. 电䲢 4. 电鲇
5. 长颌鱼 6. 裸臀鱼 7. 鳐

位有关,也可能起信号作用,对同类识别、集群和生殖等起一定作用。长颌鱼、裸臀鱼、裸背电鳗等弱发电鱼类,在游泳时通常都使身体保持强直,依靠鳍的波动而推进向前。这种强直姿态可保持电场的对称性(图 7-7),因而,当电场中出现导电性与水不同的物体而引起电场畸变时,便能被其自身的电感受器所感受到,帮助它们确定在周围环境中的方位。其次,由于不同的发电鱼类或者同种鱼类在不同生态条件下所发出电波的频率、脉冲和波形是不一样的,因而,当它们发出的波形和频率不同的电脉冲被同种或不同种其他个体感受到时,就有可能起到个体间识别、联络和通讯的作用。

2. 电敏感性行为及其渔业利用 鱼类对电流的反应十分敏感:

(1) 在直流电造成的电场中 不管鱼体最初位置如何，最终表现都是鱼头朝向（或窜向）阳极，这种现象称之为趋阳性（galvanotaxis）。鱼类在直流电场中的趋阳性早在100多年前就发现了，但其本质还没有完全清楚。现仅知鱼类对直流电反应在很低的电极、电压时就开始呈现，随着电压的增高，趋阳反应逐渐增强，变得明显。由于水体本身存在着电流，水滴带正电荷，水流是正的电荷束。在直流电作用下，水流从阳极移向阴极。在电流和水流的共同刺激下，鱼转向感觉到的流。但鱼类的趋阳游动和自然条件下的单纯顶流游动并不完全相同，而是被牵制地或是跳跃式地、突进式地游向阳极。

(2) 在交流电造成的电场中 鱼不会转向阳极或阴极，而是横向越过两个电极间的电力线，这种现象称为横切波向性（transverse oscillotaxis）。

(3) 在断续电流（矩形直流脉冲或电容器放电波形成的1/4正弦波）的刺激下 鱼体开始表现为抽搐颤抖，当达到电向性临界值时，鱼便转动并游向阳极。

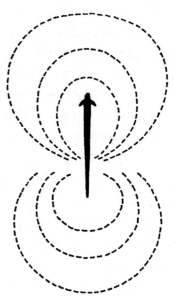

图7-7 裸背电鳗发电器官形成的电场

（从 Knudsen，1975）

鱼在受到电流刺激后，首先影响到的是神经系统，特别是呼吸中枢，表现为呼吸节律加快，并力图逃离电流的作用；然后作用于肌肉系统，表现为肌肉颤抖、挛缩；最后作用于血管系统，使血液产生乙酰胆碱，产生麻痹作用，并对鱼体内一系列生化反应施加影响。

不同电源所产生的电流对鱼的作用大小不一。一般交流电最大，断续电次之，直流电最小。因此，鱼类对交流电的回避反应出现最快、最明显，而后的一系列反应也最剧烈。最后造成鱼体不动，被击昏而沉入水底，过后恢复较差。相反，鱼类在直流电场中，回避反应等都不及交流电明显，且有明显的趋阳反应。因此，在低电压时，有诱集作用，而在高电压时，被击昏的鱼也较少，过后也容易苏醒。其次，从电流刺激后的残留效应来看，继续电（电容器放电）残留效应最低，仅约30min，直流电居中，可延续约60min，而交流电最高，可延续120min。因此，目前在电捕鱼时，常采用直流电和继续电源。当然，如果电场的电压低或电流较弱，在鱼类的神经生理条件适应范围之内，不管哪一种电源的电刺激，对鱼类正常生活都不会产生不良影响。超过鱼类的适应范围，短时间内鱼类会产生麻痹或休克；在一定时间限度内，随着电场的消失，鱼类也会逐渐恢复正常。由于不同种类甚至同种的不同大小个体自身的电阻不一，因而对电流的敏感度亦不同。它们产生电反应，所需的电压、脉冲率和安培是会有一定差别的。

鱼类对电的反应特性，在渔业上的应用不外乎电杀、电诱和电捕。电杀常用来对付鲨鱼，或为改进鱼品质量而采取瞬时电杀；一般用最短的刺激时间（$10^{-4} \sim 10^{-5}$ s）和高电压。电诱和电捕都是以不伤害鱼的生命为目的的通电。电诱主要利用鱼对直流电的趋阳性而设计的电导装置，用以控制鱼类行动。一般采用较低的电压和相对较长的刺激时间。电栅就是这种电导装置之一。在放养鱼类的湖泊、水库甚至海湾、港口装置电栅，可以防止鱼逃失，是一种现代化管理设计。电捕是根据电对鱼类有诱集、刺激和杀伤作用的原理而设计的。通常是利用一定的设备和装置来提供一定电压和电流的电源，再通过导线和电极系统，将电输送到水体中，使之形成一个合适的电场。处于电场中的鱼，会产生趋阳、呼吸加快、肌肉收缩等一系列反应，甚至最后出现麻痹或休克而被捕获。电捕对鱼类资源毕竟有一定伤害作用，因此只能有限制地使用。

电捕最早应用于淡水渔业。有些淡水湖泊、水库，由于地形、地场以及水草丛生，用一般网具较难捕捞；或者用于水库、湖泊放养鱼种前的清野，捕杀凶猛鱼类。最简单的作业方式，由一只发电船和一、二只捕捞船组成。较复杂的为电拖网。将导电线沿网翼布设，在距网一定距离处形成电场。当网缓慢拖曳时，鱼从电场作用区逃开，在网内形成群聚；网拖至近岸时，再用普通网具捕鱼。海水电捕鱼发展较晚。这是由于海水电导性大，需要较大的功率来维持电场，经济上耗电能较大。但20世纪70年代以来获得较快发展。最初是将电拖网用于海水捕鱼。目前，最新的电捕方法是光、电、泵无网捕捞，其原理是先用灯光把鱼诱集到渔船附近，并在鱼泵上配置低电压直流电极，将鱼诱集到泵嘴附近，最后使用装有电极的鱼泵，把泵嘴附近的鱼吸取到船舱内，从而实现无网捕捞。

第三节 分　　布

鱼类分布（distribution）的生态学研究，注重种为什么生活在它们所栖息的场所，以及它们是如何到达那里的。鱼类的生活受温度、盐度、水流、溶氧、光线以及可利用的食物等诸多因子的控制和影响，认识这些因子对鱼类地理分布的作用是首要的。同时，物理的和生态的障碍在鱼类分布中亦起着重要的作用，因此，对地理、地质、气象及其历史作用等都要作具体分析。

盐度是限制鱼类分布的首要因素。鱼类对盐度的适应范围因种而异，从盐度为 0.01%～0.05%的纯淡水水域，到盐度在 0.05%～1.6%的低盐水域，包括各种类型的河口湾及部分内陆盐湖，到盐度为 3.0%～4.7%的海洋均有鱼类分布。根据鱼类对水域盐度的适应和耐受力，可以大致将鱼类划分成海、淡水两大类群，分别介绍如下。

一、淡水鱼类的分布

淡水鱼类是一个灵活的术语，可以仅表示某些不能进入海水的鱼类（狭义），也可以是存在于淡水的鱼类（广义）。根据后者，则包括洄游性、河口性鱼类在内的一些种类，即在淡水里有它们生活史的某个阶段。据 Nelson（1984）统计，全世界约有淡水鱼类 8 411种，占总数的 38.7%；不过，他将鳗鲡属鱼类按其发源地全部划入海水鱼类。

Myer（1938、1949、1951）按栖息水域和对盐度耐受力把广义的淡水鱼类划分为 6 类：Ⅰ. 纯淡水（primary）类群，现时和历史上都只在淡水中生活，不能或稍能忍受盐度的鱼类，如肺鱼、多鳍鱼、匙吻鲟、白鲟和广布性的鲤科、鲇类和狗鱼等。Ⅱ. 亚淡水（secondary）类群，通常局限于淡水，偶而进入或穿越海水障碍，因而是较能忍受盐度的类群，如鳉科、丽鱼科和雀鳝等。Ⅲ. 洄游性（diadromous）类群，在海淡水之间进行有规律洄游的类群，对盐度的适应有阶段性。过河口性洄游鱼类均属于这一类群。Ⅳ. 替代性（vicarious）类群，指已在淡水中定居的海水鱼类，如江鳕、淡水石首鱼、杜父鱼等。Ⅴ. 补充性（complementary）类群，在没有纯淡水和亚淡水鱼类的淡水中生活的一些海洋洄游性鱼类，如若干银汉鱼、鰕虎鱼、喉盘鱼和鲻科等；Ⅵ. 散在性（sporadic）类群，时而进入淡水或在海淡水都能生活的鱼类，生活史的大部分时间在介于海淡水之间的河口附近海区生活的河口鱼类，通常划入这一类群，如若干鳀科、鲻科和鮨科鱼类等。由于对Ⅳ、Ⅴ、Ⅵ三类的划分有时是困难的，Darlington（1957）把上述Ⅲ～Ⅵ合并统称周缘性（peripheral）淡水鱼类。亚淡水和周缘性淡水鱼类中，有不少种类能忍受水环境盐度较大的变化，称广盐性（euryhaline）鱼类，而纯淡水和海水鱼类，一般可看作是狭盐性（stenohaline）鱼类。

淡水鱼类主要通过大陆的连接或接近而散布，同时，气候带对于它的分布亦是重要的因素。目前被认可的全世界淡水鱼类区划与动物地理区划一致，分为三界六区（图7-8）：

（1）北界（Arctogaea） 包括全世界陆地的大部分，由四个区组成：埃塞俄比亚区（Ethiopian Region），指非洲大陆的大部分；东方区（Oriental

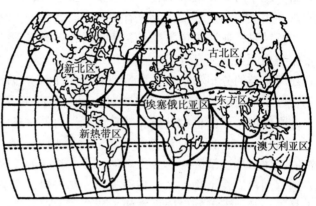

图7-8 世界淡水鱼类地理区划

Region），指热带亚洲及其东南部的大陆岛屿；古北区（Palearctic Region），指温带和寒带的欧亚大陆和西北非；新北区（Nearctic Region），指北美。

（2）新界（Neogaea） 仅有新热带区（Neotropical Region），即中、南美洲和墨西哥热带区。

（3）南界（Notogaea） 即澳大利亚区（Australian Region）。这些区划由于大陆间地理屏障和气候带的影响，每个大陆都有不同的鱼类区系。一般各有只见于该地的纯淡水和亚淡水鱼类的独特组合，加上与其他大陆共有的淡水鱼类。

我国的淡水鱼类区系，隶属于古北区和东方区两大区划，以长江为自然分界，因此，沿长江存在着一个过渡带。古北区较为特殊，它没有特有的纯淡水鱼类，但它所特有的三个科分布均有限：香鱼科 Plecoglossidae 分布在中国和日本，银鱼科 Salangidae 分布于亚洲东部沿岸，贝湖鱼科 Comephonidae 分布在贝加尔湖区。东方区则有一个丰富多彩的鱼类区系，特点是有许多鲤科、鳅科和鲇类鱼。鲤科特别丰富，因而被认为是鲤科鱼类的发源地。鲤科的若干亚科以及鲇类中的若干科是东方区特有的。还有平鳍鳅科 Homalopteridae 和双孔鱼科 Gyrinocheilidae，主要亦限于东方区。

有些大陆区划之间的鱼类区系，可能由于过去大陆间的连接或接近，或者由于广布类群放弃海洋生活，或者由于众多的耐盐鱼类的存在，因而会有惊人的相似性。目前，用于解释稳定的大陆之间的鱼类区系相似性，有两种假说：

（1）陆桥说 典型的例子是新北区和古北区现在是被海水分开的，但在历史上北美曾不止一次地通过白令陆桥与亚洲相连。因此，有些纯淡水鱼类仅见于这两个区，如匙吻鲟科的两个种：匙吻鲟在密西西比河，白鲟在长江。胭脂鱼科也提供了两个大陆间曾有鱼类交换的证据，中国的胭脂鱼（*Myxocyprinus asiaticus*）与北美的长背亚口鱼（*Cycleptus elongatus*）极近缘，被认为是第三纪交换的鱼类区系。还有狗鱼科、荫鱼科 Umbridae、黑鱼科 Dalliidae 均仅见于这两个区。此外，许多大的岛屿曾经由现已浸入浅海的陆地与邻近的大陆相连，因而它们往往具有与邻近大陆一致的鱼类区系。

（2）大陆漂移说认为 在古生代末期，现今分散的各大陆区呈单一的大陆，名为联合古陆（Pangaea）。例如，南美洲的凸出部分当时曾巧妙地镶接着非洲凸出部下方的凹入部中；而从现今的鱼类区系来看，新热带区虽然接近新北区，但与新北区鱼类区系却没有密切联系，相反却和埃塞俄比亚区有明确的联系。证据是两者共有纯淡水鱼类脂鲤科、骨舌鱼科、石鲈科；亚淡水鱼类鳉科、丽鱼科；还有南美肺鱼和非洲肺鱼亦有密切关系，许多热带鲇类在两大陆都有等等。

江河鱼类的分布和水流关系特别密切。江河水流能影响河床的性质、河床底部生物群落的特性，从而影响鱼类的营养，成为限制不同营养类型鱼类分布的主要因子。上游流急，冲刷力强，浮游也物种类和数量均少，饵料贫乏，通常只有一些圆石及附生的周缘生物（periphyton）。因此，鱼类的种类和数量均少。在这里生活的鱼类，一般都适应于急流冲刷，体型小、呈圆柱形或平扁形，或有特殊的吸附器官；肠道较长，下唇常有角质覆盖，适宜刮食周缘生物，如中华原吸鳅、爬岩鳅、鰕虎鱼等。河床中游在持续不断水流影响下易于变动，不可能发展丰富的生物群；这里生活的鱼类通常依靠其他鱼或岸边落下食物为食，多数为动物食性鱼类。江河下游或附属湖泊，水中悬浮物质和有机物增多，底部沉积物增厚；浮游生物和底栖生物的种类和数量都大大增加。杂食性、草食性鱼类大量出规，还生活着各种大型鱼类。如长江流域许多著名的珍贵鱼类，多数分布在中、下游河段及附属水系，成为我国重要淡水渔业区。在江河中，像这样按水流划分的生态区虽然很难十分明确，但从急流区到缓流区，鱼类区系的组成，体型和食性类型的变化通常还是能够清楚辨认的。同时，水流影响鱼类分布，还和水流的溶氧条件相关。急流区往往含过饱和氧，因此，通常生活着的都是一些对溶氧要求高的鱼类；相反，生活于缓流或静水的鱼类，通常适于各种氧浓度，且能容忍氧的缺乏。

深水湖泊、水库等大型水体和海洋相似，鱼类的垂直分布和行动与水温的垂直差别相关。由于水的传热慢、透热性小，这些水体的水表面温和底部温差别很大，而且水面温度随季节而变化显著，但深层的水温变化较小。夏天表层水温随深度而降低，而且到了一定深度，水温急剧下降。这个水温大幅度急剧下降的水层称水温跃层。超过水温跃层，水温几乎不发生什么变化。温跃层的深浅、宽度，随水体性质、深度和季节而变动。温跃层一年中冬夏两季可出现两次，冬季温跃层和水温垂直变化与夏季相反。掌握温跃层和各种鱼类适温范围，有助于了解不同季节各种鱼类的垂直分布和选择合适的渔具渔法捕捞不同水层的经济鱼类。

二、海洋鱼类的分布

限制海洋鱼类分布的主要因子是温度。根据对温度的适应和耐受力，鱼类大致分三

类群:

(1) 热带性鱼类 (tropical fishes) 对水温要求较高,适宜于在较高水温的水体生活。常见热带海洋鱼类有金枪鱼、鲣、鲭及某些珊瑚礁鱼类。

(2) 温水性鱼类 (warm-water fishes) 要求在温带水域条件下生活,我国近海的经济鱼类,如大、小黄鱼、带鱼、斑鰶等均属此类。

(3) 冷水性鱼类 (cold-water fishes) 在较低水温条件下才能正常生活的寒带和亚寒带鱼类,例如鲱。

大部分温水性鱼类,尤其是生活在沿海近岸的种类,大都能适应水温多变的环境,被称为广温性 (eurythermal) 鱼类,而热带性和冷水性鱼类,一般只能在水温变化小的环境中生活,被称为狭温性 (stenothermal) 鱼类。虽然海洋鱼类中存在着广温性种类,能够忍受比较宽阔的温度范围。但是,温度跨度不可能宽得足以跨越北极和热带之间的不同纬度,所以它们的分布同样受到温度条件的限制。

另一个普遍的障碍是盐度,尽管盐度的差异对海洋鱼类的限制并不像温度那么大。某些海区,例如红海,可以具有和周围各海相当不同的盐度而导致鱼类分布受到影响。沿岸浅海、近河口区与大洋之间由于盐度不同,各有不同的鱼类区系组成。浩瀚的大洋可以成为有效阻止适应于浅海生活鱼种的扩散。此外,各大海洋之间存在的陆地,构成海洋鱼类散布的又一障碍。深海鱼类还受到水的压力和海底隆嵴和丘陵的制约。

海洋鱼类的分布在大洋和陆架之间,又各有明显的特点,现简单分述如下。

1. 大洋鱼类 全部或大部分生命周期的生活不必依赖海岸的鱼类。能在适当的温度和充足的食物的广阔水域里分布。大洋鱼类的分布大部分被限制在某些等温线内,即鱼类的分布限界与其适温的地理分布限界一致。这在热带性和冷水性鱼类特别明显。例如,冷水性鲱以及鲑鳟鱼类的分布一般均不超过冬季 12℃ 等温线。因此,这些鱼类的分布范围与寒流和暖流的分布亦相关。还有许多种类是某些水团所特有的,这些水团是由水流、温度和盐度的相互作用形成的。这些制约对大洋表层和中层鱼类均适合。目前,对深海大洋种的分布还了解不多。

全球大洋(表层 200m 以内)鱼类的分布区划,主要按等温线划定(图7-9)。两极水域,冬季接近 −2℃ 到夏季的 5~6℃,部分地区全年或大部分时间被冰覆盖,鱼类区系贫乏;北半球冬季(2月)0℃ 和 13℃ 等温线之间划分为北太平洋冷温水域和大西洋北方水域两个区划;13℃ 到 20℃ 等温线之间划分为北太平洋暖温水域和大西洋暖温水域两个区划;

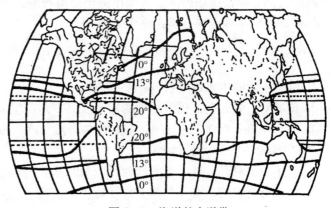

图 7-9 海洋的大洋带
示冬季 2月 0、13 和 20℃ 等温线位置

热带水域的南北范围都以冬季 20℃ 等温线为限,划分为印度—太平洋和大西洋热带区两

个区划；南半球20℃到13℃之间，基本上是一个连续的全球区划，称为南方暖温区；南半球13℃到0℃等温线之间亦是一全球区划，称为南方冷温区。在这些不同的大洋区划带，按照鱼类对温度的适应和耐受力，分布着各有特征性的冷水性、温水性或热带性鱼类。

我国的沿海水域，主要隶属于北太平洋暖温水域。这个区有发达的大洋鱼类区系，有许多种是与邻区共有的广温性鱼类，典型种有飞鱼、燕鳐鱼、长鳍金枪鱼、鲣、四鳍旗鱼和竹刀鱼等。北太平洋冷温水域的大洋鱼类，在我国北方见到的典型种是太平洋鲱。此外，大麻哈鱼在溯河时可进入我国黑龙江水系。我国台湾省和海南岛以南海域隶属于热带印度洋—西太平洋区划。这里有亚热带种类，有些是同东太平洋区划共有的鱼类，包括鲸鲨、噬人鲨、长尾鲨、前口蝠鲼、枪鱼、旗鱼和若干金枪鱼等大中型鱼类。较小的大洋鱼类有若干种沙丁鱼、飞鱼、鲹、乌鲳和羽鳃鲐等。

2. 陆架鱼类 因对底层生活有某种依附而限制分布于大陆架海区的鱼类。一般无法越过浩瀚的大洋而散布。有些完全底栖，有些近底栖；也有些生活在近表层，有较强的活动能力，甚至难以和真正的大洋鱼类区分，但终因营养和生殖需要而不能离开大陆架水域。陆架鱼类通常在一定的温度带内沿东西向海岸线扩散，而南北向扩散往往受到温度和陆地的障碍。浩瀚的大洋也是延缓或阻碍海岸鱼类扩散的因子。但也有些种类由于具有能在大洋漂浮的卵和仔鱼而获得广泛分布。因此，陆架鱼类一般较大洋鱼类有更大的多样性。Briggs (1974) 曾将全球陆架鱼类划分为20个区划。我国的陆架鱼类隶属于其中三个区划：

（1）太平洋——西部北方区 包括台湾海峡以北到白令海的亚洲沿岸，但受暖流影响的朝鲜半岛顶端和日本南部除外。我国北部沿海大陆架鱼类，如多种大麻哈鱼、香鱼，还有胡瓜鱼科、绵鳚科、鳕科、六线鱼科的一些种类以及数量较多的杜父鱼科、圆鳍鱼科和鲽科等，均属于此区划。

（2）北太平洋暖温带——日本区 包括朝鲜半岛以南、日本、我国台湾西海岸，约从温州到香港的中国沿海，常见鱼类有狗母鱼科、鲻科、鲭科、鲹科、鲀科、鲷科和石鲈科等。

（3）热带太平洋——印度洋—西太平洋区 这个臃杂的区划包括南北半球20℃等温线之间的近海，是造礁珊瑚区。我国南海诸岛海域的近海鱼类区系属于这一区划；鱼类极富多样性，特别是珊瑚礁鱼类占绝大多数。

思考和练习

1. 鱼类视觉的生态适应表现在哪些方面？
2. 鱼类听、侧、电、化学感觉的功能及其在鱼类生活中的意义？
3. 请写一篇1 000字左右的"鱼类的发光（声、电）"科普文章，简述鱼类发光（声、电）现象的机制和生物学意义。
4. 简述鱼类对光、声、电的行为反应及其渔业利用。
5. 举例分析影响鱼类分布的主要环境因子。

专业词汇解释：

receptor, sence organ, vision, acoustico-lateralis system, electroreception, chemical sence, chemical communication, olfaction, taste, phototaxis, sonic muscles.

第八章 洄 游

洄游（migration）是鱼类的一种重要运动式型。鱼类通过洄游变换栖息场所，扩大对空间环境的利用，最大限度地提高种群存活、摄食、繁殖和避开不良环境条件（包括敌害）的能力。因此，洄游是鱼类种群获得延续、扩散和增长的重要行为特性。研究鱼类的洄游，不仅要了解洄游的基本概念和类型，更重要的是了解洄游的生态学意义和机制；目的是掌握鱼类运动和空间利用的一般规律，据以做好渔情预报以及制定和设计合理的渔具渔法。

第一节 运动、洄游和集群

一、运动和洄游

运动是鱼类生命活动的基本特征之一。鱼类的一生通过运动实现时间和空间的利用，完成各种生命机能。鱼类利用时空的方式不一。有些种，其个体在整个生活史期间都在出生地附近生活，称为定居鱼类（resident fishes）；而另外一些种，其个体在生活史某个阶段要穿越不同类型或性质的水域进行长距离洄游，称为洄游鱼类（migrating fishes）；还有一些种，个体具有在水体中作上下垂直移动的习性。

洄游鱼类，其个体的活动性具有明显的方向性成分；而定居鱼类，其个体的活动性局限于一个十分明确的区域。这个区域可以是受到防卫的，反对其他个体入侵的，因而构成一个领地（territory）；也可以是不受防卫的，和其他个体合用的，则构成一个家乡区（home range）。介于两者之间，还有一些鱼类，其个体既不把它们的活动性局限于某一区域，也不具有强烈的方向性运动。这是目前确认的鱼类时空利用的三种基本运动式型。

同种的不同地理种群，其运动式型可能各不相同。例如，欧洲鳟（*Salmo trutta*）种内有些种群要进行长距离的洄游，而另一些种群却是定居型的，仅见到局限性运动。不仅如此，居住在同一水系的欧洲鳟，也可以同时存在洄游型和定居型种群。就同一种群来说，在其生活史的不同阶段也可能出现不同的运动式型。例如，溯河性鲑，在它出生的溪流往往具有受防卫的摄食领地，其活动仅限于一个局部区域；然后集群离开出生溪流，洄游入海，这时的活动性具有明显的方向成分；在海洋里，随着摄食活动进展，鱼类的活动区域扩大，方向性成分减少，甚至消失；最后又集群游回淡水，再次占据一块领地，但这次是为了繁殖，而不是为了摄食。

从本质上来说，鱼类的运动都是反射性的；即由外部（诸如饵料生物、异性个体、敌害和不利水文条件）或内部（饥饿、缺氧、性激素分泌等）的刺激所引起的。对外界刺激的直接反射作用而产生的简单运动，例如避敌、追捕食饵对象等；有时是连续发生的，在空间上无任何共同的方向性，属不定向运动。洄游则不同。洄游（migration）是一种有一定方向、一定距离和一定时间的变换栖息场所的运动。这种运动，通常是集群的、有规律的和周期性的，并具有遗传的特性。

定向的洄游是怎样在不定向的运动的基础上发展而形成的呢？这是一个复杂的至今尚未完全弄清楚的问题。Шмидт（1947）提出假设，最初可能和水文气象条件的变化有关。由于水文气象常有一定的时间间隔的重复性、周期性、昼夜性和季节性的变化，鱼类适应外界环境的这种规律性变化而逐渐形成有规律的、周期性定向运动。例如，图8-1所示，一种鱼a原在A生境的南端和A_1生境的北端进行不定向的运动（小箭头）。冬季来临时，随着温度由北向南逐渐降低，鱼a为避开不适宜环境，即向A_1生境南端转移，并逐渐此向A_2、A_3等生境定向移动（大箭头），一直到达温度适宜的B生境。到了春季，随着温度的回升，鱼a又要进行定向的、方向相反的运动，即由B生境游向A生境。这种运动方式通过若干世代获得性遗传被确定下来，并且那些以最好方式执行洄游的个体，就成为在生存竞争中的胜利者，被自然选择所保留。这样，以前只在一定地区进行不定向运动的鱼类，在离开不利条件或避敌、索饵时，就逐渐产生出定向的、有规律的、周期性的洄游。

同样，如果在一定的地区内，较有利于生殖的条件是定向运动的刺激因素时，那么激发鱼类增强活动性的性激素的作用，亦一定参与对外界条件的反应。例如，许多海洋鱼类在离岸远的海区生活，而在离岸近的海区生殖；这是因为近岸海区不仅对生殖，而且对仔幼鱼的生活都较有利。因此，可以认为，在性成熟时，性腺分泌的性激素发生作用后，沿岸浅水水温的升高和盐度的下降等条件，乃是吸引着鱼类游向近岸的主要支配因素。

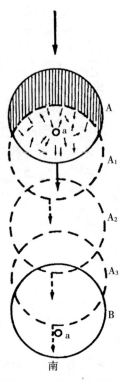

图8-1　鱼类从不定向运动向定向运动的示意图

（从 Шмидт，1947）

因此，从生物学的观点看，洄游乃是鱼类运动的一种特殊式型，是鱼类种或种群的一种特性。这种特性是物种在自然历史发展过程中，为寻求最基本的生活条件，诸如繁殖、索饵和适温条件等而在长期自然选择中产生的。洄游与鱼类其他一些本能特性不同的地方，不在于它的复杂性，而在于它的规律性，这就是基本与外界环境周期性相互交替的条件相吻合。

二、运动和集群

鱼类的运动式型常受到其他鱼的存在，特别是同种其他个体存在的影响和调节。有些鱼类，其个体对其他鱼的存在反应冷淡，因而它的运动式型和空间利用不受其他鱼存在的影响。另有一些鱼类，其个体回避或抵制其他个体，这就可能导致某种形式的领域性行为。还有些鱼类，其个体通过使自己的运动和其他个体保持一致，作为对其他鱼存在的反应。这种社会性反应导致了鱼群（shoal）的形成。

关于鱼群（shoal）、同步群（school）和鱼群集结（aggregation）等的概念、命名和定义常常是模糊的。Pitcher（1986）提议，鱼群用于描述由于社会性原因而组合在一起的一组鱼。如果在一个鱼群中，所有个体以极性相同和时间同步的式型游泳，这种鱼群，特别称为同步群。许多中上层鱼类，如鲱和鲭，通常是以同步群方式运动的。当鱼类个体对某些环境因子，如温度和水流产生反应，而不是对社会性因子反应而组合在一起时，就出现鱼群集结。

集群（shoaling）则是指个体集合成鱼群的一种行为；在渔业生产上又常被用来泛指种类和生物学性状相同或不同的几个鱼群，在生活史的某个阶段，由于某种需要或目的而临时集聚在一起的庞杂的鱼群。鱼类集群的特性，首先和种的生态学类别、个体发育阶段以及生理状况相关。有些鱼类几乎在整个生活史阶段都集群生活，也有些鱼类仅在生活史的某一阶段集群，还有些鱼类整个生活史阶段都不集群。

许多鱼类的集群与索饵有关。在同一饵料分布区内，可以同时存在摄取相同饵料的同种或不同种的几个鱼群，这样就构成了索饵集群。同种鱼的不同发育阶段的个体，由于摄取的饵料对象不同，一般不会在同一索饵场出现。索饵集群在以浮游生物或集群性小型鱼类为食的中上层鱼类中最为常见。其范围大小往往和饵料生物的范围、密度和分布特点相关。由于浮游生物在海洋中的分布密度不是随机的，所以集群鱼类要比个体容易发现饵料的密集区。因为，只要鱼群中有部分个体发现（接触）一个饵料生物高度密集的层片，通过信息传递便会吸引整个鱼群转向这一层片。因此，群体获得饵料的机会比个体多，它的摄食强度和速率也高于个体。以底栖生物或其他无集群习性的鱼类为食的鱼类，一般不会形成索饵集群，因为分散索饵对它们比集群索饵更有利。

在繁殖场所见到的鱼群，几乎完全由性成熟的同种个体组成，称为繁殖集群。凡因繁殖而集群的鱼类，一般对繁殖场和繁殖条件有一定的要求，或者被限制在狭隘的适温带水域以内。通常繁殖集群的范围较大、密度高，而且越接近繁殖场，集群的密度越大。许多底层鱼类和中上层鱼类都有集群繁殖的特性。繁殖集群大大增加了雌雄个体相遇、配对和精卵结合的机会，因而有利于繁殖后代，绵延种族。

有些鱼类要求一定的越冬温度。当冬季来临、原来栖息地水温下降时，它们往往集群游向适温区越冬。这样，在越冬区就会形成越冬集群。不同种的鱼类，或同种不同大小个体所构成的鱼群，如果所要求的越冬温度相同，就可能在同一越冬区出现。相反，如果仔幼鱼和成鱼所要求的越冬温度不同，则不会在同一越冬区出现。越冬场为鱼类避开不良温度条件提供了庇护所。

鱼类在进行长距离洄游时，通常是集群的。这种沿洄游路线形成的鱼群，称为洄游集群。一般认为，集群鱼通过群间联系较容易发现定向目标，或有共同的定向机制，因而能够更迅速、正确地找到洄游路线。这样就使个体无法找到合适栖所的危险降到最低，并且通过减少由于方向不正确化在游泳上的时间，可以减少洄游的能量消费。因此，有些平时独立生活的鱼类，在洄游时亦会集群而行。洄游集群因最终目的（繁殖、索饵、越冬）的不同，其群内个体的种类组成和生物学特性常有不同。而且，当它们抵达目的地后，或者分散栖息，或者转变为另一种集群。

集群同时还具有防御敌害的作用。个体通过加入一个群，可以减少遭遇敌害捕食的危险。集群的防御作用主要表现在：群内个体对惊戒信号的传递，使处在同一集群中的鱼能够在较远距离感知危险，并迅速作出反应。有些集群不明显或不集群的鱼，在突然遇到危险时会立即集合成群，这种专门的防御集群的出现和消失，一般没有恒定的时间和地点。例如，被网具包围的鱼，常会迅速集群急游，寻找逃避危险的途径。只要1尾或数尾鱼发现漏洞，通过传递机制会使整个鱼群逃出网具。虽然单一的鱼较群体中的鱼易被敌害捕食，但群体对远方的捕食者较单一的个体醒目。因此，集群鱼在发现敌害或受到攻击时，常立即分散，以扰乱捕食者。

集群鱼类主要通过视觉、嗅觉和听觉等进行信息传递和保持群内个体间联系。在集群行为上，一般认为视觉起主要作用。许多鱼类白天集群，而晚上不集群。大洋性鱼类两侧常带有青黑色斑块，用来保持彼此间视觉联系。在一定的光强度范围内，这些鱼通常就会出现集群现象，而当光强度减弱到一定限度，集群就消失。Blaxter（1970）报道欧洲鳀、大西洋鲱等10多种中上层鱼类，当光照强度低于$10^1 \sim 10^{-2}$ lx就停止集群。这是因为当光照度低到一定程度时，鱼类便失去视觉，无法保持群间联系。同时，这种现象还和鱼类的防御机制相关。因为集群性鱼类通常依靠视觉发现敌害鱼类，当光照强度减弱时，集群鱼发现敌害鱼类的距离缩短，因而遭到敌害鱼袭击的危险增加。这时，分散对鱼类个体的保护更有利。但是，也有一些鱼类在黑暗中仍有密集成群的行为，如小公鱼（*Anchoriella*）等。这表明在集群行为上，视觉未必是唯一的通讯和保持联络的方式。嗅觉、听觉等可能同样起着保持个体间联系的作用。

第二节 洄游的类型

鱼类洄游的类型，从不同的角度可以有不同的划分法。例如，依据洄游的动力，有主动洄游和被动洄游之分。主动洄游是依靠鱼类自身运动能力的洄游，而被动洄游是借助水流的动力而移动，如仔稚鱼阶段的漂流。被动洄游的方向完全由水流决定，所以，一般不被认为是真正的洄游。依据洄游的方向则有水平洄游和垂直洄游之分。在水平洄游中，又有向陆洄游和离陆洄游之分；前者指由海洋进入河内、自海的深处往沿岸，或自河的下游往上游的移动；后者则指沿河而下、由河入海，或自沿岸向海的深处移动。还有一种常见的方法，是依照鱼类洄游的不同目的，而划分为生殖洄游、索饵洄游和越冬洄游。Mcdowall（1987）在Мейснер（1933）的基础上，依据生活史阶段栖息场所及其变更，将洄游鱼类分为三大生态类群：海洋性、淡水性和过河口性洄游鱼类。

一、水平洄游（horizontal migration）

1. **游洋鱼类的洄游** 整个洄游都发生在海洋的鱼类，称为海洋性洄游鱼类（oceanodromous）。海洋性洄游鱼类多数具有季节周期性洄游形式，如鲱、鳕、金枪鱼、鲐、鲹等；洄游距离大都较淡水鱼类长；而且在多数情况下，其洄游周期由产卵、索饵和越冬这三个主要环节组成（图8-2）。产卵洄游（spawning migration）在有的鱼类，是由越冬场游向产卵场，特点是鱼类往往集成大群，通常按年龄或体长组大小以及雄前雌后的顺序组群，在一定季节沿一定路线和方向进行。一般较少受环境因子影响，有时在水文条件影响下，抵达产卵场时间会发生一些变化。有的鱼类在越冬后先进行索饵洄游，然后再由索饵场游向产卵场。也有的鱼类在产卵洄游过程中，同时完成索饵洄游。索饵洄游（feeding migration）一般在产卵后并准备再次性成熟的鱼群中表现得较为典型。在外海越冬后的鱼群，体内能量消耗较大，通常亦需要进行索饵洄游，补充能量并完成性腺进一步发育。索饵洄游的基础是饵料生物，因此其路线、方向和时间易变动，远不如产卵洄游那样恒定。有些鱼类产卵后，随即分散在附近海区索饵；因而集

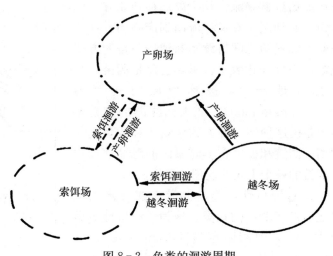

图 8-2　鱼类的洄游周期

群性也不如产卵和越冬洄游明显。索饵洄游往往是在洄游的过程中就达到了洄游目的。越冬洄游（wintering migration）在于追求适温水域，在暖温性鱼类中表现特别明显。这些鱼类在秋冬季水温下降时，通常集群移向海底地形、底质和温度等条件都适合越冬的外海深水层。越冬洄游都在索饵洄游之后进行。多数鱼类在越冬洄游期间减少或停止摄食，依靠索饵期体内积累的营养物质和能量维持越冬期消耗。越冬洄游的时间、方向和地点受水温变化，尤其是等温线分布的影响较大。

　　海洋鱼类洄游最简单的方式，乃是鱼群在外海（越冬场）和近岸（产卵和索饵场）之间作季节性迁移。一般春夏季近岸水温升高较快，自陆上江河流入的营养盐以及海淡水、潮汐和涌升流等水流交汇给鱼类食饵生物的繁生提供了有利条件，吸引着鱼群到来。而且，在沿岸地区较窄且浅的地带，给雌雄个体相遇相配提供了条件。近岸水温升高，缩短了鱼类生活史最危险的阶段——卵和仔稚鱼的发育期；而丰富的游浮生物又为仔稚鱼快速生长创造了条件。因此，鉴于索饵、产卵和幼体发育需要，极大多数中上层鱼类的产卵和索饵均在近岸水域。但是，秋冬季随着气温下降，外海由于水层厚，含有大量的热不易散发，变冷过程较近岸缓慢。因而，迫使鱼类离开近岸去外海较深水层寻找越冬场所。我国沿海许多暖温性经济鱼类，如大黄鱼、小黄鱼、鳓、银鲳、鲆和鲽等，都具有这种简单的洄游式型。它们的洄游路线、距离、时间和地点尽管种间或种群间不同，但一般规律相似，即春季集群自南向北、自外海深水层向近岸洄游，然后在近岸合适海区产卵、索饵；到秋季又集群自北向南、自近岸向外海深水层洄游（图 8-3）。

　　大西洋鲱的洄游代表着海洋鱼类中另一种较为复杂的方式。每年春季 2～3 月，大西洋鲱来到挪威西部沿岸产卵。仔稚鱼中一小部分留在沿岸的不同海湾内生活，成为不同的地理种群。长成后就在近岸海湾、港口产卵，然后去外海索饵、生活。其洄游也是一种简单式；仔稚鱼中的大部分被北大西洋暖流的东北支流带往北方，到 7～8 月最远可达挪威最北面的芬马根省，旅程达 1 600～2 100km，然后逐年分阶段地向南移动，大约在 4～5 龄性成熟时，又回到原来的出生地，完成一个洄游循环。此后，产过卵的成鲱，每年

自产卵场集群顺流作长距离迁移到北方外海索饵，而到翌年春又逆流回到产卵场。这种仔幼鱼和成鱼之间持续不断地按各自的方式洄游，距离长达数千公里，且总是洄游到自己出生地产卵，被称为回归式洄游（homing migration）。北大西洋鲱的洄游基本上是由这种同一种群的仔幼鱼和成鱼的长距离的洄游和孤离在不同海区的海湾作简单式洄游的各个不同的地理种群组成。

2. 过河口性鱼类的洄游　在海水和淡水之间进行洄游的鱼类，称为过河口性洄游鱼类，或海河洄游鱼类（diadromous）；又分为3类：主要生活在海洋而洄游到淡水产卵的溯河鱼类（anadromous）；主要生活在淡水而洄游到海洋产卵的降海鱼类（catadromous）以及虽然在海淡水之间洄游，但这种洄游运动并不直接为了生殖的双向洄游鱼类（amphidromous）。

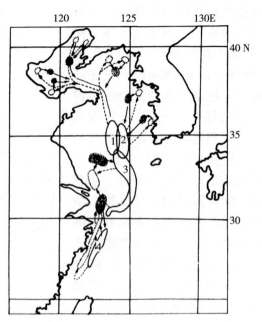

图8-3　小黄鱼种群的分布和洄游示意图
1. 黄渤海群　2. 黄海（朝鲜西岸）群
3. 南黄海群　4. 东海群
实线圈：越冬场　虚线圈：产卵场　黑点圈：索饵场
（从林新濯，1987）

典型溯河产卵鱼类见于七鳃鳗科、鲟科、鲱科、鲑科（包括白鲑）和胡瓜鱼科等5科，主要分布在北半球寒带和温带海中。其中，以鲑科的鲑属（Salmo）和大麻哈鱼属（Oncorhynchus）鱼类的溯河洄游最为典型、壮观和奇特。这些鱼类的洄游距离长、规模大；鱼类在洄游途中一般不摄食；一生要改变两次海淡水完全不同的生活环境，因此个体从外形结构到内部生理状况都会发生一系列适应性改变；尤其让人惊奇的是：这些鱼有一个特别卓越的本能，即回归本能（homing instinct）。它们似乎具有辨别方向的本领，个体在性成熟后，不管原来在海洋中生活多么广泛或混杂，在回归途中一般均能找到它们原来出生的河流，甚至能找到它们出生的那条河的支流。鲑属主要分布在大西洋，大麻哈鱼属只见于太平洋。来到黑龙江产卵的大麻哈鱼（O. keta）有夏季和秋季洄游两个生态群。夏季群6月下旬出现于黑龙江河口，约8月中旬抵达产卵场，距河口400～500km。秋季群洄游时间较短，一般始于8月下旬，9月中旬即可抵达产卵场，距河口1 200～1 500 km；在我国的乌苏里江、松花江、呼玛河以及图门江均有产卵场；鱼群的范围和大小都超过夏季群。因此，在我国黑龙江省淡水渔业中占有重要地位。大麻哈鱼强烈洄游时，几乎贴近水面，可以看到鱼的背鳍；且常从水中跃出。逆水上溯的速度30～35km/d，最高47km/d；由于流速平均为68km/d，实际游速高达115km/d。个体在溯河过程中体形、体色，特别是头骨和牙齿均发生变异；尤其是雄鱼，体变得较高，背驼起，头变大，吻部和下颌延长，吻端下弯成钩状，上下颌长出大齿（图5-2d）。同时，内部组织、生理也发生巨大变化，包括骨骼、皮肤的相对重量增加；肌肉干物质重量减少；整个上溯期几乎丧失全部贮备物质的75%以上，脂肪消耗超过97%；消化道和肝脏萎缩，胆囊无胆汁分泌；血液内盐浓度下降，鳃部的泌盐细胞功能加强等。大麻哈鱼产卵场通常都在黑龙江清冷支流上游，产卵期持续1～2月，雌鱼在产卵后活9～14d，雄鱼稍长，最后亲鱼全部死亡。翌年，仔鱼孵出后长到50mm，约在4月下旬开始顺流降河入海，6～7月抵河口；在河口区栖息到下半年，体长约110～160mm时逐步游向外海；在海洋中生活3～5年，达到性成熟，又集群回归到出生地产卵。所以，它们的洄游是一种生活史周期性洄游式型。

中华鲟、鲥、刀鲚代表着另一种类型的溯河鱼类。中华鲟是大型经济鱼类，性成熟个体春夏季在河口区集群，秋季上溯到江河上游产卵。在我国长江、钱塘江、黄河均可见到。在长江的产卵场主要在长江干流上游和四川宜宾附近的一段金沙江。产卵期10～11月上旬。产卵后亲鱼和幼鱼顺流洄游，重返河口；在浅海区肥育，以后可再次来到内河产卵。鲥平时分散栖息在黄海、东海和南海，3～4龄性成熟，每年春季溯河到长江、钱塘江、珠江产卵。亲鱼产后又返回海洋肥育。仔幼鱼留在江河中生活一段时间至秋冬季顺流入海。还有刀鲚，见于东海和黄、渤海。长江口的刀鲚，每年春季溯河而上产卵，可进入各种大小支流和通江湖泊。产卵后亲鱼分散在淡水中索饵，并陆续缓慢地顺流返回河口及近海。幼鱼当年也顺流进入河口区索饵。有趣的是，在历史上有些刀鲚群体不再洄游入海而留在淡水中定居，成为陆封型（landlocked form）刀鲚，见于长江中下游的一些湖泊。此外，还有些溯河鱼类，对产卵场要求不很严格，洄游距离一般较短，产卵场通常离河口不远，或就在近河口区，如凤鲚、间银鱼等。

鳗鲡属（*Anguilla*）是降海洄游鱼类的典型代表。鳗鲡的洄游在距离、规模、形体变化和回归本能等方面，丝毫不比鲑属、大麻哈鱼属鱼类逊色，且更富神秘性。鳗鲡属的发源地在印度尼西亚群岛的热带海洋，经过长期历史演化才广泛分布到世界的其他地区。但是，长期以来鳗鲡被认为是淡水鱼类，谁也不了解它们是如何繁殖的，因为在淡水中从未发现过任何性成熟的鳗鲡。18世纪，欧洲鳗鲡的仔鱼虽然已发现，但被定为短头鳗属（*Leptocephalus*），还设立了一个单独的科或目。1897年，Grassi和Calandraccio把当时称为短吻短头鳗（*L. brevirostris*）的叶状仔鳗养在海洋水族馆里。令人吃惊的是，在两个月后，这些鱼变形成了淡水鳗鲡的幼体——线鳗（elver）。事实表明，鳗鲡可能来自海洋。1904年，丹麦生物学家Schmidt在大西洋法罗群岛拖捞鳕鱼卵的时候，偶然发现1尾叶状仔鳗，进一步证明欧洲鳗鲡确实是在大西洋内繁殖的。此后，Schmidt把一生献给了鳗鲡生活史的研究。他对欧洲沿海和大西洋中西部进行了无数次勘查，收集了大量欧洲鳗鲡和美洲鳗鲡的仔稚鱼材料。最卓越的成果是找到了体长仅5～6mm的卵黄囊仔鳗和7mm的卵黄囊刚吸收的仔鳗。它们是在大西洋西部（约在北纬22°～30°、西经48°～65°之间）一个名叫藻海（Sargasso sea）的热带海区、水深200～300m处发现的。这一海区被推定为欧洲鳗鲡的产卵场。同时发现了体长15、25、45mm仔鳗的分布界限（图8-4）。Schmidt于1923年发表的"鳗鲡的生殖研究"揭开了鳗鲡生殖之谜，被誉为本世纪初生物学上的一个重大贡献。叶状仔鳗（leptocephalae larva）被墨西哥大湾流带离藻海区，大约经22个月抵达欧洲大陆架，再经1年才变态成为纤细的线鳗，进入欧洲沿岸河口。刚进河口的线鳗，长50～60mm（最长80mm），体白色透明，称玻璃鳗（glass eel）。玻璃鳗集群逆水上溯洄游，途中体色转黑。鳗鲡在淡水中生活年数，按种类、地理分布和水域环境而不同。欧洲鳗鲡至少7～9年。鳗鲡在淡水生活期间，体黄褐色，称黄色鳗（yellow eel），在准备重返海洋的最后一个夏季，皮下出现闪光层，称银色鳗（silver eel）。银色鳗肉质上颌变薄，吻部变尖；进入海内时，眼显著变大；体内脂肪含量从黄色鳗阶段的5%～15%，上升到银色鳗阶段的25%～28%，这保证了它们在停食降海洄游时能量需求；血液中CO_2浓度升高，血压增高，为适应大洋深处产卵环境作好准备。鳗鲡洄游能力极强。欧洲鳗鲡从欧洲沿岸到藻海，旅程超过6 500km。成鳗逆流游速约为13km/d，流速约7km/d，所以实际游速约20km/d。游完全程历时约1年5个月。也就是说，当年秋季离开欧洲河流的鳗鲡，可能要到第三年2月才到达藻海产卵。美洲鳗鲡的产卵区和欧洲鳗鲡相距甚近，位置较欧洲鳗鲡的产卵区中心稍往西南些。分布于我国和日本沿海的日本鳗鲡（A. japonica）的产卵场，据推测约在北纬21°～26°、东经123°～129°的太平洋西南部，即西起我国台湾、北达大东岛至冲绳列岛一线的椭圆形海区。

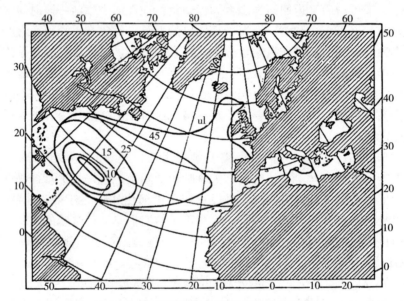

图8-4 欧洲鳗鲡的产卵区和仔鳗的分布

以数字表示发现一定长度仔鳗的海区界限，如10、15、25、45mm以及完全长成的仔鳗（ul）的发现区；10mm体长仔鳗发现区推定为产卵区

(从Schmidt，1923)

3. **淡水鱼类的洄游** 整个洄游都发生于淡水的鱼类，称为淡水洄游鱼类，或江河洄游鱼类（potamodromous）。江河鱼类的季节周期性洄游式型，尽管通常亦由生殖、索饵和越冬三个环节组成，但在距离、规模、集群性和规律性方面都远不如海洋鱼类。我国的四大家鱼是淡水鱼类中洄游距离较长的。在长江，这些鱼类在繁殖季节集群逆水洄游到干流中上游产卵场产卵；产卵后亲鱼又陆续洄游到原来食饵生物丰盛的干流下游、支流和附属湖泊索饵。行程有的可达500～1 000km。冬季来临时，这些鱼类也会从较浅的湖泊或支流游到干流河床深处越冬；但这种越冬洄游不太稳定，如果湖泊中也存在适合越冬的深潭，它们可能就会在当地越冬。它们在干流中上游产的卵，通常1d左右就孵出仔鱼，顺流被带到下游。当这些仔幼鱼获得主动游泳能力后，常沿河逆流作索饵洄游，进入支流和

附属湖泊肥育，待性成熟后，再集群到江河上游产卵。

一些湖泊型鱼类的洄游距离更被缩短到最低限度。它们平时在湖泊主体水域生活，到了生殖季节常集群游近湖岸或进入沿湖的河流产卵。例如，太湖的花鲴每年春季游近沿岸水草茂盛处产卵，形成渔汛。又如，青海湖裸鲤平时栖息于湖内，3～7月进入沿湖的河流产卵。这些鱼类冬季一般都在湖心深处越冬。

二、垂直洄游（vertical migration）

不少鱼类具有在水体上下层之间进行垂直移动或洄游的习性。垂直洄游往往是一种短距离索饵洄游，呈日周期性型式。洄游距离数百至数十米不等。进行垂直洄游的鱼常集成小群。一些以浮游动物为食的海洋中上层鱼类，其规律通常是1昼夜2次（黄昏和黎明）变换栖息场所，转移到当时饵料生物集中的水层。例如鲱白天几乎停留在近海底，黄昏时上游到水面，约在半夜沉到水层中，黎明时在最后沉到白天深度以前，再次上升。也有不少海洋底层或中上层鱼类是1昼夜1次变换栖息场所，即黄昏时上升到海面或中上层，黎明时下降。但是，也有不少鱼类却是白天上升，晚间下沉。例如，东海的绿鳍马面鲀是一种外海底层鱼类，一般生活在100m以上的深水层。在越冬和索饵期有明显的白天上浮、晚间下沉的习性。许多珊瑚礁鱼类也是白天上游，在水层中摄取浮游动物，而晚上下沉到珊瑚礁间休憩、避敌。

鱼类垂直洄游规律还和季节、环境和鱼的生理状况相关。在寒带和亚寒带，许多原来白天栖息在海底的鱼类，在产卵期常上升到表层；因为那里水温高，有利于促进性腺成熟，如鲱、鳕。我国沿海的带鱼，越冬季节在黄海济州岛西南海区，夜间鱼群沉在水底，而白天多在中上水层；但产卵期在近岸则相反，白天栖息在底层，夜间起浮水面。在海礁东北渔场，带鱼从上午5时开始逐渐下降，白天分布在海底，傍晚16时以后逐渐上升，下半夜抵达表层。带鱼在月黑夜晚或者有月光的夜晚，月光强弱都会影响到其栖息水层。温度对垂直洄游的形成和幅度亦有较大影响。例如，Brett（1983）报道红大麻哈鱼（O. nerka）稚鱼在夏季湖泊水体分成各种温度层时，出现垂直洄游。它们白天沉到水深30～40m的冷水区（4～6℃）；黄昏上升，越过温跃层到温暖的上表层（16～18℃）摄食约2h，然后沉到温跃层的上区，但在黎明时再次上升，最后随光照增强才沉入冷水区。当秋季来到时，湖泊的温度分层现象消失，这种垂直洄游停止。

鱼类的垂直洄游原因，说法不一。一般认为：

（1）上层鱼类的垂直洄游是追随浮游生物的垂直移动所引起。

（2）鱼类白天移入较暗的深水层，可以减少以鱼类为食的鸟类以及其他肉食性动物（包括鱼类）白天捕食的危险。

（3）鱼类通过移动水层保持着一种能量消费的体内平衡控制。Brett（1983）在野外和实验室研究发现，溯河型红大麻哈鱼稚鱼，其代谢率1昼夜有2个高峰，即黄昏和黎明进行摄食时，而半夜较低，白天（8～18点）最低。这表明鱼在摄食后进入冷的水层（下层），可以降低它们的能量消费率。这一观点近年来已获得较多支持。总的来说，鱼类的垂直洄游的索饵、避敌以及能量收支平衡等方面往往起到综合性作用，因而，对于不同鱼类，要结合季节、环境条件和鱼的生理状况作具体分析，不能单强调某一个方面。

第三节 洄游的原因和定向机制

一、洄游的原因

洄游作为鱼类种或种群的重要行为特性,是在种的长期历史演化过程中形成的。从生物进化的观点来说,洄游是鱼类适应外界环境、与外界环境条件矛盾统一的结果,并经过世世代代被保留下来,有相当强的遗传性。这种遗传性在它的后代中获得表达时,也会受到当时的环境因子的影响而在一定的范围内发生变化。洄游既然是鱼类适应环境的一种行为特性,它应该有利于鱼类的生存斗争,而事实上,大多数洄游也都是和鱼类寻求最基本的生活条件,诸如适宜的繁殖、索饵和温度等条件相关的。近代,对洄游能量学(详见下述)的研究,进一步肯定了洄游具有促进种群发展、使后代的生产量达到最大的基本功能。

显然,鱼类洄游的原因、洄游的功能,历史的和现时的影响和促成鱼类洄游的因素是非常复杂的。在鱼类的不同种、种群和各种类型洄游之间,又各有特殊性。而且,就人们现在的知识而言,对有些现象很难给予圆满的解释。因此,在探讨具体的种或种群的洄游原因时,应当综合多方面的因素,予以具体分析。

1.历史因素 许多鱼类的洄游,特别是海洋中上层和底层鱼类,以及过河口性鱼类的长距离洄游,在其形成过程中,历史因素起着显著的重要作用。现在的洄游轮廓、分布,通常都保留着地球过去的某一地质年代的环境条件的痕迹。例如,大西洋鲱、鳕的长距离洄游,应当是从短距离洄游发展而来的;而其洄游的途径,则和最近的地质年代的冰川期相关。当时,大西洋北部是一个冰海,而大西洋暖流的水被冰挤向南方,仅局限于法国和葡萄牙的沿岸区域。因此,只能形成小幅度的洄游。以后,随着冰川的消失和大西洋暖流向北方移动,种内部分鱼群才有可能沿欧洲的西岸向北方扩展。这可能就是这两种鱼既能进行长距离洄游,而在有些海区又保留着短距离洄游的种群的重要原因之一。据认为,现在北半球许多鱼类的洄游,都是在最近地质年代的冰川期和当代这个漫长的过渡时期形成的。同样,过河口性鱼类的洄游,也与冰川期相关。随着冰川的后退,起源于热带海区的鳗鲡获得了向北方扩展的机会。同时,当冰川融化产生的水流向海洋延展时,使得海的广大区域,特别是河口带被冲淡,造成了过河口性鱼类向淡水(或海水)洄游的有利过渡地带。这些例子说明,在研究鱼类洄游时,必须考虑到种在其发展历史中一系列影响洄游的历史环境因素,只有这样才能理解洄游的原因和探讨洄游变动的基本规律。

2.环境因素 环境因素不仅在历史上对鱼类洄游形成起重要作用,而且对现时洄游的起动、表达和变化也有很大影响。影响鱼类洄游的环境因素很多,其中以温度、水流、水化学(包括盐度)等非生物因素以及饵料生物和敌害等生物因素最为重要。

(1)温度 温度是鱼类代谢的重要控制因子。鱼类的早期发育、生长、性成熟和产卵过程等均要求适温条件。因此,温度几乎对各种类型的洄游都具有重要意义。特别是水温的季节性变化,可能是造成寒温带水域鱼类季节周期性洄游的主要因子。例如,海洋鱼类的简单式洄游,每年春夏季近岸水温升高,吸引着要求一定产卵水温的鱼群的来到;同时,温度通过对饵料生物发生、分布和数量变动的作用,也间接影响到产卵后鱼群的索饵洄游；到秋季，随着近岸水温的下降，鱼群便结束索饵，开始越冬洄游。一些淡水鱼类每年春夏游向湖岸或干流上游产卵，秋冬游向深水区越冬，情况也与此相似。当然，对于一些进行季节周期性洄游鱼类来说，水温往往成了它们产卵或越冬洄游的信号。每年水温上升或下降的早晚，能够直接影响到洄游开始的时间和速度。水温对其他类型的洄游也具有不同程度的影响。例如，鲑鳟鱼类在溯河时遇到低水温，会暂时停止洄游；欧洲鳗鲡入海后通常是顶着温度逐渐升高的海流洄游到大西洋最暖的水域产卵。

（2）水流　一些鱼类卵和仔稚鱼阶段的被动洄游，其方向、路线和距离完全受水流支配。例如大西洋鲱、鳕和欧洲鳗鲡等。这种仔稚鱼阶段的被动洄游，又常常是成鱼阶段主动洄游的根源。因为被水流携带而远离出生地的仔稚鱼，它们从双亲那里遗传继承的形态、生态和生理特性，决定了它们对祖先所适应的环境条件的依恋，而对远离出生地的新的生活条件往往不能完全适应，特别是在它们发生和发育的最初阶段。因此，这些鱼类在性成熟后，如果不作相反的回归洄游，其生殖活动和新一代的早期发育可能就会终止。因此，在许多世代中，靠被动性和主动性洄游建成的生活史周期性洄游，就在那些经过自然选择而保留下来的种或种群中，获得不断巩固和遗传。

许多溯河性鱼类的洄游往往表现为正趋流性（positive rheotaxis，鱼头向着水流方向的逆流运动），即俗称"顶水"。鲑鳟鱼类逆流本领极强，能越过鱼道，甚至跳过障碍物。鳗鲡的降海洄游，在河流里表现为负趋流性（negative rheotaxis，鱼头背着水流方向的顺流运动），但欧洲鳗鲡在海洋里也是顶着墨西哥大湾流前进的。幼鳗入河后同样是顶着水流向上游前进的。在北爱尔兰的 Bann 河，人们利用幼鳗的这种趋流性，在水坝的两侧设计两股涓涓水流吸引幼鳗上溯，几乎能够将 100% 的上溯幼鳗诱入鱼陷阱或鱼笼，为人工养鳗纳苗。同样，港塭养殖中的纳苗、鱼道的设计原理都利用了鱼类的趋流性。

（3）水化学因素　水的化学成分，包括盐度是影响鱼类，特别是过河口性鱼类洄游的重要因素之一。水体盐度值、pH 以及溶氧和 CO_2 含量的变化，还有各种化学和生物物质所构成的特殊气味，往往会通过作用于鱼体渗透压和离子调节、呼吸、血压、内分泌和化学感觉系统，从而导致鱼类神经系统的兴奋而产生行为反应。另一方面，过河口性鱼类由于遗传型决定，在其生活史周期性洄游的一定阶段，由于机体内部一系列变化会产生出适应和追随新的水化学条件的要求，从而触发洄游的开始。这些鱼类一生要经过两次海淡水栖息场所的变换，它们在进入淡水（或海水）之前，往往在河口区逗留一定时期；河口区往往为它们调整机体、适应新的栖息环境提供了重要的过渡条件。

（4）食饵生物　食饵生物的分布、密度、数量和移动等动态变化，往往是历史和现时影响一些鱼类索饵洄游方向、路线、距离的最重要因素之一。许多海洋和淡水鱼类，在产卵和越冬后，为弥补体内大量能量消耗，便进入寻求丰富饵料生物区的索饵洄游。大西洋鲱在产卵后，仍然保持每年向北方的长距离索饵洄游，就是因为那里是成鲱食饵的丰盛地区。现在还认为过河口性鱼类，如仔鳗从大陆架进入淡水河流以及鲑科的幼鱼由河入海的洄游，亦和扩大饵料来源、提高生长率和繁殖力有关。Gross（1987）和 Gross 等（1988）对全球性溯河和降河鱼类进行比较后发现，在低纬度地区，淡水初级生产力高于海洋，降海性鱼类较为常见；而在高纬度地区，海洋的初级生产力较淡水高，溯河性鱼类较为常见。因而认为这两类鱼的幼体阶段在结束被动洄游后，所进行的都是从低生产力水域（摄食条件差）向高生产力水域（摄食条件好）的洄游。而且，同一水域同种鱼类的溯河型生态群的生长率、成体大小以及繁殖力通常都较定居型生态群大。这一现象已在许多具有两种生态型的鲑科鱼类中得到证实。这同样表明，这些鱼类洄游型种群在幼体阶段的沿河入海洄游，确实使鱼抵达了食饵较丰富的水域。

（5）敌害 避敌被认为是垂直洄游的重要原因之一。如果对不同栖所卵和仔稚鱼的敌害捕食率进行定量研究，便会发现江河上游卵和仔稚鱼的敌害生物要比下游和海洋栖所少见得多。因此，目前认为上游敌害生物密度低，可能是不少鱼类进行产卵洄游、选择产卵场的条件之一。此外，上游水源溶氧量高、淤泥少等，对静止或埋栖的鱼卵的发育亦十分重要。

3. 内在因素 环境因素对鱼类洄游的影响，往往只是在特定鱼类的特定生活史阶段才起作用。这表明问题不仅仅在于外界刺激的方式、力量和性质，还在于鱼类本身的感觉形式和对刺激的反应。这就是说，鱼体内在的生理条件如性腺发育、内分泌激素分泌、肥满度、含脂量、血液化学成分以及饥饿状态、体内能量含量等对洄游同样起着极为重要的作用。有时，可能成为起动现时洄游的主导因素。例如，鲑等溯河性鱼类在性成熟时，性腺会向血液分泌性激素，从而引起机体从外形到内部的血液化学、渗透调节机制等一系列变化，促使鱼类无保留地自海进入淡水，并克服一切困难逆水上溯寻找适宜产卵场。研究表明，甲状腺对鱼类渗透调节能力和盐度的选择有一定影响。许多过河口性鱼类，在变换海淡水栖所时，甲状腺都呈现明显的活跃状态。幼鲑在达到一定体长时，其机体同样会呈现一系列适应变化，使其耐盐能力提高；在相应的水流刺激下，就能沿河向下移动，最后完全转入新的栖所——海洋。此外，进行溯河（或降海）洄游的鱼，其个体的丰满度和含脂量往往都要达到一定程度，用以保证其洄游期停止摄食的能量供应。同样，准备越冬的鱼，丰满度未达到一定指标，即便水温开始下降，也将继续摄食，不会立即开始越冬洄游。鱼类在越冬和产卵后，索饵洄游的倾向性特别强，其原因也在于这时是体内能量消耗最大、最需要补充的时候。这些例子都表明，鱼类的洄游经过许多世纪的自然选择和遗传巩固，实际上已成为一种本能。所谓本能，简单来说就是在外界和内部刺激的作用下，允许能产生许多有一定秩序的行为的能力。

4. 遗传因素 某些作长距离洄游的鱼类，在性成熟后能够准确无误地回归到特定的出生地产卵。野外调查证实，溯河性鲑多达95％的产卵鱼群能够回到它们出生地的溪流中产卵（Harden Jones，1965；Hasler 和 Scholz，1983）。这种本身由自然选择和遗传决定的回归本能，进一步导致种群对当地条件适应性的不断加强。因为它使基因流大部分局限在回归到同一特定区的种群之内。在该种群内，基因型可以变成高度适应于它所经历的特定的环境条件。也就是说，同一种鱼类中在不同溪流产卵的不同群体，通过回归到特定的出生地产卵的这种倾向，导致繁殖上互相隔离的种群的产生。这一论点解释了为什么像鲑这样的溯河性洄游鱼类，甚至能回归到它们出生地的支流产卵。当然，也不能排除少数离群的迷路个体，随机游向不同的产卵场，从而保持了种内群间的基因流动。但是，如果鱼在错误的场所产卵，通常导致后代不参与同一种群的基因库的组成；另一方面，误入新的适宜的生境的成鱼或幼鱼，则可以扩大种的分布范围。

5. 能量学因素 近代，洄游能量学的研究为阐明鱼类洄游的原因和机制开辟了新的途径。Brett（1983、1986）实验分析了红大麻哈鱼溯河型种群的能量变动。他把该种群的生活史分成三个期相：淡水期、海洋期和溯河期。淡水期，个体食物受到限制，作为一颗卵开始生命时含有1.55kJ能量，而17个月后，抵达海洋时的幼鲑（smolt）重仅5g，总能量含量为26kJ。海洋期，个体获得最大日粮；在海洋生活2年回到河口时，平均重约2 270g，总能量含量为17 620kJ。溯河期，雌鲑上溯洄游消耗体能，使总能量含量降到7 950kJ，产卵后进一步降到3 890kJ。也就是说，经过溯河产卵，1尾雌鱼约消耗总能量的78%。

美洲西鲱（Alosa sapidissima）是北美东岸的溯河性鲱。它的北部种群有明显高比例的重复产卵鱼群，而在南方种群中，所有个体在溯河产卵后都死亡。Glebe和Leggett（1981）经过能量分析，发现南方种群在一次产卵过程中消耗总能量贮存的70%~80%，而北方种群仅消耗40%~60%。这表明后代生产能力小的北方种群，是通过重复产卵来保证种群抵达最大数量。这种现象在鲑科鱼类中同样存在。这表明消耗在产卵过程中的能量和产卵后的死亡率相关：随着贮备能量用于洄游和后代生产的百分比增加，鱼存活再次产卵的百分比下降。还有，Saldana和Venables（1983）报道南美一种原唇齿鱼（Prochilodus marial），其定居型种群用于卵生产的能量要比溯河型种群高出5倍。这一例子表明，溯河洄游对于鱼类早期存活肯定获得了重要得益，因而补偿了用于卵生产的较低投资。

这些例子提供了一种更加肯定洄游功能的基本观点。这一观点可以简单表达如下：鱼类用于各种活动的时间（或能量）是有限的。用于执行每一种活动的时间，必然同时具有存本和得益两个方面；原则上得益和成本两者均能以后代生产的增加（得益）或减少（成本）来衡量。鱼类从一个栖息场所转移到另一个栖息场所的洄游，虽然要耗费成本，但是这一行为对于保持该种群的绵延发展却是合适的。因此，其净得益增加。也就是说，该种群在其生活史的特定阶段，通过洄游扩大了时空的利用，能使其后代的生产达到最大限度。

二、定向机制

对于过河口性鱼类的回归本能及其定向机制（orientation mechanism）的探讨和实验验证工作始于20世纪50年代。McCleave等（1984）、McKeown（1984）和Smith（1985）等都对这一问题作了详细的讨论。鱼类的这一精密的定向行为可能从两个系统获得定向信息：其一来自太阳、月亮、极光甚至地磁场等；其二来自水流、水温和水化学等环境因素。鱼类在洄游中依靠其复杂敏感的感觉器官和中枢神经系统，接受外界优质的定向信息，从而使其回归获得成功。

鱼类的皮肤具有多种感受器，从最简单的极小的感觉芽、较为复杂的丘状感觉器，到高度分化的侧线感觉系统，均具有与感觉神经纤维相联系的感觉细胞，具有触觉、感水温、感水流、感水压以及确定方位和辅助趋流性定向作用。有些实验报道，鱼类侧线能察知2~10cm/s的流速；当左右侧线感知水流压力不均时，便能迅速判别水的流向。鱼类的皮肤和黏膜细胞，对水温差的感觉也极为灵敏。例如，鲱能感觉0.2℃的水温差；有些鱼类对温差感觉可能更敏锐。水中盐分含量等化学成分的细微差别，亦能通过鱼体皮肤，特别是口咽腔黏膜、鳃等半透性膜，引起鱼体渗透压的变化，从而使血液化学成分发生变化，使中枢神经系统和相关内分泌腺处于兴奋或活跃状态。鱼类的嗅觉器官对于水的化学组成、水质以及水中各种生物和非生物物质构成的气味有极其敏锐的感觉能力。鱼类的视觉器官不仅能看到水中和岸上的物体，而且借助其视网膜上视杆和视锥细胞以及视色素的组成、排列和移动等，能感知光线强弱、光波长短和光谱组成的微小变化并作出不同的反应，如正（或负）趋光性等。因此，视觉常被认为是接受来自太阳、月光、极光信息的主要感觉器官。

50年代，鱼类感觉器官接受外界定向信息的实验验证工作首先在美国获得突破。当时，关于一些鲑科鱼类的回归本能，有一种"气味迁徙说"认为，这一类鱼之所以能够回归它们出生地溪流产卵，是因为那里溪流中存在着一种代表该溪流特点的生物和非生物因素共同构成的独一无二的自然气味。幼鲑从出生开始就被家乡溪流打上了这种气味的烙印，并一直保留着这一记忆。当它们性成熟时，就是依靠嗅觉追踪这种气味来定向的。Hasler 和 Scholz（1983）不仅以实验证实了这一假说，而且以一种特殊的化学合成剂——莫福林（morpholine）代替自然溪流的气味，引导银大麻哈鱼（$O.Kisutch$）的回归获得成功。现将他们的一些实验简介如下：

1. 20世纪50年代　首先在西雅图附近小河的两条支流上游捕获的300尾银大麻哈鱼，分别做了标记。各支流的半数个体用棉花塞着鼻孔，然后在河流的下游200km处放流。结果，在逆流返回的过程中，失去嗅觉的个体大都误入另一支流，而嗅觉未受阻碍的个体几乎全部正确无误地进入原来栖息的支流。这一实验表明银大麻哈鱼确实是依靠嗅觉追踪气味来进行回归洄游的。既然这洋，那么能否利用人造化学制剂来代替天然气味并使鱼类洄游到预想的地点呢？

2. 20世纪70年代　他们继续做了这样几个实验：

（1）将1600尾人工孵化的银大麻哈鱼的仔鱼分成两组，一组放在有人造化学制剂——莫福林（morpholine）气味的水箱内驯养30d，让它们熟悉这种人造气味；另一组作对照。然后，在密执安湖的橡树河口放流入湖。到了秋天，在橡树河口滴入少量莫福林，造成人造家乡。第一年在那里捕到提早成熟经过莫福林驯养的个体31尾；第二年，大量正常成熟个体回到橡树河口，共捕到185尾经过莫福林驯养的个体，而对照组只有27尾。这样的实验重复多次，结果每次都是凡经过人造气味驯养的个体，在人造家乡的回归比例大大提高。

（2）将一些正在返回橡树河口的银大麻哈鱼捕起来，在它们的胃中植入小型超声波发射器然后放回湖中，用超声波接受仪跟踪。然后，在它们回游途中某处滴入莫福林。结果，凡经过莫福林驯养的个体，在游到含有莫福林的水域时便停止前进绕游起来，而对照组个体则毫不迟疑地穿越过去。

（3）将捕自橡树河口的银大麻哈鱼的鼻孔分别浸在：①用蒸馏水稀释的莫福林溶液；②加入了莫福林的橡树河水；③净橡树河水中。

然后，用植入鱼脑嗅球中的微电极探测银大麻哈鱼对这些溶液的反应。结果经过莫福林驯养的个体对①、②反应强烈，而对③没有反应；而未经莫福林驯养的个体，则对①没有反应。这三个实验都表明依靠嗅觉定向的设想是可靠的。

Hasler 的这一工作不仅为探讨洄游鱼类的定向机制在理论上和实验方法上作出了贡献,而且在实践上为人工引导鲑鳟鱼类的回归洄游奠定了基础。

第四节 洄游的研究方法

一、生物学法

调查鱼类的分布情况,包括调查某种鱼类的卵、仔稚鱼、幼鱼和成鱼期的分布水域和水层等,至今还是研究鱼类一般洄游情况的基本方法之一。欧洲鳗鲡的生殖和洄游生活史,就是根据此法获得基本了解的。Schmidt 在 1904 年获得第一尾叶状仔鳗后,就对整个欧洲水域和大西洋中西部进行了勘查,共设调查点 130 个,收集了大量关于欧洲鳗鲡和美洲鳗鲡的仔幼鱼的资料。终于根据在不同海区所获不同体长的仔鳗资料,初步查明了这两种鳗鲡产卵场的大致海区和仔鱼随海流的被动洄游至欧洲、美洲大陆的路线和时间。

借助大规模生物学测定,包括年龄、体长、体重、性腺发育等级、胃肠饱满度、丰满度和含脂量等,同样可以推知鱼群的洄游路线、目的和持续时间。原苏联在 1934—1939 年曾借助此法测量 100 多万尾鳕鱼。根据不同月份、不同海区鳕鱼群的长度、年龄组成和各种生物学指标,发现在原苏联北部海区的西部、中心带和东部,鳕每年的组成成分有类似的特征。这表明鱼群的一致性及其来源的共同性,大致证明了仔鳕是逐渐地随生长而离开西部,一直可以向东部分布很远;而成年鳕只是在回归产卵地时才到西部作短期逗留。

生物学测定法经常结合渔获物分析一起进行。利用比较完整的渔捞资料(作业点、渔获量等)进行统计分析,可以大致明确鱼类的分布范围和洄游情况。因为大量鱼群洄游经过的海区,渔获量必定较高;而渔获集中的海区,往往就是洄游鱼类的产卵场、索饵场或越冬场。根据逐日、逐旬各作业海区渔获量变动资料,可以大致了解洄游鱼群的移动方向和速度,从而也能大体确定鱼类的洄游路线和分布的中心范围。还有,在各海区、各个水体中定期试捕,结合渔场和非渔场的资料,往往可以发现鱼类周年的洄游规律。

有时,根据鱼体寄生的寄生虫,亦可以推断鱼类的洄游路线。因为鱼体的寄生虫通常有一定的地理分布。例如,中国上斧颚虱(*Epiclavella chinensis*)和简单异尖线虫(*Anisakis simplex*)都是海洋鱼类的寄生虫。但是,在长江中捕到的刀鲚身上却发现有这两种寄生虫,这就说明刀鲚是从海洋洄游入长江的。虱寄生在鱼鳃上,而线虫幼虫寄生在体腔内。所以,随着鱼群逐渐深入淡水,虱由于不能适应淡水环境而逐渐脱落,但线虫幼虫能在体腔内存在较长时间,成为一种很好的生物标志。

二、标志放流法

采用各种标志方法(tagging methods)对被捕鱼进行标志后重新放入水域,任其游回原群,经过一定时间后再重捕。根据放流和重捕的时间、地点,可以推测标志鱼的洄游路线、方向、范围和速度。这是研究鱼类洄游最常用的方法。国外在 20 世纪 30 年代就开始进行大规模标志放流工作。我国自 20 世纪 50 年代以来也采用此法对一些重要经济鱼类的洄游路线、方向等进行了研究。例如,1952 年在舟山群岛标志放流南下越冬的带鱼,结果在厦门外海捕获,从而推测自舟山南下越冬的带鱼群可以抵达厦门外海。又如,1973

年4月20日在舟山渔场放流的鲐，6月5日在黄海北部重捕；6月19日在舟山渔场放流的鲐，约30d后在青岛外海重捕。这些资料表明春季在东海的鲐，至少有部分群体自南向北洄游进入黄、渤海。

标志的方法主要有：

1. 切鳍标志法　此法适合于标志幼鱼。始于1879年，至今仍被广泛采用。因为普通挂牌法不能适用于仔幼鱼，唯一可用的标志法就是对各鳍，如胸鳍、腹鳍和脂鳍在不同组合中割除的办法。这些鳍在运动中所起作用不大，鱼也容易耐受手术，在鳍基部割下，鳍一般不再生长。Sheer（1939）就是用此法证实了鲑的回归本能。幼鲑在溪流的上游被成千上万地施行手术，又放回溪内。经过数年后，当它们回归时，根据鳍的缺少或再生鳍的不正常大小，即可识别它们。

2. 挂牌标志法　最常用的方法。通常是将编码的小型标志牌钩、挂在鱼体外部某特定部位，如鳃盖、背鳍、尾柄等。标志牌通常用金属（如银、铝、镍、不锈钢或各种合金等）或塑料制成。标志牌尽量要小，以免妨碍鱼的运动。此法缺点是标志牌易脱落，因而后来发展到将标志牌从鱼的肛门或腹部开一小孔，插入鱼体内部（腹腔）标志或植入吻端的带磁信号或刻痕编码的钢针。体内标志虽然避免了标志物易失落的缺点，但一般不易发现，需要有特殊的检测设备。所以，要求标志物尽量选用导磁率较高的金属材料，这样，渔获物通过电磁检测设备时易被检出。

3. 超声波和无线电标志法　Trefethen（1956）首先成功使用超声波标志。他将一种小型超声波发射器固定在鱼体外部或内部，然后用超声波接受仪对标志鱼进行连续追踪观察。Hasler（1969、1970）将这种小型超声波发射器塞进鱼的胃内，用于追踪银大麻哈鱼的定向洄游，取得较好效果。无线电标志（radio tags）原理和超声波标志相同，只是采用小型无线电发射器或应答器作标志物。Priede和Smith（1986）报道，可将这种标志物用食物包裹起来作为诱饵引诱鱼类吞食，从而达到标志深海鱼类的目的。无线电标志还可以用来收集鱼体一些生理信息（如心跳）和环境信息（如水温变化）。这种标志的缺点是需要建立接收系统、标志存在对鱼的运动有一定影响以及标志物现时大小限制了它们只能用于大鱼。

4. 同位素标志法　这也是近代采用的新方法。所采用的同位素一般是放射性周期较长（1～2年）、对鱼类无害的，如P^{31}、P^{32}、Ca^{46}等，可以混合在鱼的饲料中投喂（内部标志）或直接鱼体感染（外部标志）。然后，用示踪原子探测器即可发现标志鱼。此法一般用于集体放流。日本试验将具有放射反应的物质铕Eu放进鱼类的饲料中作为标志。放射性铕极为稀少，具有自己独特波长，不会导致错误和混乱。而且，含有铕元素的鱼即使被人食用，对人体亦无害。

此外，还有低温印记法、染料喷洒法等。前者采用在液氮中冷却的超低温烙铁进行冷烙，可以在鱼体侧印上一个有日期的标志，这种标志通常可以保存数月。后者是将彩色颜料喷洒于鱼鳍或腹部。许多体型小的鱼可以同时用颗粒荧光颜料喷洒标志。各种方法各有千秋，要分别情况和要求采用。一般选择标志方法时，必须考虑到标志过程和标志物对鱼的存活和行为的影响，要求提供一种既便于检测又对鱼体影响最小的标志物。

标志放流工作的成功，关键在于重捕回收工作。一般能回收1%～2%就被认为是正常的。为此，要大力宣传鱼类标志放流工作的意义，取得有关方面的重视和协作；特别要得到广大渔工、渔民的支持。必要时，对于回收鱼要给予一定的物质奖励，以确保最大限度回收标志鱼，使所获资料有一定代表性。

三、其他方法

大致包括两类：一类是渔业上用来探测鱼群位置的仪器设备，包括最先进的各种遥感遥测技术，同样可以用来研究鱼类的洄游或其他运动式型。例如，最常用的回声探测仪（echosounder），也称鱼探仪，就可以用来研究鱼类垂直洄游规律。这一技术的缺点是，所探测的鱼的种类有时并不知道，但可以通过捕捞采样防止错误判断。另一类是各种潜水设备，从西方十分流行的个人自由潜水装备到可以运载1~2人（或遥控无人的）并配备各种水下电视、摄影、传感器的潜水载体。这一类方法为直接观察自然栖所鱼的运动式型，特别是洄游途中的运动式型开辟了途径。

思考和练习

1. 任选一种鱼（大西洋鲱、小黄鱼、大麻哈鱼、鲥、鳗鲡、鲢），写一篇700字左右科普短文（题目自拟），介绍其洄游生活史特点。
2. 试举一实例，分析并推测鱼类洄游是如何形成的？
3. "鱼类洄游的基本功能是肯定的"这一观点是否正确？为什么？
4. 试推测鳗鲡产卵洄游的起动和定向机制？
5. 如何着手进行"东、黄海鲐（或任选一种洄游鱼类）的季节周期性洄游规律"的研究？

专业词汇解释：

Migration, vertical migration, migrating fishes, resident fishes, shoal, school, aggregation, shoaling, oceanodromous, diadromous, anadromous, catadromous, potamodromous.

第九章 种 群

鱼类种群生态学，主要包括两方面内容：一是种群的自然生活史，在前面几章已经作了介绍；二是种群的数量变动规律。两者相辅相成，前者是后者研究的基础，而后者是前者研究的目的。因此，种群数量变动是种群生态学的核心，并构成了一个专门的研究领域，称种群动态学（population dynamics）。种群研究的目的在于管理。具有不同数量变化特征的种下各个群体，在渔业管理方面构成独立的单位，必须采取不同的管理对策。为此，本章将重点讨论种群的基本概念及其丰度估计、种群数量变动模式、死亡率等有关参数的估算以及鱼类种群的生产和管理。

第一节 种群基本概念和鉴别

一、种群的基本概念

任何物种，其种内个体都是以组合群（groups）的结构形式存在于自然界的。这些组合群在种的分布范围内，通常都是又连续又间断的。连续性主要表现在它们之间具有交配可能性，因而在一系列形态学表型特征方面，很难将它们截然分开；而间断性主要表现在它们实际上存在着生殖隔离。例如，分布在不同水体里的同种鱼类，就构成了地理上和生殖上互相隔离的组合群。这样的组合群，由于长期适应于不同的自然栖所，群间遗传物质得不到交流，因此，群间就产生遗传离散；而群内则具有同一基因库（gene pool）。经过长期自然选择，就会逐渐构成各自特有的形态、生态和生理学性状，在生态学上称之为种群（population）。所以，所谓种群就是栖息在同一生态环境（或同一水体）里的全部同种个体的组合，种群个体间能自由进行交配并延续其遗传性。一般认为，鱼类的自然种群具有：

(1) 空间特征　种群占有一定的分布区域，有自己的分布界限，与其他种群基本上是隔离的。

(2) 数量特征　种群具有时间上一致的生命节奏，因而有一定的数量变动规律。

(3) 遗传特征　种群是种内繁殖单元，它们同属于一个在时间上连续的基因库。据此，也可以给种群下一个简单定义是：种群是一个具有不可阻隔基因流的组合群（a group with unimpeded gene flow）。

一个种群往往是和另一个种群相比较相鉴别而存在的。整体和隔离性较强的种群，遗传型相对稳定，它们在形态学上的差异有时甚至可以达到亚种水平。但是，这样的理想种群在自然界并不多见。有些动、植物，虽然也构成某种可公认的自然单位，并保持一定的整体和隔离性，但仍然和周围地区更大的种群保持着某种联系。例如，太湖的花䱻，它们在太湖构成了一个自然单位，但仍然和长江流域的花䱻存在联系；通常，我们还是可以将其作为一个种群来研究。更多的情况是动植物呈一种镶嵌型分布，即以不规则的组合群和间隙的格局存在，如果间隙宽到一定程度，就可以把这样的组合群作为种群来研究。还有些组合群之间，它们并不存在地理隔离，它们或存在于同一自然单位，或者分布区连续、重叠；但由于生态习性的不同，造成明显的时间或空间上的生殖隔离。这样的组合群，经过长期的自然选择，在遗传离散性上同样可以保持着各自稳定的形态、生态和生理学性状。这样的组合群，一般称为群体（stock），亦可称为生态种群（ecological population）。例如，张其永等（1983）将北部湾和台湾海峡的二长棘鲷划分为两个不同地方种群（local population），主要根据是两者相距较远且有地理隔离（雷州半岛成为天然屏障）；两者的产卵场、生殖期和洄游特性均不同；在形态学性状上也表现明显地理变异。同时，又将同属台湾海峡地方种群的闽南—台湾浅滩与牛山—澎湖的二长棘鲷划分为两个群体，理由是两者生殖隔离明显（产卵场位置不一），从判别函数分析，两者形态特征综合性状的差异程度在统计学上有意义。

在研究某水域某种鱼类种群时，这是一个具体的种群。当从具体意义上应用种群这个概念时，种群可以理解为特定时间内生活在限定区域内全部同种鱼类的组合群。这时，种群在时间和空间上的界限，有时或多或少是随研究者的需要和方便划分的。诸如一个湖泊、一条河流、一个海域或一个海流系统等，甚至还可把饲养在实验室的一组鱼类，称之为一个实验群体。渔业科学中通常使用资源（stock）一词，用来指已被开发利用的渔业种群；这时，资源、群体和种群往往成了同义词。

种群（或群体）是由个体组成的。但是，从个体到种群，不仅是一个量的叠加，更重要的是一个质的飞跃。种群作为一个独立整体，具有一系列个体水平所不存在的新的属性，诸如年龄结构、性比、密度、丰度、散度、出生率和死亡率、增长率、补充率、分布、群体行为以及遗传结构等。当然，种群的这些属性，也离不开组成它的个体。例如，种群的增长率，就和种群内每一年龄级个体的繁殖、生长和存活相关。个体和种群的关系是部分和整体关系的一种表现。总之，种群内的个体通过种内关系，互相依存、互相制约，组成了一个具有一定结构和功能的独立有机整体。

二、种群的鉴别方法

种群是鱼类数量变动的基本单位。首先，鉴别鱼类种群是研究和观察种群、估测种群丰度以及科学管理渔业资源的基础。其次，通过鉴别了解种群的遗传离散程度，对于养殖业的选育、杂交和良种培育等亦十分重要。种群鉴别是一项细致的基础研究，最好用几种方法，而不要凭一个或几个指标轻易下结论。此外，由于种群是独立的繁殖单元，因此，以生殖鱼群作为研究对象来进行种群鉴别较为妥当。现将各种方法简介如下。

1. 遗传学方法　种群的遗传变异在分子水平上是基因变异引起的。基因变异通常依靠遗传学方法，如染色体分析、DNA顺序分析和电泳分析等方法进行测定。其中，电泳法（electrophoretic methods）是较为常用的方法之一。此法为估测蛋白质与酶在一个特定的基因位点上不同等位基因（alleles）的频率，从而为度量种群基因变异提供了一种有效的手段。肌肉、肝、血液、眼球等均可成为鱼体蛋白质和酶的采样部位。样品中蛋白质和酶被抽提出来后，以凝胶（淀粉）板作载体进行点样，并置于盛有缓冲液的电泳槽中。

接通电源后，在一个特定基因位点上被不同等位基因所密码的不同结构的蛋白质和酶，由于它们所携带的净电荷的差异，在以载体为介质的（外）电场中迁移速率和距离不同。这样，就在载体上留下了不同表现型的蛋白质（或同功酶）电泳图。一个特定等位基因的存在和缺少，都可以在种群的每一尾样品鱼中探测到。所以，据此就可以估计种群的等位基因频率，从而对种群的基因变异、种群间的基因差异作出度量。国际上运用这一技术鉴别鱼类种群，已积累了较多的资料，研究对象主要是高纬度的鳕形目、鲱形目、鲈亚目和鲽形目的鱼类。李思发等（1986）运用此法对栖息在长江、珠江和黑龙江水系的鲢、鳙、草鱼原种种群的生化遗传结构作了较为深入的研究，证实同种在不同水系的种群间存在着明显的遗传差异。此法还经常被用于混栖群体的鉴别。例如，据 Ferguson 和 Mason（1981）报道，在北爱尔兰 Melvin 湖中至少混栖着 4 个生殖隔离的褐鳟的生态种群，电泳分析结果和形态学识别基本一致。

2. 形态学方法　这是一种传统的有效方法。20 世纪 60 年代以来，我国海洋重要经济鱼类，如带鱼（林新濯，1965；罗秉征，1991）、小黄鱼（林新濯等，1964）、大黄鱼（田明诚等，1962；徐恭昭等，1962、1963）和绿鳍马面鲀（浦仲生等，1987；林新濯等，1987；郑元甲等，1989）等的种群研究，主要都是依据形态学特征。形态学特征主要包括可量性状，指鱼体各部位（包括框架测定，见实验一）的测量值及其比值；可数性状，诸如脊椎骨、鳍条、侧线鳞等的数目以及解剖学特征，包括鱼体各内部器官，特别是骨骼、耳石、鳞片等钙化组织的形态结构特点。形态学特征主要受遗传因子控制，但也受到环境因子的作用，如水温对鱼类脊椎骨等计数性状的早期发育和变异影响较大（Blaxter，1988）。因此，特征的稳定性可能会出现年间差异从而影响鉴别结果。此法要求进行大量的生物学测定工作（实验一），然后对测定数据进行统计学分析，判别被研究组合群之间差异显著程度。较为常用的有：

(1) 差异系数（coefficient of difference，CD）

$$CD = (M_1 - M_2)/(SD_1 - SD_2)$$

式中，M_1 和 M_2——分别表示两个被研究组合群某一性状的均数（或均值）；

　　　SD_1 和 SD_2——两者的标准差。

按照划分亚种 75% 法则（Mayr 等，1953），假如 $CD > 1.28$，则可以鉴别为两个亚种，< 1.28 则属于种群间差异。

(2) 均数差异显著性（$Mdiff$）

$$Mdiff = (M_1 - M_2)/\sqrt{n_1 m_2^2/n_2 + n_2 m_1^2/n_1}$$

式中，M_1 和 M_2——定义如上；

　　　m_1 和 m_2——两者的均数误差；

　　　n_1 和 n_2——两者的采样尾数。

当 $n_1 = n_2$ 或大量采样时，上式分母可简化为 $\sqrt{m_1^2 + m_2^2}$，计算结果以均数差异显著性的 t 值检验，当概率 $P < 0.05$，可以认为有差异；$P < 0.01$ 则差异显著。例如，当自由度 = 120 时，概率 1% 的 t 值为 2.62，若 $Mdiff$ 值 > 2.62，则 $P < 0.01$，表示差异显著，对于大样品，通常以 $Mdiff \geqslant 3$ 表示差异显著。

(3) 判别函数（discriminant，D）　均数差异显著性 t 检验，只是单项地对比同一性状的差异。有时，单项性状差异不显著，并不等于两个组合群之间的综合性状没有差异。因此，还需要根据多项性状，应用判别函数多变量分析法进行检验。此法在检验群体间性状差异时，往往可以获得较好效果。D 的公式如下：

$$D = \lambda_1 d_1 + \lambda_2 d_2 + \cdots + \lambda_k d_k$$

式中，λ_i——判别系数，可以根据以下线性方程组求解。

$$\lambda_1 S_{11} + \lambda_2 S_{12} + \cdots + \lambda_k S_{1k} = d_1$$
$$\lambda_1 S_{21} + \lambda_2 S_{22} + \cdots + \lambda_k S_{2k} = d_2 \cdots$$
$$\lambda_1 S_{k1} + \lambda_2 S_{k2} + \cdots + \lambda_k S_{kk} = d_k$$

式中，d_i——第 i 项性状的离均差；

　　　S_{ij}——第 ij 项性状的协方差之和；

　　　k——进行统计分析的性状项数。

在求出 λ_i 和 D 值后，再按下式求解差异显著性 F 值检验：

$$F = n_1 n_2 (n_1 + n_2 - k - 1) D / (n_1 + n_2) k$$

式中的 n_1 和 n_2 为两个被研究组合群的采样尾数。最后根据自由度（k, $n_1 + n_2 - k - 1$）查 F 分布表，确定差异显著水平，当 $F > F_{0.05}$ 或 $F_{0.01}$ 时，表明两组样品存在差异，可能是两个种群或群体。

3. 生态学方法　种群生态学特性的变异同时受到遗传因子和环境因子的影响。因此，被研究的组合群的生态学特性，诸如洄游分布、繁殖、发育、生长、摄食、行为以及群体结构和生活史等，都可以用来作为鉴别种群的依据。其中，尤以繁殖特性如产卵时间、地点、初次性成熟年龄、产卵群体结构以及产卵类型、繁殖力、卵径大小等特别重要。例如，罗秉征等（1981）、徐恭昭等（1980、1984）在探讨带鱼和大黄鱼种群的地理变异时，曾提供了较充分的生态学依据。一般地说，对于异域分布的种群来说，其生态学特性相异可能涉及各个方面；而对于同域分布的群体来说，则至少在繁殖时间和空间上有一定相异。

4. 免疫学方法　本法应用机体抗原分子的免疫反应性，即能与相应的免疫应答产物——抗体在体内外发生特异性结合为原理，鉴别鱼类种群。同一种群的鱼类，由于具有相同的基因库，抗原分子的结构，抗原决定簇的总数、分布和结构一致；而不同种群之间，就会有不同程度的变异。因而，这种特异性的免疫反应性效价就会受到影响。简单来说，就是先利用被研究组合群的鱼类的血清蛋白或肌肉蛋白作为可溶性抗原，免疫家兔后取得高效价的抗体血清。然后，在小口径玻璃管内作环状沉淀试验（ring precipitation test），即将抗血清先放入管内，再小心加入已适当稀释了的抗原溶液于抗血清表面，使两种溶液成为界面清晰的两层，数分钟后，在抗原抗体交界处出现白色沉淀环，为阳性反应。若是同一种群，环状沉淀反应强，效价高；若是不同种群，反应弱，效价低。效价以产生阳性结果的最高抗原稀释度的倒数表示。同样原理，进一步还可将抗血清用等量同群抗原吸收后，离心去掉沉淀物，就获得吸收抗血清。然后，用此吸收抗血清分别对各组合群抗原进行环状沉淀反应，若是同一种群，其吸收抗血清对抗原呈阴性反应，但不同种群则可呈弱阳性反应，表明抗血清中引起各组合群抗原发生交叉反应的抗体不尽相同。张其永等

(1966)采用此法及形态学特征,证实我国东南沿海的带鱼各鱼群,属于同一地方种群(东海-粤东群)。

5. 渔获量统计法 数量变动是自然种群的特征之一。不同的种群由于遗传型和环境因子的双重作用,所表现的种群数量变动规律不一致。尽管渔获量是渔捞作业的结果,受到人为和自然因子的影响,但是,从渔获量的变动仍然能够间接反映种群数量变动的趋势。因此,通过渔获量的长期统计资料,比较各海区同种鱼类的渔汛的一致性、周期性和渔获量变动幅度,通常也可以作为鱼类种群鉴别的依据之一。如我国沿海大黄鱼的产量,在20世纪50~60年代,浙江近海、福建和广东东部以及雷州半岛东部海区的渔获量比约为100:25:1。因此,从渔业资源的角度来看,它们同样是具有独立性质的单元。

第二节 种群丰度估计

丰度(adundance)是指种群在某一时间、某一区域内个体的绝对数量。研究和分析种群动态,首先必须对种群丰度或数量作出基本估计。在渔业管理方面,通过丰度估计可以了解种群(资源)的大小和利用率,从而了解种群从一个时期到下一个时期的残存率和补充率,为制订渔业发展规划提供科学依据。正确估计种群丰度并非易事,它受到很多因子的牵制,特别是采样的随机性、假设条件的可能性以及针对不同情况、不同种类所选择的方法的可靠性。现将国内外常用的几种方法简介如下。

一、计数法 (enumeration methods)

在少数情况下,一个鱼类群体的全部或某一成分可以直接计数。例如,池塘或小型湖泊有时可以在排干后,计数其中所有的鱼。还有,种群的洄游成分,在其溯河洄游的通道上,可以将其诱入鱼陷阱而全部计数。例如,在北爱尔兰,人们采用此法计数上溯 Bann 河的全部线鳗。对于溯河产卵洄游的鲑鳟鱼类,则大都在河流下游或通过的鱼道上,装置光电计数栅,或电视录像等设备,用来计数上溯的全部个体。

较为常用的是通过部分计数来推知整个种群。例如,在洄游通道上所设计的鱼陷阱或计数装置可以随机地在某些时刻使用,然后推及全天或一段时间里的数量。一些生活在大型水体的鱼类种群丰度,往往也可以通过部分计数法来估测。例如,估计某河流中鱼类种群的绝对数量,可以先把整个河段划分成若干面积相等的小区(A),然后随机选取其中几个小区(a),捕捞其中的鱼作全部计数(n_i),再推知整个河流的种群数量估计数($\hat{N}$),计算式如下:

$$\hat{N} = (A/a)\sum_{i=1}^{a} n_i \qquad (9-1)$$

某些栖息在底层或近底层的海洋渔业种类的种群数量,还可以根据拖网单位面积内的渔获量来估计。这在国内外都较为常用。例如,林金表(1979)报道用此法估计南海北部大陆架外海底拖网鱼类的种群(资源)数量,计算式为:

$$B = dA/qa \qquad (9-2)$$

式中,B——调查海域种群数量;

d——拖网单位时间平均渔获量，又称资源密度指数；

A——调查海域面积；

a——拖网单位时间的拖曳面积；

q——拖网的捕捞能率。

捕捞能率，又称可捕系数（catchability coefficient），是单位捕捞努力量所捕种群比率，而捕捞努力量通常以特定时间内所使用的渔具种类、数量来概算。由于q是一个较难准确测量的参数，因而对估计值的精确度有一定影响。

二、标志重捕法（mark-recapture methods）

1. Peterson 法　这是由 Peterson（1898）提出的最简单模式。从某封闭种群随机取一份样品鱼 n_1，全部标志后放回水体；隔一定时间后再作第二次采样，即 n_2；其中 m 尾鱼是已经标志过的。假定第 2 份样品中的标志鱼的比例和整个种群（N）中的全部标志鱼（n_1）的比例一致，即 $m/n_2=n_1/N$，那么，该种群数量 N 的估计量 $\hat{N}$ 为：

$$\hat{N}=n_1n_2/m \tag{9—3}$$

此法只需两次采样和一次标志，较为简便。但此法具有负偏差，即平均说来，所估计的 $\hat{N}$ 值小于种群的实际大小。样品越小，偏差越大，只有在 $n_1n_2>4N$ 时，偏差才被认为可以接受。不仅如此，此法还必须符合以下假设条件：

（1）标志在两次采样期间不失落，并且标志能够从回捕鱼中正确获得识别。

（2）鱼在标志后不影响其捕获机率。

（3）鱼在标志后无死亡或迁出；如果有，机率和未标志鱼应相同。

（4）种群或者是没有出生或迁入，或者是没有死亡或迁出，或者通常是两者都没有，成为一个封闭种群（closed population）。

（5）两次采样均是随机的，或者说种群中所有个体的捕获机率相同。

2. Jolly-Seber 法　由于只有在小型湖泊或者池塘才有可能具备 Peterson 法的假设条件，而且也只能维持一短时间。因此，就产生了不少改进的方法，允许对其中某些假设条件例外。其中，最有影响的便是 Jolly（1965）和 Seber（1965）几乎同时提出的方法，它可以用于"开放"种群（"open" population），即种群在被研究期间，具有出生和死亡或迁入和迁出。此法需要进行 4 次以上捕捞或取样。第一次取样的鱼全部进行标志（S_1），第二次取样把总样品（n_2）和其中重捕的第一次标志鱼（R_{12}）计数，然后将部分（或全部）样品（S_2），包括重捕的，给予新的标志再放流。但双标志的鱼在任何未来的重捕中最好看作是未标志的（但亦可计入第二次标志放流鱼的量中）。第三次及其以后按同一程序进行，最后一次仅作回收。表 9-1 所提供的假设数据，可以作为此法的一个计算实例。

这样，在时间 t_i 进行第 i 次捕捞或采样，共捕获鱼 n_i（尾），其中 m_i（尾）是在 t_i 以前作过标记的。因此 m_i/n_i 是该时间种群中标志鱼所占比率；但是，由于是"开放"种群，在第 i 次采样之前种群内标志鱼的数目（M_i）不能直接获得。此法提供了间接估计 M_i 的可能性。可以这样理解：在第 i 次捕捞后不久，种群中立即有两群标志鱼，即在第 i 次未被捕捞的老的标志鱼（M_i-m_i）和新标志而又立即放流的 S_i。在随后的捕捞中，前一部分标志鱼被捕获 K_i（尾），而后一部分被捕获 R_i（尾）；假定两组的重捕机率是相同的，即 $K_i/(M_i-m_i)$ 和 R_i/S_i 的比率相似，那么 M_i 的估计值 $\hat{M}_i$ 就可以按下式计算：

$$\hat{M}_i = (S_i K_i / R_i) + m_i \qquad (9-4)$$

而 t_i 时刻种群丰度的估计值 $\hat{N}_i$ 为：

$$\hat{N}_i = (n_i \hat{M}_i)/m_i \qquad (9-5)$$

从 i 次至 $i+1$ 次期间的残存率 Φ_i 为：

$$\Phi_i = \hat{M}_{i+1}/((M_i - m_i) + S_i) \qquad (9-6)$$

在时间 i 和 $i+1$ 之间加入种群的鱼的数目 B_i 为：

$$B_i = \hat{N}_{i+1} - \Phi_i(\hat{N}_i - n_i + S_i) \qquad (9-7)$$

关于第一年残存率的估计，可以这样理解：在表 9-1 中，时间 1 时标志 S_1 尾鱼，在时间 2 时变为 $S_1\Phi_1$，那时，由于重捕 R_{12} 而减少，剩余者遭受死亡，到时间 3 时的残存数为 $(S_1\Phi_1 - R_{12})S_2$；这样，在时间 3，采样占种群的比例估计为 $R_{23}/S_2\Phi_2$；这一比率也近似地等于 $R_{13}/(S_1\Phi_1-R_{12})S_2$。因此，$\Phi_1$ 的估计值为：

$$\Phi_1 = (R_{12} + R_{13}S_2/R_{23})/S_1 \qquad (9-8)$$

按表 9-1 所提供的假设数据代入上述各式，可以求得 $\hat{M}_2 = 5\,000$，$\hat{M}_3 = 10\,000$，$\hat{N}_2 = 90\,000$，$\hat{N}_3 = 109\,000$，$B_2 = 65\,000$，$\Phi_1 = 0.5$，$\Phi_2 = 0.5$。

表 9-1 关于 Jolly-Seber 法所假设的种群的标志数、采样数和重捕数

采样时间	标志数	采样数	各个时期标记鱼重捕数				K_t
			1	2	3		
1	$S_1=10\,000$	...	...	...	...	...	...
2	$S_2=16\,000$	$n_2=18\,000$	$R_{12}=1\,000$			$m_2=1\,000$	$K_2=R_{13}+R_{14}=775$
3	$S_3=20\,000$	$n_3=32\,700$	$R_{13}=600$	$R_{23}=2\,400$		$m_3=3\,000$	$K_3=R_{14}+R_{24}=875$
4	...	$n_4=25\,788$	$R_{14}=175$	$R_{24}=700$	$R_{34}=2\,500$	$m_4=3\,375$	
总计	...	...	$R_1=1\,775$	$R_2=3\,100$	$R_3=2\,500$	...	...

K_i 值为第 i 次以前标记鱼在第 i 次以后的重捕数的总和。

三、单位捕捞努力量渔获量法

此法最早由 Leslie 和 Davis（1939）提出，故又称 Leslie 法。现已广泛用于鱼类种群丰度估计。单位捕捞努力量渔获量（the catch per unit of fishing effort，CPUE）是时间 t 期间渔获量（C_t）除以 t 期间的捕捞努力量（f_t），即 C_t/f_t，或 $(C/f)_t$，计算式是：

$$C_t/f_t = qN_t \qquad (9-9)$$

式中，q——捕捞能率。

假设原始种群量为 N_0，而至 t 期间的累计渔获量为 K_t（至时间 t 开始时的累计渔获量再加 t 期间的渔获量的 1/2），则：

$$C_t/f_t = q(N_0 - K_t) = qN_0 - qK_t \qquad (9\text{—}10)$$

这就表明，t 期间单位捕捞努力量渔获量 C_t/f_t 和累计渔获量 K_t 呈直线相关。该直线的斜率 $b=-q$，截距 $a=qN_0$，由此可见，当捕捞强度足够大而致使在连续数次时间间隔不长的捕捞中 C_t/f_t 减少显著时，就可以应用此法来估计原始种群的数量。因为时间间隔不长，自然死亡率可以忽略不计。此法在国际上应用较为广泛。国内叶昌盛等（1980）用此法估算了黄海鲱 1970 世代在 1972 年 2 月初的资源数量，但以 $(C/f)_{t+1}$ 和 ΣC_t 相关，ΣC_t 代表 $(C/f)_{t+1}$ 时的累计渔获量，即：

$$(C/f)_{t+1} = qN_0 - q\sum C_t \qquad (9\text{—}11)$$

原始资料见表 9-2。计算结果 $b=-0.00105$，$a=2.14\times 10^6$，故 $N_0=2\,038\times 10^6$（尾）。如果用 $(C/f)_t$ 和 K_t 相关计算，$b=-0.00132$，$a=2.497\times 10^6$，则 $N_0=1\,894\times 10^6$。

表 9-2　黄海鲱 1970 世代的 $(C/f)_t$、C_t 和 ΣC_t 的关系

（从叶昌盛等，1980）

时间 (t)	$(C/f)_t$；$\times 10^6$	C_t；$\times 10^6$	$(C/f)_{t+1}$；$\times 10^6$	ΣC_t；$\times 10^6$	K_t；$\times 10^6$
1（1972 年 2 月）	2.47	99.4	2.03	99.4	49.7
2（3 月）	2.03	315.6	1.71	415.0	257.2
3（4~12 月）	1.71	600.2	1.15	1 015.2	715.1
4（1973 年 1 月）	1.15	61.4	1.05	1 076.6	1 045.9
5（2 月）	1.05	53.7	0.86	1 130.3	1 103.45
6（3 月）	0.86	66.5			1 163.55

K_t 为作者所加列，意义见正文。

四、有效种群分析法（virtual population analysis，VPA）

种群的一个特定的世代级，在其进入渔业以后的捕获量总和，称有效种群（virtual population），或股群（cohort）。假定一个种群由几个年龄级组成，并且该种群正在被捕捞（有效利用），那么，估计有效种群数量可以有几种情况：

1. 如果这是一个稳定的种群，自然死亡率和捕捞死亡率保持不变，且和补充率保持平衡，那么任一年中所存在的每一年龄级渔获数总和就相当于一个股群一生各龄级渔获数之和。这种情况一般是不常见到的。

2. 如果种群的捕捞死亡率逐年变化，那么只能根据逐年捕捞到的一个特定股群的鱼的总数，才能获得存在于该股群中处于渔业补充年龄级的鱼的最小数目的估计。例如，假设某种鱼 1 龄进入渔业成为有效种群，且 1 龄以上的自然死亡可以忽略不计；那么在这一年开始时的有效种群估计量 N 将是下列总和：当年的渔获量，次年的渔获量减去其中 1 龄鱼数目（因为作为起始点的一年开始时，这些鱼尚未出生），第三年的渔获量但不包括 1 龄和 2 龄鱼数目……其余类推。用公式表示如下：

$$\hat{N} = C_1 + C_2(1-X_1) + C_3(1-X_1-X_2) + \cdots + C_r(1-X_1-X_2-\cdots X_{r-1})$$
$$= \sum_{t=1}^{r} C_t(1-X_1-X_2\cdots -X_{r-1}) \qquad (9\text{—}12)$$

式中，C_t——表示 t 年的渔获量；

X_1、X_2等——t 年渔获物中小于 t 龄的鱼所占的比率。当 $t=1$ 时，$X_0=0$；

r——包含的最大年龄。

3. 如果种群的自然死亡率可以估计，则对特定股群的数量估计可以进一步改善。一个同时存在瞬时自然死亡率（M）和捕捞死亡率（F）的种群，在 $i+1$ 龄留剩的鱼的数目可用下式表示：

$$N_{i+1} = N_i e^{-(F_i+M)} \tag{9—13}$$

式中，F_i——i 龄瞬时捕捞死亡率；

M——瞬时自然死亡率。

假设 M 在进入捕捞群体后基本不变为常数，那么 $N_i - N_{i+1}$ 则是两个年龄级之间所死亡的鱼的总数：

$$N_i - N_{i+1} = N_i [1 - e^{-(F_i+M)}] \tag{9—14}$$

而捕捞死亡数（渔获量 C_i）则为：

$$C_i = N_i [F_i/(F_i+M)][1 - e^{-(F_i+M)}] \tag{9—15}$$

这就是 Баранов（Baranov，1918）渔获方程。因为 $1-e^{-(F_i+M)}$ 即为种群的年死亡率（A_i），而 N_{i+1} 则为 N_i 和这一年残存率 S_i 的乘积，$N_{i+1}=N_i S_i$。所以，上式可以简化为：

$$C_i = N_{i+1} F_i A_i / S_i Z_i \tag{9—16}$$

这样，知道 C_i、N_{i+1} 和 M，就可以用连续试用值求解 F_i。一个 F_i 试用值，可以得出试用值总瞬时死亡率 $Z_i = F_i + M$ 以及 $S_i = e^{-Z_i}$ 和 $A_i = 1 - S_i$。因此，根据上式右边项，并和左边项比较，直到取得一致。然后，根据 N_{i+1}/S_i 能够计算 N_i，并对下一个较幼年龄重复整个程序。因此，根据所捕捞到的每一年龄级鱼的数目资料，以及对自然和捕捞死亡的估计，一旦一个股群成为可捕成分进入补充群体，VPA 就可以用来重构该股群的连续丰度。现在，由于 VPA 计算程序可由计算机完成，使这一技术在国内外渔业资源评估中得到了更为广泛的应用。唐启升（1986）提供了应用此法概算黄海鳀渔捞死亡和资源量的较好实例。

4. Pope（1972）提出了一种较 VPA 更简便的估算 N_i 的计算式如下：

$$\hat{N}_i = N_{i+1} e^M + C_i e^{M/2} \tag{9—17}$$

Pope 公式的合理性是明显的。渔获量 C_i 代表所估算期间（一般是一年）的中数。如果捕捞死亡率 F 在周年是均匀分布，那么任何完整的补充的年龄级，上半年总比下半年捕得多。所以，用 Pope 法往往会有稍高的 N_i 估算值。特别是多数渔业往往有季节性，所以它的精确度不及 VPA。在 $M<0.3$、$F<1.2$ 条件下，误差约为 5%。但是，此法最大优点是不依靠计算机也容易计算，在获得 N_i 后，则 S_i、Z_i 和 F_i 的计算都十分简便。

五、卵丰度调查法（egg abundance survey）

这是一种传统方法，用于估计种群亲鱼成分的丰度，至今仍常用。此法要求事先调查产卵群体的年龄和性比结构、各龄产卵雌鱼的平均绝对繁殖力、亲鱼产卵场范围以及浮性卵的漂流路线等。此外，调查鱼种的产卵过程应在较短时间内完成。海、淡水不同种类，所产卵沉黏性或浮性，调查其卵的丰度的具体方法常有所不同。但一般总是先划定调查区域，随机选定采样点，然后从局部推及全体。例如，海洋调查浮性卵丰度，一般是先划定调查海区总范围（Q），然后估算浮游生物网每网拖曳水体的范围（q），计数每网平均拖捞到的卵数（n），再推及调查海区鱼卵总数（N）：

$$N = nQ/q \qquad (9\text{—}18)$$

然后，根据雌鱼平均绝对繁殖力（F）和雌鱼在生殖群体中所占比率（r），求出生殖群体总数（S）：

$$\hat{S} = N/Fr \qquad (9\text{—}19)$$

此法缺点在于未考虑鱼卵早期发育阶段的死亡以及网具对鱼卵的捕捞能率。一般卵发育期短、网具捕捞能率高的种类能获得较好效果。例如，Lasker（1985）报道，采用此法估计加州湾北鳀鱼产卵群体数量取得较为准确结果。易伯鲁等（1988）报道对长江干流四大家鱼产卵场和干流断面定时定点采集鱼卵和初孵鱼苗，计算出1966—1967年四大家鱼的产卵量约在1 183.7亿粒。如以每一雌鱼平均产卵50万粒计，则每年在长江产卵的四大家鱼的雌亲鱼约为23.7万尾。

六、声学法（acoustic methods）

最早被用来探测潜艇和测量水深的回声探测技术（echo sounding techniques），现已普遍用来侦察鱼群。主要原理是借助探鱼仪和回声积分仪等设备，先发射一系列超声脉冲，然后接收并记录这些脉冲碰到物体后反射回来的回声讯号。当脉冲在传播过程中遇到硬的或密集的物体（海底、岛礁等），则反射强，记录的回声讯号浓密；遇到软的或稀疏的物体（鱼群），则反射弱、回声讯号稀淡。因此，根据对鱼群作水平和垂直方向的探测，所获得的回声讯号浓密式型，或密度指数，就可以估计鱼群的体积、分布范围和丰度。此法最大优点是可以同时在整个海区进行快速探测，所以已在国际上获得广泛应用，被认为是一种颇有前途的种群数量估测方法。例如，Cushing（1973）采用此法，同时启动20多条渔船，定向调查秘鲁沿海鳀的丰度，仅用了一个晚上，便提供了种群丰度的瞬时估计值。朱德山（1991）报道，1985—1988年曾和挪威合作，采用此法估算了东、黄海日本鳀的资源数量。

第三节 种群死亡特征

种群内每一个体的发生、生长和死亡是决定种群数量变动的三个主要生活史特征。图9-1是模拟一个世代生活史的框形图：$N_1 \sim N_6$代表该世代各年龄级的数量。每一年龄级由于受到自然死亡（M）和捕捞死亡（F）的作用，数量呈不断地、连续地下降趋势，直至最大年龄全部消亡为止。繁殖是对这一死亡过程的补偿，而生长则起着调节和左右死亡和增殖速率的作用。假定这种鱼2龄性成熟，则从2～6龄每年各龄鱼的产卵量和孵化率，便决定了一个新世代的发生量。发生量通常是庞大的，然而能够发育和生长成为补充群体（R）的仅是极微小的一部分。这一部分通常称补充量。对于一个捕捞群体，它就是进入捕捞的全部最低龄鱼。所以，种群数量变动是各世代发生、生长和减少这三个过程相互作用的结果。而这三个过程又和种群本身的生物学特性、外界环境条件以及人类活动相关。各种鱼类种群适应于不同的死亡率，具有不同的生长、繁殖等生活史策略，而同一种群的鱼类，由于死亡率的变化也同样会引起生长、繁殖力以及随之产生的种群数量的变动，这就是研究种群死亡特征的意义。

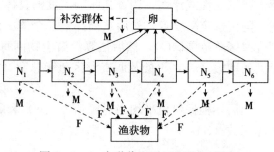

图9-1 一个世代生活过程的框形图
解释见正文
(从 Никольский，1974)

一、死亡率的式型

鱼类的死亡率式型具有种或种群的特征。研究种群的死亡过程，存活曲线（survivorship curve）能提供很有价值的资料。如果获得一个世代各龄级的数量资料，将各龄级的数量（n_x）或存活率（l_x）对年龄 X 作图，就可以获得该世代的存活曲线。倘若要将存活曲线用于不同种类之间的比较，那么在绘制时应当注意各龄级的数量，一般折算为起始数 1 000，并以对数表示，而不是绝对数值，年龄也以相对年龄，即以占平均寿命的百分比表示，而不用绝对年龄。Deevey（1947）用这种方法作成活曲线，把动物的存活曲线划分成三种基本类型（图9-2）：A型、B型、C型。

早期生活史阶段的高死亡率在海洋浮性和沉性卵及其卵黄囊仔鱼最为典型。McGurk（1986）报道，该阶段瞬时死亡率（Z）的范围为 0.04～1.0/d（存活率 37%～96%/d）。初次摄食期仔鱼的死亡率与此相似。仔鱼后期和稚鱼阶段，死亡率变动幅度较大。因此，在这一生活史阶段，死亡率对种群丰度的作用，不仅取决于死亡率的均值，而且取决于它的方差。进入幼鱼期，死亡率开始迅速下降。据 McGurk（1986）列出一系列海洋鱼类的后期稚鱼和幼鱼的每日 Z 值，在 1.9×10^{-2}（存活率 98.1%）到 9.9×10^{-4}（存活率 99.9%）。到接近性成熟时，自然死亡率还要低，并渐趋稳定。衰老成鱼的死亡率升高，存活曲线常呈缓慢下降。

真骨鱼类的这种死亡率式型，决定了在卵和仔稚鱼阶段的死亡率如稍有不同，就能使种群的补充量产生很大的差别。假如有两股亲鱼产下的卵均为 10^7 个，其中一股的瞬时死亡率（Z）为 0.1/d（存活率

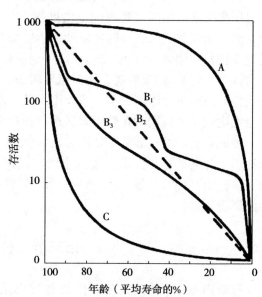

图9-2 存活曲线的类型

A型：凸型，早期死亡率低，多数个体可以活到平均寿命，见于人类和一些大型哺乳动物　B型：对角线型，各年龄期的死亡率大致相等，许多鸟类接近此型　C型：凹型，早期死亡率高，以后渐趋平稳，许多真骨鱼类符合此型

(从 Odum，1971)

90.5%/d），60d 后，有 24 787 尾鱼存活下来；另一股的 Z 为 0.05/d（存活率 95.1%/d），60d 后，有 497 871 尾存活。尽管死亡率差异很小，其原因也可能很难探测；但是，它们所产生的绝对数差异却超过 400 000。这充分表明卵和仔鱼阶段死亡率变动对后期稚鱼、幼鱼和成鱼的数量变动具有巨大的影响。

二、死亡率的表达

鱼类种群的死亡率通常采用两个密切相关的概念来表达，即实际死亡率（A）和瞬时死亡率（Z）。如果时间单位为 1 年，实际死亡率就是一年中实际死去的鱼的数量和年初所存在的鱼的数量的比值，也称年总死亡率。从个体角度来说，实际死亡率是种群中每一个体的年死亡期望值。A 的表达式是：

$$A = (N_0 - N_1)N_0 = 1 - N_1/N_0 = 1 - S \tag{9—20}$$

式中，S 是年末所残存的鱼数（N_1）和年初鱼数（N_0）之比值，称残存率；它和成活率（survive rate）是一个概念。然而，种群的死亡是一个连续的过程。种群内个体在每一瞬间的死亡都和当时存在的鱼的数量（N）成比例；这可以用下式表示：

$$dN/dt = -ZN \tag{9—21}$$

式中，Z 就是种群内每一个体的瞬时死亡率（instantaneous per capita molality rate），或者称为死亡系数。这一公式的积分式是：

$$N_t/N_0 = e^{-Zt}；或 Z = (\ln N_0 - \ln N_t)/t \tag{9—22}$$

如果时间单位为 1 年，则 $N_1/N_0 = e^{-Z} = S$，$Z = -\ln S = -\ln(1-A)$。举例来说，一个种（股）群在一年里的丰度从 1 000 降至 100 尾，那么年残存率 $S=10\%$，实际年死亡率 $A=90\%$，而瞬时死亡率 $Z=2.303/$年。

如果将总死亡分为捕捞死亡和自然死亡两大类。这两类死亡率均有瞬时率和实际率之分。设 F 和 M 分别为捕捞和自然死亡的瞬时率，而 u 和 V 分别为两者的实际率，那么：

$$Z = F + M \tag{9—23}$$
$$A = u + V \tag{9—24}$$

实际捕捞死亡率 u，也称种群利用率，或开发率。死亡率的定量表达通常以年为时间单位，但也可以使用其他时间单位，如日、月。

三、死亡率的估算

1. 总瞬时死亡率 Z

（1）根据连续年龄组的丰度　这一类方法假设各年龄级的残存率、补充量和被捕机率都相同。属于此类方法的主要有：

Jackson 法　Jackson（1939）提出根据两个以上不同年龄级的存活数目来估计残存率，然后根据 $Z = -\ln S$ 估算瞬时死亡率，基本计算式是：

$$\hat{S} = (N_1 + N_2 + \cdots + N_k)/(N_0 + N_1 + \cdots + N_{k-1}) \tag{9—25}$$

式中，$N_0 \cdots N_k$ 是不同年龄级鱼的尾数（或百分频数）。有时，由于种种原因会发现某些年龄级的数量不具代表性，而不得不从仅有的一部分年龄级序列来估算残存率。例如，有代表性的相邻年龄级数据只有两个，则：

$$\hat{S}=N_{t+1}/N_t \qquad (9-26)$$

Heincke法 任何种群的随机样品中，高龄鱼总是少于进入捕捞群体的最低龄鱼。为此，Heincke（1913）提出将有代表性的采样所得年龄组按连续次序编码，最低龄级标以0，于是连续各龄级鱼数为 N_0、N_1、N_2……等，$\sum N$ 是这些数目的总和，而实际死亡率 A 的估算式是：

$$\hat{A}=N_0/\sum N \qquad (9-27)$$

然后，根据 $Z=-\ln(1-A)$，估计瞬时死亡率。此法不需要知道 N_0 以上各年龄级的数目，而只要总数。所以，在缺少较老年龄鱼的鉴定资料时，可以采用此法。

Robson 和 Chapman 法 Robson 和 Chapman（1967）将采样所得各龄组，从有代表性的最低龄标以 0 开始，连续编码至 k 为止，则 $\sum N = N_0 + N_1 + N_2 + \cdots + N_k$，令 $T = 1N_1 + 2N_2 + \cdots + kN_k$，再由下式估算残存率：

$$\hat{S}=T/(\sum N+T-1) \qquad (9-28)$$

（2）根据捕捞曲线 Baranov（1918）将渔获量（C）或单位捕捞努力量渔获量（C/f）的对数对年龄（或鱼体大小）作图所得关系曲线，称为捕捞曲线。近年来，更为常用的是用渔获量（尾数）百分频数的对数对年龄作图。根据捕捞曲线估算 Z 的原理是：$\ln N_t = \ln N_0 - Zt$。这表示股群丰度的对数随时间 t 的递减和时间 t（年龄）呈直线相关，斜率 $b=-Z$。如果种群中每一龄级在进入捕捞群体时的补充最相同，那么各龄级的丰度的对数和年龄呈同样的直线相关。如果各龄级的捕捞概率相同，那么各龄组的渔获量（C）或单位捕捞努力量渔获量（C/f）与其丰度的比率一致。在符合这些假设条件下，就可以采用各龄级的 C 或 C/f 的对数对 t 作图，然后根据斜率求 Z。

图 9-3 是直线式捕捞曲线的一个实例。上升的左枝和拱顶代表所用的采样渔具不能完全捕获的相应年龄组，或者说，它们的捕捞概率低于较大龄组，因此不能用于确切估算死亡率。下降的右枝可以认为基本符合以上假设条件。因此，右枝下降线的斜率 $b=-Z$。这里要提一下，此法的本质和根据连续年龄组的丰度来估算 Z 是一致的。因此，前述所谓有代表性的最低龄组，按捕捞曲线

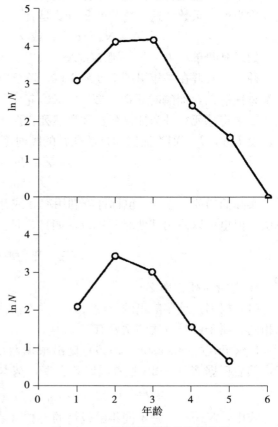

图 9-3 太湖似刺鳊鮈的捕捞曲线
上：1982 下：1989

衡量，就是从右枝最低龄组开始标以 0。

如果各龄组在进入捕捞群体时的补充量呈不均匀状态，所绘出的捕捞曲线可以呈曲线式。这时，一般主张还是用 C 或 C/f 作个别年龄级的比较。为了免除补充量变化所造成的困难，最好选择取样期间捕捞能率（q）相同的同一渔具对同一世代不同年份的 C（或 C/f）的变化作比较，然后按下式估算 Z：

$$Z=(\ln C_{t1}-\ln C_{t2})/t \tag{9—29}$$

例如，Gulland（1955）估算北海拟庸鲽的 Z，该种群 1945 世代在 1950—1951 渔汛期为 5 龄，由标准拖网船捕 100h 的渔获量为 1 722 尾，到下一年 6 龄时为 982 尾，再下一年 7 龄时为 519 尾。按上式计算，5～7 龄间 $Z=$（ln1 722－ln519）/7－5＝0.6/年。若将拟庸鲽 5、6、7 龄 C/f 的对数和年龄相关作图，就是这段时间直线式捕捞曲线，该线性的斜率 $b=-0.6$，即 $Z=0.6$，结果是一致的。

（3）根据渔获物的平均大小　如果种群的补充量是稳定的，死亡率越大，渔获物的平均体重或体长就越小。因此，在获得种群生长率后，就可以根据该生长率条件下捕获物中鱼的平均大小估算死亡率。此法最早由 Baranov（1918）提出，以后 Beverton 和 Holt（1956）发展了这一方法，按 von Bertalanffy 生长方程，推导出以下计算式：

$$Z=(L_\infty-\bar{L})k/(\bar{L}-Lc) \tag{9—30}$$

式中，L_∞——渐近体长；

　　　k——生长系数，L_∞ 和 K 两者都是 Bertalanffy 生长方程参数；

　　　$\bar{L}$——渔获物平均体长；

　　　Lc——起捕年龄平均体长，或进入捕捞群体的最小体长组。

唐渝（1987）根据此法估算太湖刀鲚的 $Z=3.18$/年。

2. 瞬时自然死亡率 M：

（1）对于未开发的种群，自然死亡表现为：

$$N_t=N_0\mathrm{e}^{-Mt} \tag{9—31}$$

所以，根据相关的 N_t 和 N_0 丰度（见本章第二节）资料，可直接估算 M。

（2）根据鱼类自然死亡这一基本公式，可以知道 M 和寿命相关。因此，可以根据极限年龄估算 M。假设相对起始数为 1 000（N_0），而残存至极限年龄时的相对数为 1（N_t），则：

$$\hat{M}=(\ln 1\,000-\ln 1)/\Delta t \tag{9—32}$$

式中 Δt 为种群的极限年龄，因此，在已知极限年龄时，就可以估算 M 值。费鸿年（1983）提出可按下式估算极限年龄 $T_{\max}$：

$$T_{\max}=3/k+t_0 \tag{9—33}$$

式中 k 和 t_0 均为 Bertalanffy 生长方程参数。叶富良、陈军（1981）估算广东省东江鲤 $k=0.173$，$t=-0.039\,4$，因而 $T_{\max}=17$ 龄，$M=0.406$/年。

（3）在 $T_{\max}$ 和 k 值已知时，还可以按 Alverson（1975）提出的公式估算：

$$\ln[(M+3k)/M]=0.25T_{\max}k \tag{9—34}$$

例如，若将广东省东江鲤的 $k=0.173$ 和 $T_{\max}=17$ 代入上式，则 $M=0.478$/年。

(4) 联合国粮农组织 (FAO) 于 1980 年 11 月在华渔业资源评估培训班提出, 根据多种鱼类的 M 和最高年龄资料, 经过线性拟合发现, M 和最高年龄 t_λ 的倒数呈显著线性相关, 相关式为:

$$\hat{M} = 0.0021 + 2.5912/t_\lambda \quad (r=0.95) \tag{9—35}$$

詹秉义 (1986) 将绿鳍马面鲀最高年龄按 14 龄或 10 龄估算, 代入上式分别得 M 值为 0.183 和 0.257/年。

(5) 根据总瞬时死亡率 (Z) 和相应的捕捞努力量 (f) 资料估算 因为 $Z=M+F$, 而 $F=qf$ (q 为捕捞能率, 假设为一常数, f 为单位捕捞努力量), 所以:

$$Z = M + qf \tag{9—36}$$

这表明 Z 和 f 呈线性相关, 在取得一系列 Z 和 f 的统计值后, 就可以建立 Z 和 f 的线性相关式。M 为这一线性相关的截距。唐启升 (1986) 按此法估算黄海鳀的 M 为 0.11/年。

(6) Silliman (1943) 提出根据两种不同水准的捕捞努力量 (f_1 和 f_2) 所获残存率 (S_1 和 S_2) 来估算 M 值。此法假设条件是在两种水准的捕捞努力量时期, M 相同, 且捕捞能率 q 为常数。因为 $Z_1 = M + qf_1$, $Z_2 = M + qf_2$, 所以:

$$\hat{M} = (Z_2 f_1 - Z_2 f_2)/(f_1 - f_2) \tag{9—37}$$

例如, 在一个种群开发利用的两个稳定的时期, 相对捕捞努力量 f_1 和 f_2 分别为 8 和 4, 残存率 S_1 和 S_2 分别为 0.330 和 0.509, 则 Z_1 和 Z_2 分别为 1.11 和 0.68, 将这些数据代入上式, $M=0.25$。

3. 瞬时捕捞死亡率 F

(1) 根据种群丰度变化和渔获量资料估算 因为 $Z/A = F/u$, 所以, 在已知种群 t_1 和 t_2 两个时期丰度的情况下, 只要获得从 t_1 到 t_2 期间的渔获量资料, 就可以估算 F 值。例如, 假设 N_1 和 N_2 分别为 t_1 和 t_2 时的丰度, C 为该段时间的渔获量, 则:

$$A = (N_1 - N_2)/N_1, \quad Z = -\ln(1-A), \quad u = C/N_1$$

$$\hat{F} = Zu/A \tag{9—38}$$

如果该段时间的渔获量资料统计有困难, 也可以进行标志放流试验。根据标志鱼回捕数 (r) 和标志鱼数 (m) 的比率, 估算 u 值, 即 $u=r/m$。此法的基本假设条件是标志鱼的 F 和 M 值与非标志鱼相同。

(2) 根据股群分析法 (见本章第二节) 估算 股群分析法是在已知 M 的条件下, 根据从 i 到 $i+1$ 这一段时间的渔获量 (C_i) 和现时的种群丰度 (N_{i+1}), 然后逐级估算 F_i 值和原初种群丰度 N_i。

同样, 在根据 Pope 法求得 N_i 后, 则 F_i 为:

$$F_i = \ln(N_i/N_{i+1})^{-M} \tag{9—39}$$

最后应该指出, 上述各种方法都各有特点和不足之处。许多方法有一定的假设前提, 而且这些假设条件不一定能满足。所以根据不同的资料和方法, 所获结果往往会有较大差别。例如, 唐启升 (1986) 按三种不同方法估算黄海鳀的 M 值分别为 0.11、0.58 和 0.78/年。这对于初学者来说, 可能会迷惑不解。然而, 种群的死亡率, 特别是自然死亡率确实是一个难以准确估算和验证的种群动态学参数。因此, 研究者一方面应当根据调查研究目的和掌握资料，选取最合适的方法，尽量提高估算精确度；另一方面，在精确值未获肯定之前，可以暂时采用多个估算值，供资源评估和管理决策时参照使用。

第四节 种群数量变动

一、种群数量变动基本模型

描述鱼类种群数量变动的模型可分为两类：一类是种群在理想的无限环境中增长的指数式模型（J型）。某种鱼类移植到一个新的合适的环境里的早期阶段，会按照这种模型增长。例如，李思发（1990）认为，1979年滇池从太湖移植银鱼，在开头几年的增长，就是一个突出的例子。另一类是种群在现实的有限环境中增长的逻辑斯蒂模型（S型）。

1. 种群的无限增长模型　鱼类种群数量（N）随时间（t）的变化，主要取决于出生（B）和死亡（D）、迁入（I）和移出（E）这两组对立的过程。不过，后一组对立过程仅对局部群体的数量变动有影响，但与前一组对立过程相比较，它们对整个种群数量往往没有直接的影响。因此，在研究种群数量变动时，一般都假设迁入和移出是平衡的，或者是可省略的。如果一个种群在 t_0 时的数量为 N_0，经过一个繁殖季节后产下的后代数为 B，总死亡量为 D，那么到下一个繁殖季节 t_1 时的种群数量 N_1 为：

$$N_1 = N_0 + B - D \tag{9-40}$$

现设 N_1 为 N_0 的 λ 倍，即 $N_1 = N_0\lambda$；如果种群在无限环境下保持这一增长速率，那么再下一个繁殖季节 t_2 时的种群数量 $N_2 = N_1\lambda = N_0\lambda^2$；同样 $N_3 = N_2\lambda = N_0\lambda^3$，……。于是，就得到了以下公式：

$$N_t = N_0\lambda^t；\text{或} N_{t+1} = N_t\lambda \tag{9-41}$$

这一方程表明种群以每单位时间增长 λ 倍的速率呈指数式增长，也称几何级数增长。λ 就是这种指数增长的增长率，称为周限增长率（finite rate of increase）。显然，当 $\lambda > 1$ 时，种群数量增长；$\lambda < 1$ 时，种群数量减少；而 $\lambda = 1$ 时，种群数量保持相对稳定。

但是，这样所表达的种群增长在世代不重叠的种群中还比较合理；而在世代之间互相重叠、种群数量以连续方式改变时，则种群数量随时间的改变，以种群大小的瞬时改变率（instantaneous rate of change）dN/dt 来衡量更为合理。这一瞬时改变率取决于和种群数量（N）成比例的出生率（b）和死亡率（d），可以表达如下：

$$dN/dt = bN - dN = (b-d)N \tag{9-42}$$

设 $b-d=r$。这时，r 代表种群中每一个体的增长（或改变）率（instantaneous per capita rate of increase），或内禀增长率（intrinsic rate of increase），上式为：

$$dN/dt = rN \tag{9-43}$$

这一微分方程阐明了种群的瞬时增长率与种群大小 N 的关系。它的积分式是：

$$N_t = N_0 e^{rt}，\text{或} \ln N_t = \ln N_0 + rt \tag{9-44}$$

这一公式表明，在无限环境中，瞬时增长率保持稳定的种群，其数量 N 随时间 t 的变动是一个以自然对数 e 为底、瞬时增长率 r 为指数的指数式增长过程。当 $r > 0$，种群数量上升；$r < 0$ 时，种群下降；$r = 0$ 时，种群数量保持相对稳定。如果以种群数量 N_t 对时间 t 作图，就可以获得被称之为 J 型的种群增长曲线（图 9-4）。

从式9—41和式9—44，可以知道r和λ的关系为：

$$\lambda = e^r, \text{ 或 } r = \ln\lambda \quad (9-45)$$

这就是说，当种群以每单位时间（年、月、日）λ倍的周限增长率增长时，种群内每一个体的瞬时增长率为$\ln\lambda$。周限增长率是有开始和结束期限的，而瞬时增长率是连续的、瞬时的。虽然在考虑种群数量的实际变动时常用周限增长率，但瞬时增长率却是用于描述种群数量变动模型的一个更为重要的参数。

2. 种群的有限增长模型 种群的指数式增长是不可能持久的，它必然受到水域环境的限制。因为在式9—42中，$r = b - d$是变数，而不是常数。

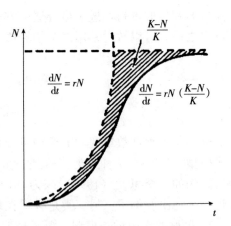

图9-4　J型和S型种群增长曲线的差别
（从Kendeigh, 1974）

当种群密度增加到一定程度，由于环境空间限制，饵料资源短缺以及个体间竞争等，必然使出生率（b）减少，而死亡率（d）上升。换句话说，种群的出生率（或死亡率）和种群数量（N）之间呈线性相关，可以表达如下：

$$b = b_0 - R_b N \quad (9-46)$$
$$d = d_0 + R_d N \quad (9-47)$$

式中，b_0和d_0——分别表示这一线性相关在y轴上的截距；

R_b、R_d——斜率。

将式9—46和9—47代入式9—42，则得：

$$dN/dt = [(b_0 - R_b N) - (d_0 + R_d N)]N \quad (9-48)$$

当种群增长达到饱和时，$dN/dt = 0$，则上式为

$$N = (b_0 - d_0)/(R_b + R_d) \quad (9-49)$$

这里的N是种群数量在环境允许下所达到的饱和数量，也称环境承载量（carrying capacity），设为K；而且$b_0 - d_0 = r$，所以式9—49可改写为：$R_b + R_d = r/K$，而式48可改写为：

$$dN/dt = [(b_0 - d_0) - (R_b + R_d)N]N = (r - rN/K)N$$
$$= rN[(K-N)/K] \quad (9-50)$$

这就是种群在有限环境中S型曲线增长公式，也称逻辑斯蒂曲线方程（logistic curve equation）。这一方程包含了如下假设条件：(1) 种群内所有个体的生态状况相同，如生殖力和死亡机率等；(2) 所有个体对环境变化的反应一样；(3) K是不变的常数；(4) r与（$K-N$）成正比，即K和N相差大的时候，r也大；相差小的时候，r也小。方程的积分式如下：

$$N_t = K/(1 + e^{a-rt}) \quad (9-51)$$

式中新出现的参数a的值决定于N_0，即$e^a = (K - N_0)/N_0$。

在种群增长的起始期，S型曲线和J型曲线之间差别不大（图9-4）；随着向曲线的中段接近，两者就逐渐分开，随后则越离越远。这里，$(K-N)/K$显示种群可能实现最大增

长的程度。当种群数量增加到接近环境承载量 K 的时候，种群的增长渐趋近于 0，即 $N \to K$ 时，$(K-N)/K \to 0$，$dN/dt \to 0$。S 型曲线在 $N=K/2$ 处有一拐点（inflexion），是种群增长速度从正加速期转向负加速期的转折点。最后，当 $N \to K$ 时，种群数量保持相对稳定，不再增长，或在 K 值上下波动。显然，这一方程所描述的种群增长机制是：当种群密度上升时，种群能实现的有效增长率逐渐下降；种群密度和增长率之间存在反相关。这就使得这一方程能反映环境因子（主要是空间、食饵以及由此引起的种群内和种群间竞争等因子）对种群增长的影响，从而具有明显的生物学意义。

自然种群的增长，确有不少符合 S 型方程，即经历起始期→加速期→转折期→减速期→饱和期这样 5 个阶段。因此，这一方程有一定实用性；在使用时，只要确定了 r 和 K 这两个参数，就可以预测种群的整个增长过程，也较简便。但是，近代从实验室和野外生态研究证实自然种群的增长也有不符合这一模型的。例如，当种群数量增长接近 K 值时，种群密度会保持相对稳定的假定，在自然种群就很难找到。这表明模型并不是普遍适用的。看来，影响种群增长的因子，包括环境的和种群本身的，还远未包括到这一模型之中（May 等，1974）。

3. r 和 K 型选择　　MacArthur 和 Wilson（1967）根据种群 S—J 型增长模型研究，认为种群在演化过程中为保持繁荣发展，适合于不同的栖息环境，在生活史策略方面，必然是采取两种生态对策：一是朝着增大 r 值的方向进化；另一是朝着增大 K 值的方向进化。这就是 r 和 K 型选择理论。这两种不同的生活史对策的选择，适应于不同的栖息环境，具有一系列不同的生物学特性，在种群动态方面也构成了两类互不相同的模型。

K 型选择的种群，栖息环境通常比较稳定；一般个体较大、成熟较晚、繁殖力较低、寿命较长，死亡率经常受密度制约；种群丰度比较隐定，密度往往临近 K 值。也就是说，它们是以最大限度地接近环境承载量 K 作为自然选择的一种策略。但是，当 K 选择者遭受过度死亡以后，由于 r 值小，种群返回平衡水平的能力较低；如果其数量低到一定限度，就可能灭绝。因此，对 K 选择者的资源的保护特别重要。r 型选择的种群则相反：栖息环境往往多变、不稳定；它们通过提早性成熟、缩短世代时间和提高净繁殖率（见本节第二部分）来提高 r 值，而个体小和寿命短也有利于提高 r 值；死亡率通常是非密度制约、突发性的，种群丰度经常处于激烈变动之中。但是，当种群在遭到过度死亡之后，由于 r 值大，通常很快会恢复到很高的密度。因此，个别的种群虽然也有遭受灭绝的危险，但就整个物种而言，恰是富有恢复能力的。

r 和 K 型选择代表着两个进化方向不同的类型，其间有各种过渡类型，从而构成 r—K 连续谱系（r—K continuum）。不同生物类群在这一连续谱系中的位置都是相对的。例如，相对于哺乳类，鱼类基本上是 r 选择；但就鱼类来说，在进化过程中也总是力图去占领所有可供利用的空间，因此，也同样构成了一个 r—K 连续谱系。某些大型板鳃类可以认为是 K 型选择者，而海洋中上层集群鱼类则是典型的 r 选择者，在这两类极端之间，同样存在着中间类型。

r 和 K 型选择者，由于生物学特性不同，种群增长曲线也有区别（图 9-5）。图中 45° 对角线表示种群处于理想平衡之中，即 $N_{t+1}=N_t$；而对角线上方表示种群增长，下方表示减少。K 选择者的增长曲线与对角线有两个交点：X 和 S。在 X 点有两个向外的箭头，表示此点为不稳定平衡点，种群在此点或者趋向上升，或者连续下降，趋于灭绝；在 S 点有两个向内的箭头，表示稳定的平衡点，种群丰度在该处受到干扰，会较快回到平衡状态。相反，r 选择者由于在低密度下增长极快，所以只有一个平衡点 S'，而且种群丰度易于在 S' 点上下作明显振荡；容易上升，也会突然下降。

二、具有年龄结构的种群动态

在世代间完全重叠和不重叠的种群类型之间，又有中间结构类型的种群，它们有几个不同的但又重叠的年龄级。这样的种群在鱼类中特别典型。如果对

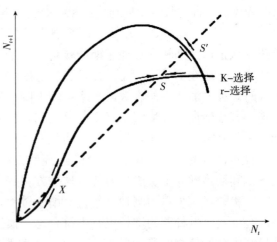

图 9-5　r 和 K 型选择者的种群增长曲线
（从 May，1976）

m 个年龄级相继用 m 个互相联系的方程式来描述其种群动态，将发生不少与多种群情况类似的复杂特征。但是，如果用一个方程式来描述，就必须弄清楚种群生命表和内禀（瞬时）增长率 r 之间的关系。因为对于多龄级种群来说，其内禀增长率 r 与各龄级的存活率（l_x）和繁殖力（m_x）之间存在着不可分割的关系。为此，下面介绍关于研究和测定具有年龄结构的种群数量变动的方法。

1. 生命表、净繁殖率和内禀增长率　生命表（life table）是分析种群动态的基本工具，主要用于记载种群内个体的存活、死亡和繁殖特征。根据资料来源不同，生命表通常有三种：

（1）动态（dynamic）生命表　根据一个特定年龄级（股群）的存活数据制成，因此又称特定年龄（age specific）生命表。这种生命表所记载的个体，经历的环境条件相似，存活和死亡机率相同。所以，可以用来分析种群数量变动以及与密度相关的调节机制。但是，资料搜集要跟踪一个世代的生活史，不易办到。

（2）静态（static）生命表　根据在一个特定的时间范围（通常不超过 1 年）所采集的种群样品，分析年龄组成并估计各龄组的存活率而制成，因此又称特定时间（time specific）生命表。这种生命表能在短期内获得资料，但它要求种群结构稳定这一条件较难满足。因为不同世代鱼遭遇到的环境条件往往不同，从而影响到各龄组的组成、成活机率和补充。

（3）综合（composite）生命表　根据研究目的利用各种方法获得种群年龄组成、出生率、死亡率等资料而制成。鱼类种群动态学研究，常使用这类生命表。

表 9-3 是生命表的一般格式。各栏目符号按生态学惯用法，意义如下：X 为年龄级，用年、月、日均可。n_x 是在年龄 X 期开始时存活个体的数目，按搜集到的实际数据记载；也可以将起始数 n_0 转换为 1 000 或 1 后记载。本例 n_x 未列出。l_x 是在 X 期开始时的存活数占起始数的比率（$l_x=n_x/n_0$）；本例起始数转换为 1。d_x 是从 X 到 X+1 期的死亡个体数（$d_x=n_x-n_{x+1}$）或死亡比率（$d_x=l_x-l_{x+1}$）。q_x 是从 X 到 X+1 期的死亡率（$q_x=d_x/l_x$）。L_x 是从 X 到 X+1 期的平均存活数或平均存活比率 $L_x=(l_x+l_{x+1})/2$。T_x 为群体中所有个体的预期总存活年（月、日）数，本例是按起始数 1 计算

的结果（$T_x = \sum L_x$）。e_x 是在 X 期开始时的平均生命期望（$e_x = T_x/l_x$）。

表9-3 美国密西根州溪鳟 *Salvelinus fontinalis* 种群的1952股群的生命表*

X	l_x	d_x	q_x	L_x	T_x	e_x
0	1.000 00	0.947 17	0.947 17	0.526 415	0.590 135	0.590
1	0.052 83	0.032 20	0.609 50	0.036 730	0.063 720	1.206
2	0.020 63	0.016 73	0.810 95	0.024 530	0.026 990	1.308
3	0.003 90	0.003 39	0.869 23	0.002 205	0.002 460	0.631
4	0.000 51	0.000 51	1.0	0.000 255	0.000 255	0.500

* 本表由作者根据McFadden等（1967）提供的 X 和 l_x 原始数据整理列出，示意生命表包括的各栏目及计算方法。各栏目符号意义见正文。

具有年龄结构的种群动态不仅取决于不同龄级的存活，还取决于它们的繁殖力和发育速率等。因此，还必须在生命表中列入繁殖力。表9-4是一个简单的雌鱼生命表实例，借以说明计算方法。表中新增加 m_x 一栏，代表特定年龄的出生率（age specific natality），以1尾 X 龄雌鱼平均产下的下一代雌鱼的数目来表示。这样，存活到种群所抵达的最大年龄的1尾雌鱼所产下的全部下一代雌鱼的平均数，称总繁殖率（gross reproductive rate，GRR），如下：

$$GRR = \sum_{x=0}^{\infty} m_x \qquad (9-52)$$

但是，大部分雌鱼并不存活到最大年龄，它们往往在生活史的早期阶段就死亡了。因此，更加准确地测定种群中每1雌鱼繁殖率的方法，应该把各龄级的存活率包括进去，将各龄组的 l_x 和 m_x 相乘，然后将乘积相加。这样获得的结果，称净繁殖率（net reproductive rate，R_0），如下：

$$R_0 = \sum_{x=0}^{\infty} l_x m_x \qquad (9-53)$$

表9-4 美国密西根州溪鳟 *Salvelinus fontinalis* 种群的1952股群雌鱼的繁殖力生命表

X	l_x	m_x	$l_x m_x$
0	1.000 00	0	0
1	0.052 83	0	0
2	0.020 63	33.7	0.695 23
3	0.003 90	125.6	0.489 84
4	0.000 51	326.9	0.166 72
$\sum$		486.2 (GRR)	1.351 79 (R_0)

可见，R_0 代表进入种群的每1尾雌鱼，经过一个世代以后所产下的下一代雌鱼的平均数。首先，R_0 的更确切的定义是每世代的增殖率。显然，$R_0 > 1$ 时，种群丰度增加，$R_0 < 1$ 时，丰度下降，$R_0 = 1$ 时，丰度稳定。其次，R_0 和 GRR 之间存在着巨大的差异，反映了种群潜在的和实际的增殖率之间的不同。第三，对 R_0 贡献最大的年龄级，往往是最低

龄性成熟鱼。例如，溪鳟的2龄鱼。因为，虽然3和4龄溪鳟繁殖力大，但存活率低。

R_0 是反映种群增长能力的一个重要特征，但是它有明显的不足之处，它反映的是种群每一世代的增长率，因而它依赖于适合于该种群的世代长度。这种时间长度是生物学单位，在不同物种、种群之间是不同的，因而很难用于比较。

运用生命表来估计种群在绝对时间单位的增长率，即内禀增长率，必需的假设条件是该种群必须有一个稳定的年龄组成。在一个年龄组成稳定的种群中，具有特定 l_x 和 m_x 的种群的每一个体的瞬时增长率，就是该种群的内禀增长率 r，而平均每1尾雌鱼从出生到第一次生殖的时间，称世代时间 T，它们的关系如下：

$$N_T/N_0 = e^{rT} = R_0 = \sum_{x=0}^{\infty} l_x m_x \quad (9\text{—}54)$$

式中，N_0——原初种群数量；

N_T——一个世代后种群数量。

世代时间 T 可以从生命表获得估计：

$$T = \sum X l_x m_x / \sum l_x m_x = \sum X l_x m_x / R_0 \quad (9\text{—}55)$$

因此，
$$r = \ln R_0 / T \quad (9\text{—}56)$$

由于许多鱼类的世代不是间断的，而是重叠的，因此，根据生命表估计的 r，仅仅提供了一个合理的近似值。r 的精确估计必须根据 Eular-Lotka 方程（Southwood，1978），用逐步逼近法估计。Eular-Lotka 方程是：

$$\sum_{x=0}^{\infty} l_x m_x e^{-rx} = 1 \quad (9\text{—}57)$$

根据这一方程可以编制一个重复试算的计算机程序求 r 值；即连续输入 r 值，直到方程左侧的累计值接近单位值1。在这重复试算过程中，根据式9—56所获得的 r 值可以作为有用的起始值。一般地，这一起始值总是低于最后估计值。例如，按生命表9—4计算的溪鳟股群的 $R_0 = 1.351\,79$，$T = 2.609$ 年，$r = 0.115\,5$。将这一 r 值作为试用值，代入式9—57所获结果为 $1.003\,3 > 1.0$；当用逐步逼近法计算，最后在 $r = 0.116\,8$ 时，所获结果接近 $1.000\,0$。所以，种群的内禀增长率 $r = 0.116\,8$，$T = 2.58$ 年。

2. Leslie 矩阵　Leslie（1945）根据种群特定年龄的出生率和死亡率，采用矩阵来描述它的数量变动，称为 Leslie 矩阵（Leslie's matrix）。Leslie 矩阵限于生殖活动是明显不连续或间歇状态的种群，时间多以1年为单位。通常只算雌体数量。现简介如下：假设一个具有特定年龄结构的种群，在 t 时的各龄个体数分别为 $N_0 N_1 N_2, \cdots N_k$；那么，到 $t+1$ 时，它们都分别长大了1龄，进入了下一个龄组，仅 N_k 因年老而死亡。新的 N_0 则由各龄组产生的新的个体组成。假设没有迁入和移出，该种群从 t 到 $t+1$ 时的年龄结构变化，如图9-6所

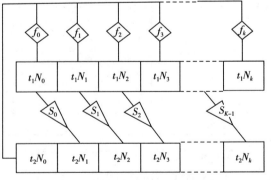

图9-6　种群年龄结构随时间的变化
（从 Regon 和 Mortimer，1981 稍改）

示，而各龄组的个体数量变化如下：

$$t+1 \text{ 时的 } N_0 = t \text{ 时的 } N_0 f_0 + N_1 f_1 + N_2 f_2 + \cdots + N_k f_k = \sum_{x=0}^{k} N_x f_x$$

$$N_1 = N_0 S_0$$
$$N_2 = N_1 S_1$$
$$N_3 = N_2 S_2$$
$$\vdots$$
$$N_k = N_{k-1} S_{k-1}$$

式中，f_x——从 X 到 $X+1$ 年龄组内每一雌体产生的、能够存活下来的子代雌体数；
S_x——从 X 到 $X+1$ 年龄组雌体的存活率。

按前述生命表分析，则 $S_x = l_{x+1}/l_x$。Leslie 认为，当 $f_x \geqslant 0$，而 S_x 在 0 和 1 之间时，这类种群的数量变动就可用简单的矩阵来表达。现设 M 为这一矩阵的过渡行列式，而向量 $\overrightarrow{N_t}$ 为种群在 t 时每个年龄级鱼的丰度，则 $t+1$ 时的种群向量 $\overrightarrow{N_{t+1}}$ 为

$$\overrightarrow{N_{t+1}} = M \overrightarrow{N_t}$$

$$= \begin{bmatrix} f_0 & f_1 & f_2 & f_3 \cdots & f_{k-1} & f_k \\ S_0 & 0 & 0 & 0 \cdots & 0 & 0 \\ 0 & S_1 & 0 & 0 \cdots & 0 & 0 \\ 0 & 0 & S_2 & 0 \cdots & 0 & 0 \\ \vdots & \vdots & \vdots & \vdots & \vdots & \vdots \\ 0 & 0 & 0 & 0 \cdots & S_{k-1} & 0 \end{bmatrix} \times \begin{bmatrix} N_0 \\ N_1 \\ N_2 \\ N_3 \\ \vdots \\ N_k \end{bmatrix}$$

$\overrightarrow{N_{t+2}} = M \overrightarrow{N_{t+1}} \cdots$，以此类推。

所以，Leslie 矩阵是一个种群在指数增长情况下特定年龄结构的模式。由于它一方法运用计算机处理很方便，可以分析捕捞或其他原因，像水温、食饵丰度和种群密度所引起的种群特定年龄存活率和繁殖力变化对种群丰度的影响，使它较之仅使用逻辑斯蒂方程研究种群增长更有实际意义。

第五节　种群的生产和管理

鱼类作为一种可更新的水产资源，其生产、均衡、调节和更新受到环境因子，特别是捕捞和其他人类生产活动的影响。对于平衡的自然种群来说，其补充和生长与自然死亡相抵消；予以渔业开发后，由于捕捞稀疏了群体密度，提高了补充率和生长率，或减少了自然死亡率，从而建立新的平衡。因而，渔业在一定限度内是一种创造产量并促进种群更新的积极生产活动。但是，当环境变迁或捕捞强度超过种群自身调节能力的限度，则种群的自然平衡就要遭受破坏，严重的会导致资源衰竭，甚至濒临灭绝。所以，对鱼类资源不加充分利用或酷渔滥捕，不加管理和保护都不符合人类的根本利益。为此，本节重点介绍目前国内外常用的几种种群管理模式，为渔业的宏观管理和决策提供依据。

一、生物量和生产量

1. 生物量（biomass）　是指鱼的种群（或群体）的重量或种群某部分的重量，常用

的测量单位是每单位面积内鱼的体重（或能量），如 g/m^2。一个种群的生物量变化，是由组成种群的每一年代级鱼（股群）的生物量变化的总和构成的。所以，研究种群生物量变化，往往以股群为代表，更容易阐明变化的原因和机制。同一股群的鱼在出生后，个体数随死亡而逐渐减少，但个体重却随生长而逐渐增加，生长和死亡的合并作用便构成了股群生物量的变化规律。股群生物量（B）随时间（t）的变化可以表达如下：

$$B_t = B_0 e^{(G-Z)t} \tag{9—58}$$

式中，B_0——起始生物量；

B_t——t 时距（例如 1 年）后的生物量；

G、Z——分别是 t 时距的瞬时生长率和死亡率；

$G-Z$——t 时距生物量的变化率。

这一公式将生长和死亡联结起来，表达了股群生物量变化的基本规律。在股群生活史的开始阶段，$G-Z$ 通常是正数，生物量增加；后期 $G-Z$ 是负数，生物量减少。根据式 9—58，还可以推导出股群从时间 t_0 到 t_1 的平均生物量 $\bar{B}$：

$$\bar{B} = \int_{t=0}^{t=1} B_0 e^{(G-Z)} dt = B_0(e^{(G-Z)} - 1)/(G-Z) \tag{9—59}$$

2. 生产量（production） 是种群（或群体）在一个特定时距内生物量的总生长，包含该段时间结束前种群所死亡的鱼的生长。生产量十分重要，因为它代表一个群体新鲜鱼的总重量，是对包括渔业在内的所有捕食者的潜在供应量。生产量通常以单位时间、单位面积的鱼的总重量（或能量）为测量单位，如 $g/m^2 \cdot y$。

关于生产量的测定，常用有两种方法：

(1) Ricker（1946）提出一个股群在时间 t_0 到 t_1 的总生产量（gross production，P），在 G 和 Z 保持恒定条件下，就是该段时间股群的平均生物量 $\bar{B}$ 和 G 的乘积：

$$P = G\bar{B} = GB_0[e^{(G-Z)} - 1]/(G-Z) \tag{9—60}$$

如果在总生产量中减去总死亡鱼的重量 $Z\bar{B}$，便得净生产量（net production，P_n）：

$$P_n = G\bar{B} - Z\bar{B} = (G-Z)\bar{B} \tag{9—61}$$

在总死亡量中，死于捕捞的鱼的重量，称渔产量 Y。所以，渔产量和生产量是两个不同的概念。渔产量是生产量的一部分，是特定时期内捕捞死亡率 F 和平均生物量的乘积：

$$Y = F\bar{B} \tag{9—62}$$

(2) Allen 图解法 Allen（1971）将一个股群在时间 t 时的存活数目 N 和平均鱼体重 $\bar{W}$ 相关，所绘得的曲线称 Allen 曲线（Allen's curve）（图 9-7）。根据这一曲线，如果把股群一生划分为若干个短的时期，那么每一时期的生产量（P_i）为：

$$P_i = \bar{N}_i \Delta \bar{W}_i \tag{9—63}$$

式中，$\bar{N}_i$——$(N_i + N_{i+1})/2$；

$\Delta \bar{W}_i$——$(\bar{W}_{i+1} - \bar{W}_i)$；

N_i 和 $\bar{W}_i$——分别是时间 t_i 时股群丰度和平均个体重；

N_{i+1} 和 $\bar{W}_{i+1}$——时间 t_{i+1} 时的股群丰度和平均个体重。

股群一生的生产量 P 为：

$$P = \sum P_i \quad (9-64)$$

因此，图 9-7 的方框阴影部分就是股群在某一时期的生产量 P_i；而曲线以下整个面积就是股群一生的生产量 P。显然，划分的时间间距越短，所估算的 P 值的精确度越高。

二、种群管理模式

1. 剩余渔产量模式（surplus yield model，SYM） 在种群增长的逻辑斯蒂方程基础上，Graham（1935）提出种群生物量随时间的变化（dB/dt）直接与现存生物量 B 以及现存生物量与水域所能容纳最大生物量 B_∞ 的差额相关（图 9-8A）：

$$dB/dt = rB(B_\infty - B)/B_\infty \quad (9-65)$$

式中，r——群体密度接近于零时的瞬时增长率。

显然，当 $B=0$ 或 $B \to B_\infty$ 时，$dB/dt=0$，种群不增长；而当 $B=B_\infty/2$ 时，种群增长率最大。在引入渔业后，上式改写为：

$$dB/dt = rB(B_\infty - B)/B_\infty - qfB \quad (9-66)$$

式中，q 和 f 分别是捕捞能率和捕捞努力量，$qfB = FB = Y$。倘若渔产量 Y 等于种群处于平衡状态下的自然增长量，那么，这时的渔产量就称为剩余渔产量。所以，所谓剩余渔产量，是指可以从种群中捕出而又不致影响种群平衡的那部分生产量：

$$Y = rB(B_\infty - B)/B_\infty$$
$$= rB - (r/B_\infty)B^2 \quad (9-67)$$

这就是经典的剩余渔产量模式（SYM）。这一模式表明，种群处于平衡状态下

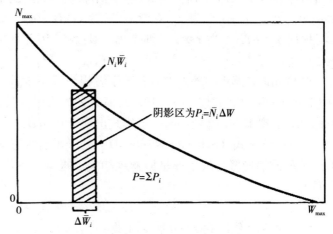

图 9-7　运用 Allen 曲线估算生产量示意图
（从 Pitcher 和 Hart，1982）

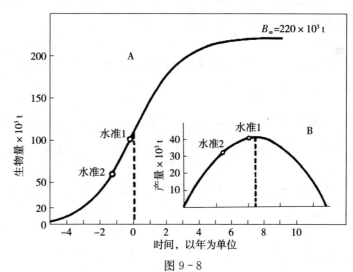

图 9-8
A. 种群生物量增长的逻辑斯蒂曲线　B. 种群剩余产量和生物量的关系
（从 Ricker，1975）

的剩余渔产量 Y 和生物量 B 的关系是一抛物线（图 9-8B）。Y 随捕捞努力量 f 而增加，其

最大值是在 $B_\infty/2$ 处，这时的渔产量称为最大持续渔产量（maximum sustainable yield, MSY）。因此，将 $B_\infty/2$ 作为种群在自然增长量最大时的生物量代入式 9—67，便得：

$$Y_{MSY} = rB_\infty/4 \tag{9—68}$$

根据 $Y=qfB$，当 $Y=Y_{MSY}$ 时，$B=B_\infty/2$；因此，MSY 时的最佳捕捞努力最为：

$$f_{MSY} = r/2q \tag{9—69}$$

在 Graham 模式的基础上，各国学者提出了不少数学型式不同的剩余渔产量模式。其中，以 Schaefer（1957）、Fox（1970）模式较为常用。两者的基本原理相似，但 Schaefer 模式的 Y_{MSY} 出现于 $B_\infty/2$ 处，而 Fox 模式出现于 $0.37B_\infty$（$e^{-1}B_\infty$）处。现分别简介如下：

Schaefer 模式（Schaefer's model）：处于平衡状态下的种群，其剩余渔产量 Y 和捕捞死亡率 F 或捕捞努力量 f 亦呈抛物线相关。根据 $Y=FB=rB-(r/B_\infty)B^2$，可以推导出下式：

$$B = B_\infty - (FB_\infty)/r \tag{9—70}$$

将式 9—70 代回到 $Y=qfB$，则得：

$$Y = qB_\infty f - q^2(B_\infty/r)f^2 \tag{9—71}$$

令 $a=qB_\infty$，$b=q^2B_\infty/r$，则得：

$$Y = af - bf^2, \text{ 或 } Y/f = a - bf \tag{9—72}$$

这就是 Schaefer 模式。因此，只要有两个以上平衡水准的 Y/f 和 f 的值，就可以求出 a、b 值。而为了估算 Y_{MSY} 和 f_{MSY}，可先将式 9—72 微分，并使其等于零，则得：

$$f_{MSY} = a/2b \tag{9—73}$$

将式 9—73 代回到式 9—72，则得：

$$Y_{MSY} = a^2/4b \tag{9—74}$$

Fox 模式（Fox's model）：Gulland（1961）和 Fox（1970）认为，种群的自然增长率和种群生物量之间有时呈指数相关：

$$dB/dt = rB(\ln B_\infty - \ln B) \tag{9—75}$$

据此，对于处在平衡状态下的种群，单位努力量的渔产量 Y/f 和努力量 f 之间亦呈指数相关：

$$\ln(Y/f) = a - bf \tag{9—76}$$

现设 $Y/f=U_E$，而设种群在最大平衡生物量时的 $Y/f=U_\infty$；那么，当 $f \to 0$ 时，则 $a \to \ln U_\infty$。这表明 $a = \ln U_\infty$。因此，取式 9—76 的反对数，便得：

$$Y = fU_\infty e^{-bf}, \text{ 或 } Y/f = U_\infty e^{-bf} \tag{9—77}$$

这就是 Fox 模式。同样，为估算 Y_{MSY} 和 f_{MSY}，可将式 9—77 作依 f 的微分，并使其等于零：

$$(1-bf)U_\infty e^{-bf} = 0 \tag{9—78}$$

在式 9—78 中，$U_\infty e^{-bf}$ 不可能等于零；所以 $1-bf=0$ 时的持续渔产量最大，这时的 f 为 f_{MSY}：

$$f_{MSY} = 1/b \tag{9—79}$$

将式 9—79 代入式 9—77，便得：

$$Y_{MSY} = U_\infty/be = e^{a-1}/b \tag{9—80}$$

因此，通过式 9—76 ln (Y/f) 和 f 的线性回归，求得 a 和 b 值后，便可估算 Y_{MSY} 和 f_{MSY}。如果能够取得捕捞能率 q 的资料，还可进一步估算最佳捕捞率 F_{MSY} （$=q/b$）、MSY 时的群体生物量 B_{MSY} （$=e^{a-1}/q$）和 B_∞ （$=e^a/q$）。

Schaefer 和 Fox 模式，两者最大特点是不需要任何生物学资料，只需获得多年的渔获量和捕捞努力量资料就可以满足计算要求。因此，应用较为广泛。詹秉义等（1986）在估算绿鳍马面鲀、许永明等（1981）和吴家鲕等（1987）在估算带鱼种群资源的合理利用时曾采用此模式。其缺点是捕捞努力量资料不易标准化，模式精确度较差。

2. 动态综合模式（dynamic pool model，DPM） 这一类模式把种群增长看作是种群内个体补充、生长和死亡的综合结果，并假设种群每一年龄级鱼的补充量相等。因此，种群在平衡状态下一个世代各年份所提供的产量和某一年份各年龄级（世代）所提供的产量相等。所以，这类模式对于补充量较为稳定的种群较为适用。模式在应用时，主要以捕捞死亡率 F 和起捕年龄 t_c 作为可控变量来考察单位补充量的渔产量（Y/R）这一相对值的变化，从而对现行渔业提出相应的调整和管理措施。

Ricker 模式（Ricker's model）：Ricker（1975）提出，如将同世代鱼的一生分成许多时间段，使它在每一段时间不论生长率或死亡率都不致很快变化，则该世代鱼的一生所提供的平衡产量（Y）为：

$$Y = \sum_{t=1}^{n} Y_t = F_t \bar{B}_t \tag{9—81}$$

式中，Y_t——从补充开始 n 个时间段中每一时间段的平衡渔产量；

F_t 和 $\bar{B}_t$——该时间段的捕捞（死亡）率和平均生物量；

$\bar{B}_t$——可以用这一时间段 B 的最初值 B_t 和最后值 B_{t+1} 的算术平均值。

因为 $B_{t+1} = B_t e^{G_t - Z_t}$，所以：

$$\bar{B}_t = B_t (1 + e^{G_t - Z_t})/2 \tag{9—82}$$

如果群体的增加或减少确是指数式的，那么，$\bar{B}_t$ 也可按式 9—59 计算，如下：

$$\bar{B}_t = B_t (e^{G_t - Z_t} - 1)/(G_t - Z_t) \tag{9—83}$$

一般来说，如果该世代鱼的一生被分成适当的时间段，则式 9—82 和 9—83 的结果并无多大差异。因此，如果具有同世代鱼在不同时间段（年龄）的体重资料 W_t 和 W_{t+1}，以及该时间段的瞬时捕捞死亡率 F_t 和自然死亡率 M_t 的资料；那么，$G_t = \ln(W_{t+1}/W_t)$，而 $Z_t = F_t + M_t$。这样，就可以估算这一世代鱼的单位补充量的渔产量 Y/R。在估算时，进入捕捞群体的起始生物量 B_0，即补充量 R，可以用群体生物量，亦可以用平均个体重。然后，通过变化捕捞死亡率 F_t 和起捕年龄 t_c，求得各种变化条件下的 Y/R，并绘出等渔获量曲线。据此，就可以判断最佳开捕年龄和捕捞死亡率。詹秉义等（1986）在采用 Ricker 模式评析绿鳍马面鲀渔业生产后提出，如将起捕年龄从 1.5 龄提高到 2.5 龄，将会使产量显著提高；而将捕捞水平即 F 从 1 降为 0.5～0.8，产量将不会降低。

Beverton-Holt 模式（Beverton-Holt's model）：同一世代的补充群体（R）进入渔业以后，被捕获的数目（C）就等于捕捞（死亡）率 F 乘以该世代的平均数：

$$C = F \int_{t=t_0}^{t=t\lambda} R e^{-Z(t-t_r)} dt \tag{9—84}$$

当渔获量 Y 用重量表示时,则为:

$$Y=F\int_{t=t_0}^{t=t_\lambda}RW_t\mathrm{e}^{-Z(t-t_r)}\mathrm{d}t \qquad (9-85)$$

Beverton-Holt(1957)将 Von Bertalanffy 的体重生长方程($W_t=W_\infty(1-\mathrm{e}^{-k(t-t_0)})^3$ 展开后代入 9—85 式,并重加整理得:

$$Y=FRW_\infty\sum_{n=0}^{3}\Omega_n\mathrm{e}^{-nkr}(1-\mathrm{e}^{-(Z+nk)\lambda})/(Z+nk) \qquad (9-86)$$

这就是 Beverton-Holt 模式;如将式中 R 左移,便成为单位补充量的渔产量方程。式中,Ω_n 为生长方程展开的系数符号,当 $n=0$、1、2、3 时,$\Omega=1$、-3、3、1;R 为补充量;Z、F、M 分别为瞬时总死亡率、捕捞死亡率和自然死亡率;$\lambda=t_\lambda-t_r$,$r=t_r-t_0$;t_λ 为捕捞群体中鱼的最大年龄;t_r 为补充到群体中的最小年龄,在通常情况下,它和群体的起捕年龄 t_c 一致,即 $t_r=t_c$;t_0、k、W_∞ 为 Bertalanffy 生长方程参数。

当考虑不同起捕年龄 t_c 的渔产量时,亦即起捕年龄 t_c 和 t_r 不一致时,式 9—86 成为:

$$Y=FR\mathrm{e}^{-M(t_c-t_r)}W_\infty\sum_{n=0}^{3}\Omega_n\mathrm{e}^{-nk(t_c-t_0)}(1-\mathrm{e}^{-(Z+nk)(t_\lambda-t_c)})/(Z+nk) \quad (9-87)$$

当考虑不同补充年龄 t_r,而 t_r 和 t_c 一致时,则式 9—86 又成为:

$$Y=FN_0\mathrm{e}^{-Mr}W_\infty\sum_{n=0}^{3}\Omega_n\mathrm{e}^{-nkr}(1-\mathrm{e}^{-(Z-nk)\lambda})/(Z+nk) \qquad (9-88)$$

式中,N_0——补充前原来鱼的数目,只受自然死亡(M)作用而减少;

$N_0\mathrm{e}^{-Mr}=R$——补充时数目。

因此,根据不同条件可分别选用式 9—86、9—87、9—88 中的一种来计算 Y 或 Y/R。

如果以捕捞死亡率 F 为横坐标,而以补充年龄 t_r(或 t_c)为纵坐标,求得不同 F 和 t_r(或 t_c)条件下的 Y 或 Y/R;在坐标纸上取点,计上数值,再用内插法和补插法找出等值点,联成等值线图(图9-9)。等值线图绘出每一捕捞率 F 的最大渔产量是在 F 的垂直线与等值线的左缘相切的点。例如,图 9—9,$F=0.5$ 时,它是近似于 172g 等值线的正切。从这一点,引出一水平线与纵坐标相交,为 $F=0.5$ 时,获得最大产量的平均补充年龄,约4.2龄。因此,图中 $B—B'$ 线是这种正切连成的轨迹,称为最佳捕捞线。同样,补充年龄为 3 龄时的最大产量,是在纵轴 3.0 绘出一水平线,找出其与某一等值线在底部的切点,约为 168g 等值线。于是,在横轴上找到的 $F=0.7$,即为 $t_r=3$ 时获得最大持续渔产量的捕捞率。因此,$A—A'$ 线就是不同补充年龄的最大产量轨迹。

动态综合模式较早在我国渔业资源评析和管理中获得应用。叶昌臣(1964)用该模式讨论了捕捞强度(决定 F 的大小)和网目尺寸(决定 t_c 的大小)变化对辽东湾小黄鱼产量的影响。以后,费鸿年(1976)应用此模式讨论了调整网目尺寸对南海北部 10 种底栖鱼类拖网产量和经济效益的影响。20 世纪 80 年代,这一模式又在黄海鲱(叶昌臣等,1980)、蓝点马鲛(朱德山、韦晟,1983)、大黄鱼(孔祥雨等,1987)以及青海湖裸鲤(张玉书、陈瑗,1980)等种群管理研究中获得广泛应用,为制定各项具体的管理措施,如禁渔区、禁渔期、最小捕捞规格、网目尺寸的规定以及限制捕捞力量、限额捕捞等提供了理论依据。

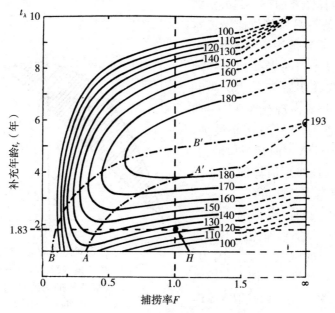

图 9-9 北海黑线鳕的产量等值线图

$M=0.20$、$k=0.20$、$W_\infty=1\,209g$、$t_0=-1.066$年、$t_\lambda=10$年；
H 点表示 1939 年时的捕捞率和平均补充年龄
(从 Beverton 和 Holt, 1957)

3. 生物经济模式 (bioeconomic model) 渔业生产要耗费成本（资金、燃料能量和人力等），这些成本需要由捕捞收益（鱼肉能量、价格等）来补偿。当把关于收益和成本的经济学理论引入 Schaefer 模式时，就产生了一个新的 Schaefer 生物经济模式 (Clark, 1976、1985)。这是一个最简单的生物经济模式，可以作为其他较复杂模式的基准。假若总收益 T_R 和渔产量 Y 成正比，而总成本 T_c 和捕捞努力量 f 成正比，如下：

$$T_R = PY = P(af - bf^2) \tag{9-89}$$
$$T_c = Cf \tag{9-90}$$

式中，P——鱼的单价；

C——单位捕捞成本。

这样，利润 U 为：

$$U = PY - Cf = P(af - bf^2) - Cf \tag{9-91}$$

对式 9—91 求导，并使其等于零，便可得最佳经济捕捞努力量 f_{eco}，如下：

$$f_{eco} = a/2b - c/2bP \tag{9-92}$$

将式 9—92 代到式 9—72，便可得最大经济渔产量 (maximum economic yield, MEY)，而代回到式 9—91，便可得最大经济利润 (maximum economic rent, MER)：

$$Y_{MEY} = a^2/4b - C^2/4bP^2 \tag{9-93}$$
$$U_{MER} = (Pa - C)^2/4bP \tag{9-94}$$

由于式 9—92 的 $a/2b = f_{MSY}$，表明 $f_{eco} < f_{MSY}$，同样，式 9—93 的 $a^2/4b = Y_{MSY}$，所以，$Y_{MEY} < Y_{MSY}$。MEY 和 MSY 之间的关系还可用图 9-10 进一步说明。此图是 T_C 对 f

和 T_R 对 Y 两个坐标图叠加在一起的示意图。T_C 对 f 是一条斜率为单位捕捞成本 C 的直线；而 T_R 对 Y 是一条和 Schaefer 模式相同的抛物线。当两者叠加在一起时，就可以看到仅在阴影部分才产生利润。显然，虽然 MSY 出现在 Y 和 T_R 曲线的最高点，但这时的利润并非最大，而 MEY 尽管低于 MSY，但利润却最大。叶昌臣、朱德山（1980）估算鲅渔业最佳经济效益，结果基本与此符合。

生物经济模式表明，当把渔业成本和收益考虑在内时，MSY 理论就不再是指导渔业经营管理的唯一理论。因为，渔业若以 MSY 为管理目标，那么，就需要投入较多的捕捞努力量，以获取 MSY，代价是增加成本和降低经济利润。然而，

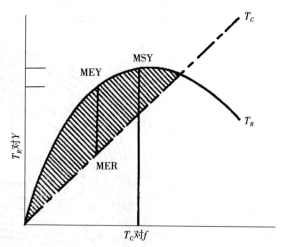

图 9-10 稳定状态下的最大经济利润（MER）和产量（MEY）与最大持续产量（MSY）的关系
（从 Pitcher 和 Hart, 1982）

如果渔业以 MER 为管理目标，就需要把捕捞努力量压缩到获取 MEY 的水平，使成本降到最低水平。但是，从选择最佳捕捞努力量这一角度而言，两者又是一致的。所以，MEY 并不改变必须用于某一渔业的管理类型。特别要指出的是，由于 MER 所获取的 MEY<MSY，这一模式对种群所起的生态保护作用较之 MSY 更加保险，也是显而易见的。所以，生物经济模式在考虑种群生物学因素的同时，也考虑经济、社会和生态学等方面的因素，为今后渔业种群的最适利用，在指导管理和决策上开辟了新的途径。

思考和练习

1. 试根据种群的基本概念，对种群的各种鉴别方法作一评价。
2. 简述运用 CPUE 和 VPA 方法估算种群丰度的原理和过程。
3. 鱼类的死亡式型有什么主要特征？如何表达和估算鱼类的死亡率？
4. 太湖刀鲚 von Bertalanffy 体长生长方程参数 $L_\infty=323.33$ mm，$k=0.44$，$t_0=0.16$ 年；全年渔获物平均体长 87.63 mm，最小体长组为 55 mm，最大年龄 5 龄。试估算总瞬时死亡率 Z 和自然死亡率 M？
5. 试分析和比较种群增长 J 型和 S 型曲线的联系和差别。
6. 试举例说明 r 和 k 型选择鱼类的生物学和种群增长特性。
7. 请按表 9-4 的原始资料，试用 Eular-Lotka 方程估算 r 值。
8. 某种群 $\vec{N_t}$ 向量为：1×10^5、5 283、2 063、390 和 51；每尾 3、4、5 龄雌鱼产下的能够存活的下一代雌鱼数分别为 33.7、125.6 和 326.9 尾。假设特定年龄的存活率和出生率不变，求解 $\vec{N_{t+5}}$ 向量。
9. 请按以下绿鳍马面鲀的渔业资料，试用 Schaefer 模式估算 Y_{MeY} 和 Y_{MSY}：

年份	1977	1978	1979	1980	1981	1982	1983	1984	1985
总渔获量（1×10^4 t）	20.3	24.9	7.5	14.0	18.1	22.4	7.5	21.5	22.0
总捕捞努力量（网次）	51 146	30 979	8 342	27 861	30 086	39 188	28 824	48 173	53 869

10. 请按以下绿鳍马面鲀的年龄（t_i）、体重（W_i，g）、自然和捕捞死亡率（M_i 和 F_i）资料；现以 $t_r=1.5$ 龄时的 1 尾鱼体重作为起始生物量，试用 Ricker 模式估算 $t_c=1.5$ 和 2.5 龄时的 Y。

t_i	1.5	2	2.5	3	3.5	4	4.5	5	5.5	6	6.5	7	7.5	8
W_i	43.18	60.62	85.01	109.40	128.24	147.08	168.88	190.67	214.07	237.47	267.8	298.12	347.94	397.76
M_i	0.091 5	0.091 5	0.091 5	0.091 5	0.091 5	0.091 5	0.091 5	0.091 5	0.091 5	0.091 5	0.091 5	0.091 5	0.091 5	0.091 5
F_i	0.1	0	0.1	0	0.1	0	0.1	0	0.1	0	0.1	0	0.1	0.1

（提示：先求出两个 t_i 间的 G_i，G_i-Z_i，$e^{G_i-Z_i}$，然后求每一 t_i 和 B_i 和两个 t_i 间的 $\bar{B}_i$，最后求出以 43.18g 为起始量的 Y_i 和 $\sum Y_i$）

专业词汇解释：

population, population dynamics, local (or ecologica) population, virtual population, cohort, stock, abundance, mark-recapture methods, catchability coefficient, fishing effort, logistic curve equation, finite rate of increase (λ), intrinsic rate of increase (r) carrying capacity (k), r-K continuum, life table, gross reproductive rate (GRR), net reproductive rate (R_0), surplus yield model (SYM), dynamic pool model (DPM), Bioeconomical model, maximum sustainable yield (MSY), maximum economic yield (MEY), maximum economic rent (MER).

第十章 群　　落

　　水域鱼类物种组成、丰度以及每一物种的生长和繁殖都受到整个群落系统其他共存物种的影响和限制。因此，研究任何一种鱼类的个体或种群生态学，如果不和它们周围共存的其他生物的个体和种群相联系，就很难获得正确的结论。本章主要讨论以鱼类为主要食物生产的水域群落系统，重点研究鱼类和共存种之间的相互作用关系，包括竞争、捕食、寄生、共生等，食物链及其能流过程以及鱼类群聚特征和决定物种多样性的因子，目的是深入了解水域群落系统的结构、组织和功能，为提高水体鱼产潜力服务。

第一节　群落简介

一、群落的基本概念和特征

　　每一生物物种在自然界的分布、生存和发展都不是孤立的、偶然的和随意的，它们往往和周围其他物种相互依赖、相互作用，组合成一种貌似松散但却有一定内在联系和结构特点的整体单元，这就是生物群落（biotic community）。所以，在特定区域或栖所内的全部动、植物，不管它们的分类地位、相互作用方式，构成一个群落。简言之，群落就是指占有同一地理空间的所有动、植物的总和。群落的划分有一定的相对性，这既因为地理空间的划分有一定的相对性，也因为生物种群之间的联系有时很难截然分开。有一些群落可以明确地表现出各自的差别，因而彼此可以分开；而另一些群落却紧密联系，以致彼此界限不明确。例如，对于同一水域的浮游生物、底栖生物、水生维管束植物、鱼类和微生物等，既可以综合起来作为一个大群落来研究，也可以分别不同的类群和其他生物相关，在同一水域构成一个个小群落来研究。前者占有一定的大小范围，结构有一定的完善性，具有一定的独立性，只要有能量输入就能茂盛地存在。这样的群落和不同气候带的另一水域的群落往往表现出明显的差别。而后者则在大小范围、完善性、独立性方面均不及前者，它们的存在多少依赖于邻近的生物群落；这样的群落相互间联系紧密，其中有些生物可以在不同群落中出现。这种分类地位基本相同，例如一个水域的全部鱼类和其他生物构成的群落，也称为亚群落（subcommunity）。此外，与群落概念相联系的另一个概念是群聚（assemblage）。群聚概念一般用于鱼类，是指特定区域或栖所内全部的鱼种。

　　群落的主要特征，亦即群落研究的主要内容有：
　　（1）物种多样性　群落是由各种生物物种组成的，一个群落的物种种数是首先应该了解的。物种多样性是物种种数和丰度两者的结合。
　　（2）形式、结构和组织　环境的划分和群落的存在形式，如海洋、湖泊、河流、近岸、中上层和底层鱼类群落，是决定群落结构等一系列特征的基本条件。群落结构是指构成群落的各个物种的种群，它们在时间和空间上的丰度和分布；而群落的组织是指不同物种的种群在群落中所扮演的角色，即生产者、消费者和分解者，以及它们之间的相互关系，如竞争、捕食、寄生和共生等。群落通过生产者、消费者和分解者保持其一定的完整性、独立性和自我调节能力。

（3）优势种　群落的全部物种对群落的特性并非都起相等的作用。群落中只有少数物种具有成功的生态学条件，并对其他物种的丰度和分布等具有控制性影响，这就是优势种。

（4）食物链和能量流　群落各成员之间以及群落和栖居环境之间具有一定的相互联系，即食物联系和空间联系。食物链关系是群落各成员间的基本关系，群落内生产者（绿色植物）制造的食物，供各级消费者（动物）利用，而生产者和消费者的尸体又经分解者（微生物）分解，这样便构成了一系列食物链关系。食物链的本质是物质和能量在群落中从一种生物转移到另一种生物。通过这一能流过程，群落实现其功能作用，使整个群落成为一个统一的有机整体。

根据群落的特性，如果想控制群落中某种有机体，不管是增加其数目，还是想排除它，最好的方法是控制群落。例如，要提高一个湖泊中鲢、鳙的产量，最好是从改善鲢、鳙所在群落的整体状况着手，综合考虑鲢、鳙的食饵、敌害、竞争对象、补充以及时空利用、分布等条件，这比单纯用放流增加种的丰度更加有利。

二、群落分类和命名

生物群落的分类和命名，目的是表明群落的主要特性。如何使一个命名既简单明了地表达群落的主要特性，又容易和其他群落分开，至今还没有合适的统一方法。由于群落是由各种生物有机体所组成，许多生态学者主张，群落应按其最重要的物种即优势种来命名。这对于一些种类较少并在任何时期优势种都固定不变的群落是比较合适的，但对于一些种类庞杂、优势种较多且在不同时期优势种变化的群落则很不适宜。所以，也有许多生态学者主张，最好挑选出某些显著而又稳定的生物（生活方式）或非生物（栖息地）的特征来作为命名基础。因此，总体来说，目前主要的命名根据是：群落主要优势种或种群；群落优势种的主要生活方式；群落所占有的栖息地的环境特点。

就生物类群来说，生物群落可以分为以植物和以动物为主体的两类群落。但是，不论是植物或动物群落，它们都具备前述生物群落的主要特征，由生产者、消费者和分解者所组成。所以，它们在定义上和生物群落并无原则差别。这样划分，大都和研究者们的研究兴趣相关。动物群落是以动物为主体，和其他生物所构成的群落。同样的道理，如果动物群落可以从生物群落中划分出来，那么鱼类群落就可以从动物群落中划分出来予以重点研究。鱼类生态学所研究的群落，自然是以鱼类为主体，研究鱼类和其他生物间的相互作用关系。鱼类群落的命名，同样也离不开优势种、优势种生活方式和栖息地的环境特点。但是，最常见的是以栖息地环境特点命名的；因而，它和生态系的划分通常一致。总的来说，鱼类群落可以分为海水和淡水鱼类群落两大类。就海水鱼类群落而言，又可分为大陆架、内湾、藻场、珊瑚礁、红树林、外洋和上涌流海域鱼类群落等；而就淡水鱼类来说，则有流水、静水鱼类群落等。这些群落系统的划分也不是绝对的。有时，即使在同一水域的不同栖所，也可以分成许多更小单位的群落，例如沿岸区、畅水区、中上层区和底层区鱼类群落等。

就栖息环境而言，生物群落又可分为陆生和水生生物群落两类。前者一般以主要优势植物命名，后者通常用群落所处自然环境的物理条件命名，即和鱼类群落的命名相似。例如，急流、静水、潮间带、河口、大洋区生物群落等。如果某些水域的动物占有明显重要地位或高度特化，也可用来命名，如渤海浮游生物、杭州湾底栖动物和东海深海鱼类群落等。如果在讨论这些群落时，不涉及或很少涉及其他生物，那么称群聚更合适，如南海底层鱼类群聚。

三、群落演替

群落的生态演替（ecological succession）是指群落经过一定的发展历史时期及物理环境条件的改变而从一种群落类型转变为另一种类型的顺序过程。演替在群落生态学中十分重要，因为群落的组合、动态是必然的，而静止不动是相对的。群落从一种类型演变为另一种，这一过程称为演替阶段；而发展到最高阶段，则称为顶极（climax）群落。顶极群落往往能保持一段较长时间的相对稳定。演替的式型基本分为两种：初级和次级演替。前者是演替发生在从未被占据过的区域。例如，新建构筑完善的水库，由于日光输入能量，水生植物开始占据水域，随后是各种水生动物。后者是演替发生在曾被占据过的、但已被移走的区域。例如，一些小型湖泊被封闸干水后，淘尽其中水生动植物，重新启闸灌水后，立刻又有其他物种侵入并占据，这种演替速度很快。这些都是指当代的演替，而历史上的演替原则基本相似。

演替的过程及其原因主要受环境条件变动的影响。同时，演替在很大程度上还是群落本身所具有的一种特性。最初，群落在其栖息地是很适宜的，但逐渐趋向于对本群落中某些种或大多数种不太适宜；而这时的条件对另外一些种却十分适宜，这就导致演替的开始。于是，逐渐变动，直到平衡；再继续变动，以致达到顶极状态。陈敬存等（1978）描述长江中下游水库凶猛鱼类的演替规律符合这一过程。水库蓄水后第1年，淹没了大量植物丛生区域，对于在水草区产卵的底层凶猛鱼类，如乌鳢特别有利；第3～4年，水库整个蓄水过程基本完成，水层增厚，水面广阔，库底面积和库容的比值相对下降，生态条件变得有利于表层凶猛鱼类而不利于底层凶猛鱼类。而且，由于水位变动，水生植物减少，乌鳢的繁殖条件变坏，种群发展受到限制；而鳡属或红鳍鳡属鱼类则由于它们巨大的生殖潜能和迅速活动的能力，种群数量迅速增长。这样，就导致水库生物群落中凶猛鱼类从底层类向红鳍鳡型（或鳡型）演替。在具备鳡繁殖条件的水库，还可进一步向鳡型演替。因为鳡具有较大体型，生长速度快，游泳迅速，鳡行动敏捷有力，口部结构更适合于猎捕。因此，它一经形成种群，就会很快压倒其他凶猛鱼类而占优势地位。某些鳡型水库，如果采取措施抑制了鳡种群，由于压力减弱，红鳍鲌型（或鲌型）鱼类又迅速占领开阔水面，水库凶猛鱼类又向红鳍鲌型演替。这表明群落的演替是定向的，它随着水域条件的变化而展开，新出现一些种类代替了原有的一些种类。在这一演替过程中，具有一种序列的交替过程，由此可以推断群落的未来变化。

研究演替不仅可以阐明群落的动态机理及有关理论，而且与人类社会的经济生活也具有密切的关系。特别有意思的是，在演替过程中发现，一些对于人类有经济价值的种，往往不是最近演替的产物,反而是最早演替系列的物种。例如,由于过渡捕捞和自然条件的变化,许多淡水和浅海水域鱼类群落在当代的演替都趋向于大中型经济鱼类种群数量下降和消亡,而代之以的是一些小型野杂鱼类的大量繁衍和发展。这样,从资源保护、自然保护及经济效益角度来看,如何保持一些经济鱼类种群在群落中的地位就显得极为重要。而且由于演替有一定规律性,这种保护性措施,在群落演替的早期阶段就要予以考虑。因为对于一个物种来说,如不能维护它在群落中的地位,那么,即使这个种对人类很有益,也是很难长期保留下去的。这就需要人们按照演替的规律,设法保护这些经济种被替代。由于人为因子在当代演替中所起作用较大,因此,特别要避免由于人为因子而导致这种替代的发生。

第二节 鱼类的生物性相关

鱼类与其周围生物的相互作用关系,可以按这种相关发生在种内(intraspecific)或种间(interspecific),或者按这种相关对作用着的双方适合(fitness)的程度分类。表 10-1 是按后一种方法划分的鱼类生物性相关的基本类型。表中"＋"表示 A 方存在对 B 方的存活、生长和繁殖等特征适合(有利);"－"表示不适合(不利),而"0"表示无关紧要或不起作用。当然,这是一种简单的分类方法,不可能反映出生物相互作用的全部复杂性。

表 10-1 鱼类生物性相关的基本类型

B 对 A 适合程度 \ A 对 B 适合程度	＋	0	－
＋	＋＋(互利共生)	＋0(偏利共生)	＋－(捕食、寄生)
0	0＋(偏利共生)	00(中性作用)	0－(竞争)
－	－＋(捕食、寄生)	－0(竞争)	－－(竞争)

一、竞争

竞争(competition)是具有相同需要的生物个体间对有限的共同资源发生争夺的一种相关。按表 10-1 的划分类型,竞争的定义是对双方均不利(－－),或对一方不利而对另一方不起作用(－0)的相关。如果一些参加者所遭受的不利较之另一些参加者要大得多,这种竞争是不对称的。竞争造成的不利是指竞争发生时,双方或一方获取时空和物质资源的机会减少,而为达到获取资源维持生存的目的,必须付出更大的成本。所以,它和竞争的胜负结果无关。

1. 种内和种间竞争 同种个体对食饵或栖息环境等共同资源的需求最相似,因而是潜在的强有力竞争者。种内竞争有股群内(intracohort)和股群间(intercohort)两种。种内竞争往往和种群的密度相关,密度越大,种内竞争越剧烈。因此,在种群增长的同时,也孕育着抑止增长的因素。种群增长率与其密度之间的这种关系,称为密度依赖(density dependent)相关,而其本质往往受限于对共同资源的竞争。因此,密度的增加通常意味着种群对资源质和量的要求以及竞争同步增大。这样就会使种群生长率下降和死亡率上升,最终导致生产量下降。换言之,种群通常存在着一个最大生产量的最佳密度水平。这不仅常见于池塘养鱼业,而且在野外实验中也已证实(Backiel 和 LeCren,1978)。

Yashour(1969)根据种内竞争时生长率下降的原理,提出下式估计种内竞争强度:

$$C=(A-a)/A$$

式中,C——种内竞争指数;

A——该种群在特定的适宜条件下的生长率;

a——某种竞争条件下的生长率。

当 a 越接近 A 时,C 越接近于 0,表示竞争强度低;反之,当 a 越接近 0 时,则 C 越接近 1,表示竞争强度高。

种间竞争只有在两个物种的分布区重叠时才有可能发生。鱼类种间摄食同类食物而形成的食饵竞争关系十分复杂、普遍;即使是食性不同的鱼种,它们的仔稚鱼阶段通常也都以浮游生物为食。鱼类和其他动物的种间竞争同样十分普遍。例如,许多海水鱼类与腔肠动物、头足类和一些鲸类之间对甲壳类食饵的竞争;还有鱼食性鱼类与鱼食性鸟类和哺乳类之间的竞争等。种间竞争和种内竞争尽管表现方式不同,但基本性质相似,最激烈的竞争见于有最相同资源需要的物种之间。因此,一般讨论竞争,都以种间竞争为主。

2. 竞争模式 竞争的方式有:

(1) 争取竞争(scrambling competition) 两群(尾)鱼类同时争取利用共同资源。以食饵为例,优势的、吃得多的、快的多吃;而从属的、吃得少的、慢的少吃,双方不存在面对面的争斗。在资源丰富时,竞争作用不明显;而资源短缺时,从属的就可能饿死或发育迟缓,从而首先成为自然选择的牺牲者。

(2) 夺取竞争(contest competition) 两群(尾)鱼类争夺所需要的资源。这种竞争通常由于个体间遭遇而发生,如打斗、领域行为以及对食物和配偶的争夺。失败者什么都得不到,或者得到剩余的。

Lotka(1925)和 Volterra(1926)分别在种群逻辑斯蒂增长公式的基础上,提出了竞争行为的数理模式如下:

$$dN_1/dt=r_1N_1(K_1-N_1-\alpha_2N_2)/K_1$$
$$dN_2/dt=r_2N_2(K_2-N_2-\alpha_1N_1)/K_2$$

式中,N_1 和 N_2——种群 1 和 2 的密度;

r_1 和 r_2——两者的内禀增长率;

K_1 和 K_2——两者的环境承载力;

α_1 和 α_2——为竞争系数,α_1 代表群 1 对群 2 增长的负影响,而 α_2 代表群 2 对群 1 增长的负影响。

因此,影响群 1 和群 2 增长的负影响,在没有竞争时分别为 $1/K_1$ 和 $1/K_2$,而在竞争存在时,则为 α_2/K_1 和 α_1/K_2。竞争的结果,取决于这四组值的相互联系,有以下四种情况(图 10-1):

① 当 $\alpha_2/K_1<1/K_2$,$\alpha_1/K_2>1/K_1$;即 $K_2<K_1/\alpha_2$,$K_1>K_2/\alpha_1$ 时,群 1 胜。

② 当 $\alpha_2/K_1>1/K_2$,$\alpha_1/K_2<1/K_1$;即 $K_2>K_1/\alpha_2$,$K_1<K_2/\alpha_1$ 时,群 2 胜。

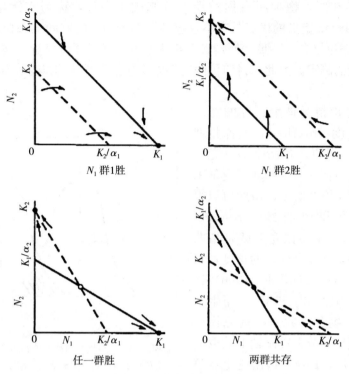

图 10-1 竞争行为模式图
实线：群1密度 虚线：群2密度 黑点：稳定平衡点 白点：不稳定平衡点
（从 Wilson 和 Bossert，1971）

③当 $\alpha_2/K_1 > 1/K_2$，$\alpha_1/K_2 > 1/K_1$；即 $K_2 > K_1/\alpha_2$，$K_1 > K_2/\alpha_1$ 时，不稳定平衡，两群都有取胜可能。如果群1个体排斥群2个体大于本群个体的互相排斥，群1最后得胜，反之亦然。

④当 $\alpha_2/K_1 < 1/K_2$，$\alpha_1/K_2 < 1/K_1$；即 $K_2 < K_1/\alpha_2$，$K_1 < K_2/\alpha_1$ 时，稳定平衡，两者共存。

物种的这一竞争模式（Competition model）也为鱼类种间竞争的可能结果提供了启示。在不同的环境承载力以及物种自身的因子，包括个体大小、密度和种内竞争等的影响下，鱼类种间竞争的胜负都是可能的。胜者自然是达到了生存和发展的目的，而负者则必然在行为上加以调整，于是就有了下面要谈到的生态位的分化，以降低竞争强度。

3. 生态位　生态位（niche）概念最早由 Grinnell（1917）提出，表示物种在生物群落中对栖息地区分配的空间单位，曾译为小生境。Elton（1927）把 niche 定义为物种在生物群落（营养联系）中的地位和作用（role），亦称生态灶。Hutechinson（1958）则把决定一个物种正常繁殖的各种环境变量，诸如温度、溶氧、盐度、pH、水流以及食物的种类、大小和组成等的范围综合构成物种能够栖息生存的多维（变量）空间，即生态位。因此，生态位的现代概念是指个体或种群在其中能够获得繁殖成功的环境范围。Hutechinson 还把物种在自然敌害（指竞争对象、捕食者和病原体等）不存在时，能够通过自然补充保持繁衍的相关环境因子的范围，定义为基础生态位（fundamental niche）；

而把自然敌害存在时，物种所占据的那部分基础生态位，称为实际生态位（realized niche）。Hutechinson 定义的优点是它不仅包括了 Grinnell 的空间生态位概念，也包括了 Elton 的营养生态位概念。不足之处是由于它几乎包括一切环境变量，这对任何一种生物都难以获得完全的测定。因此，目前仍倾向于以物种主要竞争的饵料和空间资源作为两个基本变量单位。

生态位的定量指标是生态位的宽度（width）和重叠度（overlap），或称相似度（similarity）。可以通过两个物种竞争共同的食物资源或任一非生物环境变量来测定，结果如图10-2所示；由此可以得到物种的资源利用曲线（resource utilization curve）。生态位宽度就是指曲线所截取的资源轴（横坐标）的长度，可按曲线的标准差（standard deviation）计算，如图10-2中的 W_1 和 W_2；而生态位重叠则是两个物种所共用的资源梯度区，如图中的阴影部分在资源轴上截取的长度。May（1974，1976）提出测定竞争物种之间的极限相似度（limiting

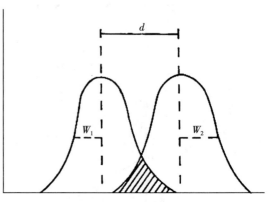

图10-2 两个竞争物种的单维生态位示意图
横坐标：资源梯度（食物颗粒大小）　纵坐标：食物消耗量 W_1 和 W_2，分别为物种1和2的生态位宽度，d 为两物种生态位平均数之差，阴影部位为两物种生态位的重叠（从 Wootton, 1990）

similarity）。他把两个物种在资源轴上的平均位置之间的距离，称为平均数分离度（mean separation）；可按两个生态位的平均数之差（mean difference）计算，如图10-2中的 d。这样，d/W 值便是物种的极限相似度。在测量两个物种的生态位宽度、重叠和极限相似度时，最好根据几个维度（变量）的分析。因为有时按单维分析两个物种的生态位完全重叠，而多维分析时却会发现存在生态位分离。例如，两个食性相同的物种，若在取食时间上不同，那么它们之间就存在生态位分离。

在物种演化过程中，种内和种间都倾向于避免竞争。种内竞争通常导致种群生态位宽度增加，因为避免竞争的倾向就会导致对某些资源谱的更宽的利用。但在某些情况下，种内竞争由于个体生长不良，减少了种群大小级别的数目，从而导致种群生态位宽度缩小。因此，种内个体就有两种演化趋向：不是向广生型（generalists）演化，在竞争发生时能够迅速转向利用新的丰度高的资源；就是向狭生型（specialists）演化，局限于对某一狭隘资源范围的利用。物种的这两型演化都有利于它的存在和发展。因为在资源数量不稳定时，广生型物种竞争力强；而在资源稳定时，狭生型强。种间竞争作用，往往总是使竞争种生态位的某些资源谱宽度缩小。这在某些表现型弹性较大的物种，当竞争存在时，生态位缩小，而竞争不存在时，则种群一切潜力能够发挥出来。因而，生态位增宽的物种，尽管它们在分布区不重叠时，其资源利用曲线可以相似（重叠），但当它们分布区重叠而发生竞争时，由于各自生态位宽度缩小，其资源利用曲线就会不同，出现生态位分离。这种生态位分离是现时的种间竞争造成的，称为相互作用性分离（interactive segregation）。而在另一些适应于利用不同资源谱的物种，它们的资源利用曲线在分布区重叠或不重叠时差别不大，或者说不受竞争有无的影响。它们表现出来的生态位分离，是在历史演化过程中造成的，称为选择性分离（selective segregation）。不管是哪一种式型，生态位分化主要表现在食性、栖所以及伴随发生的形态和生理特征等各方面。

4. Gause 原理　Gause（1935）以两种分类上和生态上很接近的草履虫（双小核草履虫 *Paramecium aurella* 和大草履虫 *P. caudatum*）为实验材料，给予足够数量的细菌为食饵。当分开培养时，两者都是典型 S 型增长；而当混合培养时，最后仅双小核草履虫达到最大密度，而大草履虫受到排斥，最后完全消亡。在另一个实验里，大草履虫和袋状草履虫（*P. bursaria*）却能同时共存；原因是两者虽然竞争相同的细菌，但大草履虫摄取悬浮于溶液中的细菌，而袋状草履虫摄取底层细菌，亦即它们占有的空间位置不尽相同。在 Gause 实验的基础上，后又经许多学者研究证实和补充，最后形成了这样一种概念："具有相同生态位的两个物种不能长期并存于同一分布区。"这一概念看似简单，却揭示了生物界的一种普遍现象。因此，被称为 Gause 原理（Gause's principle）或竞争排斥原理（principle of competitive exclusion）。

运用 Gause 原理分析鱼类种间竞争现象近二三十年来已在国外一些文献上见到。陈敬存等（1978）通过对长江中下游水库凶猛鱼类演替规律研究后认为，这些水库凶猛鱼类之间的竞争符合 Gause 原理。同一个时间内，水库凶猛鱼类的优势种只能有 1 个；或者说一个水库的某一水层在某一时间内只能由一种凶猛鱼类所占领。

按照 Gause 原理，两个具有相同生态位的物种同时存在于一个区域，必然引起竞争。最终必有一个物种或是灭绝，或是被迫改变生态位，而此时，两个物种的生态位尽管仍有某种程度的重叠，但不会完全相同。反过来说，如果两个物种共存于同一区域，它们的生态位必有差异。这一原理看来也适用于鱼类。在一个包括鱼类在内的生物群落，或在一个鱼类群聚内，不管是历史的或现时的竞争作用（包括其他生物性相关）的影响，各物种间必然存在着某种生态位分离。在对环境资源利用方面，相互间构成了一种协调的、互补的关系。各物种在群落（或群聚）中都占有特定的生态性，有着特定的作用，并维持着群落结构的平衡和稳定。

综上所述，研究鱼类竞争性相关，在理论上有助于探讨物种演化的规律，而在实践上，则有助于指导放流、引种、维护鱼类群落的种间平衡。当外来种侵入或被引进到一个稳定的自然群落系统，它们和当地种之间必然发生激烈的竞争作用。特别是由于它们初来乍到，捕食者或寄生者等天敌还没有来得及形成相互抑止的关系，往往特别容易引起数量剧增，从而迫使当地种缩小生态位，甚至失去它们的食饵和空间利用范围，致使丰度大大下降。同样，当水域鱼类群落的种间平衡由于各种原因受到破坏时，也会影响到水域生产力。这方面的例子在鱼类中是很多的。因此，就需要人们按照竞争和其他生物性相关的理论，在详细研究的基础上慎重对待。

二、捕　食

捕食（predation）广义来说是一种生物以另一种生物为营养来源；而狭义的典型的捕食是指动物之间，由捕食者（predator）和被食者（prey）所构成的一种吃和被吃的相关。捕食从个体水平看，似乎总是有利于捕食者，而不利于被食者；但从种群水平平衡量，捕食者的存在，对于被食者调节丰度、适应环境极为重要；而从群落水平分析，捕食者和被食者互相依赖所构成的纵向食物链关系，正是完成群落系统能量转换和维系种间平衡所不可缺少的。

1. 种内和种间捕食　种内捕食，又称同类相食（cannibalism），分为股群内和股群间两种形式。股群内同类相食，捕食者消耗的是与自身同时出生的个体，一般限于鱼食性鱼类。例如，大眼狮鲈（*Stizostedion uitreum*）在孵化后 6~16d，就有一个同类相食期相。这时，捕食者和被食者个体大小接近，所以还不能完全吞食被食者。股群间同类相食，捕食者消耗的是低年龄级的较小个体。其中，尤以卵和仔稚鱼被同类相食最为常见。同类相食鱼所获得的是高质量营养，因而其生长速度较无同类相食鱼要快得多，这就使它们能够更快摆脱被其他捕食者吞食的危险期。同类相食通常随种群密度增加而加剧，而随密度下降以及其他食饵供应的增加而缓解。有些鱼类，如胡瓜鱼、鳕等，在种群数量达到最高峰的年份常转变为同类相食，从而调节丰度，降低种内摄食竞争压力。同类相食还具有保存本种的适应意义。例如，鱼食性的河鲈不能直接利用浮游动物，当水域中无他种鱼类存在时，常以自身幼鱼为食，这实际上是间接依靠其幼鱼摄取浮游动物来维持生存。

种间捕食除了见于鱼食性鱼类和其他鱼类之间外，还见于鱼类和其他几乎所有的接近水域的动物之间。鱼类的主要食饵生物群包括浮游动物（如轮虫、枝角类和桡足类等）、环节动物（寡毛类、多毛类等）、软体动物（贝类、头足类）、甲壳动物（虾、蟹类）、水生昆虫及其幼虫（摇蚊科、毛翅目、蜉蝣、蜻蜓等幼虫）、棘皮动物（海星、海胆）、鱼类以及藻类和水生植物等。主要捕食动物群，包括甲壳类和许多水生昆虫的幼体，它们常对卵和仔鱼造成严重危害（见第六章），而腔肠动物（水母类）、头足类、棘皮动物、两栖类、爬行类（蛇、鳄）、鸟类（海鸥、鱼鹰、鹈鹕、苍鹭、鹅、鸭等）以及哺乳类（海豚、海豹、鲸等）则大量捕食成鱼和幼鱼。随着鱼类的生长和栖息场所的变更，鱼类的食饵动物群和捕食动物群都会发生变化。例如，幼鲑在水的源头溪流生活时，那里通常没有大型鱼食性鱼类，水鸟和水獭可能是主要捕食者；但到了中游，鱼食性鱼类就很常见；而到了河口区和浅海，遭到捕食的危险就更高，因为那里聚集着较多的鱼食性鱼类，特别是板鳃鱼类，还有鸟类和哺乳类。捕食者攻击（或吞食）被食者的次数，或被食者受攻击的危险，通常和捕食者密度和大小呈正相关。捕食鱼密度越高，对被食鱼攻击次数越多；捕食鱼越大，不仅食量大，而且由于口裂大，吞食的被食鱼的大小范围也越广。

2. 捕食模式　捕食者通过杀死或伤害被食者，或者把被食者限制在一个虽然不易受到攻击，但对其索饵、生长和繁殖都可能不利的区域，使被食者种群的死亡率上升，丰度下降；而被食者种群丰度下降，减少了捕食者的食饵供应，又必然反过来限制捕食者种群的丰度增长。这样，便构成了两个相互影响着的种群丰度变化的循环过程。Lotka-Volterra 所提出的经典捕食模式，就是对这一过程的数学描述。这一模式由一个被食者种群（N）和一个捕食者种群（P）的增长方程组成，如下：

$$dN/dt = r_1 N - \varepsilon PN; \qquad dP/dt = -r_2 P + \theta NP$$

式中，N、P——分别为被食者和捕食者种群的丰度，或密度；

　　　r_1——被食者种群在没有捕食者时的内禀增长率；

　　　$r_1 N$——就是该种群在没有捕食者时的指数式增长；

ε——测度捕食压力的常数，称捕食系数，ε值越大，表示捕食者对被食者的压力越大；

εPN——代表该种群在捕食者存在时的减少量；

$-r_2$——捕食者种群在没有被食者时的瞬时死亡率；

$-r_2 P$——就是该种群在没有被食者时的指数式减少；

θ——是测度捕食者捕食被食者而转化为自身组织的效率的常数；

θNP——该种群在被食者存在时的增加量。

按照 Lotka-Volterra 模式预测的捕食者和被食者种群的动态是：随着时间的改变，被食者密度逐渐增加（＋），捕食者密度也随之增加（＋），但在时间上落后一步（时滞）；接着，由于捕食者密度上升（＋），必然减少被食者的密度（－）；而被食者密度的减少（－），捕食者也随着减少（－）；最后，捕食者密度的减少（－），又造成了被食者增加（＋）的条件，从而构成不断循环的世代连续过程。在这一过程中，被食者和捕食者种群呈现＋＋、＋－、－－、－＋这样四个期相的周期性振荡。

尽管从理论上来说 Lotka-Volterra 模式是正确的，也在某些实验条件下获得了证实；但是，迄今在自然界尚未获得满意的例证。这显然是因为捕食者和被食者种群的动态受到许多内外因子的影响，而且在自然界往往是多种捕食者和多种被食者交互地影响着；同时，还受到其他生物性相关的作用。因此，捕食者和被食者相关在自然界是十分复杂、多种多样的，很难用 Lotka-Volterra 这一简单模式来预测。

3. 捕食的野外研究　在自然水域，捕食者和被食者的关系是错综复杂的。在某些场合，捕食者和被食者的密度可能发生直接的相互影响，但在另一些场合，则不起作用。分析一下捕食者对被食者的攻击式型，可能有助于解释这种现象。Taylar（1984）指出，捕食者在特定时间攻击被食者次数，取决于捕食—被食者相关的功能（functional）、数值（numerical）和发育反应（developmental response）。图 10-3 概括了这三种反应式型：

（1）功能反应　随着被食鱼密度上升，捕食者在特定时间内的攻击次数上升存在着一个上限（图 10-3，a～d），超过这一上限，捕食者已经饱餐，被食鱼的密度对捕食者的攻击不再起作用。这表明当被食鱼密度较低时，捕食者对被食鱼密度的影响是重要的，而当被食鱼密度很高时，则不重要。

（2）数值反应　随着被食鱼密度的上升，所聚集的捕食者密度（亦即捕食者对被食鱼的攻击次数），或者停留在原来水平（无关），或者增加（正相关），或者减少（反相关）（图 10-3，e～g）。反相关的例子在鱼类中并不少见。Ricker（1962）报道，太平洋鲑的幼鱼在降河洄游时，遭到鱼食性鸟类和哺乳类的攻击，在洄游幼鱼数量特别高时，可以压倒捕食者；而在洄游幼鱼数量低时，捕食者才摄取较大的百分比。

（3）发育反应　随着被食鱼密度上升，所聚集的捕食者个体大小（亦即捕食者对被食鱼攻击次数），或者停留在原来水平（无关），或者增加（正相关）。

而且，在自然水域往往是多种捕食鱼和被食鱼交互地影响，构成一种食物网关系，共存于一个群落。这种食物网关系表明，捕食者和被食者在群落中的地位和作用往往是相对的。许多捕食鱼，同时也是别的捕食者的被食鱼；而许多被食鱼，同时也是别的被食者的捕食鱼。它们之间的作用亦不是单向的，而是多向交叉的。当捕食鱼的一种食饵变得稀少

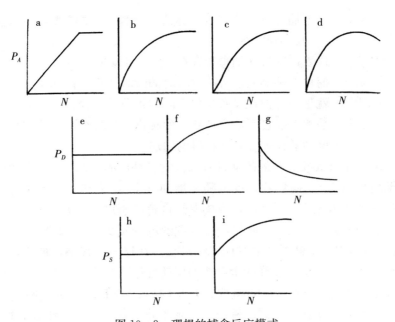

图 10-3 理想的捕食反应模式
a~d. 功能反应　e~g. 数值反应　h~i. 发育反应　N. 被食鱼密度
P_A. 捕食者在特定时间攻击被食鱼的次数　P_D. 捕食者密度　P_S. 捕食者大小
(从 Wootton, 1990, 略改)

时，它们就转变为捕食另一种食饵；这对于防止自身丰度下降以及被食者丰度再下降都是十分重要的。相反，当一种被食鱼密度上升较高时，也可能引起更多的捕食得聚集，这样既阻碍了被食鱼密度再上升，也不一定会使某一种捕食者密度跟着明显上升。总之，处在自然群落中的捕食者和被食者，它们既受竞争相关的支配，占据着不同的生态位，同时也受捕食（或其他生物相关）的支配，从而维系着群落各物种间的营养转换和平衡。

4. 捕食的演化　捕食者和被食者在长期共同的历史演化过程中，往往是倾向于减少对本种群增长有害的"负作用"。捕食者演化出各种提高捕食效率的形态、行为和生理特征。但是，当捕食过分有效，捕食者就有可能消灭被食者，这也不利于捕食者的生存。因此，捕食者不可能演化出对被食者的过捕（overharvesting）。每一种捕食鱼在演化过程中，不仅形成了食性分歧，而且都向某种特定的捕食方法发展。有的善于侦察，有的善于追捕。一般地，一种捕食鱼很难同时获得两种或两种以上不同演化方向的捕食能力。因此，它们在群落中通常不会对所有被食者构成威协。而且，一般捕食的是被食鱼群体中的老弱病残个体，而留下正当繁殖年龄的强壮个体，能为捕食者生产出更多的食饵对象。

被食鱼总是朝向提高避敌能力的方向发展。它们所形成的捕食防卫有初级和次级两类。初级防卫是使捕食者探测到自己的机会降低，包括保护色（cryptic coloration）、拟态（cryptic behaviour）和庇护所（refuge）利用等。例如，在淡水和浅海近岸水体，许多鱼的身体上带有黄褐色和绿色的保护色，而且还带有较暗的斑点。这种色彩型式可以破坏鱼的轮廓使它们难以从背景中被辨认出来。鲽形目鱼类则依靠伪装（camouflage）和拟态栖息在无特征的基底上。有些种还有一种明显的改变体色使之和基底色彩一致的本领。次级防卫是使自己被吞食的机会降低，包括形态上提供某些避免吞食的结构，如棘、刺、骨板、毒腺、发电器官等，行为上躲入庇护所，或者发展快速或机敏的游泳方式来逃脱捕食者。一般地，具有次级防卫的鱼类，往往初级防卫不太发达。珊瑚礁鱼类大都色彩鲜艳，原因是它们游泳敏捷、灵活，一遇到捕食者即躲入珊瑚礁裂隙之中，令体型硕大的捕食者可望而不可及。总之，尽管被食鱼有各种各样防卫机制，它们同样也难于获得适合于逃脱所有捕食者的行为和本领。

所以，在一个稳定的自然群落中，共存的捕食鱼和被食鱼各自都必然会演化出各种各样适应性，以利本种的生存和发展。它们之间也必然演化出一种既相互抑制、又相互促进的捕食关系。这种捕食关系的存在，对于维持一个稳定的群落系统来说，同样是不可缺少的。

5. 关于凶猛鱼类问题　简单来说，从演化和维系群落结构稳定的角度分析，凶猛鱼类的存在有其必然性的一面。如果没有它们对被食鱼（通常是小型鱼类）的稀疏作用，后者的巨大生殖潜能可能会造成强烈的种间以及种内竞争压力，以致破坏整个群落系统的稳定。特别是一些经济凶猛鱼类。例如，太湖的鳜、乌鳢、沙塘鳢等，它们吞食的大都是以水中微小动植物和水底有机碎屑为食的小型野杂鱼，这对充分发挥水体鱼产力和提高经济效益也有利。因此，目前比较倾向于认为，在自然水域，如果没有一定数量的以小型野杂鱼类为饵料的凶猛鱼类的存在，后者就有可能大量繁生而成为大型经济鱼类的竞争对象。而这对于发挥水体最大鱼产力、提高渔业经济效益并不适宜。

然而，凶猛鱼类在水域食物链中毕竟处于顶级消费者地位。因此，对于养殖水体或者是半人工的增养殖水体，如外荡、水库和一些放流量较大的中小型湖泊，凶猛鱼类的存在，将大量吞食优良的放养鱼种。这不仅使食物链延长，降低能量利用效率，而且破坏合理放养措施的实行，严重影响水体鱼产力。陈敬存等（1978）指出，鳡型凶猛鱼类的存在是破坏水库合理放养，使某些水库低产或者从高产跌落为低产而不能回升的主要原因。红鲌型凶猛鱼类在一定程度上影响放养，使得某些水库无高产之可能。为此，必须根据这些凶猛鱼类的生态学，在繁殖期用网捕、人工除卵和药物灭卵等方法予以杀灭。同样的道理，如果一个自然水体的凶猛鱼类，由于某种原因而大量增生，从而破坏原有合理的种间平衡时，也应该采取适当措施予以纠正。

三、寄　生

寄生（parasitism）在很多情况下是捕食的一种特殊形式。它是一种生物（寄生物，parasite）寄居在另一种生物（寄主，也称宿主，host）的体表或体内，并从该生物获取营养来养活自己的现象。寄生在鱼类种间和鱼类跟其他生物种间均有发现，但以后者为主。鱼类种间寄生，如七鳃鳗利用口吸盘吸附在其他鱼体上，吮吸锉食寄主鱼的血肉体液为生；南美洲的一种寄生鲇（*Vandellia cirrhosa*），个体小，常寄居于平口鲇（*Platystoma* sp.）的鳃腔内，以吸取寄主鱼的血液为生。此外，盲鳗和寄生鳗（*Simenchelys parasiticus*），可以穿破其他鱼体壁，或从鳃部钻入体腔，逐渐食尽其内脏、肌肉。这是介于捕食和寄生之间的一种营养方式。其他生物以鱼类为寄主的寄生方式，一般分外寄生和内寄生两种。外寄生，如单殖吸虫，还有甲壳类，如桡足类的中华鳋、锚头鳋和鳃尾目的鱼虱等，通常寄居于鱼体的皮肤、鳍和鳃上。内寄生，如复殖吸虫、绦虫、线虫等，其寄居部位几乎遍及鱼体各器官部位，如眼、鼻囊、口咽腔、肠、幽门垂、肝、胆囊、肾、膀胱、心脏、鳔、精巢、系膜和肌肉等。

其他生物和鱼类发生寄生关系，通常招致鱼病，因此，这些寄生物又称病原体（pathogens）。一般把鱼类的病原体分成微生物（病毒、细菌等）、寄生虫（原生动物、吸虫、绦虫、线虫、棘头虫和甲壳类等）两类，而把引起的鱼病分为寄生虫性、细菌性和病毒性三类。微生物和原生动物病原体的特点是：个体小、世代短，能够在1尾寄主鱼体上进行繁殖；它们通常直接感染，因而在密集的鱼群中可以导致普遍大量感染。例如，由细菌引起的赤皮病、白皮病、水肿、疖病，由真菌引起的水霉病，由病毒引起的草鱼出血病，还有原生动物，如鞭毛虫、根足虫、孢子虫、纤毛虫等引起的鱼病，在养鱼池中十分常见。大型寄生虫，不仅个体大，而且有的还具有复合生活史，鱼类可以是它们的中间寄主，或终末寄主。例如绦虫，以鸟类为终末寄主。它们在鸟类体内才能迅速抵达性成熟，产下的卵随鸟粪排入水中，首先感染桡足类，发育成尾蚴；鱼类吃了这种桡足类后便成为中间寄主；尾蚴进入鱼的体腔，就在那儿生长，使鱼的腹部显著膨胀，并发育成囊蚴；最后鱼食性鸟类吃了这种病鱼，便完成了该寄生虫的生活史。还有如复殖吸虫，亦是鱼类的重要寄生虫。它们以螺类为第一寄主，非鱼食性鱼类为第二寄主，而终末寄主为鱼食性鱼类。大型寄生虫在鱼类种群中分布不均匀，获大量感染的仅是一小部分个体，而许多个体没有或仅轻度感染。这被称为聚集性分布（aggregated distribution）。

病原体可以引起鱼类急性大量死亡或产生慢性亚致死作用。鱼病引起养殖鱼类大量死亡早已引起普遍重视，并发展成了一门独立的分支学科——鱼病学。鱼病引起自然水域鱼类大量死亡的报道在近代也经常看到。例如，Craig（1987）报道，1976年英国Windermere湖区鲈种群的98%个体死于一种细菌性鱼病。病原体的亚致死作用主要表现在：

（1）影响寄主鱼的能量分配式型　例如，大型寄生虫通常把寄主鱼能量收入中的一大部分转移到自己体内，使寄主鱼无法将足够的能量用于生长和繁殖，从而大大降低生长效率和繁殖力。

（2）影响寄主鱼的生活能力　例如，有些病原体寄生在鱼的感觉器官内造成感觉损害，像复殖吸虫的幼体寄居于一些鲤科鱼的眼晶体或视网膜；还有些病原体使鱼的腹部极大膨胀变形，影响正常行动以及索饵和避敌能力；还有，病原体对寄主鱼各种器官的侵袭损害，常使鱼体正常机能不能完成或变得十分虚弱，对不良环境条件的抵抗力下降。

（3）增加寄主鱼被捕食的危险　这是寄主鱼能耗增加和生活能力下降的必然结果。一般病鱼生长缓慢、避敌能力差，又容易饥饿，对溶氧要求也高；这样，就迫使它们游到水面呼吸，或进入捕食者较多水域索饵，从而大大增加被捕食机会。

病原体引起鱼群急性大量死亡较易察觉，也容易作定量统计；但慢性亚致死危险就较难估计。Lester（1984）曾对寄生引起自然种群死亡率的估算方法作了评述，包括分析病原体在寄主鱼种群中的频数分布、病鱼的详细尸解以及确定最终会导致感染鱼死亡的频数等。目前，尚无单一的方法可以提供正确的估计。

四、共　　生

共生（symbiosis）是指两个（或两种）生物在一起生活，而相互间不构成危害的相互关系。通常又分为偏利共生（commensalism）和互利共生（mutualism）两种。偏利共生，又称共栖，是一方受益，另一方受益较少或不受益也不受害的共生现象。共栖在鱼类种间和鱼类跟其他生物种间都可见到。前者如鲫和鲨，鲫作为共栖者（commensal），利用头部背面吸盘吸附在宿主鲨的腹侧，既受鲨的保护，又随其到处遨游，还拾取其残余食物。后者如双锯鱼（*Amphiprion percula*）和海葵，共栖者双锯鱼依靠宿主海葵触手刺细胞保护，可以免受捕食之害，所以它们几乎总是和海葵生活在一起，在海葵触手间游来游去，有时还可游入海葵的消化腔。

互利共生是指对双方都有利的共生现象。较典型的例子是清洁鱼（cleaner fish）现象。清洁鱼是一种专门啄食病鱼或受伤鱼体表外寄生虫以及黏液和鳞片的鱼种。清洁鱼种在海淡水中都有。它们帮助病鱼解除痛苦，自己也获得了美餐。有些鱼种仅在其生活史的稚幼鱼阶段是清洁鱼，而有些鱼种在其生活史的大部分时间都成为专性清洁鱼。例如，见于印度—太平洋许多水域的隆头鱼科的裂唇鱼（*Labrotdes*），在成鱼期也担任清洁鱼角色，它们的口和牙特化而适应于摄取细小物体。由于清洁鱼对病鱼的触觉刺激，从而帮助它们在珊瑚礁区域建立了清洁站。病鱼会主动造访清洁站，让清洁鱼为自己清洁体表。还有，如发光细菌和发光鱼类之间，也是一种相互受益、相互依存的共生关系（见第七章）。这提供了鱼类跟其他生物互利共生，并且共生者生活在宿主体内的例子。角鮟鱇亚目（Ceratioidei）的许多深水种，雄体较雌体小很多。雄体在孵化后不久，即找到雌体，用口吸附在雌体上，随之口舌部皮肤与雌体相连接，最后血液循环也连成一体。这种方式表面上看和一般体外寄生相似，但实际上两者之间不是对抗性作用关系。角鮟鱇通过这种方式，使小型雄体处在雌体保护下，并保证雌体在深海区及时受精，有利于种族绵延，因此，本质上对双方均有利。所以，可以看作是一种特殊的种内互利共生。

虽然共生现象长期来引起自然生物学家的浓厚兴趣，但迄今对这种相关有利于种群生长、存活和繁殖的定量和实验研究都还没有很好开展。

第三节 食物链及其能流过程

鱼类的生物性相关，无论是种内或种间，本质上都表现为营养相关。通过这种营养相关，不仅使鱼类和群落各生物成员之间构成了一个相互依存、相互制约的有机整体，而且实现了包括鱼类在内的整个群落以及群落和外部物理环境之间的物质和能量运转。所以，研究这种营养相关的形式、本质、规律和意义，对于深入了解群落甚至整个生态系的结构和功能都是十分重要的。

一、食物链和食物网

绿色植物（在水域主要是浮游植物）能够直接利用水体各种无机营养盐和 CO_2，通过光合作用合成自身的有机物，并将光能转化为生物能储藏在体内。所以，它们是食物的初级生产者，是一切动物直接或间接的食物来源。食物中的物质和能量，从植物开始通过一系列动物依次传递的途径，称为食物链（food chain）。例如，某种鱼类以浮游植物为食饵，同时又成为别种鱼类的食饵，这样便构成了一串吃和被吃的纵向食物关系，这就是食物链。食物链的本质是物质和能量在群落中从一种生物转到另一种生物；而每一种生物都是这一能流过程中的一个环节，称食物环节（food links）。鱼类的食物链最短两个环节，如绿色植物→草食性鱼类；多的也不超过四、五个环节，如浮游植物→浮游动物→初级肉食性鱼类→次级肉食性鱼→鱼食性鱼类。由于能流量每经过一个环节都要减少，所以食物链不可能无限延长。

食物链的基本式型有两种：

（1）捕食链（grazing food chain） 从植食动物牧食活的植物体开始，然后，其他动物按捕食方式取食的食物链。这是最普通的一种食物链，就像前面举的两个例子。以寄生方式取食的寄生链，是一种特殊形式的捕食链；它和普通捕食链的区别在于能量流是从大动物流向小动物，因为寄生者通常小于寄主。

（2）碎屑链（detritus food chain） 是从动植物尸体和碎片开始，经由微生物分解，到以这些碎片和夹杂其中的微生物为食的动物以及它们的捕食者所构成的食物链。例如，有机碎屑→碎屑食性鱼类→鱼食性鱼类。不同的水体，食物链的主要形式可能不同。一般在海洋的畅水区、中上层水体，通过捕食链的能流量较大；而在静水湖泊、浅水池塘或一些水体的底层，以碎屑链占主要地位。

食物链是一种纵向直线关系，但在自然水域这种单纯的直接关系几乎是见不到的。同一捕食者，可以有两种以上的食饵生物，而同一食饵生物又可以被两种以上的捕食者所竞食。不仅如此，每一种生物往往既是捕食者，又是被食者。所以，群落生物间的营养相关，实际并非单向的食物链关系，而是由许多长短不一的食物链彼此交叉、纵横联系构成一种网状结构，称为食物网（food web）。食物网的大小和结构是相对的。小群落的食物网是大群落食物网的一部分；相邻群落的食物网，经常相互交叉发生联系；游泳能力强的鱼类，常出没于不同的群落，并构成其食物网的一部分。生物群落各成员之间正是通过这种食物网关系，构成了相互依存、相互制约的有机整体。食物网中任何一个环节发生变化，或多或少都将影响到相关的一些食物链，甚至波及整个食物网发生变化。

在自然群落中鱼类的食物链（网）的关系并非固定不变的。它不仅在进化历史上有改变，在短时间内也有改变。鱼类个体发育不同阶段食性和食物组成变化、食物组成季节性变化，或由于水域环境条件改变而引起主要食饵生物组成和丰度的变化，都能导致食物链（网）的结构发生变化。因此，食物链往往具有暂时性的一面。只有在群落组成中成为核心的、数量上占优势的种类，其食物链关系才有相对的稳定性；而这种稳定性一旦被破坏，就会改变群落的食物链关系，从而改变群落的结构和功能。

二、营养级和生态锥体

食物链中的食物环节，又称营养级（trophic levels）。绿色植物作为食物的生产者，为第一营养级；而其余各级动物都是食物的消费者，草食性鱼类为第二营养级，初级、次级肉食性鱼类和鱼食性鱼类依次为第三、四、五营养级。如按 Odum 和 Heald（1975）的方法，鱼类食物链的各营养级可以用 0、1、2、3、4 分别表示第一到第五营养级。由于许多鱼类的食物是多种多样的，因此它们的营养级可以用中间数值表示。鱼类营养级的计算式是：

$$T = 1 + \sum_{i=1}^{S} t_i P_i$$

式中，T——某种鱼的营养级；

1——鱼类的最低营养级，即全部以绿色植物为食物的鱼类的营养级；

t_i——第i种饵料生物的营养级，P_i为第i种饵料生物在鱼类肠管内所占（重量）百分比；

s——食饵生物种数。

例如，鲢的食物组成中有90%的浮游植物（营养级0）和10%浮游动物（营养级1.1），则鲢的营养级为：$1+90\%\times0+10\%\times1.1=1.1$（取一位小数）。常见的鱼类食饵生物营养级：植物0级；水生昆虫幼虫1级；原生动物、甲壳类幼体、糠虾类1.1级；软体动物1.2~1.3级；水生昆虫、多毛类、枝角类1.4级；桡足类1.5级；短尾类1.6级；仔、幼鱼2.1级；对虾、头足类2.5级。图10-4为按上式计算的闽南—台湾浅滩渔场鱼类（或其他动物）在食物网中所处营养级以及相互关系。

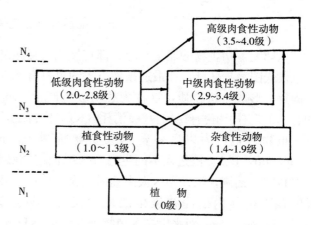

图10-4 食物网中各营养级的相互关系
N_1~N_4 四个不同水平的营养级
（从张其永等，1981）

当物质和能量通过食物链的营养级从低向高流动时，高一级生物不能全部利用低一级生物贮存的全部能量和有机物，总有一部分未被利用。这样，每经过一个营养级，能流量都要减少，如果把通过各营养级的能流量，由低到高绘成图，就成一个金字塔形，称为能量锥体或金字塔（pyramid of energy）。同样，如果以生产量、生物量或个体数目表示，则可得到生产量、生物量或数量金字塔（pyramid of production, biomass or numbers）（图10-5）。一般来说，能量金字塔最能保持金字塔形状，而生物量和数量金字塔有时会

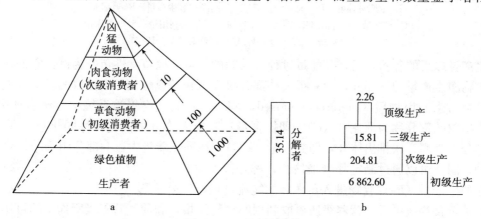

图10-5 生态金字塔
a. Lindeman能量金字塔模型 b. 洪湖各营养级能量金字塔：$kJ/m^2 \cdot y$
（据陈一骏，1983洪湖生态系资料绘制）

有倒置情况。例如,水域浮游植物由于个体小、代谢快、生活史短,有时现存生物量要比浮游动物少。因此,根据某一时刻所得各营养级的生物量绘制的生物量金字塔就会出现倒置现象。当然,这并不是说能流量在生产者环节要比消费者环节低;因为从全年来说,所积累的浮游植物生产量总是大于浮游动物。数量金字塔倒置情况在寄生链中十分典型,因为寄生者数量一般都大于寄主。

三、能量流和生态效率

地球上一切生物的能量来源,都直接或间接地来自太阳辐射。图10-6是生态系统中能流模式图。据估计,在最适条件下大约也只有3.6%太阳辐射能能为绿色植物光合作用所固定,形成有机物质,这称为总初级生产量(gross primary production, P_G);其中,约有1.2%用于植物自身的呼吸消耗(R)。换言之,在最适条件下也只有2.4%太阳能贮存于植物体内,为以后各营养级动物所利用,这称为净初级生产量(net primary production,P_N)。能进入不同生态系为绿色植物吸收、利用的太阳能差别很大。据陈一骏(1983)估测,洪湖湖区太阳辐射能为4 556 376kJ/m² · y,而能为湖区绿色植物利用并贮存于机体内的净初级生产量约仅0.15%。其中,转换为浮游植物的生产量为1 266.5kJ/m² · y,而水生高等植物为5 596.1kJ/m² · y。

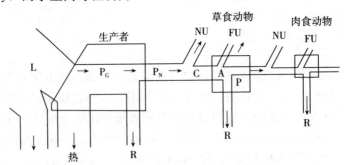

图10-6 生态系能流模式图

L. 太阳总辐射 P_G. 总初级生产量 P_N. 净初级生产量 R. 呼吸量
C. 消耗量 A. 同化量 P. 次级生产量 NU. 未利用量 FU. 粪尿量
(仿 Odum,1959,转引自华东师范大学等,1982)

生产者以后的各营养级,其能量过程有共同的特点。以草食性鱼类为例,它们往往只利用植物净生产量的一部分,而有很大一部分根本未触及或触及后未摄取的。这未被利用的部分称为未利用物质(material nonused, NU),它们最终将被系统中分解者所分解。被鱼类摄取的部分称为消耗量(C),即摄食量;其中大部分被同化,称同化量(A);而有一部分作为粪、尿排出体外,即粪尿量(FU)。在同化能量中,一部分用于维持机体生命活动,同样可以通过测定呼吸来估测,称呼吸量(R);最后剩下的才是为下一级动物所利用的生产量(P)。食物进入鱼体后的能流过程详见第三章。

显然,食物链中后一营养级所摄取利用的食物能量,和前一营养级所提供的可用食物能量相比是非常少的。食物链中,能量通过不同营养级转换的效率,称为生态效率(ecological efficiency)。Lindeman(1942)曾提出所谓"十分之一"定律,即平均而言,食物链中前一营养级生物的生产量约仅10%为后一级生物所利用而转化为自身的物质,也就是说,营养级之间的能量转化效率约为10%(图10-5,a)。然而,许多研究资料表明,虽然食物链中能流量在经过各营养级时剧烈减少是带有普遍性的,但10%这个转换率在不同类型食物链之间变化很大。不少文献报道大都在4%~20%。陈一骏(1983)估测洪湖各营养级的生产量,次级生产量(浮游动物、底栖动物、草食性鱼类)对初级生产者的转换效率为2.98%;而三级生产者(虾、肉食性鱼类)对次级生产者的转换效率为7.72%;而顶级生产者(鱼食性鱼类)对三级生产者的转换效率为10.36%。

生态效率有几种表达方法。最常见的是后一营养级摄取食物后最终获得的生产量(P_2)和前一营养级所提供的食物生产量(P_1)的比值(P_2/P_1),称为营养级间生产效率(production efficiency),如上述洪湖的例子。同样,也可以将两个营养级之间的摄食量,或同化量相比(C_2/C_1 或 A_2/A_1),称为营养级间摄食效率(consumption efficiency)或同化效率(assimilation efficiency)。若对高一营养级利用低一营养级的效率感兴趣,就可以比较不同营养级间的同化量与生产量,例如A_2/P_1,称为利用效率(utilization efficiency)。生态效率的概念,还可以应用于同一营养级能流过程中各个点的比较。例如P/A,即同化量中的生产量所占比率,这称为组织生长效率(tissue growth efficiency);或P/C,即摄食量中生产量所占比重,称生态生长效率(ecological growth efficiency)等。由此可见,生态效率的概念比较混乱,很易混淆。具体应用时,一定要明确是哪一种类型的转换效率,而且估算时,分子和分母需要用相同单位,尽可能都用能量值表示。例如,草鱼摄取100kg水生植物后增重2.5kg鱼肉,一般认为其饵料转换效率为2.5%;然而,水生植物能值为1 255.2J/g,而鱼肉为2 510.4J/g,因此,真正的转换效率为5%。

四、食物链和水域鱼类生产量

特定水域鱼类的总生产量是由各种各样因子决定的。就食物链及其能流过程分析,以下四个相关方面可能是十分重要的:

1. 鱼类的组成、营养级和丰度 鱼类的营养级对于决定水域的鱼产量是十分重要的。因为食物链越长,其最后环节的生产量越小,而食物链越短的鱼,就越有获得高产的可能。我国海淡水主要养殖鱼类,如鲢、鳙、草鱼、鲤、鲫、鲮、团头鲂以及鲻、梭鱼、遮目鱼、罗非鱼等,大都属于1~2营养级鱼类。这是养殖水域获得高产的主要原因之一。相反,若一个水域的鱼类物种组成和丰度,以较高营养级的鱼类,特别是凶猛鱼类占优势,则鱼产量必然低下。水域各种鱼类的营养级、丰度和各自的转换效率,还是决定鱼类总生产量在各种鱼类间分配的主要因子。

2. 各营养级的物种组成、丰度和能量转换效率 食物链关系表明,一个营养级水平的物种组成和丰度的改变,能够影响到另一个营养级水平物种的组成和丰度。因此,鱼类的生产量在很大程度上取决于前一营养级、饵料生物的物种组成、丰度以及对每一种饵料生物的能量转换效率。所以,调查鱼类饵料生物的组成和丰度,至今仍是估测水域鱼产力的常用方法。国内常用浮游动、植物量估算鲢、鳙的生产量,用底栖动物量估算青鱼和鲤的生产量,用水草量估算草鱼生产量。按照所估算的鱼的生产量,再采取人为的措施,如放流、移植、驯化等方式对水域鱼类区系作出相应调整,从而提高经济鱼类的生产量。同样的道理,改变水域饵料生物区系,从而有利于经济鱼类生长和繁殖,这也是提高水体鱼产力的有力措施。

3. 初级生产量（primary production）是群落一切消耗和生产量的能量基础　在水域，特别是海洋和湖泊中上层区，浮游植物生产量，是限制各营养级，包括鱼类生产量的基本因子。因此，调查这些水域的浮游植物生产量，通常是开发利用水域水产资源的首要环节之一。目前，已经可以使用先进的同位素测定法和机载或人造卫星叶绿素含量遥感遥测对局部和全球水域的浮游植物生产量作出较为精确的测定，并绘出分布图。据 Krebs（1978）的资料，全球海洋浮游植物生产量（干物质）约为 55×10^9 t/y，而湖泊和河流约为 0.5×10^9 t/y。浮游植物生产量已知时，就可以根据食物链中各营养阶层之间能量转换率测定和研究，进一步估算出浮游动物、底栖动物和鱼类的总生产量，从而能够制订出水产资源合理开发利用的策略性方案。

4. 输入能量、营养物质和土壤学因子　水域食物网的主要能量来源可以来自系统内，称为原地生成型（autochthonous），或来自系统外，称异地生成型（allochthonous）。海洋或大型湖泊中上层区的食物网，基础是浮游植物的净初级生产量，而下层区倾向于依赖基底性质、有机物质、动物粪便以及中上层群落所产生的尸体。溪流、河流和小型湖泊的食物网，往往依靠异地生成的物质，特别是从陆地系统洗刷进入水体的有机物质。一个水域系统输入能量、营养物质和土壤学因子，是水域食物网系统和鱼类总生产量的基础。在海洋中，最高鱼类生产量通常和营养丰富的水体相关联，如大陆架、河口湾、有上涌流的海区，因为这些水体有从大陆冲刷或从水体底部上升而带来的丰富的营养物质。据此，渔业生物学家一直在寻求可以预测水域渔产量的营养学指标。所谓有形土壤学指标（morphoedaphic index，MEI）就是其中之一，即：

$$MEI = TDS/D$$

式中，TDS——溶解固体物质总量（total dissolved solids）；

D——湖泊或河流深度。

据一系列特定湖泊测定，渔获量和 MEI 呈正相关。这种相关的可能机制是 TDS 和湖泊的肥沃性相关。Hanso 和 Leggett（1982）提出，磷的总浓度或大型底栖动物的生物量与湖泊深度之比，也可以作为鱼类生产量和渔获量两者的经验指标。这里，磷的总浓度就代表溶解固体物总量；而大型底栖动物的生物量，则作为水体营养学指标。据研究北纬 0~56°广阔范围内的湖泊，在鱼类生物量和"大型底栖动物生物量/浓度"这一指标之间存在强相关。

第四节　鱼类群聚和物种多样性

群聚（assemblages）和群落是不完全相同的概念。一个特定水域的全部鱼类物种构成一个鱼类群聚。鱼类群聚及其物种多样性变化的研究，始于20世纪60年代。这方面研究既受到多种类渔业管理理论的推动，又和后者密切配合，起到相互促进的作用，从而可以改变以往经典的单一种类渔业的研究。费鸿年等（1965、1981）率先进行了南海北部底层鱼类群聚的研究，为自主地发展我国沿海多种类渔业管理模型作出了良好的开端。

一、鱼类群聚结构的特征

在研究一个水域鱼类群聚结构时，一开始往往人为地把整个水域划分成数个小区和更多的采样点。每个采样点所获样品就可以作为一个鱼类群聚来分析，从而综合起来就可以获得对整个水域鱼类群聚特征的客观认识。物种多样性、优势种是反映群聚结构的两个特别重要的特征，而物种相似性是比较两个鱼类群聚特征的主要指标，现分述如下。

1. 物种多样性（species diversity）　一个群聚中存在的种的数目，称为丰富度（richness），是物种多样性的一个最简单的指标。这一指标的缺点是没有包含种的丰度。物种多样性指数（diversity index）则是把群聚中所含种数和相对丰度结合起来予以表达的指标。目前较常用的有两种：Simpson（1949）指数 D 及 Shannon 和 Weaver（1949）指数 H，表示式分别为：

$$D = 1 - \sum_{i=1}^{S} P_i^2$$

$$H = -\sum_{i=1}^{S} P_i \log_2 P_i$$

式中，P_i——第 i 种鱼个体数 n_i 在样品总个体数 n 中所占的百分数，即 n_i/n；

S——样品种数；

D 和 H——表达鱼种及其个体数的信息函数，用于反映群聚结构多样性的程度，其单位称彼特（bit）/个体。

假定有 A 和 B 两个群聚样品，各有 100 个体和 2 个种，A 群聚中 $n_1=99$，$n_2=1$；而 B 群聚中 $n_1=n_2=50$。依上式计算：$D_A=0.02$，$D_B=0.5$；$H_A=0.081$，$H_B=1.0$。这表明群聚 B 比群聚 A 显得更多样。Wilhm（1968）、费鸿年等（1981）在使用 Shannon 和 Weaver 指数时，提出可以用生物量（重量，W）代替个体数，即 P_i 为第 i 种鱼的重量 W_i 在样品鱼总重量 W 中所占的百分数（W_i/W）。由于在渔业中容易取得重量数据，所以采用生物量表示物种多样性也十分常见。

Pielon（1966）提出物种均匀性（evenness，或 equitability）指数，也是一种多样性指数；用于衡量群聚中每种鱼的个体数（或生物量）分配均匀的程度，表达式如下：

$$J = H/H_{\max}; \quad H_{\max} = \log_2 S$$

式中，J——物种均匀性指数；

H——多样性，$H_{\max}$ 为最大多样性，也就是在最大均匀性条件下的种类多样性；

S——样品的种数。

上式表明，要达到最大的均匀性，就需要多样性（H）与最大多样性（$H_{\max}$）相等或接近。若仍用上述假定的 A、B 群聚，$S=2$，$H_{\max}=\log_2 2=1$；这样，$J_A=0.081$，而 $J_B=1$。这表明，B 群聚的物种个体分布达到了最大均匀性，而 A 群聚的物种个体分布很少均匀性。

通过对多样性和其他有关指数测定可以提供一个群聚的初步信息。例如，通过了解物种多样性和均匀性指数的变化，可以用来描述捕捞、污染以及其他环境条件变化对鱼类群聚结构的作用。

2. 优势种（dominant species） 是对群聚结构和机能起主要控制影响的鱼种。一般来说，群聚样品中个体数（或生物量）最多、出现频率最高的鱼种，往往就是优势种。在多样性不变的情况下，一个群聚的组成可以发生变化；从优势种来说，可以由另一个优势种代替原来的优势种。所以，判断群聚结构组成，优势种变化也是一个重要属性。确定优势种最简单的方法，是将样品中所含各种类列出其数量的顺位来作比较，或者以样品中占总个体数（或生物量）比例最大的种类作为优势种。McNaughton（转引自林双淡等，1984）物种优势度指数 D_M 就是这一类方法的代表，表达式如下：

$$D_M = (N_1 + N_2)/N$$

式中，N_1 和 N_2——样品中居第 1、2 位鱼种的个体数；

N——为样品的总个体数；

D_M——表示居 1、2 位鱼种个体数之和与该样品总个体数比值，其阈值为 0～1。

如果考虑到鱼类的高度灵活性，各鱼种个体大小差异；那么，优势度指数计算除考虑个体数外，还应当考虑生物量和在不同样品中出现的频率。郁尧山等（1986）曾用下式计算优势度：

$$D_Y = 10^5 f_i/m(n_i/N + W_i/W)$$

式中，m——为取样次数；

f_i——第 i 种鱼在 m 次取样中出现频数。

$$n_i = \sum_{j=1}^{m} n_{ij}。$$

$$W_i = \sum_{j=1}^{m} W_{ij}。$$

$$N = \sum_{i=1}^{S} n_i,$$

$$W = \sum_{i=1}^{S} W_i, \quad S \text{ 为种数}。$$

确定优势种的优势度标准，要根据不同海区的特点，并综合各方面因素来确定。根据郁尧山等（1986）对浙北岛礁周围海域调查，按上式计算优势度并顺序排列：大头鱼、七星鱼、带鱼、日本鳀等约 11 个鱼种的优势度约在 1 000 以上，被定为该海区鱼类群聚的优势种，而其他 30 多个鱼种，优势度大多在 100 以下。这和该海域种类和优势种类相对较少、优势种丰度相对较大的实际情况相符。

费鸿年等（1981）在研究南海北部大陆架底栖鱼群聚的优势种时，以鱼种对鱼类群聚多样性的贡献大小来判别优势种，即个体数（或生物量）达到群聚总数的 20%～60% 作为优势种。其理由是物种多样性指数是鱼种及其个体数的信息函数：$F_{(P)} = -P \log_2 P$，图 10-7 为这一函数的曲线。如按顺序排列 $P=0.37$，$F_{(P)}=0.530$ 为第一位优势种，其他按曲线左右两支逐渐下降，以左支到 $P=0.2$，右支到 $P=0.6$；$F_{(P)}=0.464～0.442$ 为界，都作为优势种。这种方法，对于种类和优势种类繁多，从而不太可能出现个体数特别多（>60%）的种类的南海北部大陆架底栖鱼群聚是合适的。然而，对于种类和优势种类相对较少、优势种个体数相对较多的浙北岛礁周围海域就不太合适。据郁尧山等（1986）调查发现，在浙北海区一些鱼种（如龙头鱼、日本鳀等）的个体数（或生物量）曾多次出现超过总数的60%的情况。根据对这些鱼种食性、生长、分布、出现频数和数量等观察和分析，无疑对其所在群聚具有深刻的影响，如不把它们作为优势种看来是不妥的。因此，他们提出的优势种标准为个体数（或生物量）达到总数10%以上者。

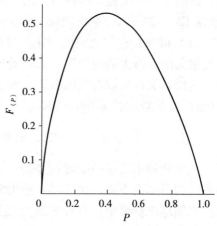

图 10-7　P 和 $F_{(P)}$ 两值的关系
P. 鱼种个体数（或生物量）占总数百分数
$F_{(P)}$. 鱼种及其个体数的信息函数
（从费鸿年等，1981）

3. 物种相似性（species similarity）　衡量两个群聚样品之间鱼种及其个体数相似程度的指标，称物种相似性指数，以 C_π 表示，如下：

$$C_\pi = 2\sum_{i=1}^{s} n_{1i} n_{2i} / (\sum \pi_1^2 + \sum \pi_2^2) N_1 N_2$$

式中，$\sum \pi_1^2$ 和 $\sum \pi_2^2$——是样品1、2的物种单纯度（concentration）；其数值大，表示群聚样品单纯，计算式为：

$$\sum \pi_1^2 = \sum n_{1i}^2 / N_1^2; \quad \sum \pi_2^2 = \sum n_{2i}^2 / N_2^2$$

式中，n_{1i} 和 n_{2i}——分别为样品1、2中第 i 种鱼的个体数；

N_1 和 N_2——样品1、2中各鱼种的总个体数。

C_π 的阈值为0~1。C_π 越大，表示两个群聚样品的结构越相似。

C_π 可用于表征调查水域任一变量（水深、纬度或时间）不同值之间的种类组成相似程度。据此，C_π 既可作为区分各类生物群聚（或群落）的尺度，又是反映群聚结构的重要特征之一。在对调查水域从一开始多少带有主观因素地划定小区和采样点，到最后达到客观区分鱼类群聚，C_π 的测定和分析，通常是不可缺少的环节。沈金鳌、程炎宏（1987）在研究东海深海底层鱼类群聚及其结构时，对调查海区选定53个采集点，并以50m左右划分水深带。在计算了各水深带样品之间的 C_π 后，列出各水深带 C_π 矩阵，并进一步按聚类分析绘出聚合树状图（图10-8），从而对东海底层鱼类群聚作了较为客观的区

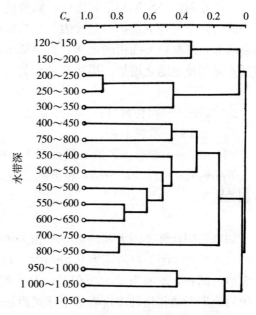

图 10-8　东海深海各水深带鱼种相似性指数聚 C_π 合树状图
（从沈金鳌、程炎宏，1987）

分。从图10-8来看，调查海区由浅入深可区分为三个（主）群聚：东海大陆架（外缘）（水深120～200m）、东海大陆坡（水深200～950m）和冲绳海槽（西侧）（水深950～1 055m）群聚；它们之间的（主）过渡带处于150～200m与900～950m水深带。在水深跨度最大的东海大陆坡群聚，不难看出在水深400和700m左右还分别存在着两个亚过渡带。这样，又可将该群聚细分为东海大陆坡上部（水深200～400m）、中部（水深400～700m）与下部（水深700～950m）三个亚群聚。

二、鱼类物种多样性的一般式型

鱼类物种丰富度的全球式型是：不论在海水或淡水，都倾向于随纬度和深度（或海拔高度）的升高而下降。在海洋，最大多样性见于和陆地临接的暖水水域，特别是珊瑚礁海区。在珊瑚礁群聚中，物种丰富度最高的地区是印度—太平洋中央区。据菲律宾学者记载，那里的种数超过2 000种；而从全球范围来看，距菲律宾岛礁越远，种数下降往往越厉害。除海洋浅水的鱼类种数随纬度增高而下降以外，物种丰富度还随水体深度而改变。在大洋区，种数最丰富的是中上和中下水层（200到1 000m水深），而低于1 000m，则种数急剧下降。在同一纬度区，还有经度差别，北美太平洋沿岸种数要比东部大西洋沿岸同纬度区丰富。在淡水，鱼类种数最丰富的地区是东南亚的热带区、非洲和中南美洲。南美洲约有2 400种；其中，亚马逊水系大约有1 300种。相对而言，中美洲、北美洲的种数大大减少。非洲约超过2 500种。在非洲南纬0～15°的一些大湖，每个湖泊的种数均在240～250；而北美大湖区总共才约170个种。河流鱼类的群聚，种的丰富度在任何地区都倾向于随着纬度的升高而下降。

无论在河流、湖泊和珊瑚礁区，物种的丰富度和水域面积之间大都呈正相关。这种相关可能由两个过程决定：一是代表一个特别栖所的面积的增加，表明该栖所内物种多样性可能增加；二是较大面积的水体，其栖所多样化程度往往要比小面积水体高，因而物种组成的差异程度也随之增加。描述这种相关的是物种——面积曲线，其表达式为：

$$S = CA^z$$

式中，S——物种数目；
　　　A——水域面积；
　C和Z——常数。Z值一般小于1，表明物种丰富度随面积而增加的速率下降。
Welcomme（1979，1985）根据欧、亚、非和南美洲45条河流的综合调查结果，所获相关式为：

$$S = 0.297 A^{0.477}$$

如果分别计算不同大陆的S—A相关曲线常数值，Z值呈现出地理变动：欧洲河流为0.24（$N=7$），南美洲河流为0.55（$N=11$）。Barbour和Brown（1974）对全世界70个大湖泊的调查，Z值为0.25。但是，北美湖泊的Z值为0.16，要比非洲湖泊的0.35低。Z值的地理变动和物种丰富度的全球式型基本一致。

三、影响鱼类物种多样性的因子

在任何特定水域，现有的物种数目是历史的和当代的因子共同作用的结果。历史过程决定水域存在的物种数目,即物种库(species pool),而当代过程决定水域特定栖所内鱼类群聚的结构和组成。

1. 历史因子　一个特定水域的物种丰富度是由该水域历史演化过程中物种形成(speciation)过程所决定的。物种形成就是从原先单一的基因库产生两个或两个以上生殖隔离的基因库。因此,在其他情况等同时,物种形成率高的地区,其物种就较丰富。在地质史上属于古老的环境可能有比较丰富的物种,就是因为那里发生物种形成的时间较长。如果从物种形成的式型分析,物种形成可以经由个体的遗传机制,如突变和核型畸变,或者经由种群机制,如同一地区由于生态位的分化和不同地区由于地理隔离,使物种产生歧异,从而逐渐形成基因库的分离,最后成为两个生殖完全隔离的物种。因此,凡可以防止或限制原本可以交叉繁殖的种群间基因流动的那些非生物和生物条件,都有利于物种形成。鱼类物种丰富度和水域面积呈正相关就表明,水域面积大以及水体栖所多样化能维持较长期的稳定是有利于物种形成的两个重要条件;而水体中原有物种数目也起着重要作用。凡是在物种群聚演化的地方,物种的丰富度往往特别大。这些地方,许多从一个共同祖先演化来的十分接近的物种分布在一个局限的水体中。例如,占据着古老地点的非洲大湖的丽鱼类(Cichlids)群聚就是很好的例子。如 Victoria 湖 238 个物种中丽鱼类物种约占到 200 个。这些湖泊物种形成的速度就地质年代而论是惊人的。乌干达的 Nabugabo 湖,大约从 4000 多年前从 Victoria 湖分离出来后,已经演化出 5 种 Nabugabo 湖的地方型丽鱼,每一种都被认为来自于 Victoria 湖的一个丽鱼种。这些新物种的形成,则和物种原来的分布区发生地理隔离相关。

物种能否自由移栖,可能也是决定丰富度的一个重要因子。例如,美国的洛基山脉以东地区是一个物种丰富区,其中心是密西西比河水系,那里的河流大部分是南北走向。在更新世冰河扩展期,许多鱼种退入河流的南部。新的环境有助于物种的分化;同时,当冰河消退时,沿南北走廊,这些种类又重新返回到北部的河流和湖泊。相反,在洛基山脉以西是一个物种贫泛区,那里的河流倾向于东西走向而流入太平洋;在冰河扩展期,鱼种没有自由移栖的条件。

2. 当代因子　虽然物种形成和移栖过程造就了特定水域的物种库,但在一个特别的栖所,由于当代因子的作用,鱼类群聚可以是该地区物种库的再组合。当代因子影响一个特别栖所群聚的物种多样性,主要表现在:

(1) 生物能和营养关系　一个栖所初级生产者生产的能量加上任何外来能量,决定了该栖所总的生物量。由于物种多样性是种数和个体数(或生物量)的信息函数,因此,那些初级生产量高的地区,如低纬度的浅水水体,其物种多样性就有可能高,而那些初级生产量低的高纬度水体、海洋和大湖的深水带及高原湖泊,其物种多样性就受到限制。但是,鱼类生物量或生产量与物种丰富度之间并无明显相关。因为维持一个鱼类群聚生物量的恒定,可以和种数无关;某种鱼类种群生物量的减少,常能引起另一种鱼类种群生物量呈现补偿性上升,却不一定引起种数的变化。然而,由于物种的基础代谢与体重(个体大小)相关(见第三章),在群落能量转换过程中,鱼类群聚的每一种成员的个体大小与生物能转换的有关变量,如耗饵量、呼吸量、同化量和生产量等确实有着统计学上有意义的相关(Dickie 等,1987)。因此,群聚中物种大小的分布,是决定该群聚所属水域系统的能量流动式型的一个重要因子。换言之，该水域系统能量收入率的变化，也将促使所存在物种大小的改变。这样，也有可能改变群聚的物种组成。但是，物种丰富度、群聚物种的大小组成和能量流动式型之间的相关关系，目前还不是十分明确的。这是今后群聚结构研究的一个重要内容。

(2) 生物和非生物因子　关于生物和非生物因子在确定群聚物种丰富度中的相对重要性，现有两种观点：许多学者把利用相似的有限资源的物种间竞争视为群落中主要的、有组织的相互关系。按照这种观点，群落中各物种都占有不完全相同的生态位。因此，新物种只能在经过竞争显示优于原居住物种，才能进入群落。这样，一个群落就处在物种丰富度均衡的情况下，成功的进入者和绝灭者数目获得平衡。因此，原则上说，群落的物种组成是可以预见的，它取决于对有限资源的种间竞争的结果。这种由种间竞争式型确定物种多样性的群落，称为确定性群落（deterministic community）。另一种观点是，鱼类群聚物种组成和物种的相对丰度，随环境因子引起的特定年龄存活、生长和繁殖率的改变而改变，而其中有些环境因子的变化是不可预见的。例如，容易引起泛洪的水流强度以及潮流波涛对珊瑚礁结构的作用等。于是，一个群聚的结构基本上也是不可预见的。一个群聚通常不会达到这样一种均衡状态，即它的物种组成和相对丰度主要由种间竞争相关所确定。这种观点强调在确定任何特定时间一个群聚成员间相互作用方面，偶然性事件所起的作用。这种群聚结构主要由偶然性事件起作用的群落，称为随机性群落（stochastic community）。

确定性和随机性群落结构理论，可能代表着生物组织本质的两种根本不同的哲学观。但对我们来说，重要问题在于探讨影响物种多样性的作用因子。为此，下面将对涉及的有关因子再作些扼要讨论：

竞争　如果种间竞争确实能将一些具有十分相似资源需求的物种排除在群落之外，那么共存物种的生态位（资源利用曲线）宽度狭窄时，种的丰富度就高。热带湖泊、河流，或者珊瑚礁区物种丰富度较高，可能就是因为那里具有不少生态位狭窄的特化种；而在四季分明的高纬度区，光照、温度和饵料生物量等均随季节变化，这样就使那里的物种在资源需求方面趋向一般化。它们的生态位较宽，很少的种能够被限定在一个特别的栖所。因而，一些特化种常被排除在较高纬度区之外。但在极端的环境，如南极水域，那里水温终年低于或接近纯水的冰点，这样就会有一个高度特化但物种极稀少的鱼类群聚。

关于种间竞争对鱼类群聚中能够稳定共存的物种数目有限定作用，直接证据是十分有限的。如果确定有限定作用，那么只有在一个物种消失后，才能接纳另一个物种。这种替代的例子在自然界并非没有。但更多的情况是引进一个新种，只是使原居住种的丰度、食谱或栖所发生变化，但一般并不导致绝灭。这是因为许多种类在摄食和生长方面显示的弹性；使它们在潜在的竞争者出现时，能够通过表现型改变而减少绝灭的危险。所以，竞争作为群聚物种丰富度的一个决定成分，它的重要性通常只有在引进新物种时才能明显看到。所以，反对轻易将外来种引进到原先已经存在的群聚中的论点是有道理的。

资源分割　资源分割是种间竞争的环境证据，是鱼类群聚的一个普通特点。群聚中物种进行着资源分割，具有直接的和间接的证据。一个群聚内物种间在形态学上的差异提供了资源分割的间接证据。最常见的形态特征是和鱼类行动模式相关的体型和鳍形以及和营养相关的口的大小、形状和位置等。直接证据来自于观测一个群聚中物种的食物组成、空间分布、昼夜活动式型以及其他相关资源的利用。如果对一个鱼类群聚所存在的水域系统进行详细调查研究，一般不难发现物种间在分割这些资源方面的分离。这就表明依靠物种间形态和行为上的互补，物种可以共存于一个群聚内；而栖所利用和营养结构的相似性，或者加上某些环境因子的变化，则有可能导致一个种被另一个种取代。

  大的、结构复杂的栖所，如曲折多变的沿岸带、珊瑚礁，提供了较多的资源分割的机会，因而物种多样性程度要比小的、结构匀一的栖所，如水层区，或平坦的底层区相对要高。不仅如此，复杂的环境可以允许不同生活方式的鱼类存在，特别是一些体型小的鱼，它们可以利用栖所的角角落落。栖所结构复杂性的作用，往往在改变一个栖所结构时更容易看到。经常有这样的情况：当一条原来的河流两岸经加固平整修筑成一条闸道或灌溉渠后，那里的物种多样性便会大大下降。相反，在一些原来平整均一的河道，增加一定量的掩体和改变水流特征后，往往会在较短时间内增加其物种数目和生物量。同样，在一些海区和大湖，投放用水泥砖石等构筑成的人工鱼礁（artificial reefs），经过一定时间便会发现新的鱼类群聚。其中有的物种可能是先前从未见过的。实验还证明鱼礁越大、结构越复杂，集结的鱼的种数越多。

  非生物因子的严酷性和不可预见性 严酷性（harshness）是指非生物因子，诸如温度、溶氧量、盐度和压力等接近物种可能耐受的限度；而不可预见性（unpredictability）则是指在一个时间所经历的条件和下一个时间所经历的条件之间很少相关。非生物因子的严酷性和不可预见性，随纬度、水深和海拔高度而增加，但物种的多样性却随之而减少。这表明在严酷和不可预见的非生物条件下，有些因子可能降低物种多样性。从演化角度分析，也只有少数种能够演化出在严酷和不可预见的非生物条件下生活的适应性。例如，在极地水域防止体液冻结或者在沙漠河流忍受广泛迅速的水温变化的能力。因此，这些水域的物种丰富度特别低。而且，那些严酷和不可预见的非生物环境，往往和物种丰富度高的中心区距离远，其他种群很难抵达，或者很难有足够时间停留，从而去适应那里的环境。如果该环境的生产量低，使得种群丰度不得不低下的话，那么物种灭绝的危险就会增加。

  虽然高度不可预见的非生物条件降低物种的多样性，但是，中等水平的扰乱（disturbance）却可以提高多样性。扰乱是指使原来平静稳定的非生物环境变得动荡多变，但又不超过一定的限度。例如，改变一条河流的水流特征或溶氧水平等，只要在一定限度内，就可以通过产生成批不同的栖所，来防止竞争占优势的物种排斥其他种。因此，在产生扰乱的栖所里，竞争往往获得缓解，而使其他鱼种的数目和丰度增加。

  捕食 一个特定捕食者对物种多样性的作用，只有在获得捕食者以及它的潜在的被食者的生物学知识，并联系捕食—被食者相关发生的环境时才有可能了解。还应当区别一个外来捕食者和原本是鱼类群聚组成成分的土著性捕食者对物种多样性的作用。可以举一个世界闻名的例子：大约在1960年，非洲Victoria湖引进了鱼食性的尼罗鲈（*Lates niloticus*），这给该湖的各种丽鱼类种群带来了灾难性的作用。这个世界上少有的丽鱼类物种群聚随着尼罗鲈已经占到该湖生物量的80%，可能正处于消失的危险之中。然而，十分有意思的是，在尼罗鲈引进前，Victoria湖的丽鱼群聚也包括许多鱼食性种，它们占到该湖鱼种数的40%，而且每一种都具有自己独特的摄食行为、食物喜好性和栖所。所以，捕食通过减少种间竞争以及限制被食鱼游离它们的自然栖所，从而减少基因流动，一直被认为是促进非洲大湖丽鱼物种丰富度演化的一个因子。这个例子表明，引进的捕食者和土著的捕食者对群聚物种多样性所起作用可以完全不同。目前的观点是土著的捕食者有助于维持，甚至增加一个鱼类群聚的物种丰富度。因为捕食可以防止竞争占优势的种抵达能够排斥其他种的丰度水平。从这个意义上来说，捕食起到了有节制的扰乱相同的作用。但是，外来捕食种的入侵往往会瓦解群落结构，引起原有种相对丰度的急剧变化，甚至灭绝。所以，引进鱼食性种较之引进其他鱼种所承担的风险更大。

人类的捕捞、污染和水利工程活动等会破坏群落内以物种大小和生态位为基础的组织结构，从而瓦解鱼类群聚，这将在下一章讨论。

思考和练习

1. 试就群落特征分析群落如何保持其相对独立性、稳定性和组成物种之间的平衡？
2. 为什么 Lotka-Volterra 捕食模式在自然界难以获得例证？
3. 如何研究鱼类的生态位和生态位的分离？
4. 扼要叙述研究鱼类竞争和捕食相关的意义？
5. 试阐明食物链的概念、式型、本质和能量流以及研究意义。
6. 如何进行特定水域鱼类群聚特征的研究？
7. 略论影响鱼类群聚物种多样性的因素。

专业词汇解释：

biotic community, deterministic community, stochastic community, subcommunity, assemblage, ecological succession, competition, scrambling (or contest) competition, niche, resource utilization curve, limiting similarity, selective (or interactive) segregation, Gause's principle, predation, cannibalism, cryptic coloration, cryptic behaviour, refuge, parasitism, Parasite, host, pathogens, symbiosis, mutualism, commensalism, food chain (or web), traphic levels, pyramid of energy, richness, species diversity (or evenness or similarity), dominant species.

第十一章 人—鱼—环境

水域生态系，包括鱼类在内的各生物群体之间，以及它们和非生物环境之间的协调和平衡等，都离不开人类活动的影响和作用。维持这种平衡的基础是生态系内部有规律的物质循环和能量转换，而鱼类作为人类蛋白质食物来源，则正是在这种质能流动中获得了不断补充和再生。如果人类活动破坏了水域环境和鱼类资源的再生，那么也就破坏了水域生态系的正常功能运转，结果将使人类与自然界之间的平衡关系失调，最终危害人类自身的生存。本章通过扼要介绍生态系概念，人类活动对水域环境和鱼类资源再生的影响，以及水域环境治理综合生态工程，目的就是确立这种"人—鱼—环境"辨证统一的观点。所以，本章在某种意义上是对全书的串连和概括，同时提出人类保护水域环境和鱼类资源的必要性和途径。

第一节 生态系概述

一、生态系的基本概念

地球上一切生物，都不能离开它们所要求的特定环境而生存。对于每一个生物来说，它周围的一切都是它的环境（environment）。环境因子很多，也很复杂，但就基本性质分析可分为两大类：一类是非生物环境因子，或称物理环境因子；另一类是生物环境因子，指生活在它周围的其他有机体。应该强调指出，虽然一般把人为的环境因子包括在生物环境之内，但随着现代科学技术的发展，人类经济活动的影响，已越来越占重要的地位。

图 11-1 是表示鱼类及其周围环境基本关系的模型。假定 X 是鱼类，它可以是个体，也可以是群体。箭头所示至少有三种相互关系：物理环境⇌X；物理环境⇌生物环境；生物环境⇌X。英国的 Tansley（1935）最早引用生态系统（ecosystem）这个词来描述具有这三种关系的任何一片自然界。可见，所谓生态系统，就是指一个相互作用着的生物和非生物部分构成的稳定系统。在这个系统内，生物和非

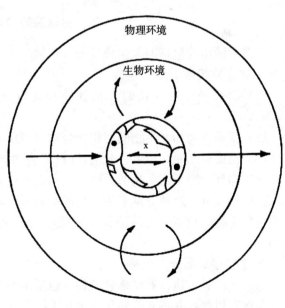

图 11-1 生态系统模型图

生物之间沿着一定的循环途径，进行着物质和能量的交换、流动。

按照生态系统的定义，作为研究对象的生态系统可大可小。小至一个实验室的水族箱，而大的，一个池塘、一个湖泊、一条河流，或者整个海洋也可以作为一个宽阔的生态系来进行研究；再扩大，甚至可以把地球的整个生物层（圈）看作是一个综合的生态系。地球上任何景观单位，如湖泊、河流、城镇、山脉、森林、海洋等是不同类型生态系统的镶嵌体，所有各种镶嵌体（景观）合起来组成复杂程度更高的"生物圈"。也就是说，一个大的生态系，可以由许多小的生态系镶嵌组成。

生态系统的划分和命名尚无统一的标准，主要依据生态学家的研究需要。依照自然环境性质来划分生态系是最常见的。总的来说，鱼类所生活的水域生态系，可以分成海洋和内陆水域生态系两大类。前者又可分为沿海、内湾、河口、外洋、深海和上升流海域生态系等，而后者基本上分为静水（湖泊池塘）和流水（江河溪流）生态系两类。当然，即使是同一水体，如一个海洋或一个湖泊，按照海洋学和湖沼学对水体的分区标准，还可以有进一步的划分。此外，也有按渔业对象和渔场划分，如大、小黄鱼渔场生态系、带鱼越冬场生态系等；或以其他生物命名的，如藻场、珊瑚礁、红树林生态系等。

尽管有各种各样的生态系统，但它们都具有共同的属性。生态系统的主要属性可以归纳为：

(1) 空间区域 任一生态系都与特定的空间相联系，即占有一定的地理位置。
(2) 系统功能 指生态系统内部存在着复杂的能量流动和物质转化过程。
(3) 资源要求 主要是需要一定的能量输入。
(4) 动态平衡与调节 包括生物与物理环境间的平衡，生物与生物种内和种间的平衡。生态系统内部存在一定的调节功能，以保持这种生态平衡。
(5) 演化 生态系随着自然历史的发展而不断演变。

二、生态系的结构和功能

生态系的结构包括两大组成部分，任何一个生态系也不例外。

1. 非生物组成部分 包括：

(1) 物质循环中涉及的无机物质和无机化合物，如 C、H、O、N、P、S、CO_2、H_2O、O_2 等。
(2) 联系生物和非生物的有机化合物（蛋白质、碳水化合物、脂类、腐植质等）。
(3) 温度、光照、溶氧、盐度、pH 等自然理化因子。

非生物环境因子主要从两方面影响鱼类，一方面直接影响鱼类的代谢活动，从而使鱼类的生长、发育、繁殖等基本生命机能受到影响；另一方面是通过影响水域的物质循环和鱼类饵料生物、敌害生物的消长而间接作用于鱼类。这在前面有关章节中都已作了详细介绍。

2. 生物组成部分 包括：

(1) 生产者 指自养型绿色植物（包括藻类）能通过光合作用把简单的无机物制造成为复杂的有机物，并将光能转化为生物能贮藏在体内。以湖泊生态系为例，一类是生活在浅水的根生植物或大型漂浮植物；另一类是很小的浮游植物（单细胞藻类），凡是透光的水层中都有它们的存在，作为水域生态系的基本食物来源，比大型根生植物更重要。

（2）消费者　指异养型动物，以其他生物或颗粒有机物质（如有机碎屑、腐植质等）为食的生物。在湖泊生态系中有浮游动物、底栖动物、昆虫幼虫、温和鱼类、凶猛鱼类等。根据这些动物在食物链中所处地位，又分初级消费者，即草食动物，直接以植物为食；次级消费者，捕食初级消费者的肉食动物；三级消费者，以次级消费者为食的肉食动物，依次类推。

（3）分解者　也是异养型生物，主要包括细菌和真菌，它们能把死亡的有机体中复杂的有机物重新分解为简单的化合物或无机物，再为绿色植物利用，从而构成新的循环。

自然生态系一般都离不开人类活动的影响。若把人类作为生态系的生物组成部分，它处在顶级消费者的地位。这时，其他一切生物，包括鱼类，就成了人类生活所必须依赖的生物环境，或者说，它们构成人类的生物资源而为人类开发、利用和消耗。所以，就水域生态系来说，虽然表面看起来人类似乎并不直接生活于系统之内，但水域生态系作为人类生活环境的一部分，却无时无刻不在影响着人类；同样，人类的活动也每时每刻影响着水域环境，影响着其中的生物（鱼类）资源。所以，"人—鱼—环境"构成了一个统一的生态系统。

生态系不仅是自然界的基本结构单位，还是基本功能单位，是维持有机生命所必需的。生态系中物质和能量的流动，本质上是生态系的功能方面。构成生态系的生物和非生物部分相互作用，相互依存，组成了一个有机的统一体。各个部分有各自的功能，但又必须依赖其他部分才能发挥出它特有的功能。生态系的特点就是各成分之间的有机联系和程序组合，以及在最适结构基础上形成的最高功能效率。结构影响功能效率，功能必须凭借结构来完成。在发育良好的生态系中，结构和功能是相互协调的，最优化的结构，产生最高的功能效率。

地球表面全部生物所依赖的能源是太阳。太阳的能量通过绿色植物的光合作用进入生态系，然后依次转移到草食动物、肉食动物。生产者和消费者在死后都被分解者所分解，把复杂的有机物重新变成简单的无机物，所贮藏的能量则放散到环境中去。同时，生产者、消费者和分解者由于呼吸作用，在它们的生活过程中，也把一部分能量放散出去。这种能量流动形式在自然界是永恒的。一个生态系的能量的流转，主要看绿色植物固定的能量基数，即初级生产者的生产量；而从一个食物环节转化到另一个食物环节的能量消耗量，则决定着下一个食物环节所贮藏的能量或生产量（见第十章）。因此，从人类利用生物资源的角度而言，生物的生产量体现了生态系统的功能。对于以鱼类为食物生产的水域生态系来说，鱼类的生产量既决定于水域初级生产者的生产量，也决定于以后每一个食物环节的生产量以及它们之间的转换效率。所以，最佳结构成分，具有最大转换效率，才能提供最大的鱼类生产量。

生态系生命的持续，除依赖能量流转外，还要依赖各种化学物质的循环。组成生物体的化学元素，主要有十多种。其中，C、H、O、N、P、S这6种元素共占原生质成分的97%。各级生物通过摄取营养物，从环境中获得这些物质，而为别的生物重复使用，最后经分解者分解复归于环境。化学无机物质在生态系中的这种流动，称为物质循环。

由于生态系或多或少具有开放的特点，因此，外来物质往往也是能量和物质来源的一部分，这在一些流水生态系显得特别重要。例如，美国 New Hampshire 州的 Bear 河的主体河段（长约 1 700m），据调查，唯一的初级生产者是地衣（mosses），贡献的内源性能量输入仅 1%；而 99% 的能量为外源输入，来自周围的森林和上游地区，通常是以动植物尸体形式输入。此外，人工控制的池塘生态系，这种能量的外源输入也决定着系统的鱼类生产量。

图 11-2 是简化了的水域生态系能量和物质循环模式。生态系通过生产者、消费者和分解者与非生物环境相联系，并使能量和物质得以不断流动和循环，从而保持着所谓的生态系统的平衡。生态系的任一生物和非生物结构成分的变动，都会影响到其他成分或环节的变动，从而影响到维持生态平衡的基础，即物质和能量的流动。所以，一个水域的鱼类生产量，体现了维持该水域生态平衡的全部生物和非生物因子的综合作用。如果系统的生态平衡或者质能流动受到阻碍和破坏，那么它的鱼类生产量必然受到严重的影响，甚至停止生产。

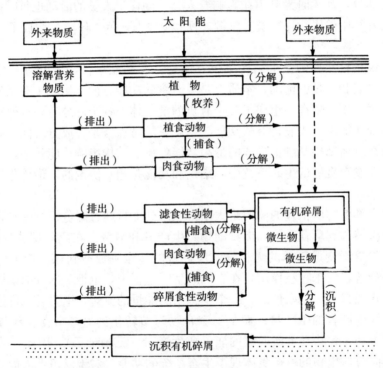

图 11-2 水域生态系的能量和物质循环途径
（从山本蒦太郎，1981）

分析一个水域生态系的结构和功能，它的可能的鱼类或其他水生生物的生产量，可以从下面六个方面着手：

(1) 能量路线，注意各结构单位之间的转换效率。

(2) 食物链和食物网，依据一个食物环节的生产量估测下一个食物环节的生产量。

(3) 物种在时间、空间上的多样性格局，注意结构的优化。物种多样性增大，一般有利于加强系统的稳定性和提高生物生产量。

（4）物质（营养盐类）的循环。
（5）系统可能的发展和演化。
（6）恒稳控制（通过信息的反馈作用而进行自动调节）。

三、研究生态系的意义

自然界存在着许许多多、大大小小的生态系，其中蕴藏着极其丰富的自然资源。水产资源，包括鱼类资源，则是水域生态系所特有的生物资源。在正常情况下，水域生态系的各个结构成分保持着相对的稳定联系，并不断为人类提供各种水产品。但是，随着现代工农业生产和科学技术的发展，在缺乏科学管理的情况下，这些自然生态系往往受到不正当的干扰。当这些干扰超过了生态系本身的调节能力时，生态系的平衡就会遭到破坏。结果就会造成水产资源的破坏或严重的水域环境污染，不仅影响水生动植物和鱼类的正常生长，也直接影响到人类的生活。所以，研究生态系的总的目的，是为了合理开发和利用自然资源，维护或创造新的生态平衡，造福人类。

人类在利用环境方面，一般有两个基本方法，或者使人类的需求适应每一地区的生产能力，或者改变这一地区的生产能力。因此，从应用科学着眼：

（1）研究生态系的首要目的，是使人类的获取量和种群的生产能力相适应，保护自然资源。

（2）为了要对生态系统持续生产实行科学管理，也只有对种、种群、群落与环境相互作用的全部特点了解之后，才能做到。

（3）研究生态系物质和能量传递和转换的特点，用以提高人类食物生产的效率，即以最低的消耗获得最大的能量（蛋白质）。众所周知，水域中生产量最大的生物是浮游生物，但要人类去直接收获和利用浮游生物看来是不经济的。这时，就得考虑通过生态系的研究，最有效、最经济地将存在于浮游生物体内的能量，转移到人类的食物生产上。

（4）生物生产力的研究，特别是初级生产力是生态系统的主要功能之一。例如，某一水域初级生产力的研究，关系到对这一水域渔业资源蕴藏量及渔获量的估测。

（5）引进新品种、放流、增养殖都要考虑到水域的生产力、饵料基础和环境的压力，否则不一定会获得好的效果。

（6）生态系研究和环境保护关系密切。例如，倘若听任工业三废（废气、废液和废渣）和农业用药任意排入水域，则水域生态平衡必然遭到严重破坏，就会影响鱼类和其他水生生物的生存，甚至还会影响人类自身的生存。所以，只有重视环境保护、维护自然生态系的平衡，才能防患于未然。

第二节 人类活动对水域环境和鱼类资源再生的影响

现代人类生活的环境远不是原始的自然界，人类活动更是在不断影响和改造着自然环境。社会越趋现代化，其所处的环境与自然环境的差异就越大。国际上从 20 世纪 60 年代开始，出现了五大社会问题，即食物、人口、能源、自然资源利用和环境保护。这五个问题涉及人类生活各个方面，也渗透到生态学的各个领域。预测这些问题的发展趋势，并进而找出解决的途径是全球生态学者面临的共同问题。下面就鱼类生态学范畴，将人类活动对水域环境和鱼类资源再生的不良影响，从而对"人—鱼—环境"整体系统的危害，作一概要讨论。

一、过度捕捞

鱼肉蛋白质含有人体必需的各种氨基酸、矿物质和维生素等，是人类的一种高质量的食物。正是由于人类对鱼肉蛋白质需要的不断增加，才促进了渔业的发展。从历史上讲，渔业是人类社会形成和发展诸要素中的一个重要因素。但是，随着人类历史的发展，人口密度的增加，渔业科学的发展和渔具的改进，所出现的过度捕捞活动却越来越对鱼类资源的再生构成威胁。特别是20世纪50年代以来，现代技术引进渔业，捕捞努力量剧增，世界渔业形势日益严峻。目前，淡水渔业资源衰退十分普遍；海洋渔业资源，除少数海域，如大西洋中西部、西南部，印度洋、中国南海外海、太平洋西南部（主要是新西兰外海）、南极大陆边缘以及深海尚有不同程度发展余地外，极大部分海域的鱼类资源都处于充分利用和过度捕捞的境地。

我国沿海主要处于太平洋西北部，是世界渔业资源最丰富的海域之一。渔获量一般可以占到世界渔获量的1/4左右，主要捕捞国家是日本，还有前苏联、中国、韩国和朝鲜。最大渔获量来自狭鳕（明太鱼），其次是中上层鱼类，如秋刀鱼、鲱、沙丁鱼、竹筴鱼、鲐等。现在，这些鱼类资源都不同程度地处于过度捕捞之中。我国近海捕捞业，20世纪80年代的渔获量较60～70年代提高近1倍，但是单位捕捞努力量渔获量却下降近1倍。渔获物中主要经济鱼类，如大黄鱼、小黄鱼、带鱼、鳓鱼等不仅产量比重大幅度下降，而且年龄结构低龄化，或小型化现象十分严重。相反，低质鱼类，如绿鳍马面鲀、鲐、鲹类等的产量比重明显增加。小黄鱼最高年产量（1957）曾达 16.3×10^4 t，目前约 2×10^4 t；在渤海和黄海北部，小黄鱼已近绝迹，而在黄海南部和东海北部，也形不成渔汛。大黄鱼最高年产量（1974）曾达 19.7×10^4 t，目前仅超过 1×10^4 t；带鱼最高年产量（1974）曾达 57.7×10^4 t，目前略大于 30×10^4 t；鳓鱼最高年产量（1955）约 4.5×10^4 t，目前约 1.5×10^4 t；而绿鳍马面鲀产量从无到有，目前已达 $20 \times 10^4 \sim 30 \times 10^4$ t。这种单位捕捞努力量渔获量下降、经济鱼类比重下降和结构低龄化或小型化，以及低质鱼类比重上升，在淡水水域更是普遍。以太湖为例，20世纪50年代初，鲢、鳙、草鱼、青鱼的产量约占全湖总渔获量的20%，而目前这几种鱼的产量仅依靠放流维持，自然生产量几乎为零。鲤、鲫、鳊等鱼类的实际产量（包括部分放流产量）至今仍低于50年代初期水平，而产量百分比也从20%左右，跌落到6%～7%。相反，小型鱼类（刀鲚和杂鱼类）的实际产量和产量百分比却持续上升，目前的实际产量约是50年代初期的7倍。此外，经济鱼类结构低龄化或小型化现象也十分突出（表1-5）。

过度捕捞现象的出现，反映了人类对鱼类这一可更新生物资源的生产、调节、复苏规律以及对"人—鱼—环境"整体统一原则缺乏正确认识，对鱼类资源的科学管理缺乏能力。鱼类作为一种可更新的生物资源，如果能合理开发，兼顾养用，将眼前利益和长远利益结合起来，是可以使其经常保持较高的生产潜力，通过再生或转换机制，持续发挥作用。从生态系结构和功能协调的观点分析，渔业生产力主要是鱼类和环境因素在人类作用下相互结合的产物。渔业生产力不可能超越特定水域环境所限定的鱼类生产力，或称环境承载力。而根据剩余渔产量模式预测，最大持续渔产量（MSY）约为最大鱼类生产量的1/2，这样才不致于影响种群的平衡状态（见第九章）。如超越MSY，就会导致种群丰度下降，从而影响其再生产，这就称为过度捕捞（overfishing）。如果这种情况不能予以及时纠正，而企图采用增加捕捞努力量来阻止渔获量下降，则往往会造成恶性循环，最后导致资源衰退和枯竭。

过度捕捞对人类自身所造成的危害程度是显而易见的。从捕食者—被食者关系分析，人类利用鱼类资源，在某种意义上与捕食者利用被食者是相似的。不过，捕食者捕食的首先是被食鱼种群的老弱病残个体，而且由于长期的历史演化，两者的丰度水平往往已在水域群落中获得平衡，一般不会出现过捕。而人类利用所掌握的渔业技术，不仅大量捕杀被食鱼的性成熟群体，有时，连幼鱼也难逃罗网。在一些局部地区，只要捕到鱼，更是不择手段、不计后果，各种渔具渔法，甚至毒鱼、炸鱼，无所不用其极。这种捕食—被食者关系，则必然加速人类（捕食者）走向缺乏食物的极限，同样不利于生存和发展。这就是说，如果把人类作为生态系的一个结构成分——顶级消费者，那么，鱼类资源和一切自然资源一样，都是人类生活环境的组成部分。破坏鱼类资源，也就是破坏人类赖以生存的环境。如果不从这个根本点认识过度捕捞，那也就不可能认真对待这个问题。看来，这是今后渔业生态学面临的一个严峻课题。

二、水域污染

污染（pollution）威胁鱼类等水生生物生存，严重破坏水产资源和渔场，从而造成水域"生态危机"，影响到人类生存，是一个全球性问题。我国也不例外。随着近代工农业发展和城镇人口不断增加，大量城市工业和生活污水流向邻近水域，使局部近海水体，如黄渤海、胶州湾、长江和珠江口及其邻近海域，以及不少淡水江河湖泊都不同程度地受到污染的危害。水域污染源和类型，主要有工厂、矿山、油轮等排放的"三废"和石油等引起的工业污染，农药、化肥引起的农业污染，核电站等的放射性物质污染，卫生防疫用药污染以及大量城镇生活污水引起的有机污染等。不同污染源可以交叉和合并发生作用。例如，我国沿海一些大城市，每年通过数以千万计的排污口向近海排放的污水，通常都包括来自工业污染源的废水和城市居民的生活污水。

工业污染引起水质变化，主要是重金属含量、有毒物质（氰化物、氟化物和酚类等）和酸碱度变化等。重金属在水中一般以化合物（重金属盐类）和离子形式存在。其毒性机理主要是：重金属化合物在水中与鱼鳃分泌的黏液结合，堵塞鳃间空隙，引起鱼类呼吸困难死亡；或重金属离子进入体内，成为内毒，与细胞原生质内酶类的氢硫基结合，成为难溶性的硫醇盐类、破坏酶的活性所致。重金属的毒性作用随种类而不同。例如，锌对鱼苗、鱼种毒性作用快，急性死亡率高；而镉的毒性作用相对较慢，但畸变率高。两种或几种重金属的协同作用，其毒性往往比单一成分大。每一种重金属，如铜、锌、铅、镉、汞、铬、锡、镍、钴、钼等，都各有不同的致死浓度。据陈其晨等（1983）测定，锌浓度在 0.25～0.75mg/L，鱼种出现游泳失调、麻痹、畸变等毒性症状；浓度为 0.75～1.36mg/L 引起急性中毒死亡，死亡率为 20%～80%；浓度 1.6mg/L 4h 后实验鱼种全部死亡。重金属污染不仅直接致死鱼类，或使鱼类生长缓慢、畸变，还造成水域底泥中重金属大量沉积，构成对水域环境潜在危害。尤其严重的是，散布在水体内较少量的重金属（或其他有毒物质，也包括农药和放射性元素等）经过位于不同食物链环节上的水生生物的富集作用，会在鱼体或其他水生生物体内大量畜积，食用后便引起人体中毒。例如，日本水俣县的水俣病就是经常食用含有过量汞的水和鱼类等水生生物引起的。

工业污染带来各种酸、碱离子会引起水质、酸碱度（pH）的改变。鱼类适宜于生活在 pH 为 7~8 的弱碱性水体。pH 过低，不仅影响细菌、藻类和浮游生物发育，抑制硝化过程，有机物分解速率减低，物质循环变慢，光合作用降低，而且使鱼类血液 pH 下降，载氧能力下降，从而使鱼体耗氧下降，代谢和摄食强度低下，生长受阻。相反，pH 过高，超出鱼类适应范围也是不利的。一般在 pH 为 6.0 或 9~10 水中较长期生活的鱼类，其生长就受到阻抑。如果 pH 进一步下降或上升，则会对鱼体皮肤、鳃、黏膜等造成直接损害，从而产生急性致死作用。

农药、卫生防疫用药以及工业污染还将有毒物质带入水体。如酚和酚类化合物，便是最常见的一类，对鱼类的毒性十分明显。高浓度的酚能凝固蛋白质，低浓度酚有较强的渗透性，能透入鱼体组织深部而引起严重后果，如鱼鳃坏疽，肝、肾、脾等组织器官损害等。特别是由于鱼类对含酚的水不产生明显回避反应，因而极易引起鱼类急性中毒死亡，对渔业生产构成潜在威胁。据姜礼燔、曹萃禾（1985）报道，鲢的鱼种在含酚量为 40mg/l，经 4h 就开始死亡，24h 全致死；在含酚量为 25.14mg/l，24h 的死亡率达 60%。酚对鱼类的毒性还随接触时间延长和温度下降而增强。酚在鱼体内少量积聚，还会引起鱼肉产生异味。实验表明，鲤在含 0.01mg/l 苯酚中饲养 192d，其内脏和肌肉便会出现异味，影响鱼品质量。另据李连祥（1986）报道，鱼种池用过量有机农药五氯酚钠清塘后，导致饲养鱼种罗患一种具有黑鳍条、鼓眼睛、大肚子等症状的鱼病，中毒主要原因是药物腐蚀鱼体皮肤和鳃黏膜，由慢性中毒转为急性发作的结果。

近代原子工业产生的放射性元素，对鱼类有影响的主要有锶（Sr^{90}）和钇（Y^{90}）。Sr^{90} 主要蓄积在鱼体骨骼中，使钙代谢失调，少量蓄积在肌肉，受感染的鱼不能食用。Y^{90} 主要蓄积在肌肉中，而且衰变期短，经冷藏一定时间后还能食用。

一般地，水域中有机物质较多，则水域生产力也较高。但是，如果水域富营养化（eutrophication）达到一定程度，有机物质堆积过量，而它的分解又需要消耗大量氧气，则必然导致水体缺氧（见第四章），致病菌大量繁殖，从而使鱼病蔓延，鱼类生长受阻。同时，过量有机物也增加水体浑浊度，影响光能输入使水体生产力下降。近海在受到城市来的污水影响后，常造成局部海区环境条件改变或呈富营养化，从而使某些浮游生物大量繁殖、高度密集，而当这些浮游生物死亡时，又导致水中溶氧剧减，水色改变，水质恶化，称之为"赤潮"。赤潮对鱼类的饵料生物和鱼类本身的正常生活都会造成严重影响。发生赤潮的海区，渔获量明显下降。当水体有机污染严重时，水体严重缺氧或无氧，嫌气性细菌大量繁生，H_2S 和 NH_3 等有毒气体产生，可以导致水体全部生物死亡，水质发黑、发臭，严重影响和破坏人类的生存环境。

三、水利农田建设

水利建设是发展国民经济、保障人民生活的一项必要工程。但是，它对水域生态系，特别是鱼类资源所产生的不利影响也是确实存在的。以长江为例，20世纪50年代渔产量约 45×10^4 t，目前仅约 20×10^4 t。长江水产资源的破坏是由多种因素造成的；但兴修水利、建闸筑坝造成江湖隔绝无疑是重要原因之一。尤其是近年来，由于资源贫乏，渔民转业，长江渔船数已显著减少，但捕捞年产和总产仍在日益下降。长江四大家鱼产卵场调查队（1982）认为，造成整个长江鱼类资源衰退的原因主要是江湖隔绝。因为捕捞压力已减轻，而污染造成的危害对于长江来说也只是局部问题。江湖隔绝的直接结果是阻断了四大家鱼等经济鱼类的河湖洄游生活史，使这些鱼类的摄食肥育、越冬和繁殖等生命机能均不能正常完成。特别是繁殖环节，这些鱼类都要求在具有特定条件的产卵场产卵（见第五章）；因此，阻断其产卵洄游，就使种群增殖受阻。同时，建闸筑坝也影响或阻断了过河口性鱼类（如鲥、中华鲟等）的生殖洄游。种群的繁殖部分或全部受阻，某种程度上会导致生殖群体结构趋向简化（破坏），这不仅对于保持各种鱼的发生基数（亦即保持种群的补充量和丰度水平），而且对于保持水域生态系统的稳定平衡来说，都是不利的。因此，一般在河道上建闸筑坝，都要考虑到过鱼设施或采取定期开闸等措施，以保证鱼类的洄游生活史得以完成，保护鱼类资源的再生和水域生态系平衡。

  农业上经常利用一些小的河道建造灌溉渠道，或在河汊、湖湾水草茂盛处捞草、罱泥、扒螺蚬，为农田积肥或饲养家禽等。这些活动严重破坏了水域生态环境，不仅减少了鱼类多样化程度，而且破坏了草上（鲤、鲫、花鳕、似刺鳊鮈、红鲌等）、水底部（新银鱼、大银鱼、塘鳢等）产卵鱼类的产卵场，并影响仔稚鱼正常发育和存活。这是危害淡水鱼类资源重要原因之一。然而，由于这些活动往往是断续地、分散地、隐蔽地和逐渐地在起着作用。因此，它们对淡水鱼类资源发生和发展的严重危害尚未引起足够警惕和重视。

  另一个严重影响水域生态环境和鱼类资源的问题是围湖（海）造田。这在我国内陆水域表现得十分严重。特别是在1966—1976年间出现了大规模围垦造田现象。例如，洞庭湖1949年水面为 434 957hm^2，到1976年只剩下 183 982hm^2；又如江汉湖群，在20世纪50年代初有湖泊1 066个，总水面833 250hm^2，其中666.6hm^2（1万亩）以上有204个，到1977年只剩下326个，总水面降为236 643hm^2，万亩以上只剩下60个。其他如江西的鄱阳湖、云南的滇池、内蒙古的乌梁素海等也被大规模围垦。围垦的直接后果是大面积减少鱼类生活的水体，或减少水体多样化生境，或破坏产卵场，使物种多样性下降，鱼产量大幅度下降。同时，围垦也减少了自然畜水量，削弱了抗旱防涝能力，减弱了湖泊水体对周围地区气候的调节，对人类生存的环境造成严重影响。围海造田的后果也是相似的。例如，福建省厦门市附近一个港口，20世纪70年代进行大规模填海造田，结果填成了一大片烂泥滩，不仅无法耕种，还使港口报废，城市污水不能正常排放。随着自然环境变迁，还影响到闻名世界的刘五店的文昌鱼资源。这些例子都表明，围湖（海）造田一定要事先考虑各方面的因素和后果，特别要从生态系整体观点出发，进行充分调查研究，全面权衡利弊，否则就会造成无法挽回的损失，后患无穷。

第三节 水域综合调查和治理

一、水域综合调查

  对一个以鱼类为主要食物生产的渔业水域进行综合调查，根本目的是了解该水域生态系的结构和功能是否协调一致、达到最佳状态，从而对水域生产力，包括鱼类资源作出恰当评价，为制订改造鱼类区系组成、合理开发利用鱼类等水产资源以及保护水域环境的总体规划提供科学依据。调查内容、要点以及方法，大致有以下三方面：

1. 鱼类区系组成、种间关系和数量变动　不同水域鱼类的种类组成不同，一般来说，总是和该水域的自然环境相适应，具有历史的和地理的原因。调查特定水域的鱼类组成，通常是根据水域地理和地形特点，划区选点，然后定期（按月或按季）采集标本，对各种鱼类的分类地位和区系组成作出鉴定和分析。同一水域的鱼类组成可以来自不同的区系复合体（faunistic complex），但其基本成分通常来自一个或两个区系复合体。所谓区系复合体，是指一群有相似地理来源的种，尤其是适应于其发源地的生物和非生物环境的种。不同地理来源的复合体在散布过程中，其成员互相接触、混合。因此，目前几乎所有海洋及内陆水域的鱼类，都是由各不同区系复合体的成员组成的。例如，曹文宣和伍献文（1962）在调查四川西部甘孜阿坝地区及其所属青藏高原的鱼类组成时发现，该地区鱼类以中亚高原山区复合体（裂腹鱼和条鳅类诸种）占绝对优势，但也有少数物种属于别的区系复合体，如虎嘉鱼属于北方山区复合体，外口鮈和缘鮠属于中国—印度山区复合体等。掌握水域鱼类区系组成特征，有助于了解鱼类与其外界环境的联系方式及其演化过程和特点。

鱼类的种间关系是水域调查的重点内容。这是一项相当繁重而细致的工作，其基础是对每个种（罕见种可以忽略）的生物学特性，包括种的分布范围、栖息地以及生长、摄食、繁殖和早期发育等生命机能进行调查研究（内容和方法详见有关各章和实验指导部分）。与此同时，要注意积累各种鱼类历年渔获量变动的资料，并结合其生物学特性，特别是渔获物年龄、性比结构、产卵群体组成和繁殖、生长、死亡的特征参数，对种群丰度及其变动（见第九章）作出评估。没有这两方面的基础资料，就很难对每个种在水域群落系统中的生态位，并由此对整个水域鱼类种间关系作出恰当分析。有时，限于人力、物力和时间，可以首先对经济鱼类的生物学特性和种群丰度变动进行调查研究，但这样做也可能会妨碍对整个水域鱼类种间关系的分析。

一般来说，如果鱼类组成成员之间具有极相似的生态位，特别是在食饵和空间资源利用方面存在剧烈种间竞争，从而导致经济鱼类种群丰度（或渔获量）的下降，或低值鱼类占主要成分；那么该水域鱼类种间关系通常被认为是不协调的、鱼类组成是不合理的。相反，如果一个水域鱼类生产量和产值都达到充分发挥水体生产力的程度，这个水域的鱼类种间关系通常被认为是协调的、合理的，保持着水域的生态平衡。鱼类种间协调联系主要表现在经济种之间有明显的食谱分歧，同时也表现在物种间的摄食、越冬和产卵的场所和时间上存在分歧。此外，在分析鱼类种间关系时，凶猛鱼类的种群丰度及其与小型饵料鱼之间构成的捕食关系，是否有利于充分发挥水体生产力，通常也是值得探讨的一个方面。

2. 生物环境（包括人类活动）对鱼类资源数量消长的影响　主要调查各大类水生生物，尤其是鱼类的饵料生物、敌害生物（病原体和捕食者）和竞食生物的组成、分布和数量消长等演变规律。还必须将这些调查内容和经济鱼类生物学特性及其资源数量消长结合起来，确定生物环境条件与鱼类之间的相互关系，并找出它们之间联系的规律性。特别要重视对鱼类和其他水生生物之间的食物链关系及其能量转换效率的调查研究，掌握鱼类和其他水生生物的生产量水平。

水体受人类活动干扰和缺乏科学管理通常是当前鱼类资源衰退和小型化的重要外部因子之一。因此，在过度捕捞方面，特别要注意调查渔获量和捕捞努力量的配备是否有利于水域鱼类的持续生长；渔具、渔法和捕捞时间、地点是否有利于鱼类资源的补充和再生。在水域污染方面，重点调查污染源、污染物种类、污染途径（包括有毒物质在水生生物体内的富集作用和水底部沉积物）、规模和危害程度。在水利农田建设方面，重点调查建闸筑坝阻断河湖洄游、过河口性鱼类洄游的状况以及种群补充量和丰度在建闸筑坝前后的变化；同时，也应注意整个水域生态系结构和功能的变化。此外，还要重视调查农业上罱泥、捞草、扒螺蚬等活动的时间、地点、规模及其对草上和水底部产卵鱼类资源的影响。

3. 非生物环境对鱼类等水生生物的综合影响　重点调查非生物环境因子对鱼类等水生生物分布、栖息、集散、洄游、活动和资源数量变动的影响。所调查的非生物环境因子，主要包括水温、盐度、水流（海流和潮汐）、流速、径流量以及水色和透明度等水文学因子，溶氧、pH、营养盐（如磷酸盐、硅酸盐、硝酸盐）等水化学因子以及底部沉积物、地质、地形和对渔业活动有影响的气象条件等。调查方法基本上分常规和专项调查两种。常规调查一般是在较大范围水域进行的定期、定点连续观测，主要是了解和掌握水域环境条件在空间上的分布状况和时间上的演变规律。专项调查主要是调查不同类型鱼类及其不同生活阶段（如索饵、生殖、越冬）对环境条件的特定要求。专项调查内容根据鱼种及其生活阶段的不同，常有不同的侧重点。例如，索饵阶段主要调查饵料生物以及影响饵料生物分布、集散和数量变动的自然因子；越冬阶段主要调查水温对鱼类越冬的主导作用；而在生殖阶段，则主要调查适宜的产卵场和产卵条件等。又如，一般鱼类在仔幼鱼和成鱼阶段对环境条件的要求相差很大，因而对它们生活环境的调查常分别进行。

二、水域综合治理生态工程

渔业水域的治理是一项综合性生态工程，其目的是使整个水域生态系达到最适结构和最佳功能效率。在综合调查的基础上所提出的规划和措施，一般既要注意发挥水体生产力，为人类提供更多的鱼产品，又要优化环境、维护水域生态平衡。内容大体有以下几个方面：

1. 渔业控制和调节　控制渔业，避免过度捕捞的两个基本方法是：

（1）规定捕捞规格（fishing scale），主要是使种群能正常生活并抵达生物量高峰的年龄阶段，以提高补充量水平。多数渔业采取控制网眼大小来限定起捕鱼的最小规格；同时，落实检查措施，包括随机检查网具、渔货和处罚等。

（2）限制捕捞努力量，用以减少渔业死亡率。通常有两种方法达到目的：一是限额捕捞（catch quota），这是现代绝大多数渔业采取的一种控制方法，即在每个捕捞季节开始，以相应的科学建议为基础，建立捕捞限额。然后，通过给捕捞者发放捕捞许可证，限制捕捞船只、网具和捕捞量来分配这些限额。另一是规定禁渔区和禁渔期，这是一种有效的辅助性控制手段，即在一定时间内对特定水域严禁一切捕捞活动，使鱼群不受干扰地生长和繁殖，以恢复资源。有时，对于遭受严重破坏的鱼类种群的最后措施，就是彻底禁渔。

近代还主张用税收和限额获利来控制和调节渔业。这种征税和一般税收不同，主要不是对利润的抽税,而是征收超捕能力税,或者加税于那些正在接近或超过捕捞限额的船队,限制他们的获利。还有建议根据每吨渔获量的燃料消耗征税,这对于保存能源和渔业资源都有帮助。从长远的观点看,鼓励渔业的低能消耗是有意义的。

2. 资源保护和渔政管理　鱼类等水产资源是国家的一项基本财富。加强水产资源保护、保证其正常繁殖和生长,是发展水产业的重要措施之一。具体内容包括:

(1) 改革渔具渔法　主要按种群丰度、衰退程度和经济价值提出保护对象;制定起捕规格和禁渔区、禁渔期;限定网眼尺寸;改革渔具渔法,包括禁止和淘汰有害渔具渔法,严禁炸鱼、毒鱼和滥用电捕等严重损害水产资源的行为。

(2) 保障水域和水生生物免受污染　严格控制和防治各种污染源、污染物和污染途径;禁止工矿企业、核电站等向渔业水域排放有害水产资源的污染物质;农业和卫生防疫用药,应当兼顾到水产资源的繁殖保护等。近代提出也可以利用水生植物等对有机污染物和有毒物质的吸收和富集能力来净化水体。例如,戴金裕和张玉书(1986)报道,凤眼莲(*Eichhornia crassipes*)对城市近郊污染河水及其重金属等具有很强的吸收积累和净化能力,认为采用以凤眼莲为主的"污水资源化生态工程"来治理城河污水是一种经济有效的方法。

(3) 兴修水利工程,要注意保护渔业水域环境　在鱼类洄游通道建闸筑坝,通常要有相应的过鱼设施,或定期开闸灌江纳苗,以保证洄游性鱼类的繁殖和自然苗种的及时补充,使种群的发展有稳定的生态基础。不轻易搞围湖(海)造田,必要时应在不损害水产资源条件下,由国家和地方政府统筹安排,有计划进行。在鱼类繁殖场、仔幼鱼栖息和索饵场所,应当禁止进行罱泥、捞草和扒螺蚬等活动。

为确保各项繁殖保护措施得以贯彻,国家和地方政府除以法律形式制订出若干繁殖保护条例外,还必须切实加强对水产工作的领导,建立健全渔政管理机构,配备渔政检查船只,加强监督检查工作。同时,还要大力开展繁殖保护的科学研究工作和群众性宣传教育活动。对于损害水产资源、造成重大破坏的要严肃处理,严重的要追究刑事责任;而对于贯彻繁殖保护条例有实际行动和取得成绩的单位和个人,要予以表彰和物质奖励。

3. 放流和资源增殖　人工放流(artificial stocking)就是在孵化场人工培育仔幼鱼,并将其放入自然水域,以增殖鱼类资源的一种方法。这种方法已被用于增殖海淡水和洄游性鱼类(如鲑鳟鱼类)的资源,并取得一定成效。在我国,人工放流在增加大型湖泊的鱼类资源方面成效较为显著。以太湖为例,由于兴修水利、在河道上建闸,阻断了鱼类从河流洄游入湖的通道,使四大家鱼等不能在湖区自行繁殖的鱼类产量,自20世纪50年代后期开始急剧下降。相反,刀鲚和小型杂鱼类的实际产量和占全湖总产量的百分比重越来越大,从而改变了太湖鱼类的组成。为此,太湖自1964年开始进行人工放流工作,并坚持至今,这对于恢复和保持这些重要经济鱼类的种群生产量、充分发挥水域生产力、调整太湖鱼类区系组成和稳定种间关系起了重要作用。人工放流鱼种主要应当根据水域饵料资源、鱼类区系组成、经济效益以及苗种培育的可能性来选定。放流规格一般主张大一些好。我国淡水湖泊放流四大家鱼以13~16cm大规格鱼种为宜。其他鱼类如鲤、鲫等,根据水域环境条件许可性,也可投放部分夏花,以减轻成本。为确保放流经济效益,应加强渔政管理和宣传,做好拦鱼防逃和非商品规格鱼种的回放工作。

移植、引种驯化是调整鱼类区系组成、增殖鱼类资源的又一方法。但是，由于外来种有时会破坏原有的种间平衡（见第十章），这项工作应当在全面掌握水域环境条件，特别是水域饵料生物和鱼类资源现状以及潜在的竞食对象的基础上，谨慎试行。凶猛鱼类或鱼食性鱼类，一般不主张引入自然水域；而碎屑、腐植质、周丛生物和杂食性鱼类的移植，往往能起到充分发挥水体生产力的作用。

同样，也可以通过移植和改造鱼类的饵料生物的组成和丰度，或者通过抑止某种（或某些）竞争对象或凶猛鱼类来促进某种（或某些）鱼类资源的增殖。

最近，前苏联通过在水域中层放置不同类型网片、人工地增加鄂霍茨克鲱的产卵基质，使卵的孵化率较在水底拥挤的自然基质上提高 10 倍。据 Benko（1987）报道，建立 $60\times10^4 m^2$ 的人工附着基，以 500×10^4 粒卵$/m^2$ 密度计，到 5 龄时所产生的生物量可以达到 $6\times10^4 t$，以增殖鱼类资源起到重大作用。在淡水湖泊，一些天然产卵场遭到破坏的沿岸区或禁渔区，也可以播放人工鱼巢，为草上产卵鱼类提供产卵基质。同时，还可以发展一些有经济价值的沉水植物和浮叶植物，保护湖底，为改善和恢复天然产卵场和仔幼鱼的索饵场创造条件。

此外，在近海和大型湖泊进行人工筑矶造礁，或播放被称为人工鱼礁的有一定形状的混凝土礁状物或其他物体，亦可以增殖鱼类资源。这类技术性措施主要用以改造水域自然生态环境，增加栖所多样化，增加海藻和其他各种生物的着生面，有利于诱使鱼群在其周围集聚、栖息、繁殖和索饵，并提高仔幼鱼的成活率。

4. 鱼类养殖　发展人工养鱼是在天然水域鱼类资源衰退情况下，减轻捕捞压力、发展水产业和实现渔业生产渔牧化的最佳途径之一。鱼类养殖依品种可分为海水和淡水鱼养殖两类。海水鱼养殖主要利用浅海、滩涂、港湾养鱼。虽然目前在世界水产品总产量中占的比重还不大，但它已被专家们预言为 21 世纪发展水产业的最有希望的领域。我国的海水养鱼，主要养殖品种有鲻、梭鱼、遮目鱼以及新发展的鲷、石斑鱼、罗非鱼和海马等。养殖方法过去主要利用涨潮时随海水进入滩涂、盐田、海港和沟渠的天然鱼苗进行粗放养殖（extensive farming），现已开始走向人工育苗、土池半精养（semi-intensive farming）为主的阶段；在合适的浅海海区，同时进行网箱或围拦养鱼的实践；少数种类（如石斑鱼、鲷、罗非鱼等）还开始了工厂化养鱼阶段。

淡水鱼养殖主要在池塘、湖泊、水库、河沟、稻田以及网箱和室内流水池进行。在中小型湖泊、水库，一般采用粗养方式，充分利用水域的天然饵料资源，具有成本低、总产量高、商品鱼集中、社会经济效益高等优点。放养品种、数量和搭配比例，主要按水体大小、营养类型和管理水平而定。规格以大规格鱼种为主。鉴于湖泊、水库属于开放或半开放水体，而且往往还有一定数量凶猛鱼类存在，因此，建造拦鱼设备和控制凶猛鱼类通常是湖泊和水库养鱼成败的关键措施。近代发展起来的网箱养鱼和流水养鱼，前者是利用合成纤维网片等材料缝制成，架设在江、湖、水库和海湾等自然水体内，即能利用天然饵料，还可随时迁移放养地点，具有管理简便、单位面积产量高等优点，是综合利用自然水体、发展渔业生产的一个有效途径。后者是运用一定的技术设备，保持池水不断流动和更替的一种养鱼方式。特点是小水体、高密度和高产量。通常又分两种：一种是直接利用江、湖、水库和山溪等天然水源，在室外池造成不间断流水养鱼；另一种是室内工厂化流水养鱼,这是一种采用温流水循环过滤等设备,保证饲养鱼获得最佳水温、溶氧、光照和饲料的全人工现代化精养(intensive farming)方式。池塘养鱼则是一种介于精养和粗养之间的养鱼方法。尤其是中国的池塘养鱼,最成功之处在于将鲢、鳙、草鱼、青鱼、鲤、鲫、鳊等混养在一起。这是一种把粗养和精养的最佳特征结合在一起,部分依靠开发池塘生态系统的自然饵料,部分依靠添加饲料和肥料,从而达到高产的方法。这种方法在国际上获得很高评价。Pitcher 和 Hart(1982)认为,这是一种最有可能在将来对世界食物来源作出重大贡献的类型。

5. 新品种培育　主要是综合运用遗传学等自然科学的理论和技术,对鱼类的遗传性状进行人工管理、控制和改造,以加速其向人类所需要的性状转化的一项重要工程。这项工作和鱼类养殖、人工放流、移植和引种驯化等能否取得成功密切相关。因为一般总希望养殖、放流、移植的鱼种具有吃得少、长得快、繁殖力大、抗病力强等优点;不仅如此,当培育的新品种能够表现出特别适应于新环境的特征时,放流和移植等工作的成功率就高。鱼类育种基本方法是选择育种和杂交育种。前者是人工选择鱼类的优良个体作为繁育后代的亲本;后者是通过将两个具不同性状的鱼种个体彼此交配(杂交),综合亲本的优良性状而育成新品种。例如,我国培育的金鱼,原种是鲫鱼,就是通过人工选育和杂交育成的,具有特有的色泽和形态,观赏价值极高,为世界人民喜爱。近代,新品种培育的方法进展极快,可以通过各种理化因子诱发鱼类基因突变、人工诱导多倍体产生来改造原种的遗传基础,或进行细胞的核移植,或采用体细胞融合,或人工将外来的 DNA(或 RNA)分子的特定片断(即基因)移入受体鱼类的细胞内等方法,从而培育出新的优良品种。

思考和练习

1. 概述生态系的定义、属性、结构、功能以及研究意义。
2. 为什么说"人—鱼—环境"整体统一?(提示:可以从生态系结构和功能以及人类在其中所起正反作用分析)。
3. 试拟一份约 800 字的"××湖综合调查计划",要求列出调查目的、内容、方法、时间安排和预计难点(湖泊现状可以假设)。
4. 某湖泊捕捞强度过大、鱼类小型化严重、湖河洄游鱼类产量几乎等于零,请提出综合治理措施。

专业词汇解释:

environment, overfishing, faunistic complex, artificial stocking, artificial reefs, fishing scale, catch quota.

附录 实验指导

鱼类生态学在近代获得了广泛重视和发展。但作为一门新课，基础尚薄弱，资料比较欠缺，实验环节也还处在不断摸索和完善之中。现在所编的八个实验*，仅介绍鱼类生物学资料的野外采集以及年龄、生长、摄食、繁殖、人工授精、胚胎发育和环境耐力的一般研究方法，希望能为今后全面深入地研究鱼类的生态特性奠立基础。

实验一 鱼类种群形态学性状的测定

1. 实验目的 通过对鱼类可量和可数性状的大量测定和统计分析，要求确立种群的概念，掌握传统的依据形态学特征鉴别种群的原理和方法。

2. 基础理论 种群在生态学上可以理解为种内个体栖息在同一生态环境（或同一水体）里所形成的组合群。由于多数物种在自然界的分布呈镶嵌型，即以不规则的组合群或间隙的格局存在。如果间隙宽到一定的程度，就可以把所调查区域内所有同种个体作为一个种群或群体来研究。因此，一个种群与同种的另一种群常有某种程度的地理或生态隔离（间隙），从而在遗传上造成离散性，导致相互间在形态、生态、生理以及数量变动上的差异。这些差异就成为鱼类种群鉴别的基础。

形态学性状测定是鉴别种群最常用的方法之一。主要是通过对鱼类个体的可数性状和可量性状的大量测定，然后用生物统计法进行归纳、分析和判别。通常，对比单项特征的差异，常用均数差异显著性检验（Mdiff）公式；若需要综合检验多项特征之间的差异，可用判别函数分析法（详见第九章）。可数性状主要包括鳍条、侧线鳞、鳃耙、脊椎骨和幽门盲囊等。可量性状长期以来主要以体长、体高、头长、眼径和吻长等为测定指标，称传统测定法。但近十几年来，国外一些学者认为传统测定法研究的形态度量特征，集中于从头部到尾部的长轴上，不足以包含整个体型，因而提出了一种把鱼体分成若干网格（图 E-1），测量各联结点距离的方法，称为框架形态测定分析法（truss net yvork morphometric analysis）。不同体型的鱼种可有不同的框架。李思发等（1991）采用传统、框架以及传统＋框架三种方法，研究分析团头鲂种群的形态差异，证实框架测定法能显著提高对种群的判别。

3. 材料和器材 随机任选一批鲫、花鲻或团头鲂的标本；有两批采自不同地区的同一种标本予以比较则更理想。标本数根据学生人数确定。所需器材为量鱼板、两脚规、镊子、天平、放大镜、解剖盘和烧锅等，以及根据所要求观测项目所设计的生物学资料登记表。

---

* 实验1～6为必须完成实验；实验7可结合生产实习完成；实验8为可供选择实验。

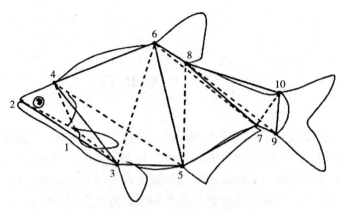

图 E-1 团头鲂的框架图
测点标有号码,测点间距离分别以实线(框周)和虚线(框内)表示
(从李思发等,1991)

4. 步骤和方法 每两人一组,测定10尾标本。

(1) 编码 用小纸片给标本编好号码,贴在鳃盖上。第一组为 1~10,第二组为 11~20,依次类推。在登记表上填写鱼名、编号、标本采集日期、渔具、地点、测定人和测定日期等。

(2) 传统测定项目 在量鱼板上测量全长、体长;用两脚规测体高、体宽、头长、吻长、眼径等。若干测量项目标准如下:

全长——从鱼体最前端至尾鳍末端的水平长度;

体长——从鱼体最前端至尾鳍基最后一个鳞片的水平长度;

体高——鱼体背缘至腹缘间的最大垂直距离;

体宽——鱼体两侧最宽处的距离;

头长——从鱼头部最前端至鳃盖骨后缘的水平长度;

吻长——从吻端至眼眶前缘间的水平长度;

眼径——与鱼体纵轴平行的眼眶内径水平长度;

尾柄长——从臀鳍基部末端至尾鳍基的水平长度;

尾柄高——尾柄部最低高度。

(3) 框架测定项目 按团头鲂的体型(图 E-1),可供测定的框周项有:2~4,4~6,6~8,8~10,1~3,3~5,5~7,7~9,2~1,4~3,6~5,8~7,10~9;框内项有:1~4,2~3,4~5,3~6,6~7,5~8,8~9,7~10,共21项。

(4) 计数项目 鳍式——记载背鳍(D)、臀鳍(A)的鳍式。真棘数用大写罗马字;假棘,又称刺,用阿拉伯数字或小写罗马字;鳍条用阿拉伯数字表示,棘和鳍条之间可用逗点圆点。例如,鲫的背鳍鳍式:D_3,15~19 或 Diii·15~19。

侧线鳞式——侧线鳞 $\dfrac{\text{侧线上鳞}}{\text{侧线下鳞至腹鳍(V)或臀鳍(A)}}$,例如,鲫的侧线鳞式:

$27 \sim 30 \dfrac{5\sim6}{3\sim6-\text{v}}$。

鳃耙数——左侧第一鳃弓外鳃耙数。

脊椎骨数——将鱼体浸入沸水中若干分钟，或稍煮，然后剔除体侧肌肉后计数。注意第一个椎骨、最后一个椎骨（尾杆骨）的计数。

注意：上述计量和计数项目，在不同鱼种会有所不同和侧重。例如，脊椎骨计数通常是刀鲚、带鱼种群形态学性状的重要项目。

（5）称重　将天平校正至"0"点，鱼体抹干后称体重。最后将全部数据填入登记表。

5. 综合和分析　以4人为一大组，综合全班约100～200尾标本的数据资料，即4人共有一份综合资料，但归纳分析由个人单独进行。以后各实验资料的综合分析基本同此，不再强调。

（1）计算每尾标本的体长/体高、体长/头长、头长/吻长、头长/眼径、尾柄长/尾柄高以及其他需要的比例性状；然后列出样本的平均值、方差、标准差，以及最大和最小值。注意不同年龄（体长）组、雌雄个体间的差异。

（2）列出样本各计数项目的平均值、方差、标准差以及最大和最小值。

（3）采取描述和表格相结合的方式，试对实验鱼种群的形态学特征作一归纳，并和文献资料、其他地区以及上届同学结果进行比较，并分析差异原因。

（4）如有两批标本予以比较，可计算体长对各框架测定项目数值的比数，共21个参数，然后进行判别函数分析，以探知两者的差异。全部计算，可以在课余由学生在计算机上进行。

实验二　鱼类生物学资料的野外采集

1. 实验目的　通过实验，掌握野外采集鱼类生物学资料的步骤和方法，并为进一步研究鱼类生物学性状的各个方面作好准备。

2. 基础理论　调查鱼类种群的生物学特性及其和环境因子的联系，并结合实验室研究，是鱼类生物学和生态学研究的主要内容和基础。鱼类种群生物学特性主要包括种群的形态学性状变异、年龄和生长、食性和摄食强度、性腺发育、繁殖力和繁殖行为、早期发育，以及数量变动和渔业利用等各个方面。因此，有的特性可以通过在野外逐月随机采集一定数量的标本，周年积累资料而获得了解；有的则需要实地考察和调查，如产卵季节、产卵场和产卵条件等；有的需要和实验室研究结合进行，如对水温、盐度、溶氧等的耐受和适应范围；还有的，如种群数量变动，要结合渔获量统计予以分析评估。

3. 材料和器材　鱼类生物学资料采集，通常在野外进行，每月1次，每次50～100尾，周年积累达1 000尾以上。本实验把野外工作搬到课堂上，选用具有4～5个龄组以上的中型鱼类，如鲫、花鳎、团头鲂、鲻、梭鱼等为对象。标本最好是新鲜鱼，也可以是冷冻的，或经福尔马林液浸制的。浸制标本体重与实际有一定差异，需要予以纠正。所需器材为：量鱼板、剪刀、两脚规、镊子、天平、鳞片袋、标签纸、纱布以及50～100mL广口瓶和5%福尔马林液等。

4. 步骤和方法

（1）种群形态学性状测定　同实验一。在野外操作时，一般不必每批样本都作形态学性状测定。但至少应记录和测定的项目为：采集时间、地点、渔具、全长、体长、体高、体重和性别等。

(2) 采鳞　对于某种未了解身体哪一部位鳞片年轮最清楚的鱼，应该先对鱼体体侧分区采集，然后进行观察比较，选取鳞片形状正规、轮纹清晰的区域，确定为采鳞部位。最通常的采鳞部位是在背鳍起点下方，侧线上方中间，一般依次取 5～10 枚鳞片。采鳞前，先用纱布将鱼体表面之"浮鳞"抹去，以免将其他鱼鳞片误作本鱼鳞片。鳞片采得后按顺序黏放在一白纸上，包好，装入鳞片袋备查。鳞片袋上通常列有以下需填写的栏目：鱼名、编号、产地、采集时间、体长、体高、体重、性别、成熟度、年龄和备注等。

(3) 观察性腺发育程度　性腺一般位于腹腔背面、鳔两侧。可以从肛门向上沿腹腔背侧向前至鳃盖后作半圆弧状剪开，将体壁肌肉翻开后观察，亦可将性腺取出观察：

①性别　除当龄鱼（可不填）外，一般不难鉴别。

②成熟度　性腺发育成熟过程通常划分为 6 期（分期标准及方法见实验六，性腺发育分期目测法一节），分别用罗马字 Ⅰ～Ⅵ 表示。一般用一个罗马字，有时可用两个罗马字表示。例如，Ⅳ～Ⅴ 表示性腺成熟度从 Ⅳ 期向 Ⅴ 期过渡，虽已开始具备 Ⅴ 期特点，但尚未完全脱离 Ⅳ 期。此外，性腺色泽、长度和宽度亦应记载。

(4) 性腺称重　用镊子将一对性腺取出称重。

(5) 繁殖力测定取样　按鱼体、卵巢和卵粒大小，取 1、5 或 10g 样品。若卵巢各部的卵粒大小不一，则必须从卵巢各部取样。然后放在 50～100mL 广口瓶中，用 5% 福尔马林液固定备查。贴上标签，注明鱼名、编号、卵巢重、取样重。

(6) 摄食强度观察

①充塞度　用肉眼区分鱼类消化道（胃、肠）所含食物的比重和等级（参见实验五、食物充塞度一节），一般分 6 级，用阿拉伯数字 0～5 表示。有胃鱼类，胃肠可分开表示。

②分离从食道到肛门的整个消化道　测量肠长，然后将肠管装入广口瓶中，用福尔马林液固定备查。贴上标签，注明鱼名、编号、充塞度。

(7) 观察脂肪在肠系膜上分布特点，并划分等级　含脂量高的鱼种，可以将肠系膜上全部脂肪剥下称重，据以计算脂肪系数（见第二章）。

(8) 称去内脏体重　将鱼体腹腔内全部内脏取出后称重。最后将全部数据填入登记表。

5. 综合和分析

(1) 假定全班资料为一批随机渔获物，统计该批渔获物的性比、成熟度和各体长组之间关系、体长和肠长比值、充塞度等级百分比等。可设计合适的表格，予以总结，并加叙述分析。

(2) 将所获结果与文献资料、其他地区及上届同学的结果比较，试分析差异原因。

实验三　鱼类鳞片的年轮特征和鳞（轮）径的测量

1. 实验目的　通过实验，明确鱼类在鳞片、耳石和其他骨质组织上形成年轮的基本原理，掌握几种常见鱼类鳞片的年轮特征、鱼类年龄鉴定的方法，以及鳞径（R）和轮径（r）的测量，为进一步研究鱼类的各项生长指标和建立生长方程作准备。

2. 基础理论　年轮是鱼类在鳞片、耳石和其他骨质组织上由于生长而留下的轮纹痕迹，用以鉴定鱼类的年龄和研究生长特性。鱼类鳞片上年轮的形态特征，最常见的有疏密型、切割型、碎裂型和间隙型等（见第一章）。当年轮确定后，从鳞焦到各年轮的半径，称轮径（r_1，r_2，r_3）等；到鳞片边缘的半径称鳞径（R）。鳞片各部位的鳞径和轮径的长短不一。因此，正确选定生长轴线，用以测量鳞（轮）径，直接关系到生长退算的准确性。一般选半径最长、年轮特别清楚的部位，从鳞焦引出一条生长轴线。因为最长半径具有较宽的年轮间距，而且较稳定，相应也使鳞长与体长的关系误差缩小；年轮清楚则便于测量。

3. 材料和器材　草鱼、鲤、鲫、鲢、鳙、花鳝、吻鮈、小黄鱼、鲴、刀鲚、大麻哈鱼等若干种鱼类的鳞片制片，供观察年轮特征用。实验二已采集到的某种鱼的鳞片，供鉴定年龄和测量轮径。所需器材为：培养皿、镊子、载玻片、胶布、标签纸、直尺、坐标纸、解剖镜或低倍显微镜，目测微尺和投影仪等。

4. 步骤和方法

（1）观察若干种鱼类鳞片的年轮特征　鳞片已制片，可放在解剖镜或投影仪上直接观察。现介绍几种鱼类鳞片的年轮特征如下，供观察时对照参考。

①鲫、鲤、草鱼　以切割型为主，在上下侧区和前区或后区交界处特别明显；但也可以看到疏密型，主要分布在前区；后区年轮特征常不显著，环片变形、断裂、融合，成为一些瘤突，年轮部位的瘤突可能更明显。因此，年轮在鳞片表面四个区基本上连续。鲤鱼鳞片上有时尚可见到间隙型年轮特征。

②鲢、鳙　由封闭的 O 型环片向敞开的 U 型环片呈规则交替排列，并且环片群总是由 O 型群转向 U 型群，在后侧区这两组环片交界处形成切割现象，并可见到由密到疏环片群过渡。在鳞片表面的其他区域，环片均以由密到疏的过渡形成年轮。因此，它实际上也是一种环片疏密排列和切割相结合的一种型式。绝大多数个体，年轮常以一个明显的轮圈形式出现。

③刀鲚、大麻哈鱼　前者为典型疏密型，但后区无环片。后者亦为疏密型，环片稍呈同心圆状，但不完全，后区亦无环片。

此外，花鳝、吻鮈鳞片的年轮特征分别为普通切割型和碎裂型，参见图 1-3。

（2）以鳞片为材料鉴定鱼类年龄

①标本鱼常规生物学测定　包括体长、体高、体重、性别、成熟度等，以及采鳞，同实验二。

②将保存在鳞片袋中的鳞片取出，放在培养皿中，用清水浸洗（根据鳞片性质，亦可用淡氨水、4%苛性碱溶液或5%硼酸水等浸洗，浸洗时间数分钟至1～2d不等），用牙刷或手指擦去表面黏液，最后再放在清水中冲洗。

③染色　为便于观察，有时将鳞片浸入硝酸银溶液中，曝于日光，然后用水洗涤；轮纹处可染上黑色。大型鳞还可用没食子酸染色，小型鳞常用稀释的紫墨水、印台用墨水以及苦味酸、红色素染色。

④制片　洗涤完毕的鳞片，如不染色，依其在鱼体上的自然顺序，夹在两个载玻片中；待水分蒸发干，贴上标签纸，写上鱼名、编号、体长、体重，然后用胶带在两端

封好。

⑤观察　用解剖镜或低倍显微镜。放大倍数以能看清环片群排列情况为好。因此，视野需能包括整个鳞片，如鲫、花鳝的鳞片，一般放大15～20倍。亦可用投影仪观察。注意应对所采下的5～10枚鳞片全部观察，逐一进行比较，然后确定鳞组。还要特别注意分辨第一个年轮和对副轮的鉴别。如未观察到年轮，则为0^+，观察到一个年轮，其外方尚有若干环片为1^+，依次为2^+、3^+等。若年轮恰在鳞片的边缘，则为1.、2.、3.等。将全部10尾标本检查好，再复查一次，特别对有疑问的要反复观察，注意比较，避免错误。

(3) 鱼类鳞片鳞（轮）径测量　使用解剖镜（×20）测量时，可将目测微尺放在目镜中，测量鳞片各年轮的r径。测量部位依据鱼种而不同。例如鲢、鳙，一般从鳞焦向后侧区环片呈切割相处引出生长轴线；鲫、花鳝鳞片，以上侧区中间部位为准。通常测定所采的第一枚鳞片，如该枚鳞片形状不规则或年轮不清楚，可依次测第二或第三枚。测定时，将目测微尺调整到所确定的生长轴线处，记录从鳞焦到第一年轮的格数（r_1），到第二年轮的格数（r_2）……到边缘的格数（R）。如1尾2^+的鱼，其鳞（轮）径分别为：2.1、3.6、4.3，则表示从鳞焦到第一年轮的格数为2.1，到第二年轮的格数为3.6，到边缘的格数为4.3。亦可将目测微尺所测定的格数，用抬尺微尺标定后，换算成实际毫米数。换算方法参见实验六卵径测定法一节。

如用投影仪，一般放大20倍，可用直尺直接测定并记录。

5. 综合和分析　假定全班资料为一批随机渔获物，请完成：

(1) 渔获物年龄组成　要求雌雄个体分别统计。一般，0^+～1.代表1龄，1^+～2.代表2龄，……依次类推。统计出每个年龄组中鱼的尾数，然后将各年龄组鱼的尾数换算成百分数。统计格式参见表1-4。

(2) 渔获物长度分布曲线　在坐标纸上，用横坐标代表鱼的长度（体长，cm），纵坐标代表鱼的数目（一般用百分数，即每个厘米级中鱼的数量不用实际尾数，而用占总数的百分数），点画出该批渔获物长度分布曲线图，并用来和渔获物的年龄组成及实验四的体长实际生长数据作对照。

实验四　鱼类生长速度的计算

1. **实验目的**　本实验是一次课堂练习。通过实验，要求明确鱼类生长的基本特性，熟练掌握计算鱼类生长速度的基本方法和步骤。

2. **基础理论**　鱼类的生长不仅具有种的特征，而且不同的地理种群其生长特性亦各不相同。鱼类的生长速度，一般以单位时间内长度和重量的增长数，即生长率来表示。通常以年为时间单位的，称年生长率。年生长率把鱼类的年龄和生长两者联系起来进行研究和考察，有较重要的理论意义和实用价值。

研究鱼类在以往年份（直到被捕获时为止）的生长速度，通常用两种方法：一种是根据鳞片等骨质组织，在判别年龄后直接统计；另一种是根据鳞片等骨质组织和体长生长之间存在的相关进行退算（见第二章）。在获得鱼类以往年代的体长和体重的数据后，就可以计算鱼类的生长比速（年相对生长率）、生长常数和生长指标，并建立生长方程。

3. 材料和器材　电子计算器、坐标纸、草稿纸以及在登记表上已记载（全班综合）的某种鱼类的年龄鉴定材料、鳞（轮）径测量数据。

4. 步骤和方法

(1) 年龄鉴定统计法　按年龄鉴定首先划分出龄组，然后直接统计雌雄各龄组的实际体长和体重的范围和均值。注意：按本法所归纳的不同年龄组鱼类的实际体长和体重，必须注明该批渔获物的采样日期。采样日期最好选择在该种鱼类的繁殖季节前；这样，所得到的数值最接近实际情况。统计格式参见表2-4。

(2) 退算法

① 确定退算公式　所学的三种最基本的退算公式为：$L=bR$；$L=a+bR$；$L=aR^b$。确定用哪一种公式，有两种基本方法：一种是将一批繁殖季节捕获的渔获物资料，分别按三种公式退算，将所得结果和实测值比较，以便确立哪一种公式更符合实际情况；另一种是先将每一尾鱼的体长和鳞径的资料，点画在坐标纸上，然后按所画点总趋向作一经验线（直线或曲线），确定选用相关的线性方程。例如，根据鲫鱼的体长和鳞径资料点画出的经验线，一般为一条直线，不通过0点。因此，可选用$L=a+bR$直线回归方程退算。注意：横坐标为鳞径，纵坐标为体长；鳞径的数值间距取小一点，使画出的点距不至于太大。

② 求出a、b值　将渔获物按一定组距（1cm）划分为体长组，然后按各体长组的平均体长和相应的平均鳞径，采用函数回归简便求解。最后列出$L-R$相关式，并绘出相关线图。

③ 体长退算　按鳞组划分，将同龄组的r_n平均值（或每一个体的r_n值）代入$L-R$相关式，求出相应的l_n值。然后列表统计不同年龄组的平均各龄退算体长，并与实测体长比较。统计格式参见表2-6。

(3) 计算生长指标　在根据年龄鉴定统计法或退算法求出渔获物不同龄组平均体长的基础上，列表（按雌雄）计算相邻年龄组之间的生长比速、生长常数和生长指标。然后，将结果与其他地区或其他鱼种比较，试分析和评价实验鱼种生长的种的特点、区域特点、不同生命阶段的特点，以及雌雄差异。

(4) 丰满系数计算　按Clark和Fulton法两种方法统计。先计算出每一个体的丰满系数，然后综合全班资料，并将结果和上届同学或其他地区的资料比较。最后列表分析实验鱼种因年龄、性别、季节及水域不同而引起丰满系数的变化。

(5) 建立长重相关式和绘出相关曲线　根据渔获物各体长组（组距1cm）的平均体长和相应的平均体重，采用函数回归求得$W=aL^b$公式之a、b值，建立相关式和绘出相关曲线。注意，要将相关曲线绘在坐标纸上（以体长为横坐标、体重为纵坐标）；同时，将全部个体的体长和体重资料点画在同一坐标纸上，可以看到这些点的总趋向和所建立的相关线的关系。

(6) 建立生长方程　根据实测不同年龄组的平均体长和体重，或退算体长和（根据长重相关式所获得的）体重，均可建立生长方程，但以退算体长和体重为好。一般地，建立生长方程应具有5~6个龄组以上数据；龄组太少不宜建立。各参数值确定参见第二章第五节。最后，在建立方程的基础上，尚可求出生长速度和加速度，并绘出相应生长曲线

(参见图 2-11)。

实验五 鱼类的食性和摄食强度

1. **实验目的** 通过实验，要求明确研究鱼类食性和摄食强度的基本方法和步骤，为进一步分析鱼类食物组成和摄食强度的变化规律打下基础。

2. **基础理论** 研究鱼类的摄食习性，有利于提高鱼类培养殖的效果，为渔业生产服务。因此，鱼类摄食习性研究，不仅包括对鱼类食性、摄食强度以及不同鱼类在饵料利用之间的关系，还应该包括对水体中饵料基础的了解和掌握。也就是说，鱼类摄食习性研究，应与调查水体中水生生物的种类、数量和分布等同时进行。

鱼类的取食器官（口、鳃耙、牙齿）和消化器官（胃、肠等），一般在抵达幼鱼期后发育趋于完善，并形成与之相适应的固有的食性类型。此后，鱼类的食性类型虽然不再改变，但食物组成仍将随年龄、季节、昼夜和栖息场所而变化。通过研究鱼类的食物组成，统计出现频率，应当揭示这种变化及其原因。

摄食强度除了存在年龄、季节和昼夜变动外，还受到鱼体本身生理状况、环境条件，主要是温度和溶氧条件的影响；在养殖条件下，还和饵料的加工以及投饵次数、方法密切相关。通过定量检查鱼类所摄取的食饵对象，可以揭示鱼类的主要食物、次要食物和偶然性食物，并了解鱼类对各种饵料生物的喜好程度；如果同时获得水体饵料生物种类、数量和分布资料，还可以计算选择指数。此外，鱼类的摄食强度，还是决定鱼类日粮和饵料系数的基础。

3. **材料和器材** 选取鲈鱼、乌鳢、沙塘鳢等为肉食性鱼类代表，鲫、鲤、花鳍为杂食性或底栖动物食性鱼类的代表，或野外已采集的某种鱼类的肠道浸制标本。用于摄食习性研究的标本，特别要注意渔具，避免选取定置网具的渔获物。所需器材为：剪刀、镊子、解剖盘、滴管、载玻片、小玻瓶、吸水纸、天平以及解剖镜或显微镜等。

4. **步骤和方法**

(1) 常规生物学测定 包括体长、体重、性别、成熟度等；并登记鱼名、编号、渔获日期、地点、渔具等。

(2) 解剖、观察并比较凶猛鱼类和温和鱼类在口的形状、位置和大小、牙齿和鳃耙的形状和数目、胃盲囊部的形状和大小、幽门盲囊的有无以及肠道长短等各方面的区别，并据此初步分析实验鱼种的食性类型。

(3) 食物充塞度 用目测法观察鱼类消化道（胃、肠）所含食物的比重和等级。一般分 6 级，用阿拉伯数字 0～5 表示。胃、肠的充塞度等级可分别记录。下面是无胃鱼类的肠道充塞度等级，胃的充塞度等级可参照确定。

0级：空肠管或肠管中有极少量食物；

1级：只部分肠管中有少量食物或食物占肠管的 1/4；

2级：全部肠管有少量食物或食物占肠管的 1/2；

3级：食物较多，充塞度中等，食物占肠管的 3/4；

4级：食物多，充塞全部肠管；

5级：食物极多，肠管膨胀。

（4）食物团称重　胃、肠内食物可分开称重。用小刀、解剖针将食物从肠壁上全部刮下，放在滤纸上吸干水分后称重。如食物团中含有较多黏液，可滴入25％苛性钾（钠）溶液处理，然后用滤纸吸干再称重，并按下式计算饱满指数：

$$饱满指数 = （食物团重/去内脏体重）\times 100 \text{ 或 } 10\,000$$

一般凶猛鱼类以百分数，而温和鱼类以万分数表示，借以扩大饱满指数，便于比较。

（5）食物组成、出现率和食性类型　鉴定和识别消化道中各种动植物种类，然后列表统计分析，就可获得该种鱼类食物组成（食谱）的材料。具体鉴定到种或大类，应根据研究需要和可能。一般凶猛鱼类鉴定到种，其他鱼类，特别是以浮游生物、周丛生物为食饵的鱼类，可鉴定到大类。鱼食性鱼类的食物对象，一般可用肉眼直接辨别；而以微小生物为食物的鱼类，可将称重后食物团置于一小瓶中，加适量清水；再用滴管吸出食物，滴在载玻片上，然后放在解剖镜或显微镜下检查。已经消化的食物对象，根据其残留骨片、附肢、甲、壳、鳞片等鉴别。

鉴定鱼类消化道中食物组成，注意应将见到的食物种类全部列入，而不管其数量多少，然后根据下式统计每一种（类）食物的出现频率（％）：

$$出现率 = \frac{某种（类）食物在被解剖的肠管中出现次数}{解剖肠管（空肠管不计在内）} \times 100\%$$

（6）食物对象的定量检查　凶猛鱼类所吃食物个体较大，可以各别计数称重，然后统计出各种饵料生物所占总数的个数或重量百分比（图E-2）；或者也可按下式计算饱满度分指数，作为所吃食物的定量指标：

$$饱满度分指数 = （某一种食物重量/去内脏体重）\times 100$$

5. 综合和分析

（1）描述实验鱼种取食器官和消化器官的形态构造，初步分析鱼种的食性。

（2）根据所摄取食物种类、出现率，列表分析实验鱼种的食性类型。如有可能，进一步分析食物组成和年龄组（或体长组）、性别、性腺发育、季节（月份）和水环境之间关系。

（3）根据充塞度和饱满指数两种指标，列表分析实验鱼种在实验当月的摄食强度。

（4）根据食物的定量检查，作图分析各种食物成分在消化道中所占的重量百分组成（参见图E-2，任选一种表示法）。

（5）将所得上述结果与上届同学

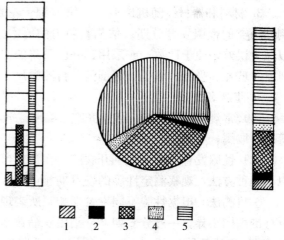

图E-2　雷宾斯克水库体长4.5～5.5cm狗鱼食物的重量百分组成：示三种不同表示法

1. 水蚤亚目　2. 桡足类　3. 摇蚊幼虫
4. 其他昆虫幼虫　5. 鱼类

（从 E. B. Боруцкий 等，1961）

或文献资料比较，并分析差异原因。

实验六 鱼类的性腺发育和繁殖力

1. 实验目的 通过实验，要求明确鱼类性腺发育分期的原理，掌握运用目测法、卵径测定法和成熟系数法进行性腺发育的分期；同时，也掌握估测鱼类繁殖力的基本方法，从而为分析性腺的周年发育和鱼类繁殖力变动原因打下基础。

2. 基础理论 性腺发育的分期，目前常用的有组织学法、目测法、卵径测定法和成熟系数法。这些方法基本上都是以卵（或精子）在形成过程中所产生的在形态、色泽、体积、重量和活动度等方面的变化特征为依据的。许多鱼类在初次性成熟后，每年性成熟一次，形成明显的性周期。鱼类初次性成熟和再次性成熟的性腺发育在时间、特征、卵粒大小等方面都有不同。按本实验的方法，若能做到逐月采样，积累资料，就可以掌握鱼类的初次性成熟年龄、性周期以及产卵类型和产卵季节。

性腺发育成熟的鱼类，在一定的内外条件的协同作用下就会进入产卵活动、繁殖后代。由于多数鱼类的产卵量很难获得，因此，鱼类的个体繁殖力通常用1尾雌鱼在产卵前卵巢中所怀有的成熟卵粒数，即怀卵量来表示。所谓成熟卵粒，这里是指已抵达卵黄充塞阶段的Ⅳ期卵；但在计数时，通常将开始积累卵黄的Ⅲ期卵均计数在内。

鱼类的繁殖力具有种和种群的特征，同时又受到个体的年龄、体长、体重、环境条件（特别是营养条件）以及繁殖习性、产卵次数和卵的大小等因子的影响。繁殖力的变动及其调节规律是阐明种群补充过程的最主要手段之一。因此，在分析特定种或种群的繁殖力变动时，要注意从多方面考虑，并要注意到采样时间、计数方法等人为造成的误差；有时，这种误差可以达到很严重的程度。

3. 材料和器材 随机选取一批鲫、鲤、花鳝、鲷或鲴等鱼类的新鲜标本，供观察和判断鱼类的性腺发育分期。估测繁殖力的标本最好采自该种鱼类繁殖季节之前1~2月，以减少误差，便于计数；或采用野外已采集的卵巢样品计数。所需器材为：搪瓷盘、培养皿、载玻片、吸管、镊子、解剖镜、台测微尺、目测微尺和计数器等。

4. 步骤和方法

(1) 常规生物学测定 包括鱼名、编号、渔获日期、地点、渔具、体长、体高和体重等；并取鳞，鉴定鱼的年龄。

(2) 性腺发育分期 先剖开腹腔，在消化道背侧，鳔两侧，找到成对的性腺，然后按以下三种方法，观察测定性腺的发育期相：

①目测法 根据性腺不同发育期相，所表现出来的外表形态特征划分。各种鱼类的划分标准大同小异。一般分6期，分别用罗马数字Ⅰ~Ⅵ来表示。基本分期标准如下：

Ⅰ. 未成熟幼鱼（unmature fish） 性腺透明细线状，肉眼不能鉴别雌雄。

Ⅱ. 静息期（quiescent） 性腺仍透明，稍扩大，扁带状，肉眼较难鉴别雌雄。卵巢略带淡黄色。但是，对于再次性成熟鱼，即那些从产卵后Ⅵ期性腺，重新向Ⅱ期过渡，开始新的性腺发育周期的个体，则性腺较宽大；卵巢中除有发育中的卵母细胞外，往往还有未吸收尽的卵粒。精巢情况相似。

Ⅲ. 性腺在成熟中（ripening） 性腺重量增加。雌雄易鉴别。卵巢淡黄色、黄色，卵粒开始沉积卵黄。精巢由透明转为淡玫瑰红色。

Ⅳ. 成熟期（ripeness） 但还不能产卵排精。卵巢重量达到顶点，占据大部分腹腔；卵粒大量沉积卵黄，在卵巢中紧密挤压成多角圆形。精巢转为乳白色。

Ⅴ. 生殖期（reproduction） 或称产卵期。卵透明、圆形，游离在卵巢腔中。提起鱼头或轻压腹部，卵和精子能自动流出体外。

Ⅵ. 疲弱期（spent） 或称产卵后期。卵和精子排出，生殖腺重量显著减轻。生殖腺膜宽松坚韧。卵巢中有少量未产卵，精巢中有少量精子。

根据目测法判别后，将标本鱼性别（Ⅰ期性腺可以不填性别）和性腺发育期相填入登记表。

②成熟系数法 将一对性腺取出、称重，并计算成熟系数（GSI）。然后，分别雌雄和不同年龄组（或体长组），将所得数据按目测法所判断的性腺发育期予以归纳统计，就可以得到不同年龄、不同性腺发育分期成熟系数的变动范围和均值。

③卵径测定法 最好用新鲜标本。如果是浸制标本，必须注明浸制液浓度和浸制时间。一般每一卵巢随机测定约 200 粒卵。测定前先用台测微尺校正标定目测微尺的刻度。方法是将台测微尺和所需测定的卵放置在一个平面上，然后用以标定每一格目测微尺表示的实际长度单位。如目测微尺 10 大格，每大格 5 等分，计 50 小格，用台测微尺标定（在放大 20 倍时）为 5mm，则 1 小格为 0.1mm，半格为 0.05mm。然后，可用目测微尺直接测卵径，先记录格数，再换算成实际量度单位（mm）。

注意：测定活体卵或受精卵，应带水侧定，以避免卵离水后迅速失水，造成误差。若所测定的卵形状不规则，或椭圆形，应测其卵径最大和最小值，取它们的平均值作为卵径。

（3）估测繁殖力

①采样 同实验二。

②怀卵量计数 先将已固定的卵巢样品用清水漂洗数次，再取出放在培养皿中，轻轻揉擦，使卵粒完全脱离卵巢系膜（卵巢板）。少数留在卵巢系膜上的卵粒可用镊子刮下，务使卵粒全部脱下。然后去掉系膜，并滤去清水，将全部卵子移入搪瓷盘内。将部分卵粒排成一直线：卵粒间保持一定的间距，每堆卵粒不超过 3 粒，用计数器计数。计过数后的卵粒，推到一边；然后再将部分卵粒排成一直线计数，直至全部数完。在取得样品卵粒数后，按下式计算绝对和相对怀卵量：

$$绝对怀卵量 =（样品卵粒数/样品重）\times 卵巢重$$

$$相对怀卵量 = 绝对怀卵量/去内脏体重（g）$$

5. 综合和分析 假定全班资料为一批随机渔获物，请完成：

（1）该批渔获物性比、年龄组成。

（2）不同年龄（或体长）组雌雄鱼当月性腺发育期相，不同发育期相成熟系数的范围和均值；并由此推定该批渔获物初次性成熟年龄，各龄组性成熟百分比。

（3）不同发育期相卵巢内卵粒的卵径范围、均值。如实验在该种鱼类产卵季节之前进行，重点描述成熟性腺（Ⅳ期）的色泽和形态特点、成熟卵巢的卵径范围和均值；并绘出全部200粒卵的卵径分布频率图（参见图5-5），推测产卵类型。

(4) 列表统计不同年龄（或体长）组绝对和相对怀卵量范围和均值，并和上届同学、其他水域的资料进行比较分析。

实验七　鱼类的人工授精和孵化

1. **实验目的**　通过实验，要求掌握鱼类人工授精的一般原理和方法；观察胚胎发育过程和温度对孵化速度的影响，以及统计受精率和孵化率，为深入研究鱼类早期生活史阶段的形态、生态和生理打下基础。

2. **基础理论**　鱼类人工授精的基础是亲鱼的性腺必须抵达Ⅴ期。当卵和精子具有结合能力时，才能采取人工方法分别收集性腺内的成熟卵和精子，并使它们结合成受精卵。我国的专题人工授精试验，始于20世纪30年代，对象是淡水鲤科鱼类。海水鱼的人工授精试验是在20世纪50年代才开始的。近代，随着鱼类养殖事业和资源繁殖保护工作的进展，以及对鱼类早期生活史阶段形态、生态和生理等基础科学研究的需要，人工授精技术的应用已日益广泛和普及。

人工授精的成功，主要取决于选择授精时间、方法以及技术掌握是否适当。选择授精时间，实际上是选择性腺发育良好的亲鱼。Ⅴ期性腺的成熟卵，能够接受精子的时间，尽管各种鱼类会有不同，但一般都不长，有一定限度；因此，过早和过晚收集到的卵子都会影响到受精率。人工授精的方法基本上有湿法、干法和半干法三种。不同性质的卵（浮性、沉性或黏性），所选择的人工授精方法和操作，应当有不同的考虑和设计，并不限于本实验的介绍。还有，精子的活动能力和授精技术的密切配合，亦会对受精率产生重要影响。

鱼类胚胎发育和孵化的时间具有种的特点，而在种的范围内，孵化速度还受到环境条件，诸如水温、溶氧、光照、pH以及病害的影响。一般地，鱼类的胚胎发育对非生物环境因子都有一定的适应范围。例如，温度超过适温范围，就会导致胚胎发育中止或畸形；在适温范围内，胚胎发育速度与温度约呈正相关。所以，要提高受精卵的孵化率，应当注意摸索和提供适宜的环境条件。

3. **材料和器材**　本实验在鱼类产卵季节、结合生产实习完成。淡水鱼以鲤、鲫、花鲢、团头鲂等，海水鱼以真鲷、黑鲷、鲆、鲽等为代表，选取性腺发育良好的雌雄亲鱼。所需器材如下：清洁淡水或海水、500mL量杯、100mL量杯、20～50mL培养皿、1 000～2 000mL培养缸、吸管、玻璃棒、玻璃吸管、温度计、毛笔、显微镜、目测微尺、台测微尺以及水浴恒温设备等。

4. **步骤和方法**

(1) 选择亲鱼　成熟亲鱼的选择是以提起鱼头，精或卵能从生殖孔自动流出少许最为理想，或轻压腹部，精或卵即能流出者亦可。如果亲鱼性腺尚未最后成熟，而硬挤出不成熟（呈团块状）卵与精子进行人工授精，往往会严重影响受精率和孵化率。记录亲鱼体长、体重，并取鳞片，鉴定年龄备查。

(2) 收集卵和精子　一手将成熟雌鱼头部提起，另一手先用纱布轻轻抹去体表水分，然后沿鱼腹两侧自上而下轻微压迫，使成熟卵流入 500mL 量杯中。随即用同样方法将雄鱼精液挤于 100mL 量杯中。随机取 20～30 粒成熟卵，测量卵径。

(3) 准备培养缸　取三个盛有清洁淡水（或海水）的 1 000～2 000mL 培养缸。淡水鲤、鲫等卵黏性，可先放入少许杨树根作附着基；海水鱼卵大都浮性，不需附着基。

(4) 人工授精　把已收集到的卵，分别倒入三个 100mL 干燥量杯中，倒入卵子的容量约为 5～10mL，用作湿法、干法和半干法三种人工授精试验。卵的用量希望计数。可以另取一个 100mL 量杯，倒入同样容量的卵，用以计数；或取部分容量的卵计数，然后换算得到全部容量的卵的数目。精液用量约为卵容量的 1/10，即 0.5～1mL。

具体操作：

①湿法　将已收集到的卵和精子，同时倒入培养缸中，并轻轻摇动培养缸，或用玻璃棒缓缓搅动，使精、卵在水中均匀、自然混和而受精。淡水鲤、鲫等卵遇水后呈黏性，可用干燥毛笔渍后轻轻均匀撒入水中，卵在下沉过程中遇杨树根等附着物，即附着其上；同时滴入精液。海水鱼可直接将精、卵倒入。

②干法　在盛有 5～10mL 卵的 100mL 量杯中，用吸管滴入少许（0.5～1mL）精子。并用干燥毛笔均匀混和，静置 5～10min。然后，若是海水浮性卵，可先用清洁海水冲洗；洗去多余精液及污物，再倒入培养缸；若是淡水黏性卵，可用毛笔渍受精卵，轻轻撒入盛有杨树根等附着物的培养缸。

③半干法　另取 100mL 量杯一个，滴入 0.5～1mL 精液，然后加 10～20mL 海水稀释；再将稀释后的精液，倒入盛有 5～10mL 卵子的 100mL 量杯中，轻轻摇动量杯，或用玻璃棒缓缓搅动，使精、卵均匀混合；静置 5～10min，用清洁海水冲洗，洗去多余精液及污物，最后倒入培养缸。淡水黏性卵，因遇到水会结成团块，不宜用半干法。

(5) 统计受精率　卵受精后，一般 1～2h 进入卵裂阶段，未受精卵开始变得浑浊、不透明。因此，可随机选取部分或全部卵，放在培养皿中，在解剖镜下检查受精卵的百分数，剔除未受精卵。随机选取 20～30 粒受精卵，测量卵径、卵周隙。

(6) 孵化　鱼类的孵化包含两种意思：一是指胚胎发育全过程，二是指仔鱼出膜。整个孵化过程，历时大多在 1d 以上。因此，这部分工作需延续到课堂外，由同组学生值班完成。将部分受精卵分成三个恒温组（18℃、24℃、30℃）和一个自然水温组，在充气条件下孵化。也可将干法受精的卵，直接分成同样四个温度组孵化。以水浴保持恒温。孵化过程中记载如下项目：

①每 6h 测水温一次，记载自然水温变化，取得整个孵化期平均水温。换水时水温差，不宜超过 1℃。水浴恒温务必保持在 ±1℃ 左右。

②进入胚胎发育三个阶段（或各发育期）的时间。鱼类的胚胎发育，按其形态特点，可以划分为三个阶段和许多不同的发育期（图 E-3），即卵裂阶段（胚盘期到囊胚期）、胚体形成阶段（原肠期到胚孔封闭期）、器官分化阶段（肌节出现到部分器官分化形成，包括眼泡、听囊、心脏搏动、尾芽游离期等）。记载方式：首粒卵、50%的卵、100%的卵进入该阶段（或该期）的时间。

③首尾仔鱼、50%仔鱼、100%仔鱼出膜的时间。

④随机测量 20～30 尾初孵仔鱼的全长，记载肌节数范围和均值、描述色素分布、器

官发育简要特征，并附图。

（7）统计孵化率　在孵化过程中，剔除并记录死亡卵粒数。仔鱼全部孵出后，计数剩余死卵；并用玻璃吸管计数仔鱼，然后统计出各组孵化率。

5. 综合和分析

（1）分别统计湿法、干法和半干法人工授精的受精率，分析差异原因。

（2）列表统计或图示受精卵在自然水温和不同恒温条件下，进入各发育阶段（或发育期）直至孵出的时间，分析温度和孵化速度的相关性。

（3）列表统计各组受精卵在自然水温和不同恒温条件下的孵化率。

（4）简要描述成熟卵、受精卵、主要胚胎发育期和初孵仔鱼的主要形态特征，并附必要的图（参见图 E-3）。

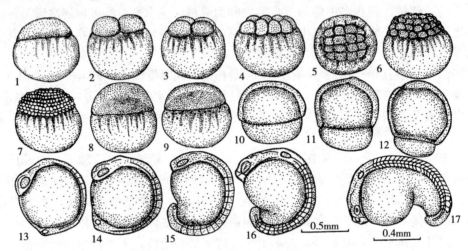

图 E-3　泥鳅的胚胎发育

1. 胚盘期　2. 2细胞期　3. 4细胞期　4. 8细胞期　5. 16细胞期　6. 64细胞期　7. 多细胞期　8. 高囊胚期　9. 低囊胚期　10. 原肠中期　11. 原肠晚期　12. 神经胚期　13. 肌节出现期　14. 视泡形成期　15. 听泡出现期　16. 视泡中腔形成期　17. 肌肉效应期

（从郑文彪，1985）

实验八　鱼类在仔鱼期的温度和盐度耐力

1. **实验目的**　通过测定鱼类在仔鱼期对温度和盐度的耐受限度、适宜范围，要求掌握研究仔鱼对理化环境因子耐受力的基本方法，为深入研究鱼类、特别是仔稚鱼的环境耐力生态打下基础。

2. **基础理论**　水温和盐度是鱼类生活环境中两个重要的理化环境因子。不同的物种或种群，同种在不同的生活史阶段，对温度的耐受极限、适宜范围以及最适幅度往往不同，这是和物种的发育史密切相关的。鱼类在仔鱼期对水温、盐度等环境理化因子的变动特别敏感。鱼类的高死亡率往往也发生在卵和仔鱼阶段；而死亡原因之一，就是包括温度、盐度在内的各种环境理化因子的变化超出仔鱼的耐受极限。由于仔鱼的环境耐力生态的研究对鱼类资料保护和室内工厂化育苗等具有重要的实践意义，自20世纪70年代以来，在国际上已日益受到重视。

测定鱼类在仔鱼期对某个环境因子的耐受力，在时间上应当从初孵开始至仔鱼期结束连续进行。因为在仔鱼期的不同阶段，这种耐受力也是变动的。在标准上，可以有致死极限和适于正常生活的范围。当然，根据需要，也可以测定最适合摄食和生长的幅度。一般以仔鱼心脏的搏动作为存活标准，以50%仔鱼对某个环境因子经24h后仍能存活作为耐受极限；同样，50%仔鱼经24h后仍能正常游泳作为适宜范围。在适宜范围内，通过测定摄食效能和生长速率，可以确定最适幅度。

3. 材料和器材　本实验在鱼类产卵孵化季节进行。任选海淡水鱼类的卵黄囊期仔鱼，常温饲养在水族箱内备用。所需器材如下：10～20L水族箱、50mL量杯、1～2L玻璃瓶、盐度3.0%以上清洁海水、蒸馏水、玻璃橡皮吸管、盐度计、解剖镜以及电热棒、恒温调节仪等水浴恒温设备。

4. 步骤和方法

(1) 将孵化场采来的仔鱼转移到饲养箱，注意动作要轻缓。可将装有仔鱼的塑料袋或其他容器先沉入水族箱，待两者的水温接近后再打开塑料袋，使仔鱼自然进入饲养箱。

(2) 温度耐力测定

①准备和调节水浴恒温装置，采用电热棒、恒温调节仪及10～20L水族箱，制成水浴恒温装置。一般淡水家鱼，除对照组（常温）外，可设计22、26、30、34、38℃五个温度组，或22、24、26、28、30、32、34、36、38℃九个温度组。注意：所设计的温度组，至少有一个组仔鱼的存活率是100%。这样，从饲养箱转移到玻璃瓶所引起的死亡率就可以忽略不计。

②仔鱼从饲养箱移入玻璃瓶　用玻璃吸管从饲养箱各水层随机吸取标本20尾，移入一个1～2L容量玻璃瓶内。如果所设计的测试温度为五组，则需转移5批仔鱼，每批20尾，分别装入每一玻璃瓶。然后将五个玻璃瓶先全部移入已调节好的最低欲测试的水浴恒温装置内，待瓶内水温和外部温度相一致时，留下一个，将其余四个瓶移入高一级的欲测试温度组内。重复同样过程，最后在每个测试温度组内，保留一个玻璃瓶及其仔鱼，采用这种逐步提高水温的方法，可以避免因水温的突然变动而引起的死亡而影响对最高耐受水温的测试。

③24h（从玻璃瓶移入该测试温度组的水浴容器内算起）后，再用玻璃吸管从每个玻璃瓶内逐尾吸出仔鱼。同时，记下活动水平正常或不正常的仔鱼数。鉴别活动水平正常的标准是：卵黄囊尚未消失的仔鱼，对吸管的吸入能产生逃避反应为正常；卵黄囊已消失的仔鱼，继续保持巡游活动的为正常。然后，将那些肉眼无法鉴别存活与否的仔鱼逐尾放在双筒解剖镜下检查，以心脏搏动为标准鉴别存活。

④统计出对照组和每个温度组仔鱼的存活、活动正常的百分数。

(3) 盐度耐力测定　海水鱼类仔鱼一般测定低盐耐力，淡水鱼类则测定高盐耐力。

①配制一定盐度的水溶液：用盐度为3.0%以上清洁海水和蒸馏水配制；条件不许可时，也可以用食盐直接配制代替。海水先用盐度计测定盐度，然后按每1g盐溶解在1L水中盐度为0.1%进行计算稀释。例如，配制用海水盐度为3.3%，说明每1L水中含33g盐，要求配制1L盐度为0.1%的溶液。根据计算，需要海水$1/33 \times 1\,000 = 30.3$mL，而

需加入蒸馏水量为969.7mL，依次类推。需要提出的是，还必须考虑仔鱼移入时所带入饲养箱的水溶液；假设带入水溶液量为10mL。一般海水仔鱼饲养海水浓度和配制海水浓度一致，因此，上述需要海水的量为30.3－10＝20.3mL。若配制测试淡水仔鱼高盐耐力的水溶液，则所需蒸馏水少加10mL，即加入959.7mL。然后，将初步配制好的990mL水溶液，倒入一个1～2L的玻璃瓶内，充气0.5h；瓶子加盖，以避免蒸发影响盐度。除对照组（正常盐度）外，一般淡水仔鱼测定高盐耐力可用1.6、1.4、1.2、1.0、0.8、0.6、0.4％等盐度，而海水仔鱼用0、0.05、0.1、0.2、0.3、0.4、0.5％等盐度测试低盐耐力。

②仔鱼从饲养箱移入玻璃瓶　用玻璃吸管将仔鱼20尾随机逐尾从饲养箱各水层吸出，先移入一小量杯，量杯内原饲养箱溶液保持在10mL，然后将这10mL溶液连同20尾仔鱼，缓慢溶入玻璃瓶内；这样玻璃瓶内溶液量正好为1L，达到要求测试的盐度标准。

③24h后，按上述温度耐力测定同样的标准观察，记载和统计出每个盐度组仔鱼存活、活动正常的百分数。

5. 综合和分析

（1）将不同温度（或盐度）所获得的存活和正常活动仔鱼百分数进行回归分析，求得仔鱼50％存活、正常活动时的温度（或盐度），即为仔鱼温度（或盐度）耐力限度和正常生活范围。

（2）将本组结果与班上其他组或上届同学所得结果比较，分析差异原因。

鱼类生物学研究总结要求

通过全部实验，以4人为一组，综合和归纳全班资料；然后，依据共有资料，每一学生独立完成课程论文式总结一篇。题目可以着重某一方面，如"某地某鱼的年龄和生长"；亦可以较为全面，如"某地某鱼的生物学研究"等。文章格式和内容，包括引言、材料与方法、结果、讨论和参考文献五部分。引言部分可以述及被研究鱼类的分类地位、一般生态习性、渔业价值、研究简史和目的等。材料与方法，主要交代材料来源、采样日期、渔具，以及使用仪器、有关研究或测定的技术和计算公式等。结果部分要求根据所定的题目和每次实验内容，经过归纳，如实反映实验结果。注意叙述简明扼要，尽量用图表说明问题，然后在叙述中点明重点。讨论部分可以对被研究鱼类的生物学特点予以小结，与文献比较，分析和讨论相异或相同原因；并将鱼类生物学特点和水体生产力、捕捞强度等尽可能结合起来分析；对鱼类的开发利用前景作出恰当评价，亦可提出繁殖保护措施，包括捕捞规格、禁渔区和禁渔期等。最后列出前人对本种鱼类的研究以及本研究涉及的参考文献。文章讨论和分析要有论据、论点；力求简洁、明白，重点突出。全文要求有特色、文字流畅、字迹整洁。除图表外，字数2 000～3 000。

参考文献[①]

[1] 丁耕芜等. 小黄鱼年龄的研究,辽宁省海洋水产研究所,调查报告18号,1964
[2] 上海水产学院主编. 鱼类学和海水鱼类养殖. 农业出版社,1982
[3] 马世骏. 现代化经济建设与生态科学. 生态学报,1 (2),1981,176～178
[4] 王应天等. 白鲢和花鲢年龄的测定. 科学通报,(4),1960,120～121
[5] 王祖昆等. 草鱼、鲢鱼、鳙鱼、鲮鱼冷冻精液授精试验. 水产学报,8 (3),1984,255～257
[6] 王祖熊等. 梁子湖湖沼学资料. 水生生物学集刊,(3),1959,352～363
[7] 池养白鲢生殖周期中卵巢生化组成变化的研究. 水生生物学集刊,5 (1),1964,103～114
[8] 王骥、梁彦龄. 用浮游植物的生产量估算武昌东湖鲢、鳙生产潜力与鱼种放养量的探讨,水产学报,5 (4),1981,343～350
[9] 中国科学院水生生物研究所梭鱼研究组. 梭鱼的临界温度和临界氧量. 水产学报,8 (1),1984,75～78
[10] 孔祥雨等. 大黄鱼,东海区渔业资源调查和区划. 华师大出版社,1987
[11] 邓中粦等. 汉江主要经济鱼类的年龄和生长. 鱼类学论文集.1,1981,97～116
[12] 邓景耀. 赵传䋄等. 海洋渔业生物学. 农业出版社,1991
[13] 田明诚等. 大黄鱼形态特征的地理变异与地理种群问题. 海洋科学集刊,2,1962,79～97
[14] 长江四大家鱼产卵场调查队. 葛洲坝水利枢纽工程截流后长江四大家鱼产卵场调查. 水产学报,6 (4),1982,287～305
[15] 叶昌臣. 应用Beverton-Holt理论模式研究辽东湾小黄鱼数量变动. 辽宁省海洋水产研究所,调查报告17号,1964
[16] 叶昌臣等. 辽东湾小黄鱼生长的研究. 辽宁省海洋水产研究所,调查报告19、20号,1964
[17] 黄海鲱鱼和黄海鲱鱼渔业. 水产学报,4 (4),1980,339～352
[18] 叶奕佐. 鱼苗鱼种耗氧率、能需量、窒息点及呼吸系数的初步报告. 动物学报,11 (2),1959,117～135
[19] 叶富良、陈军. 东江鲤鱼种群动态及其最大持续渔获量的研究. 水生生物学报,10 (2),1986,109～120
[20] 刘伙泉等. 略论武昌东湖鲢、鳙鱼种的年轮形成及湖泊放养规格问题. 水产学报,6 (2),1982,129～138
[21] 刘建康. 梁子湖自然环境及其渔业资源问题. 太平洋西部渔业研究委员会第二次全体会议论文集,1959,52～64
[22] 刘蝉馨. 黄、渤海蓝点马鲛年龄的研究. 鱼类学论文集,2,1981,129～137
[23] 许永明、浦仲生. 东海群带鱼资源的最大持续渔获量(MSY)估算. 东海水产研究所,研究报告1,1981,75～81
[24] 许品诚. 太湖翘嘴红鲌的生物学及其增殖问题的探讨. 水产学报,8 (4),1984,275～286

[①] 1950年前的文献一般不再列入。

[25] 朱成德．太湖大银鱼生长与食性的初步研究．水产学报，9（3），1985，275～287
[26] 朱德山．日本鳀．海洋渔业生物学，农业出版社，1991，453～484
[27] 朱德山、韦晟．渤、黄、东海蓝点马鲛渔业生物学及其渔业管理．海洋水产研究，(5)，1983，41～62
[28] 朱元鼎．中国主要海洋渔业生物学基础的参考资料．太平洋西部渔业研究委员会第二次全体会议论文集，1959
[29] 朱树屏．黄渤海区小黄鱼的洄游及有关环境因素．太平洋西部渔业研究委员会第三次全体会议论文集，1960
[30] 华东师范大学等．动物生态学．人民教育出版社，1981
[31] 成庆泰、郑宝珊等．中国鱼类系统检索．科学出版社，1987
[32] 宋天福：鱼类的化学通讯．水产学报，7（4），1983，331～342
[33] 沈金鳌、程炎宏．东海深海底层鱼类群落及其结构的研究．水产学报，11（4），1987，293～306
[34] 沈俊宝．黑龙江主要水域鲫鱼倍性及其地理分布．水产学报，7（2），1983，87～94
[35] 李城华．黑鲩年龄鉴定问题．海洋与湖沼论文集，1981，172～180
[36] 李连祥．关于五氯酚钠清塘引起夏花鱼种慢性中毒的初步研究．水产学报，10（3），1986，325～332
[37] 李思忠．中国淡水鱼类区划．科学出版社，1981
[38] 李思发．五种鱼的鳞被覆盖过程及其同生长的关系．水产学报，7（4），1983，343～351
[39] 李思发．淡水鱼类种群生态学．农业出版社，1990
[40] 李思发等．鲢、鳙、草鱼摄食节律和摄食率的初步研究．水产学报，4（3），1980，275～283
[41] 李思发等．长江、珠江、黑龙江鲢、鳙、草鱼种群生化遗传结构与变异．水产学报，10（4），1986，351～372
[42] 李思发等．长江、珠江、黑龙江鲢、鳙、草鱼种质资源研究．上海科技出版社，1990
[43] 李思发等．团头鲂种群间的形态学差异和生化遗传差异．水产学报，15（3），1991，204～211
[44] 吴万荣．布氏哲罗鲑年龄与生长的初步研究．水产学报，11（1），1987，37～44
[45] 吴家骅．带鱼．东海区渔业资源调查和区划．华师大出版社，1987
[46] 吴清江．长吻鮠的种群生态学及其最大持续渔获量的研究．水生生物学集刊，5（3），1975，387～409
[47] 何志辉．再论白鲢的食物问题．水产学报，11（4），1987，351～358
[48] 陈一骏．洪湖渔业生态系统初析．水产学报，7（4），1983，331～342
[49] 陈宁生、施璟芳、饲养鱼窒息现象研究．水生生物学集刊，（1），1955，1～6
[50] 陈宁生、施璟芳．草鱼、白鲢、花鲢的耗氧率．动物学报．7（1），1955，43～58
[51] 陈其晨等．重金属对鱼类毒性的综合研究．水产学报，12（1），1988，21～33
[52] 陈敬存等．长江中下游水库凶猛鱼类的演替规律及种群控制途径的探讨．海洋与湖沼，9（1），1978，49～58
[53] 邵炳绪等．松江鲈鱼繁殖习性的调查研究．水产学报，4（1），1980，81～86
[54] 郑文莲、徐恭昭．浙江岱衢洋大黄鱼个体生殖力的研究．海洋科学集刊，2，1962，59～75
[55] 郑文彪．泥鳅胚胎和幼鱼发育的研究．水产学报，9（1），1985，37～47
[56] 郑重、方金钊．厦门鲚鱼的食料研究Ⅰ和Ⅱ．厦门大学学报（自然），（1）和（2），1956和1957，1～20和81～98
[57] 青海省生物研究所．青海湖地区的鱼类区系和青海湖裸鲤的生物学．科学出版社，1975
[58] 林双淡等．杭州湾北岸软相潮间带底栖动物群落结构的分析．海洋学报，6（2），1984，235～243

[59] 林金表. 南海北部大陆架外海底拖网鱼类资源状况的初步探讨. 南海北部大陆架外海底拖网鱼类资源调查报告集, 1979, 43~129

[60] 林新濯. 中国近海三种主要经济鱼类的生物学特性与资源现状, 水产学报, 11 (3), 1987, 187~194

[61] 林新濯等. 小黄鱼种族生物学测定的研究. 海洋渔业资源论文选集, 农业出版社, 1964, 84~108

[62] 林新濯等. 中国近海带鱼 Trichiurus haumela (Forskål) 种族的调查. 水产学报, 2 (4), 1965, 11~23

[63] 林新濯等. 绿鳍马面鲀洄游分布的研究. 东海绿鳍马面鲀论文集, 学林出版社, 1987, 15~33

[64] 郁尧山等. 浙江北部岛礁周围海域鱼类优势种及其种间关系的初步研究. 水产学报, 10 (2), 1986, 137~150

[65] 郁尧山等. 浙江北部岛礁周围海域鱼类群聚特征值的初步研究. 水产学报, 10 (3), 1986, 305~313

[66] 罗秉征. 带鱼. 海洋渔业生物学, 农业出版社, 1991, 111~163

[67] 罗秉征等. 中国近海带鱼耳石生长的地理变异和种群的初步探讨. 海洋与湖沼论文集, 1981, 181~194

[68] 易伯鲁. 鱼类生态学, 华中农学院, 1982

[69] 易伯鲁、梁秩燊. 长江家鱼产卵场的自然条件和促使产卵的主要外界因素. 水生生物学集刊, 5 (1), 1964, 1~15

[70] 易伯鲁等. 葛洲坝水利枢纽与长江四大家鱼, 湖北科学技术出版社, 1988

[71] 孟庆闻、殷名称. 鲨类嗅觉器官的研究. 鱼类学论文集, 2, 1981, 1~24

[72] 孟庆闻、殷名称. 鳐类和银鲛类嗅觉器官的研究. 水产学报, 5 (3), 1981, 209~228

[73] 孟庆闻、苏锦祥等. 鱼类比较解剖. 科学出版社, 1987

[74] 张玉书、陈瑗. 青海湖裸鲤种群数量变动的初步分析. 水产学报, 4 (2), 1980, 157~177

[75] 张孝威、刘效舜. 十年来我国四种主要海产经济鱼类生态的调查研究. 海洋与湖沼, 2 (4), 1959, 233~243

[76] 张孝威、徐恭昭. 烟台外海鲐鱼资源变动的情况. 太平洋西部渔业研究委员会第三次全体会议论文集, 1960, 52

[77] 张孝威等. 烟台外海鲐鱼的生殖习性. 中国科学院海洋研究所丛刊, 1 (3), 1959, 15~37

[78] 张其永、蔡泽平. 台湾海峡和北部湾二长棘鲷种群鉴别研究. 海洋与湖沼, 14 (6), 1983, 511~521

[79] 张其永等. 我国东南沿海带鱼种群问题的初步研究. 水产学报, 3 (2), 1966, 106~118

[80] 张其永等. 闽南—台湾浅滩渔场食物网研究. 海洋学报, 3 (2), 1981, 275~290

[81] 洪华生等. 闽南—台湾浅滩渔场上升流区生态系的研究, 科学出版社, 1991

[82] 姜礼燔、曹萃禾. 在不同水温条件下酚对鱼类毒性影响的初步探讨. 水产学报, 9 (3), 1985, 223~230

[83] 饶钦止等. 湖泊调查基本知识. 科学出版社, 1956

[84] 钟麟等. 家鱼的生物学和人工繁殖. 科学出版社, 1965

[85] 俞文钊. 鱼类的趋光生理, 农业出版社, 1980

[86] 费鸿年. 调查网目尺寸对广东近海拖网渔业产量和经济效益影响的探讨. 广东省水产研究所报告, 1976

[87] 费鸿年、何宝全. 广东大陆架鱼类生态学参数和生活史类型. 水产科技文集, 2, 1981, 6~16

[88] 费鸿年、郑修信. 南海北部底层鱼类群聚的研究. 水产学报, 2 (1), 1965, 1~19

[89] 费鸿年等. 南海北部大陆架底栖鱼类群聚的多样度以及优势种区域和季节变化. 水产学报, 5 (1), 1981, 1~20

[90] 唐启升. 应用VPA方法概算黄海鲱鱼的渔捞死亡和资源量. 海洋学报, 8 (4), 1986, 476~486

[91] 唐渝. 太湖湖鲚种群数量变动及合理利用的研究. 水产学报, 11 (1), 1987, 61~73

[92] 浦仲生、许永明. 东海绿鳍马面鲀种群分析的研究. 东海绿鳍马面鲀论文集, 学林出版社, 1987, 34~42

[93] 秦克静. 用支鳍骨鉴定白鲢年龄的研究. 鱼类学论文集, 1, 1981, 117~124

[94] 秦克静、姜志强. 辽东湾安氏短吻银鱼的生物学. 水产学报, 10 (3), 1986, 273~280

[95] 倪达书等. 花鲢和白鲢的食料问题. 动物学报, 6 (1), 1954, 59~71

[96] 徐恭昭等. 大黄鱼 *Pseudosciaena crocea* (Richardson) 耳石的轮纹形成周期及其年龄鉴定问题. 海洋科学集刊, 2, 1962, 1~13

[97] 徐恭昭等. 大黄鱼种群结构的地理变异. 海洋科学集刊, 2, 1962, 98~109

[98] 徐恭昭等. 大亚湾环境与资源. 安徽科学技术出版社, 1989

[99] 殷名称. 鱼类生态学在我国的发展和前景(附1949—1983文献辑录). 上海水产学院科技文集, 1985, 10~30

[100] 殷名称. 北海鲱卵黄囊期仔鱼的摄食能力和生长. 海洋与湖沼, 22 (6), 1991, 554~560

[101] 殷名称. 鱼类早期生活史研究与其进展. 水产学报, 15 (4), 1991, 348~358

[102] 殷名称. 太湖似刺鳊鮈的年龄和生长. 生态学报, 13 (1), 1993a, 38~44

[103] 殷名称. 太湖鲫鱼的生物学调查和增殖问题的探讨. 动物学杂志, 4, 1993b, 11~16

[104] 殷名称、J. H. S. Blaxter. 海洋鱼类仔鱼在早期发育和饥饿期的巡游速度. 海洋与湖沼, 20 (1), 1989, 1~9

[105] 殷名称、缪学祖. 太湖常见鱼类生态学持点和增殖措施探讨. 湖泊科学, 3 (1), 1991, 25~34

[106] 陆桂等. 钱塘江鲥鱼的自然繁殖及人工繁殖. 上海水产学院论文集, 1964, 1~28

[107] 章厚泉、何大仁. 青石斑鱼视网膜运动反应的特性. 海洋与湖沼, 22 (5), 1991, 417~421

[108] 曹文宣、伍献文. 四川西部甘孜阿坝地区鱼类生物学及渔业问题. 水生生物学集刊, 2, 1962, 79~112

[109] 曹克鲍、李明云. 鼋溪香鱼繁殖生物学的研究. 水产学报, 6 (2), 1982, 107~118

[110] 湖北省水生生物研究所鱼类室. 长江鱼类, 科学出版社, 1976

[111] 蒋一珪. 梁子湖鳜鱼的生物学. 水生生物学集刊, (3), 1959, 375~384

[112] 赖泽兴等. 鲮鱼诱导产卵试验, 水产学报, 8 (4), 1984, 287~294

[113] 詹秉义等. 绿鳍马面鲀资源评析与合理利用. 水产学报, 10 (4), 1986, 409~418

[114] 谭玉钧等. 越南鱼生物学和养殖方法的研究. 太平洋西部渔业研究委员会第九次全体会议论文集, 1966, 29~36

[115] 赵传绸等. 鱼类的行动. 农业出版社, 1979

[116] 赵长春等. 产后雌鳗再生殖的可能性. 海洋与湖沼, 11 (3), 1980, 241~246

[117] 缪学祖、殷名称: 太湖花鳍生物学研究. 水产学报, 7 (1), 1983, 31~44

[118] 潘炯华、郑文彪. 胡子鲇形态、生殖力和成熟系数的年周期变化的研究. 水产学报, 7 (4), 1983, 353~363

[119] 黎尚豪. 青海湖的类型、演变及其生物生产力的初步研究. 太平洋西部研究委员会第二次全体会议论文集, 1959, 97~105

[120] 黎尚豪等. 云南高原湖泊调查. 海洋与湖沼, 5 (2), 1963, 87~114

[121] 戴定远. 白洋淀鲫鱼的几项生物学资料. 动物学杂志, 1, 1964, 22~24

[122] 戴金裕、张玉书. 凤眼莲对重金属的吸收与其喂鱼后二次富集状况的初步研究. 水产学报，12(2), 1988, 135~144

[123] 里克（W. E. Ricker）. 费鸿年等译. 鱼类种群生物统计量的计算和解析. 科学出版社，1984

[124] 尼科里斯基（Г. В. Никольский）. 高岫译. 黑龙江流域鱼类. 科学出版社，1960

[125] 尼科里斯基，唐小曼等译. 鱼类生态学. 农业出版社，1962

[126] 尼科里斯基，徐恭昭译. 论鱼类数量变动的规律. 科学出版社，1955

[127] 尼科里斯基，黄宗强等译. 鱼类种群变动理论. 农业出版社，1982

[128] 丘古诺娃（Н. И. Чугунова）. 刘建康等译. 鱼类年龄和生长的研究方法，科学出版社，1956

[129] 瓦斯涅错夫（В. В. Васнецов）. 何志辉译. 鱼类学和渔业问题. 科学出版版，1955

[130] 彼尔索夫（Г. М. Персов）. 卢浩泉等译. 鱼类的性别分化. 农业出版社，1982

[131] 勃鲁茨基等（Е. В. Боруцкий ИДР）. 曾炳光等译. 天然水域鱼类营养研究指南. 科学出版社，1965

[132] 施米德特（П. Ю. Шмидт）. 李思忠译. 鱼类的洄游. 科学出版社，1958

[133] 普罗塔索夫（В. Р. Протасов）. 何大仁等译. 鱼类的行为. 科学出版社，1984

[134] 蒙纳斯蒂尔斯基（Г. Н. Моностырский）. 徐恭昭译. 论鱼类产卵群体的类型. 论鱼类数量变动的规律，科学出版社，1955

[135] 山本護太郎. 赵焕登等译. 海洋生态学. 海洋出版社，1981

[136] 山崎文雄. 梁淑娟等译. 卵子成熟和排卵的内分泌. 鱼类的成熟和产卵，农业出版社，1982, 36~47

[137] Adelman, I. R., Uptake of radioactive amino acids as indices of current growth rate of fish: a review, in The Age and Growth of Fish, eds R. C. Summerfelt & G. E. Hall, Iowa State Univ., 1987, 65~79

[138] Ali, M. A., Vision in Fishes: New Approaches in Research, Plenum Press, New York, 1975, 313~335

[139] Allen, K. R., Relation between production and biomass, *J. Fish. Res. Bd. Can.* 28, 1971, 1573~1581

[140] Anderson, R. M., Population ecology of infectious agents, in Theoretical Ecology, ed. R. M. May, Blackwell, Oxford, 1981, 318~355

[141] Appelbaum, S., Rearing of the Dover sole *Solea solea* (L.) through its Larval stages using artificial diets, *Aquaculture*, 49, 1985, 209~221

[142] Backiel, T. and E. D. Le Cren, Some density relationship for fish population parameters, in Ecology of Freshwater Fish Production, ed. S. D. Gerking, Blackwell, Oxford, 1978, 279~302

[143] Balon, E. K., Reproductive guilds of fishes: a proposal and definition, *J. Fish. Res. Bd. Can.*, 32, 1975, 821~864

[144] Balon, E. K., Additions and amensments to the classification of reproductive styles in fishes, *Env. Biol. Fish.*, 6, 1981, 377~389

[145] Barbour, C. D. and J. H. Brown, Fish diversity in lakes, *Am. Nat.*, 108, 1974, 473~489

[146] Bannister, R. C. A. *et al.*, Larval mortality and subsequent year-class strength in the plaice (*Pleuronectes platessa*), in The Early Life History of Fish, ed. J. H. S. Blaxter, Springer-Verlag, Berlin, 1974, 21~37

[147] Benko, Y. K. *et al.*, Biological bases of the use of artificial spawning ground for the reproduction of Okhotsk herring, *Biologiya*, *Morya*, 1, 1987, 56~61

[148] von Bertalanffy, L., Quentitative laws in metabolism and growth, *Q. Rev. Biol.*, 32, 1957, 217~231

[149] Beverton, R. J. H., Notes on the use of theoretical models in the study of the dynamics of exploited fish population, *U. S. Fish. Lab., Beaufort, N. C., Misc. Contrib.*, 2, 1954, 159 pp

[150] Beverton, R. J. H. and S. J. Holt, A review of methods for estimating mortality rates in fish population, with special reference to sources of bias in catch sampling, *Rapp. P.-V. Reun. Cons. Perm. Int. Explor. Mer.*, 140, 1956, 67~83

[151] Blaxter, J. H. S., The effect of light intensity on the feeding ecology of herring, *Symp. Br. Ecol. Soc.*, 6, 1965, 393~409

[152] Blaxter, J. H. S., Development: eggs and larvae, in Fish Physiology III, eds W. S. Hoar & D. J. Randall, Academic Press, New York, 1969, 177~252

[153] Blaxter, J. H. S., The rearing of larval fish, in Aquarium Systems, ed. A. D. Hawkins, Academic Press, London, 1981, 303~323

[154] Blaxter, J. H. S., Pattern and variety in development, in Fish Physiology 11A, 1988, 1~58

[155] Blaxter, J. H. S. and G. Hempel, The influence of egg size on herring larvae, *J. Cons. Cons. Int. Explor. Mer*, 28, 1963, 211~240

[156] Blaxter, J. H. S. and B. B. Parrish, The importance of light in shoaling, avoidance of nets, and vertical migration by herring, *J. Conseil.*, 30, 1965, 40~57

[157] Bleckmann, H., Role of the lateral line in fish behaviour, in The Behaviour of Teleost Fishes, ed. T. J. Pitcher, Croom Helm, London, 1986, 177~202

[158] Bond, C. E., Biology of Fishes, Saunders, Philadelphia, 1979

[159] Borowsky, R. L., Social control of adult size in males of *Xiphophorus variatus*, Nature, Lond., 245, 1973, 332~335

[160] Braum, E., Ecological aspects of survival of fish eggs, embryos and larvae, in Ecology of Freshwater Fish Production, 1978, 102~131

[161] Brett, J. R., Satiation time, appetite and maximum food intake of sockeye salmon, *J. Fish. Res. Bd. Can.*, 28, 1971, 409~415

[162] Brett, J. R., Environmental factors and growth, in Fish Physiology VIII, 1979, 599~675

[163] Brett, J. R., Life energetics of sockeye salmon, *Oncorhynchus nerka*, in Behaviour Energetics: The Cost of Survival in Vertebrates, eds. W. P. Aspey & S. I. Lustick, Ohio State Univ., 1983, 29~63

[164] Brett, J. R., Production energetics of population of sockeye salmon, *Oncorhynchus nerka*, *Can. J. Zool.*, 64, 1986, 555~564

[165] Brett, J. R. and T. D. D. Groves, Physiological energetics, in Fish Physiology VIII, 1979, 279~352

[166] Brett, J. R. and D. A. Higgs, Effect of temperature on the rate of gastric digestion in fingerling sockeye salmon, *Oncorhynchus nerka*, *J. Fish. Res. Bd. Can.*, 27, 1970, 1769~1779

[167] Brett, J. R. et al., Growth rate and body composition of fingerling sockeye salmon, *Oncorhynchus nerka*, in relation to temperature and ration size, *J. Fish. Res. Bd. Can.*, 26, 1969, 2363~2394

[168] Briggs, J. C., Marine Zoogeography, McGraw-Hill, New York, 1974

[169] Brother, E. B. et al., Daily growth increments in otoliths from larval and adult fishes, *Fish. Bull. U. S.*, 74, 1976, 1~8

[170] Brown, M. E., Experimental studies on growth, in the Physiology of Fishes, 1, ed. M. E. Brown, Academic Press, London, 1957, 361~400

[171] Bulow, E. J., RNA-DNA ratios as indicators of recent growth rates of a fish, *J. Fish. Res. Bd. Can.*, 27, 1970, 2343~2349

[172] Bulow, E. J., RNA-DNA ratio as indicators of growth in fishes: a review, in The Age and Growth of Fish, 1987, 45~64

[173] Bye, V. J., The role of environmental factors in the timing of reproductive cycles, in Fish Reproduction, eds. G. W. Potts & R. J. Wootton, Academic Press, London, 1984, 187~205

[174] Cassie, R. M., Some uses of probability paper in the analysis of size frequency distributions, *Aust. J. Mar. Freshwater Res.*, 5, 1954, 513~522

[175] Charnov, E. L., Optimal foraging: the marginal value theorem, *Theor. Pop. Biol.*, 9, 1976, 129~136

[176] Chesson, J., The estimation and analysis of preference and its relationship to foraging models, *Ecology*, 64, 1983, 1297~1304

[177] Craig, J. F., The Biology of Perch and Related Fish, Croom Helm., London, 1987

[178] Craik, J. C. A. and S. M. Harvey, Biochemical changes occurring during final maturation of eggs of some marine and freshwater teleosts, *J. Fish Biol.*, 24, 1984, 599~610

[179] Craik, J. C. A. and S. M. Harvey, The causes of buoyancy in eggs of marine teleosts, *J. Mar. Biol. Assoc. U. K.*, 67, 1987, 169~182

[180] Cui, Y. and R. J. Wootton, Effects of ration, temperature and body size on the body composition, energy content and condition of the minnow, *Phoxinus phoxinus* (L.), *J. fish Biol.*, 32, 1988, 749~764

[181] Darlington, P. J. Jr., Zoogeography, London, John Wiley and Sons, 1957

[182] Diana, J. S., An energy budget for northern pike (*Esox lucius*), *Can. J. Zool.*, 61, 1983, 1968~1975

[183] Dickie, L. M. *et al.* Size-dependent processes underlying regularities in ecosystem structure, *Ecol. Monogr.*, 57

[184] Dunbrack, R. L. and L. M. Dill, A model of size dependent feeding in a stream dwelling salmonid, *Env. Biol. Fish.*, 8, 1983, 203~216

[185] Edwards, R. W. *et al.*, An assessment of the importance of temperature as a factor controlling the growth rate of brown trout in streams, *J. Anim. Ecol.*, 48, 1979, 501~507

[186] Eggers, D. M., The nature of prey selection by planktivorous fish, *Ecology*, 58, 1977, 46~59

[187] Elliott, J. M., The growth rate of brown trout (*Salmo trutta* L.) fed on reduced rations, *J. Anim. Ecol.*, 44, 1975, 823~842

[188] Elliott, J. M., Energy losses in waste products of brown trout (*Salmo trutta* L.), *J. Anim. Ecol.*, 45, 1976a, 561~580

[189] Elliott, J. M., The energetics of feeding, metabolism and growth of brown trout (*Salmo trutta* L.) in relation to body weight, water temperature and ration size, *J. Anim. Ecol.*, 45, 1976b, 923~948

[190] Elliott, J. M., Energetics of freshwater teleosts, *Symp. Zool. Soc. Lond.*, 44, 1979, 29~61

[191] Farris, D. A., A changes in the early growth rate of four larval marine fishes, *Limnol. Oceanogr.*, 4, 1959, 29~36

[192] Feldmeth, C. R., Costs of aggression in trout and pupfish, in Behavioural Energetics: The Cost of Survival in Vertabrates, 1983, 29~36
[193] Ferguson, A., Biochemical Systematics and Evolution, Blackie, Glassgow, 1980
[194] Ferguson, A. and F. M. Mason, Allozyme evidence for reproductively isolated sympatric populations of brown trout *Salmo trutta* L. in Lough Melvin, Ireland, *J. Fish Biol.*, 18, 1981, 629~642
[195] Fox, W. W., An exponential yield model for optimizing exploited fish populations, *Trans. Am. Fish. Soc.*, 99, 1970, 80~88
[196] From, J. and G. Rasmussen, A growth model, gastric evacuation and body composition in rainbow trout *Salmo gairdneri* Richardson, 1836, *Dana*, 3, 1984, 61~139
[197] Frost, W. E. and M. E. Brown, The Trout, Collins, London, 1967
[198] Fuiman, L. A., Ostariophysi: development and relationships, in Ontogeny and Systematics of Fishes, eds. H. G. Moser et al., *Am. Soc. Ichthyol. Herpetol.*, *Spec. Publ.*, 1, 1984, 126~137
[199] Gjerde, B., Growth and reproduction in fish and shellfish, *Aquaculture*, 57, 1986, 37~55
[200] Glebe, B. D. and W. C. Leggett, Temporal, intrapopulation differences in energy allocation and use by American shad (*Alosa sapidissima*) during the spawning migration, *Can. J. Fish. Aquat. Sci.*, 38, 1981, 795~805
[201] Gross, M. R., Evolution of diadromy in fishes, *Am. Fish. Soc. Symp.*, 1, 1987, 14~25
[202] Gulland, J. A., Estimation of growth and mortality in commercial fish populations, *U. K. Min. Agric. Fish.*, *Fish. Invest.* (Ser. 2), 18 (9), 1955, 46pp.
[203] Gulland, J. A., Fishing and stocks of fish at Iceland, *U. K. Min. Agric. Fish.*, *Fish. Invest.* (Ser. 2), 23 (4), 1961, 52pp
[204] Guthrie, D. M., Role of vision in fish behaviour, in The Behaviour of Teleost Fishes, 1986, 75~113
[205] Hanson, J. M. and W. C. Leggett, Empirical prediction of fish biomass and yield, *Can. J. Fish. Aquat. Sci.*, 39, 1982, 257~263
[206] Harden Jones, F. R., Fish Migration, Edward Arnold, London, 1968.
[207] Hasler, A. D., The sense organs: olfactory and gustatory senses of fishes, in The Physiology of Fishes 2, 1957, 187~209
[208] Hasler, A. D., Guideposts of migrating fishes, *Science*, 132 (3430), 1960, 785~792
[209] Hasler, A. D., Underwater guideposts, Univ. of Wisconsin, 1966
[210] Hasler, A. D., Orientation and fish migration, in Fish Physiology VI, 1971, 429~510
[211] Hasler, A. D. and A. T. Scholz, Olfactory Imprinting and Homing in Salmon, Springer-Verlag, Berlin, 1983
[212] Hasselblad, V., Estimation of parameters for a mixtue of normal distributions, *Technometrics*, 8, 1966, 431~444
[213] Hawkins, A. D., Underwater sound and fish behaviour, in The Behaviour of Teleost Fish, 1986, 114~151
[214] Hay, D. E. *et al.*, Experimental impoundments of prespawning Pacific herring (*Clupea harengus pallasi*): effects of feeding and density on maturation, growth, and proximate analysis, *Can. J. Fish. Aquat. Sci.*, 45, 1988, 388~398
[215] Heidinger, R. C. and S. D. Crawford, Effect of temperature and feeding rale on the liver-somatic index of the largemouth bass, Micropterus samoides, *J. Fish. Res. Bd. Can.*, 34, 1977, 633~638

[216] Heldman, G. S., Fish behaviour by day, night and twilight, in The Behaviour of Teleost Fish, 1986, 366~387

[217] Hofer, R. et al., An energy budget for an omnivorous cyprinid: Rutilus rutilus (L.), Hydrobiologia, 122, 1985, 53~59

[218] Hughes, G. M., General anatomy of the gills, in Fish Physiology X, 1984, 1~72

[219] Hunter, J. R. and C. A. Kimbrell, Egg cannibalism in the northern anchovy, Engraulis mordax, Fish. Bull. U. S., 78, 1980, 811~816

[220] Hunter, J. R. and R. Leong, The spawning energetics of female northern anchovy, Engraulis mordax, Fish. Bull. U. S., 79, 1981, 215~230

[221] Hutchinson, G. E., Concluding remarks, Cold Spring Harb. Symp., Quant. Biol., 22, 1958, 415~427

[222] Ivlev, V. W., Experimental Ecology of Feeding of the Fishes, Yale Univ., 1961

[223] Jager, S. de and W. J. Dekkers, Relations between gill structure and activity in fish, Netherl. J. Zool., 25 (3), 1975, 276~308

[224] Jobling, M., The influence of feeding on the metabolic rate of fishes: a short review, J. Fish Biol., 18, 1981, 385~400

[225] Jolly, G. M., Estimates explicit from capture-recapture date with both death and immigration-stochastic model, Biometrika, 52, 1965, 225~247

[226] Kendall, A. W. Jr. et al., Early life history stages of fishes and their characters, in Ontogeny and Systematics of Fishes, 1984, 11~22

[227] Kislaliogla, M. and R. N. Gibson, Some factors governing prey selection by the 15—spined stickleback (Spinachia spmachia L.), J. Exp. Mar. Biol. Ecol., 25, 1976a, 159~169

[228] Kislaliogla, M. and R. N. Gibson, Prey 'handling time' and its importance in food selection by the 15—spined stickleback, Spinachia spinachia L., J. Exp. Mar. Biol. Ecol., 25, 1976b, 115~158

[229] Kramer, D. L., Dissolved oxygen and fish behaviour, Env. Biol. Fish., 18, 1987, 81~92

[230] Krebs, C. J., Ecology: The Experimental Analysis of Distribution and Abundance, 3rd edn. Harper and Row, New York, 1985

[231] Lagardere, F., Influence of feeding condition and temperature on the growth rate and otolith-increments deposition of larval Dover sole (Solea solea (L.)), in The Early Life History of Fish, eds. J. H. S. Blaxter et al., Rapp. p. -V. Reun. Cons. Int. Explor. Mer, 191, 1989, 390~399

[232] Lasker, R., Field criteria for survival of anchovy larvae: the relation between inshore chlorophyll maximum layers and successful first feeding, Fish. Bull. U. S., 73, 1975, 453~462

[233] Lester, R. J. G., A review of methods for estimating motality due to parasites in wild fish population, Helgoländer Wiss. Meeresunters, 37, 1984, 53~64

[234] Levine, J. S. et al., Visual communication in fishes, in Environmental Physiology of Fishes, ed. M. A. Ali, Plenum, New York, 1980, 447~475

[235] Lavin, P. A. and J. D. McPhail, The evolution of freshwater diversity in the three stickleback (Gasterosteus aculeatus): Site-specific differentiation of trophic morphology, Can. J. Zool., 63, 1985, 2632~2638

[236] Lavin, P. A. and J. D. McPhail, Adaptive divergence of trophic phenotype among freshwater population of the three spine stickleback (Gasterosteus aculeatus), Can. J. Fish. Aquat. Sci., 43,

1986, 2455~2463
[237] Lythgoe, J. N. , The Ecology of Vision, Oxford Univ. 1979
[238] McCleave, J. D, et al. , Mechanisms of Migration in Fishes, Plenum, New York, 1984
[239] McDowall, K. M. , The occurrence and distribution of diadromy among fishes, *Am. Fish. Soc. Symp.*, 1, 1987, 1~13
[240] McFadden, J. T. et al. , Numerical changes and population regulation in brook trout *Salvelinus fontinalis*, *J. Fish. Res. Bd. Can.*, 24, 1967, 1425~1459
[241] McGurk, M. D. , Natural mortality of marine pelagic eggs and larvae: role of spatial patchiness, *Mar. Ecol. Progr. Ser.*, 34, 1986, 227~242
[242] McKeown, B. A. , Fish Migration, Croom Helm, London, 1984
[243] May, R. C. , Larval mortality in marine fishes and the critical period concept, in The Early Life History of Fish, 1974, 3~19
[244] Moffler, M. D. , Plasmonics: communication by radio waves as found in Elasmobranchii and Teleostii fishes, *Hydrobiologia*, 40 (1), 1972, 131~143
[245] Molnar, G. and I. Tölg, Rentgenologic investigation of the duration of gastric digestion in the pike perch (*Lucioperca lucioperca*), *Acta. Biol. Hung.* 11, 1960, 103~108
[246] Myers, G. S. , Freshwater fishes and east Indian zoogeography, *Stanford Ichthyol. Bull.*, 4, 1951, 11~21
[247] Nelson, J. S. , Fishes of The World, 2nd edn. , J. Wiley, New York, 1984
[248] Nikolsky, G. V. , The Ecology of Fishes, Academic Press, London, New York, 1963
[249] O'Brien, W. J. et al. , Apparent size choice of zooplankton by planktivorous sunfishes: exceptions to the rule, *Env. Biol. Fish.*, 13, 1985, 225~233
[250] Odum, E. P. , Fundamantals of Ecology, 3rd edn. Saunders, Philadelphia, 1971
[251] Odum, W. E. and E. J. Heald, Estuarine Research 1, 1975, 265~286
[252] Ottaway, E. M. and K. Simkiss,'Instantaneous' growth rales of fish scales and their use in studies of fish population, *J. Zool. Lond.*, 181, 1977, 407~419
[253] Paloheimo, J. E. and L. M. Dickie, Food and growth of fishes, I. A growth curve derived from experimental data, *J. Fish.. Res. Bd. Can.*, 22, 1965, 521~542
[254] Panella, G. , Fish otoliths: daily growth layers and periodical patterns, *Sci. N. Y.*, 173, 1971, 1124~1127
[255] Park, T. , Populations, in Principles of Animal Ecology, ed. W. C. Allee et al. , Saunders, Philadelphia, 1949
[256] Pauly, D. , The relationship between gill surface area and growth performance in fish: a generalization of von Bertalanffy's theory of growth, *Meeresforschung*, 28, 1981, 251~282
[257] Peters, D. S. and D. E. Hoss, A radioisotopic method of measuring food evacuation time in fish, *Trans. Am. Fish. Soc.*, 103 (3), 1974, 626~629
[258] Peterson, I. and J. S. Wroblewski, Mortality rate of fishes in the pelagic ecosystem, *Can. J. Fish. Aquat. Sci.*, 41, 1984, 1117~1120
[259] Pielon, E. C. , The use of information theory in the study of ecological succession, *J. Theor. Biol.*, 10, 1966, 370~383
[260] Pielon, E. C. , Ecological Diversity, Wiley-Inters, N. Y. , 1975
[261] Pielon, E. C. , Mathematical Ecology, J. Wiley & Sons, New York, 1977

[262] Pitcher, T. J. and P. J. B. Hart, Fisheries Ecology, Croom Helm, London, 1982

[263] Pitt, T. K., Changes in abundance and certain biological characters of Grand Bank American plaice, *Hippoglossoides platessoides*, *J. Fish. Res. Bd. Can.*, 32, 1975, 1383~1393

[264] Pope, J. G., An investigation of the accuracy of virtual population analysis, *ICNAF Res. Bull.*, 9, 1972, 65~74

[265] Popper, A. N. and S. Coombs, Acoustic detection by fishes, in Environmantal Physiology of Fishes, 1980, 403~430

[266] Potts, G. W. and R. J. Wootton, Fish Reproduction, Academic Press, London, 1984

[267] Purdom, C. E., Variation in fish, in Sea Fisheries Research, ed. F. R. Harden Jones, Elek, London, 1974, 347~355

[268] Pyke, G. H., Optimal foraging theory: a critical review, *A. Rev. Ecol. Syst.*, 15, 1984, 523~575

[269] Ricker, W. E., Regulation of abundance of pink salmon stocks, in Symposium on Pink Salmon, ed. N. J. Wilimovsky, Univ. of British Columbia, Vancouver, 1962, 155~201

[270] Ricker, W. E., Computation and Interpretation of Biological Statistics of Fish Populations, *Bull. Fish. Res. Bd. Can.*, 191, 1975

[271] Ricker, W. E., Growth rates and models, in Fish Physiology VIII, 1979, 677~743

[272] Robson, D. S. and D. G. Chapman, Catch curves and mortality rates, *Trans. Am. Fish. Soc.*, 90, 1961, 181~189

[273] Saldana, J. and B. Venables, Energy compartmentalization in a migratory fish, *Prochilodus marine* (Prochilodontidae) of the Orinoco River, Copeia, 1983, 617~625

[274] Sargent, R. C. and M. R. Gross, Williams principle; an explanation of parental care in teleost fishes, in The Behaviour of Teleost Fishes, 1986, 275~293

[275] Schaefer, M. B., Some aspects of dynamics of populations important to the management of commercial marine fisheries, *Bull. Inter-Amer. Trop. Tuna Commission*, 1, 1954, 27~56

[276] Schaefer, M. B., A study of dynamics of the fishery for yellow fin tuna in the eastern tropical Pacific Ocean, *Bull. Inter-Amer. Trop. Tuna Commission*, 2, 1957, 247~268

[277] Shapiro, D. Y., Sex reversal and sociodemographic processes in coral reef fishes, in Fish Reproduction, 1984, 103~118

[278] Smith, R. J. F., The Control of Fish Migration, Springer-Verlag, Berlin, 1985

[279] Sohn, J. J., Socially induced inhibition of genetically determined maturation in the platyfish, *Xiphophorus maculatus*, *Science*, N. Y., 195, 1977, 199~201

[280] Solemdal, P. and B. Ellertsen, Sampling fish larvae with large pumps, quantitative and qualitative comparisons with traditional gear, in The Propagation of Cod *Gadus morhua* L., eds. E. Dahl et al., FlØdevigen Rapp., 1, 1984, 335~363

[281] Solomon, D. J. and A. E. Brafield, The energetics of feeding, metabolism and growth of perch (*Perca fluviatilis*), *J. Anim. Ecol.*, 41, 1972, 699~718

[282] Southwood, T. R. E., Ecology Methods, 2nd edn., Chapman and Hall, London, 1978

[283] Staples, D. J., Production biology of the upland bully philypnodon breviceps stokell in a small New Zealand lake, III. Production, food consumption and efficiency of food utilization, *J. Fish. Biol.* 7, 1975, 47~69

[284] Tacon, A. G. J. and C. B. Cowey, Protein and amino acid requirements, in Fish Energetics New

Perspectives, eds. P. Tytler and P. Calow, Croom Helm., London, 1985, 155~183

[285] Tanaka, S., A method of analyzing the polymodel frequency distribution and its application to the length distribution of porgy, *Taius tumifrons* (T. & S.) *Bull. Tokai, Reg. Fish. Res. Lab.*, 14, 1956, 1~12 (in Japanese, English summary)

[286] Taylor, R. J., Predation, Chapman & Hall, London, 1984

[287] Tesch, F. W., Age and growth, in Methods for assessment of fish production in fresh waters, ed. W. E. Ricker, Int. Biol. Program, Handbook, 3, 2nd edn. Blackwell, Oxford, Edinburgh, 1971, 98~130

[288] Vemberg, W. B. and E. J. Vernberg, Environmental Physiology of Marine Animals, Springer-Verlag, Berlin, 1972

[289] Vrijenhoek, R. C., The evolution of clonal diversity in *Poeciliopsis*, in Evolutionary Genetics of Fishes, ed. B. J. Turner, Plenum, New York, 1984, 399~429

[290] Wankowski, J. W. J. and J. E. Thorpe, The role of food particle size in the growth of juvenile Atlantic salmon (*Salmo salar* L.), *J. Fish Biol.*, 14, 1979, 351~370

[291] Ware, D. M., Growthmetabolism, and optimal swimming speed of a pelagic fish, *J. Fish. Res. Bd. Can.*, 32, 1975a, 33~41

[292] Ware, D. M., Relation between egg size, growth, and natural mortality of larval fish, *J. Fish. Res. Bd. Can.*, 32, 1975b, 2503~2512

[293] Warner, R. R., The evolution of hermaphroditism and unisexuality in aquatic and terrestrial vertebrates, in Contrasts in Behaviour, eds. E. S. Reese & F. J. Lighter, J. Wiley, New York, 1978, 77~101

[294] Warren, C. E., Biology and Water Pollution Control, Saunders, Philadelphia, 1971

[295] Webb, P. W., Hydrodynamics: nonscombrid fish, in Fish Physiology VII, 1978, 190~237

[296] Welcomme, R. L., Fisheries Ecology of Floodplain Rivers, Longman, London, 1979

[297] Welcomme, R. L., River fisheries, *F. A. O. Fish. Biol. Tech. Pap.*, 262, 1985

[298] Werner, E. E. and D. J. Hall, Optimal foraging and the size selection of prey by the bluegill sunfish (*Lepomis macrochirus*), *Ecology*, 55, 1974, 1042~1052

[299] Wiebe, P. H. *et al.*, A multiple opening/closing net and environmental sensing system for sampling zooplankton, *J. Mar. Res.*, 34 (3), 1976, 153~155

[300] Wiebe, P. H. *et al.*, New development in the MOCNESS, an apparatus for sampling zooplankton and micronecton, *Mar. Biol.*, 87, 1985, 313~323

[301] Wilhm, J. L., Use of biomass units in Shannon's formula, *Ecology*, 48, 1968, 153~155

[302] Wilson, E. O. and W. H. Bossert, A primer of Population Biology, Sinaner Sunderland, Mass., 1971

[303] Winberg, G. G., Rate of metabolism and food requirements of fish, *Fish. Res. Bd. Can. Trans.*, 194, 1956, 1~202

[304] Wootton, R. J., Effect of size of food ration on egg production in the female three-spined stickleback, *Gasterosteus aculeatus* L., *J. Fish Biol.*, 5, 1973, 683~688

[305] Wootton, R. J., Energy costs of egg production and environmental determinants of fecundity in teleost fishes, *Symp. Zool. Soc. Lond.*, 44, 1979, 133~159

[306] Wootton, R. J., A functional Biology of Sticklebacks, Groom Helm, London, 1984a

[307] Wootton, R. J., Introduction: tactics and strategies, in Fish Reproduction, 1984b, 1~12

[308] Wootton, R. J., Ecology of Teleost Fishes, Chapman & Hall, London, 1990
[309] Wourms, J. P., Viviparity: the maternal-fatal relationship in fishes. *Am. Zool.*, 21, 1981, 473~515
[310] Yamamoto, T., Sex differentiation, in Fish Physiology III, 1969, 117~175
[311] Yashour, A., The fish pond as an experimental model for study of interactions within and among fish populations, *Verh. Int. Ver. Limnol.* 17, 1969, 582~593
[312] Yin, M. C. and J. H. S. Blaxter, Morphological changes during growth and starvation of larval cod (*Gadus morhua* L.) and flounder (*platichthys flesus* L.), *J. Exp. Mar. Biol. Ecol.*, 104, 1986, 215~228
[313] Yin, M. C. and J. H. S. Blaxter, Feeding ability and survival during starvation of marine fish larvae reared in the laboratory, *J. Exp. Mar. Biol. Ecol.*, 105, 1987a, 73~83
[314] Yin, M. C. and J. H. S. Blaxter, Temperature, salinity tolerance, and buoyancy during early development and starvation of Clyde and North Sea herring, cod and flounder larvae, *J. Exp. Mar. Biol. Ecol.*, 107, 1987b, 279~290
[315] Yin, M. C. and J. H. S. Blaxter, Escape speeds of marine fish larvae during early development and starvation, *Mar. Biol.*, 96, 1988, 459~468
[316] Yin, M. C. and J. C. A. Craik, Biochemical changes during development of eggs and yolk-sac larvae of herring and plaice, *Chin. J. Oceanol. Limnol.*, 10 (4), 1992, 347~358
[317] Zweifel, J. R. and R. Lasker, Prehatch and posthatch growth of fishes: a general model, *Fish. Bull. U. S.*, 74, 1976, 609~621